# 数字信号处理基础入门

尹永超　薛文玲◎编著

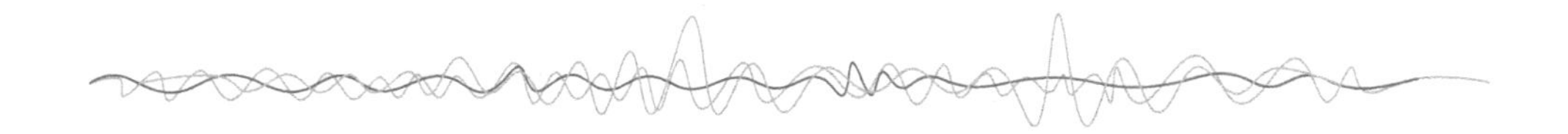

人 民 邮 电 出 版 社

北　京

图书在版编目（CIP）数据

数字信号处理基础入门 / 尹永超，薛文玲编著.
北京 ：人民邮电出版社，2025. -- (深入浅出).
ISBN 978-7-115-65928-6

Ⅰ. TN911.72

中国国家版本馆 CIP 数据核字第 2025GA5953 号

## 内 容 提 要

本书由浅入深地介绍了信号的基础理论、分析方法及应用，旨在帮助读者理解数字信号处理的基本概念和方法。本书共分为 15 章，介绍了数字信号处理基础、信号与函数、信号与傅里叶级数、信号与频谱、傅里叶级数与傅里叶变换、信号的卷积、信号的采样、信号的调制与解调、信号的上下变频、信号的抽取与插值、离散傅里叶变换、快速傅里叶变换、拉普拉斯变换与 z 变换、数字滤波器、数字信号处理的实现。

本书可作为电子工程专业、通信专业及其他相关专业的教学参考书，也可作为相关工程技术人员的参考书。

◆ 编　　著　尹永超　薛文玲
　责任编辑　胡　艺
　责任印制　马振武

◆ 人民邮电出版社出版发行　　北京市丰台区成寿寺路 11 号
　邮编　100164　　电子邮件　315@ptpress.com.cn
　网址　https://www.ptpress.com.cn
　固安县铭成印刷有限公司印刷

◆ 开本：710×1000　1/16
　印张：18.75　　　　2025 年 4 月第 1 版
　字数：356 千字　　　2025 年 4 月河北第 1 次印刷

定价：99.80 元

**读者服务热线：(010)53913866　印装质量热线：(010)81055316**

**反盗版热线：(010)81055315**

# 前 言

# Preface

数字信号处理是电子工程、通信和控制领域的重要基础课程之一，但对很多初学者来说，它是一个颇具挑战性的学科。究其原因，主要有以下几点。

### 1. 数学知识

数字信号处理本质是利用数学方法描述物理信号处理的过程，其中涉及大量的数学概念和公式运算。虽然大部分知识我们都学过，但将这些知识融会贯通，并应用于一个新的学科时，往往会无从下手。

### 2. 信号与系统知识

数字信号处理的核心理论和方法包括卷积、采样定理、离散傅里叶变换（DFT）、快速傅里叶变换（FFT）、z变换、数字滤波器等。针对通信系统，重要的理论方法还有调制解调、上下变频、插值抽取等。“数字信号处理”与“信号与系统”两门课程在一些知识点上有重叠，如下图所示。因此，本书将结合“信号与系统”中对数字信号处理有帮助的内容一并进行讲解，以便读者系统地掌握数字信号处理相关知识。

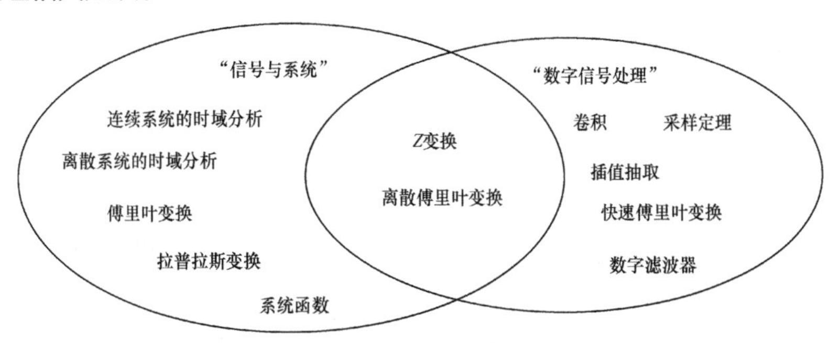

### 3. 脱离实际应用

在学习过程中，很多初学者不清楚理论与实际应用之间的联系，导致学到的知识难以被理解和运用，看到的只是晦涩难懂的公式。

### 4. 抽象性

人们容易理解现实世界中真实存在的事物，而对于既看不见也摸不到，仅通过数学公式描述的电信号会感到抽象且难以理解。

为了解决在学习“数字信号处理”中遇到的难题，本书在编写时体现了如下几个特点。

（1）介绍数学知识

本书对必要的数学知识进行了详细讲解，使读者轻松理解复杂理论。

（2）与实际应用结合

本书内容不局限于理论，还结合了许多实际应用的案例，可帮助读者将所学知识与实际问题联系起来。

（3）图表丰富，示例详尽

本书配有大量的图表和示例，可帮助读者更直观地理解抽象的概念和理论。

由于作者时间精力有限，在编写过程中，书中难免有一些错误和疏漏，欢迎读者指正，读者可发送意见建议至邮箱dspjichurumen@163.com。

此外，在编写本书之前，作者曾推出过一门“数字信号处理”的视频课程。读者可在“网易云课堂”搜索“深入浅出数字信号处理”观看。该视频课程可以作为本书的参考资料，帮助读者快速学习和理解书中的内容。

希望本书能帮助读者在学习数字信号处理的道路上减少一些迷茫，增强一些信心，从基础到实际应用，逐步掌握这一重要的学科。

作　者

2024年10月于北京

# 目 录

# Contents

# 第1章 数字信号处理基础

**本章旨在帮助读者建立对数字信号处理的基本认识。内容由浅入深，首先介绍信号的概念，随后依次讲解电信号、模拟信号和数字信号的基础知识，最后引出数字信号处理的概念及实现方法。**

## 1.1　什么是信号

信号是信息的载体。

信号可由数学公式来表达，简洁且准确，但同时也存在一个问题，那就是这种表达方式牺牲了可读性，使大家不易理解。

如何通俗地去理解信号的概念呢？其中有两个关键词：信息和载体。

什么是信息？信息论的创始人香农提出，“信息是用来消除随机不确定性的东西。”

什么是“消除随机不确定性”？

举个例子，中午，你遇到朋友，问：“吃了吗？”注意，朋友可能吃了，也可能没有吃，这个问题带有随机不确定性。如果他回答“吃了”或“没呢”，朋友就提供了确定的信息给你，随机不确定性就被消除了。

什么是载体？在上面的例子里，如果你们是当面对话，那么这个信息的载体是声音。而承载了信息的声音，可以称作信号，或者声音信号。

除了声音，还有什么可以作为信息的载体呢？

以人类为例，除了耳朵可以听到声音，眼睛还能看见光。人类之所以能看到大千世界，是因为有光投射到了眼睛里。这时候光是载体，如果光承载了信息，就可以称之为光信号。

同理，鼻子闻到气味，舌头品尝到味道，都是接收信息的过程，相对应的信息载体是生物化学信号。

以上讨论的是广义的信号，目的是让大家理解信号的概念。其实，在电子信息领域，信号通常指的是电信号。

## 1.2　什么是电信号

电信号是指通过电流或电压的变化来传递信息的信号。

电信号是如何承载和传递信息的呢？最简单的例子是，打开设备开关，电流产生，灯亮了，表示“1”，说明设备正在工作。关闭开关，电路断开，电流消失，灯灭了，表示“0”，说明设备停止工作。可见，可使用 1 和 0 来表示电压或者电流的通断，如图 1-1 所示。

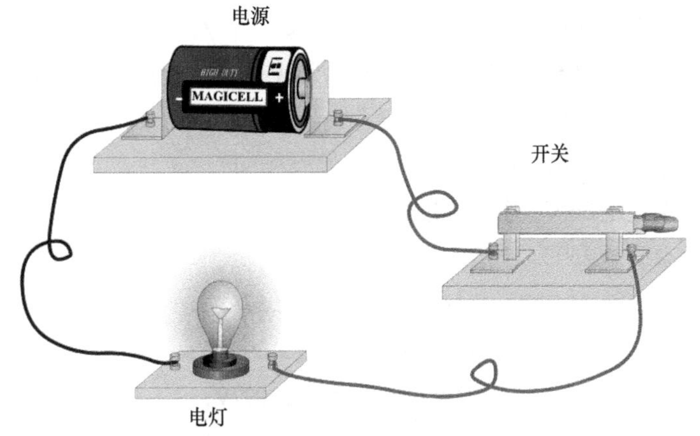


图 1-1　使用 1 和 0 来表示电压或者电流的通断

如何用电信号表示更多、更复杂的信息呢？

例如，用电压值表示 1024。设计这样一个电路，电路中电压的范围是 0 ～ 3000mV。如果检测电压的设备能够精确到 1mV，用 1mV 表示 1，2mV 表示 2，3000mV 表示 3000，那么这个电路的电压变化能表示的范围是 0 ～ 3000。把电压调整到 1024mV，就可以用电压值表示 1024，如图 1-2 所示。当然，这只是一个假设的例子，实际中电信号承载信息的方法会更加高效。

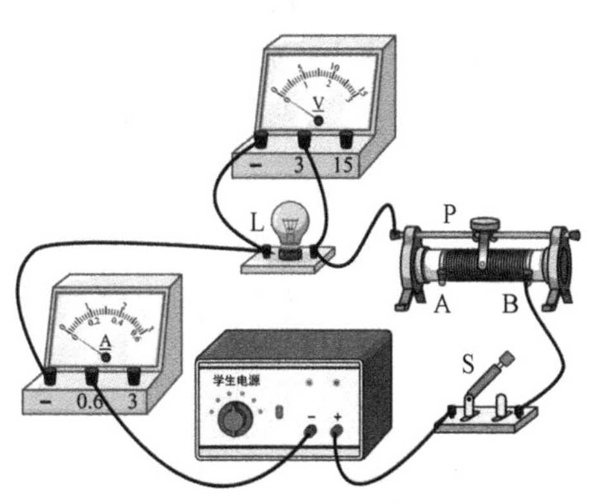


图 1-2　用电压值表示 1024

人类已经步入信息化社会，电信号能承载的信息也越来越多。这些信息包括温度、湿度、压力、声音、图像、视频等。根据信号承载信息的方式不同，信号又可以分为模拟信号和数字信号。

## 1.3　什么是模拟信号

模拟信号的电压或电流值可以在一定范围内连续变化。模拟信号可以表示温度、湿度等连续变化的物理量。其本质是用连续的电信号来模拟原始的物理量，如图 1-3 所示。在模拟通信系统中，还可以用信号的幅值、相位和频率来表示信息。

举个例子，如果想利用电信号来模拟温度的变化，可以设计一个带有温度传感

器的电路。温度传感器的电压可以随着温度的变化而变化。由于温度是随着时间连续变化的，这个电压值也会随着温度和时间而连续变化，所以模拟信号又称作连续信号。

怎么理解连续性？比如：

当前时刻温度是26℃,对应的电压值是2.6V;

一小时前温度是25℃,对应的电压值是2.5V;

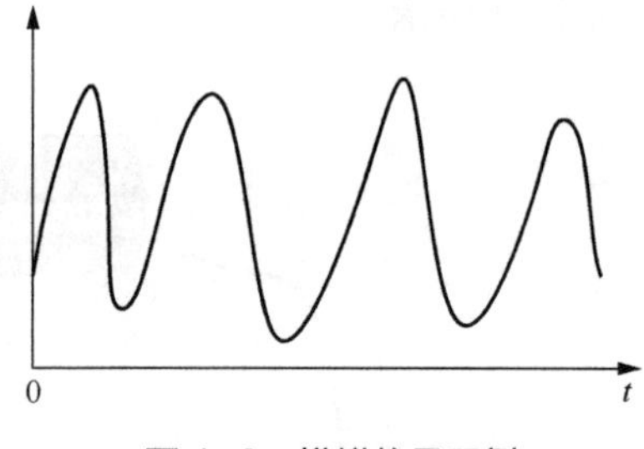


图 1-3　模拟信号示例

一分钟前温度是 25.78℃，对应的电压值是 2.578V；

一秒钟前温度是 25.99℃，对应的电压值是 2.599V；

一毫秒前温度是 25.997℃，对应的电压值是 2.5997V；

一微秒前温度是 25.9998℃，对应的电压值是 2.59998V；

……

也就是说，温度传感器输出的电压值是随着时间不断变化的，并且理论上电压值可以有无限多个，如图 1-4 所示。

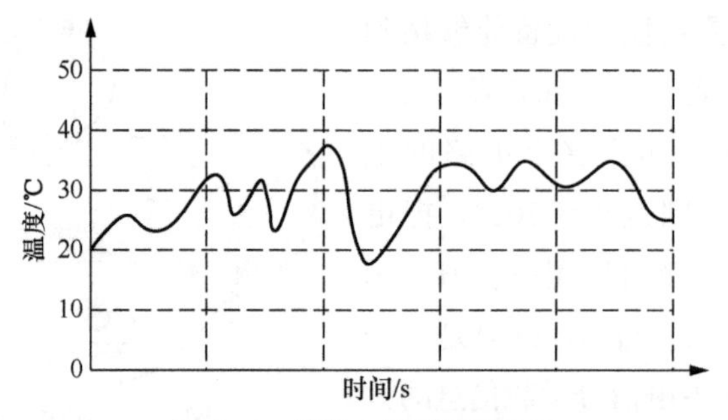


图 1-4　模拟电信号表示温度

## 1.4　什么是数字信号

数字信号是一种离散信号，它通常由二进制数值 0 和 1 来表示。通常数字信号的数值对应的是电压值而不是电流值，如图 1-5 所示。

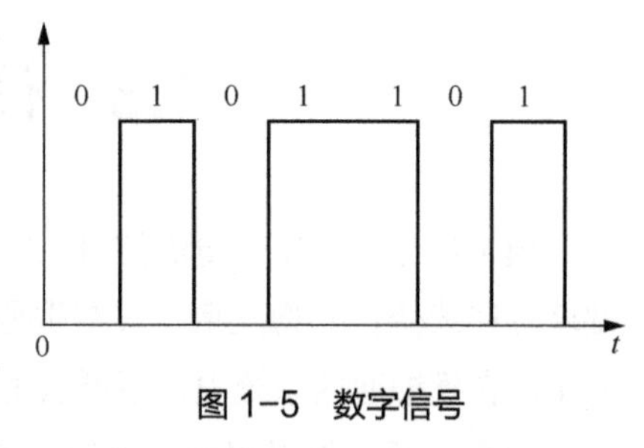


图 1-5　数字信号

"既生瑜，何生亮？"既然有模拟信号，为什么还要有数字信号？实际上，数字信号是由模拟信号转变的。简单地讲，数字信号是在一定的时间间隔对模拟信号的值进行采样，再将采样值进行转换后的信号。

那么，相比于原来的模拟信号，数字信号有如下优势。

1. 抗干扰性更强

数字信号相比模拟信号对干扰的容忍度更高。由于数字信号一般是以二进制数值表示的，所以小于门限的干扰不会影响数据的准确性。例如，用 0V 电压表示 0，用 5V 电压表示 1。如果出现干扰，导致电压变为 4.9V，仍然可以判断为 1。

2. 容错性更强

数字信号的值以离散的形式表示，通过对信号进行编码、解码、校验处理，可以检测并纠正传输过程中出现的错误，从而提高数据传输的准确性。例如，使用奇偶校验、循环冗余校验（CRC）、低密度奇偶校验（LDPC）。

3. 可复制性和可存储性强

数字信号可以通过精确的复制和存储，无损地保存原始信息。相比之下，模拟信号容易受到噪声和干扰的影响，造成衰减，难以精确复制和长期保存。例如，数字信号可以存储在硬盘等介质上，固态硬盘的传输速度大约为 150 ～ 300MB/s，机械硬盘的存储年限可以长达 10 年以上，并且可以对数据进行无损复制以增加存储时间。对于模拟信号，以磁带为例（见图 1-6），复制信息时间几乎等于信号时长，存储年限一般在 5 年以内，并且每次复制都可能丢失部分信息。

图 1-6　磁带

4. 灵活性和可编程性强

数字信号可以使用计算机进行处理和操作，具有很强的灵活性和可编程性。例如，在数字通信系统中，通过数字信号处理算法，可以实现信号的滤波、调制、解调、编解码等操作。在模拟通信系统中，只能通过电路中的模拟器件对信号进行有限的滤波、调制、解调操作。

## 1.5　什么是数字信号处理

数字信号处理是一种处理和分析数字信号的技术和方法。

前面我们讨论了数字信号的优势，其实数字信号处理的过程本质上就是发挥数字信号优势的过程。通过对数字信号进行一系列的数学运算和处理，可以提高信息的传输效率，减少噪声，提高准确度，还可以提取更多有用信息，从而实现更广泛的应用。

数字信号处理的应用领域非常广泛，包括雷达探测、音频处理、图像视频处理、生物医学工程等多个领域。

数字信号处理的实现一般可以分为两个阶段。

★ 前期，通过 MATLAB 等工具进行算法仿真和验证。

★ 后期，通过硬件平台进行设计和调试。

常见的数字信号处理器有现场可编程门阵列（FPGA）、中央处理器（CPU）、图形处理单元（GPU）、数字信号处理器（DSP）、专用集成电路（ASIC）。通常一个数字信号系统的硬件系统会包括其中一个或多个器件，数字信号系统的硬件结构如图 1-7 所示。

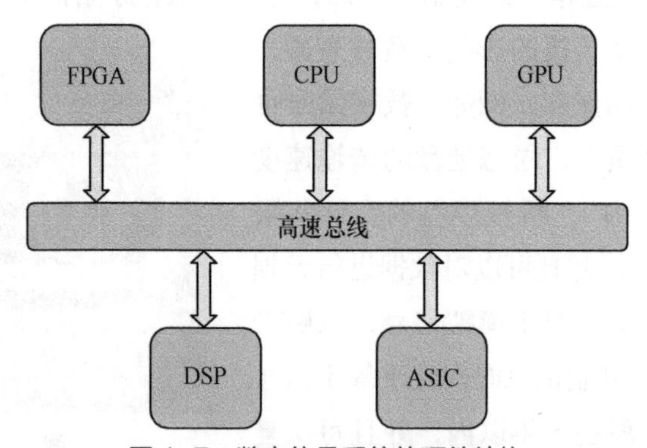


图 1-7　数字信号系统的硬件结构

# 第2章 信号与函数

数字信号处理中的信号一般指电信号。电信号通过电流或电压的变化来传递信息。本章介绍信号的表示方法。

说到信号，其实它离我们并不遥远。人类的五官就是一个强大的信号接收和感知系统。其中，我们通过耳朵可以分辨20Hz～20kHz频率范围的声音信号。我们通过眼睛可以看到波长在400～780nm范围的电磁波，即可见光。对我们来说，电信号很抽象，因为人类还没有进化出一个能感知外界电信号的器官。但是人类有更高级的器官——大脑，它就像一个通用处理器，通过利用数学等工具，帮助我们更好地描述和理解抽象的事物。

电信号的本质是定向移动的电荷。如何描述电信号呢？我们可以借助数学中的函数。

## 2.1 什么是函数

函数: 因变量随着自变量的变化而变化。中国清朝数学家李善兰在翻译《代数学》时写道:“凡此变数中函彼变数者，则此为彼之函数。”

举几个例子，体验一下函数之美。

一次函数:

$$y = f(x) = 2x + 10$$

$y$ 随着 $x$ 的变化而变化，呈线性关系，如图 2-1 所示。

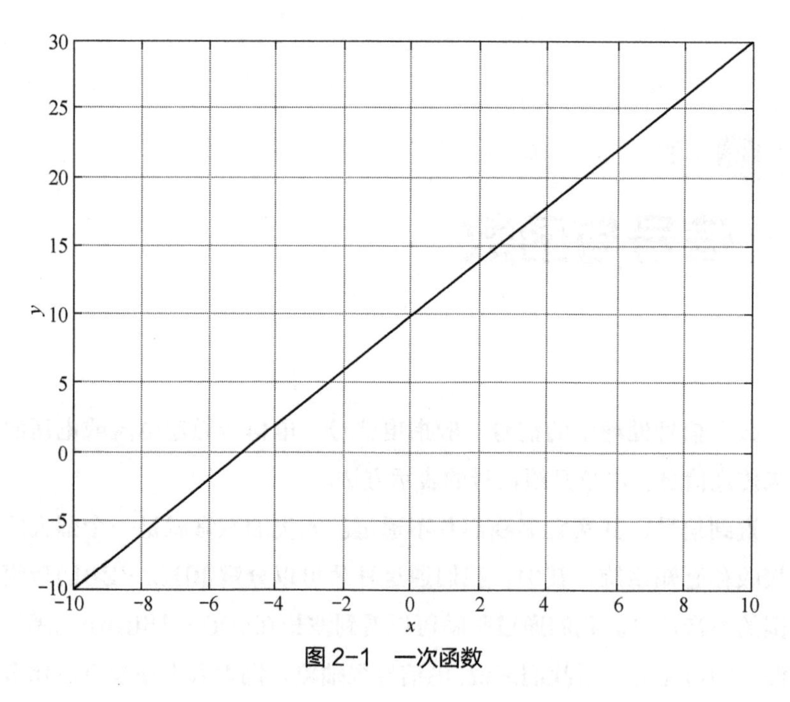


图 2-1　一次函数

二次函数:

$$y = f(x) = 0.2x^2 - 50$$

$y$ 随着 $x$ 的变化而变化，呈非线性关系，如图 2-2 所示。

在上面例子中，函数的变量是实数。函数除了能表示数量的变化关系，还能描述几何关系，如图 2-3 所示的三角函数。

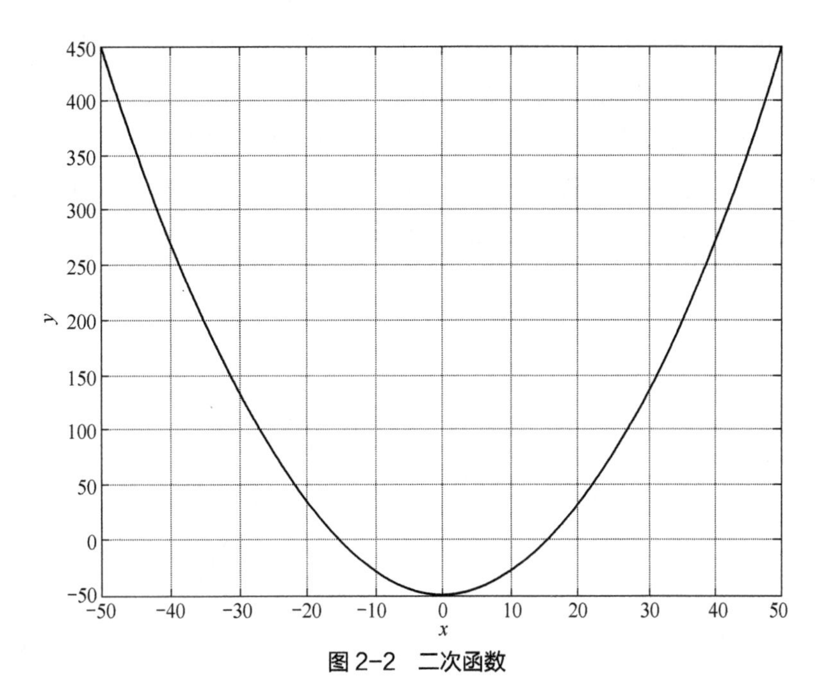

图 2-2 二次函数

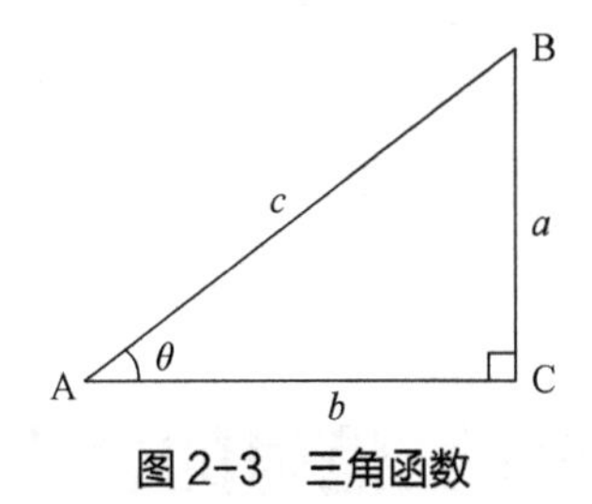

图 2-3 三角函数

正弦函数 $\sin\theta$ 表示的是 $\theta$ 角对应的边与斜边之比，即 $\sin\theta=\dfrac{a}{c}$；

余弦函数 $\cos\theta$ 表示的是 $\theta$ 角相邻的边与斜边之比，即 $\cos\theta=\dfrac{b}{c}$。

对于余弦函数，如果自变量用 $\theta$ 表示，因变量用 $y$ 表示，则有：

$$y=f(\theta)=\cos\theta=\frac{b}{c}$$

其中自变量 $\theta$ 的单位是角度。

当 $\theta=0°$，$y=f(\theta)=\cos 0°=1$；

当 $\theta=45°$，$y=f(\theta)=\cos 45°=\dfrac{1}{\sqrt{2}}$；

当 $\theta=90°$，$y=f(\theta)=\cos 90°=0$；

当 $\theta$ 的取值范围是 $[0,360°]$ 时，正好是一个余弦函数周期。余弦函数还可以用图形表示出来，该图形被称作余弦曲线，如图 2-4 所示。

另外，为了运算方便，我们常常用弧度代替角度，由于 1 弧度（rad）约为 57.3°，2π 弧度（rad）为 360°。若用 $x$ 替代 $\theta$ 来表示因变量，当 $\theta \in [0,360°]$ 时，对应 $x \in [0,2\pi]$，使用弧度表示余弦曲线如图 2-5 所示。

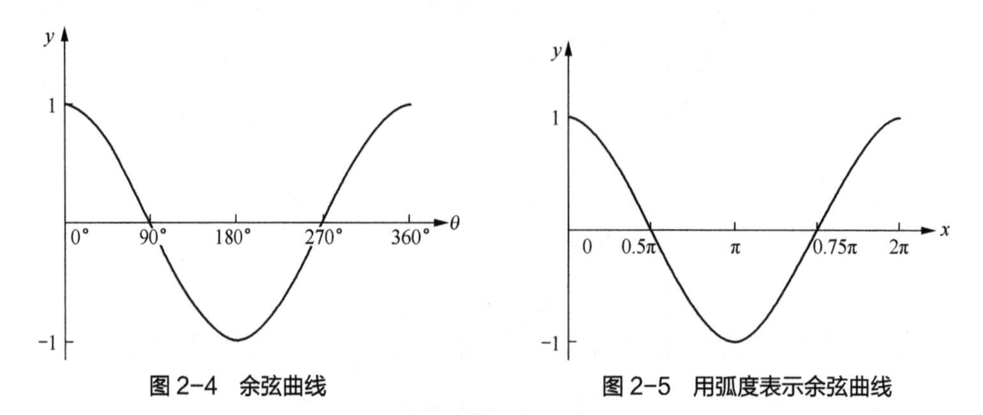


图 2-4　余弦曲线

图 2-5　用弧度表示余弦曲线

再简单地回顾一下什么是函数：在函数中，存在因变量 $y$ 随着自变量 $x$ 的变化而变化的关系。有些函数的自变量没有量纲，比如一次函数、二次函数；而有些函数的自变量有量纲，比如三角函数，可以用度或者弧度来表示。掌握了这些基础知识后，接下来我们就可以用函数来表示和描述信号了。

## 2.2　正余弦信号的公式表示法

假设有一天，你在路上看到了两条可爱的小蛇，一条是白蛇，一条是灰蛇。它们蠕动着身体，在地上爬啊爬。特别有意思的是，它们爬行的轨迹竟然是一个标准的正弦曲线和余弦曲线：小白蛇爬行的轨迹是正弦曲线，而小灰蛇爬行的轨迹是余弦曲线，如图 2-6 所示。这真是两条有文化的小蛇。那么，尝试用公式来描述一下小蛇们的爬行轨迹吧。

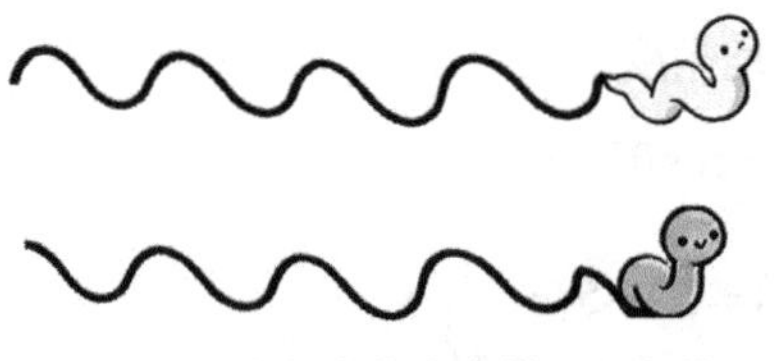

图 2-6　爬行中的小白蛇和小灰蛇

以小灰蛇爬行的余弦曲线轨迹为例。通过前面的讲解可知，在 $[0,2\pi]$ 范围内可以画出一个周期的余弦函数。但是小灰蛇的爬行轨迹用一个周期表示不完整，怎么表示小灰蛇随着时间累加的爬行轨迹呢？另外，如果想表示小灰蛇爬行的速度和任意时刻的位置，该怎么表示呢？

在物理学中，可以用速度乘以时间来表示物体运动的路程，这里描述的是直线运动：

$$s = vt$$

即：路程 = 速度 × 时间

小灰蛇的爬行轨迹是余弦曲线，为了描述它，引入一个变量叫作角速度 $\omega$。令 $\theta = \omega t$，即角度 = 角速度 × 时间

角速度 $\omega$ 类似于速度 $v$，单位是弧度 / 秒（rad/s），表示每秒增加了多少弧度。从而角速度 $\omega$ 可以描述单位时间内角度增加的快慢。二者的不同在于，速度 $v$ 的方向是直线，而角速度 $\omega$ 的方向是沿着三角函数的轨迹方向，是曲线。

将 $\omega t$ 带入 $\theta$，则有：

$$y = f(\omega t) = \cos \omega t$$

又因为 $360° = 2\pi$，设余弦函数周期为 $T$，则有 $\omega = 2\pi / T$，从而可得：

$$y = \cos \omega t = \cos(2\pi / T)t$$

频率 $f$ 为周期的倒数，即 $f = 1 / T$

则有：

$$y = \cos \omega t = \cos(2\pi / T)t = \cos 2\pi f t$$

现在，我们用 $y = \cos \omega t$ 来描述小灰蛇爬行的余弦轨迹，其中 $t$ 表示任意时刻，$y$ 表示相应时刻所处的位置，如图 2-7 所示。

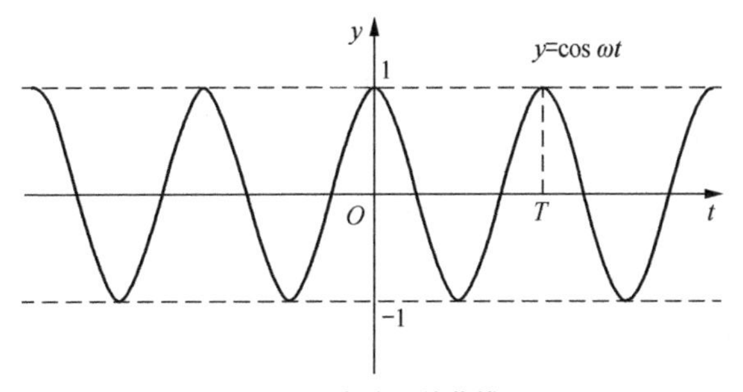


图 2-7　余弦函数曲线图

举个例子，如果小灰蛇的爬行速度是每秒钟完成一个余弦周期，求 1.5 秒后小灰蛇的位置？

因为爬行速度是 1 秒钟爬过一个余弦周期，那么余弦周期 $T = 1\text{s}$，频率 $f = 1\text{Hz}$，

角速度 $\omega = \dfrac{2\pi}{T} = 2\pi f = 2\pi(\text{rad/s})$， $y = \cos\omega t = \cos 2\pi t$。

1.5 秒后，小灰蛇的位置 $y = \cos 2\pi \times 1.5 = \cos 3\pi$，如图 2-8 所示。

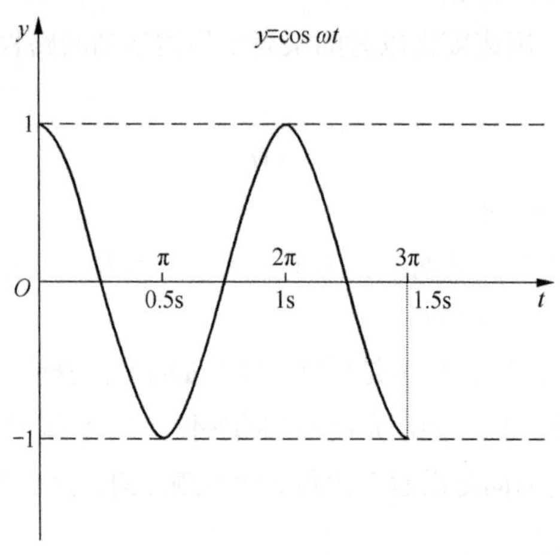


图 2-8　爬行 1.5 秒后小灰蛇的位置

人生若只如初见。如果还想描述第一眼见到小灰蛇时它的爬行姿态，我们可以增加一个变量 $\varphi$：

$$y = \cos(\omega t + \varphi)$$

即当 $t = 0$ 时，余弦函数的值 $y = \cos(\varphi)$。

另外，我们还可以增加一个常量 $A$，表示小灰蛇爬行时摆动的幅度，即余弦函数的振幅。

$$y = A\cos(\omega t + \varphi)$$

至此，小灰蛇爬行的余弦轨迹被清晰地描述出来。同理，小白蛇爬行的正弦轨迹可以表示为：

$$y = A\sin(\omega t + \varphi)$$

现在，让我们探讨怎么用三角函数来表示信号。其实只要把小灰蛇、小白蛇换成电信号，那么 $y = A\cos(\omega t + \varphi)$ 和 $y = A\sin(\omega t + \varphi)$ 描述的就是余弦信号和正弦信号。其中，$t$ 表示时间，$\omega$ 表示角速度，$\varphi$ 表示初相位，$A$ 表示振幅，$y$ 表示电压或电流值，$\omega$ 在信号处理中又被称为角频率。

举个例子，假设现在有一个余弦信号，其幅值 $A = 2$， $\varphi = \pi/4$，角频率 $\omega = 2\pi f = 4\pi(\text{rad/s})$，即频率 $f = 1/T = 2\text{Hz}$，周期 $T = 0.5\text{s}$，余弦信号如图 2-9 所示。

再举个例子，现在有一个正弦信号，幅值 $A = 0.5$， $\varphi = \pi/3$。角频率 $\omega = 2\pi f = \pi(\text{rad/s})$，即频率 $f = 1/T = 0.5\text{Hz}$，周期为 $T = 2\text{s}$，正弦信号如图 2-10 所示。

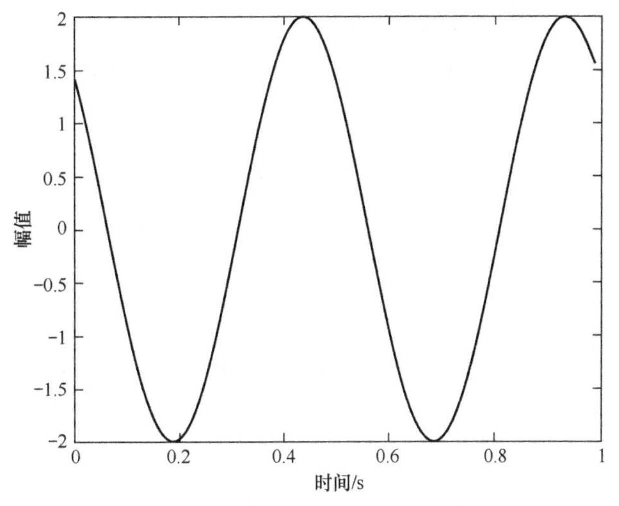


图 2-9　余弦信号 $y = 2\cos\left(4\pi t + \frac{\pi}{4}\right)$

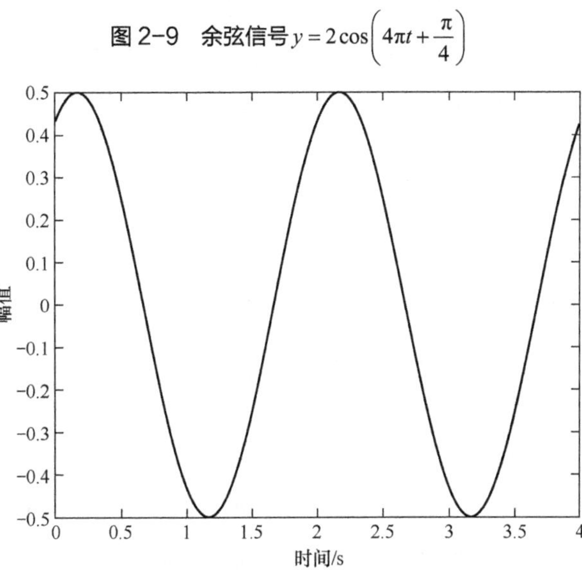


图 2-10　正弦信号 $y = 0.5\sin\left(\pi t + \frac{\pi}{3}\right)$

从图 2-9 和图 2-10 中可以看出，角频率 $\omega$ 越大，信号的频率 $f$ 也越大，单位时间内包含的信号周期个数也越多。初相位 $\varphi$ 影响的是信号的初始值。振幅 $A$ 影响的是信号的幅值范围。

## 2.3　正余弦信号的向量表示法

先来复习一下什么是向量。

向量也称作矢量，指具有大小和方向的量。

而线段只有长度，没有办法表示方向。比如线段 $AB$，如图 2-11 所示。

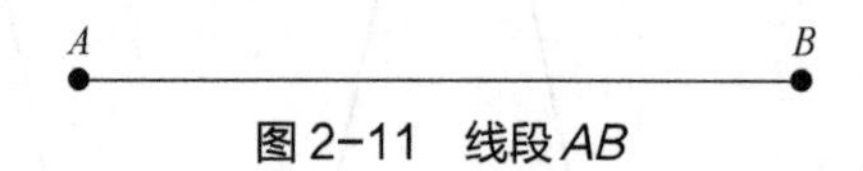


图 2-11　线段 $AB$

那么如何让线段有方向呢？在地球上，通过定义了东南西北，我们就能表示方向。同样地，在数学里想要表示方向，我们可以先构造一个坐标系。比如，直角坐标系，其中 $x$ 轴和 $y$ 轴相互垂直，夹角为直角。

如图 2-12 所示，在直角坐标系中，构造一个单位向量 $\boldsymbol{c}$。起点是原点，与 $x$ 轴夹角是 $\theta$，在 $x$ 轴投影长度是 $a$，$a=|\boldsymbol{c}|\cos\theta$。与 $y$ 轴夹角是 $90°-\theta$，在 $y$ 轴投影长度是 $b$，$b=|\boldsymbol{c}|\sin\theta$。

向量 $\boldsymbol{c}$ 的模值 $|\boldsymbol{c}|$ 为 1，也就是长度为 1，则称向量 $\boldsymbol{c}$ 为单位向量。单位向量 $\boldsymbol{c}$ 的终点落在以原点为圆心、以 1 为半径的单位圆上，如图 2-13 所示。

如果画出所有以原点为起点的单位向量，它们的终点也都会落在这个单位圆上，如图 2-14 所示。

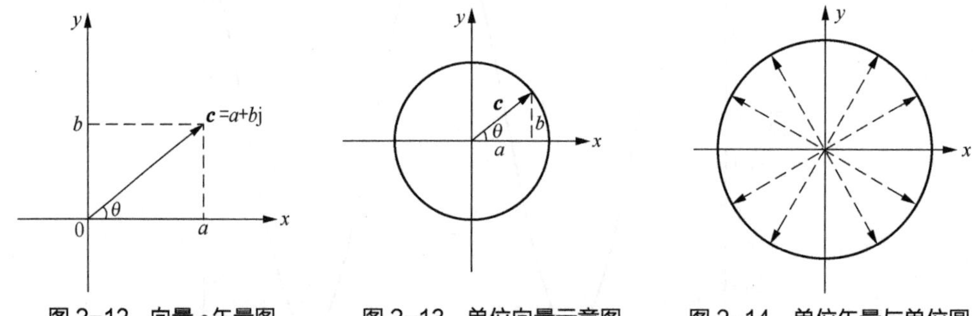


图 2-12　向量 $\boldsymbol{c}$ 矢量图　　图 2-13　单位向量示意图　　图 2-14　单位矢量与单位圆

如果画出所有以原点为起点的单位向量在 $y$ 轴上的投影，单位向量与 $y$ 轴的夹角范围是 $[0,2\pi]$，则它们正好组成一个周期的正弦函数，如图 2-15 所示。

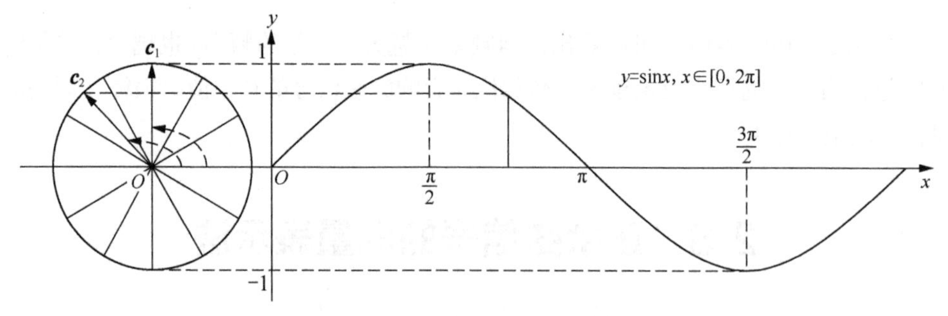


图 2-15　单位向量在 $y$ 轴上的投影

同理，单位向量在 $x$ 轴上的投影能组成一个周期的余弦函数。

如何用向量表示信号呢？

信号是随着时间变化的物理量。同样地，引入角频率 $\omega$，表示单位向量 $\boldsymbol{c}$ 随着时间变化沿着单位圆旋转。将 $\omega t$ 代入 $\theta$，引入幅值 $A$ 表示信号的模长。引入初相位 $\varphi$，可以表示向量的初始角度，即 $t=0$ 时刻，向量与 $x$ 轴的夹角。例如，对于正弦信号也可以用一个角频率为 $\omega$，初相位为 $\varphi$，模值为 $A$ 的旋转向量表示，如图 2-16 所示。

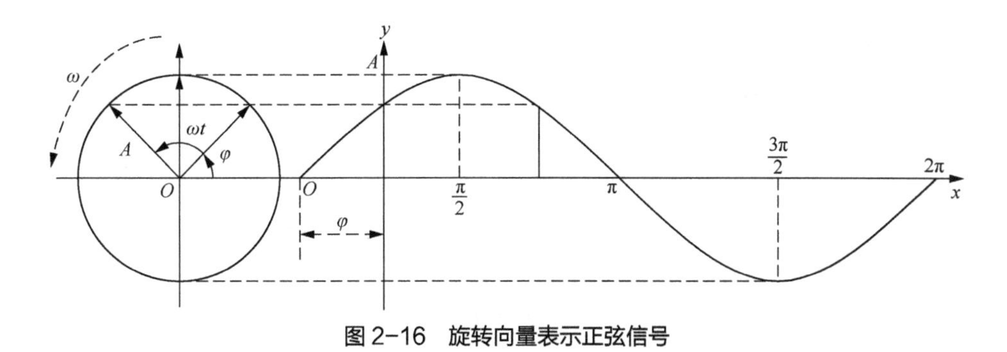


图 2-16 旋转向量表示正弦信号

## 2.4 正余弦信号的复指数表示法

温故知新，现在让我们复习一下什么是虚数。

虚数难以定义，就好像尝试给“没有”下定义一样。当一个事物不好定义时，可以给它贴上标签来描述它的特点。

虚数的特点是其平方等于 -1，在数学中常用 i 表示。由于在物理学中 $i$ 表示电流，所以在物理中又常用 j 表示虚数，即 $\mathrm{j}^2=-1$

虚数和实数一起构成了复数。比如：$c=a+b\mathrm{j}$。

复数比较抽象，但与向量类似，我们可以通过建立一个直角坐标系来表示复数。坐标系的横轴表示实数，也称为实轴。纵轴表示虚数，也称为虚轴。这个坐标系也称作复平面，如图 2-17 所示。

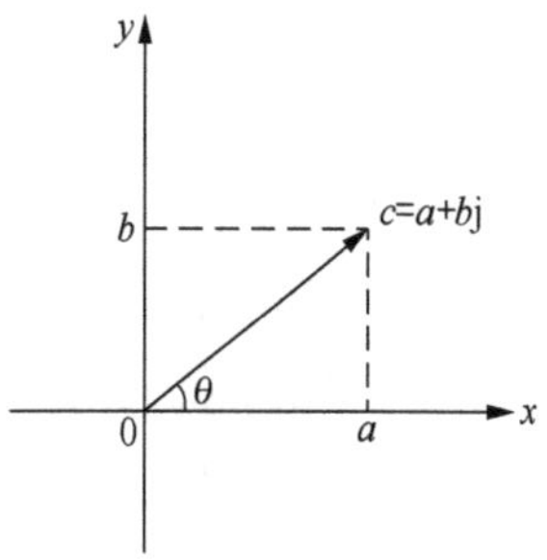

图 2-17 复数示意图

复平面上的复数点可以用对应的向量表示。比如：复数 $c=a+b\mathrm{j}$ 可以用向量 $\boldsymbol{c}$ 表示，向量 $\boldsymbol{c}$ 模值为 1。其中 $a=\cos\theta$，$b=\sin\theta$，代入 $c=a+b\mathrm{j}$ 中：

$$c=\cos\theta+\mathrm{j}\sin\theta$$

这个公式看起来平平无奇，其貌不扬。如果将它稍作修饰，将 $c$ 换作 $\mathrm{e}^{\mathrm{j}\theta}$：

$$e^{j\theta}=\cos\theta+j\sin\theta$$

是不是似曾相识了？这就是号称世界上“十大最美公式”之一的欧拉公式。

当然，也不能说换就换，还需要有据可依。

先从它的身世说起，$e^{j\theta}$中的e是自然常数，定义为：

$$e=\lim_{n\to\infty}\left(1+\frac{1}{n}\right)^{n}$$

当$n\to\infty$时，$e\approx2.71828$。

自然常数e的指数函数，可以用泰勒公式展开为：

$$e^{x}=1+\frac{x}{1!}+\frac{x^{2}}{2!}+\frac{x^{3}}{3!}+\cdots,\ -\infty<x<\infty$$

不仅e的指数函数可以用泰勒公式展开，三角函数也可以：

$$\cos x=1-\frac{x^{2}}{2!}+\frac{x^{4}}{4!}-\frac{x^{6}}{6!}+\cdots$$

$$\sin x=x-\frac{x^{3}}{3!}+\frac{x^{5}}{5!}-\frac{x^{7}}{7!}+\cdots$$

再看如何证明$e^{j\theta}=\cos\theta+j\sin\theta$，用$x$替换$\theta$，则有：

$$e^{jx}=\cos x+j\sin x$$

根据e指数函数的泰勒展开公式：

$$\begin{aligned}e^{jx}&=1+jx+\frac{(jx)^{2}}{2!}+\frac{(jx)^{3}}{3!}+\frac{(jx)^{4}}{4!}+\frac{(jx)^{5}}{5!}+\frac{(jx)^{6}}{6!}+\frac{(jx)^{7}}{7!}+\ldots\\&=1+jx-\frac{x^{2}}{2!}-j\frac{x^{3}}{3!}+\frac{x^{4}}{4!}+j\frac{x^{5}}{5!}-\frac{x^{6}}{6!}-j\frac{x^{7}}{7!}+\ldots\\&=1-\frac{x^{2}}{2!}+\frac{x^{4}}{4!}-\frac{x^{6}}{6!}+\ldots+j\left(x-\frac{x^{3}}{3!}+\frac{x^{5}}{5!}-\frac{x^{7}}{7!}+\ldots\right)\\&=\cos x+j\sin x\end{aligned}$$

即证明了$e^{j\theta}=\cos\theta+j\sin\theta$。

从证明过程中，欧拉公式的构造之美已经能窥见一斑。美不是仅有华丽的外表，真正的美还需要内外兼修。

欧拉公式能做些什么呢？

$e^{j\theta}$是一个自变量为$\theta$的指数函数，同时指数中存在虚数j，所以$e^{j\theta}$也称作复指数函数。复指数函数$e^{j\theta}$也可以看作是复平面中的一个向量。

在复平面表示：

$$e^{j\theta}=\cos\theta+j\sin\theta$$

实轴的投影是余弦函数 $\cos\theta$，虚轴的投影是正弦函数 $\sin\theta$，如图 2-18 所示。

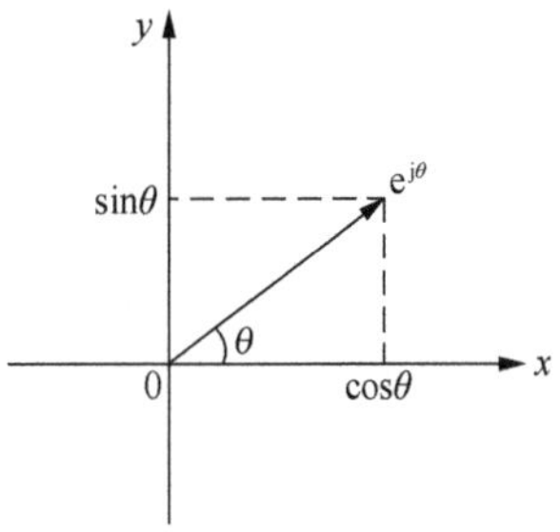

图 2-18 复指数函数 $e^{j\theta}$

显然，$e^{j\theta}$ 可以拆分成余弦函数 $\cos\theta$ 和正弦函数 $\sin\theta$。那么，反过来余弦函数 $\cos\theta$ 和正弦函数 $\sin\theta$ 是不是可以用 $e^{j\theta}$ 来表示呢？答案是肯定的。

$$e^{j\theta}=\cos\theta+j\sin\theta$$

$$e^{-j\theta}=\cos\theta-j\sin\theta$$

$$e^{j\theta}+e^{-j\theta}=(\cos\theta+j\sin\theta)+(\cos\theta-j\sin\theta)=2\cos\theta$$

$$e^{j\theta}-e^{-j\theta}=(\cos\theta+j\sin\theta)-(\cos\theta-j\sin\theta)=2j\sin\theta$$

$$\cos\theta=\frac{1}{2}\left(e^{j\theta}+e^{-j\theta}\right)$$

$$\sin\theta=\frac{1}{2j}\left(e^{j\theta}-e^{-j\theta}\right)=-\frac{j}{2}\left(e^{j\theta}-e^{-j\theta}\right)$$

欧拉公式搭起了 e 的指数函数和三角函数的一座桥梁，使它们可以相互转换。

现在了解了复指数函数 $e^{j\theta}$，我们不禁要问：是否存在复指数信号呢？

按照之前的经验，我们可以引入角频率 $\omega$，将 $\omega t$ 代入 $\theta$，得到 $e^{j\omega t}$。理论上就能表示与之相对应的复指数信号，现实真的是这样吗？

接下来，我们来分析一下 $e^{j\omega t}$，$e^{j\omega t}$ 可以看作是一个旋转向量。根据欧拉公式：

$$e^{j\omega t}=\cos\omega t+j\sin\omega t$$

旋转向量的实轴是余弦信号 $\cos\omega t$，虚轴是正弦信号 $\sin\omega t$，如图 2-19 所示。

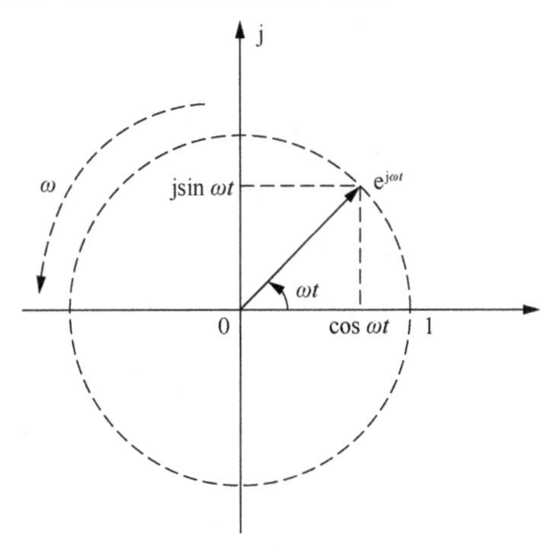


图 2-19 复指数信号 $e^{j\omega t}$

如果再加上时间轴，我们可以用三维图像表示它，其中实轴与时间轴的投影是余弦信号 $\cos\omega t$，虚轴与时间轴的投影是正弦信号 $\sin\omega t$，如图 2-20 所示。

如果想表示初相位，可以引入初相位 $\varphi$；如果想表示幅值，可以引入 $A$。这样，我们就可以得到 $Ae^{j(\omega t+\varphi)}$。

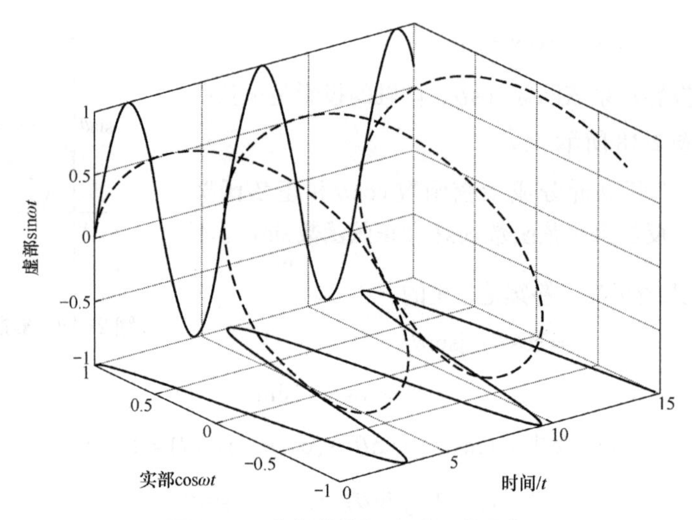


图 2-20　复指数信号 $e^{j\omega t}$ 的三维图像

再回到最初的问题，我们现在知道正弦函数 $\sin\theta$、余弦函数 $\cos\theta$ 相对应的正弦信号 $\sin\omega t$ 、余弦信号 $\cos\omega t$ 。那么有没有和复指数函数 $e^{j\theta}$ 对应的复指数信号 $e^{j\omega t}$ 呢？

答案可以是有，也可以是没有。

先来看没有的解释：

通过 $e^{j\omega t}=\cos\omega t+j\sin\omega t$ ，我们知道正弦信号 $\sin\omega t$ 、余弦信号 $\cos\omega t$ 能够合成 $e^{j\omega t}$ 。但是虚数部分 $j\sin\omega t$ 包含虚数 $j$ ，在现实世界中无法找到对应事物，它就像是一个古老的传说，虚无缥缈。

再来看有的解释：

虽然在现实世界中无法找到一个复指数信号 $e^{j\omega t}$ ，但是我们可以用两个信号来表示它。

假设有两根导线，一根导线代表实轴，上面传输的信号是余弦信号 $\cos\omega t$ ；另一根导线代表虚轴，上面传输的信号是正弦信号 $\sin\omega t$ 。在信号传输的过程中，实轴和虚轴互不干扰。在需要运算的时候，再将两个信号按照 $\cos\omega t+j\sin\omega t$ 的规则组合在一起，在处理器件中进行运算。运算结束后，再分别把结果中的实部信号和虚部信号放到两根导线上传输。

在实际应用中，并不一定是两根导线，而可能是两个变量。这两路信号又被称作 IQ 信号。

I：同相（in-phase）信号，$A\cos\omega t$ ；

Q：正交（quadrature）信号，$A\sin\omega t$ 。

所以，答案往往不是固定的。

# 第3章

# 信号与傅里叶级数

在第2章中，我们分析了信号与函数的关系，并探讨了如何表示正弦信号和余弦信号。之所以花费如此多的篇幅来解释正弦信号和余弦信号，是因为正弦信号和余弦信号可以看作是信号的基本组成元素。在这一章中，我们将探讨如何利用正弦信号和余弦信号来表示更复杂的信号。

## 3.1 信号的分解与合成

现有一个方波信号，周期为 1s，即频率为 1Hz，占空比为 50%，如图 3-1 所示。

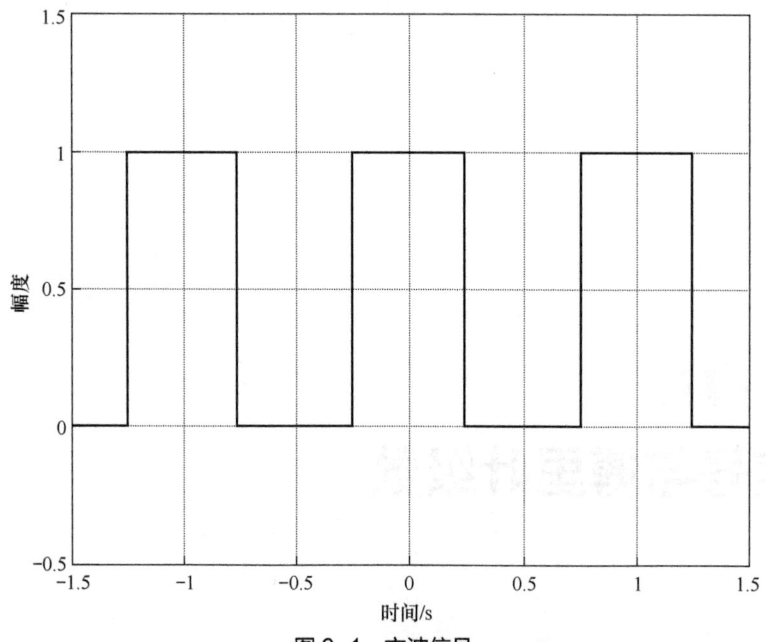


图 3-1 方波信号

我们试着用余弦信号合成一个方波信号。选取如图 3-2 所示的余弦信号 $f(t)=0.5+0.637\times\cos(2\pi t)$，其中余弦信号的直流分量为 0.5，振幅为 0.637，周期为 1s，即频率为 1Hz，角频率为 $2\pi(\mathrm{rad/s})$。

将图 3-1 和图 3-2 所示信号放在一起进行比较，如图 3-3 所示。

由图 3-3 可以看出，虽然余弦信号与方波信号的周期相同，不过只是形似，方波信号比起余弦信号更加棱角分明。

由于一个余弦信号无法完全表示方波信号，我们可以尝试再加入另一个频率为 3Hz、角频率为 $6\pi(\mathrm{rad/s})$，振幅为 –0.212 的余弦信号，用两个余弦信号来合成一个方波信号。设

$$f(t)=0.5+0.637\times\cos(2\pi t)-0.212\times\cos(6\pi t)$$

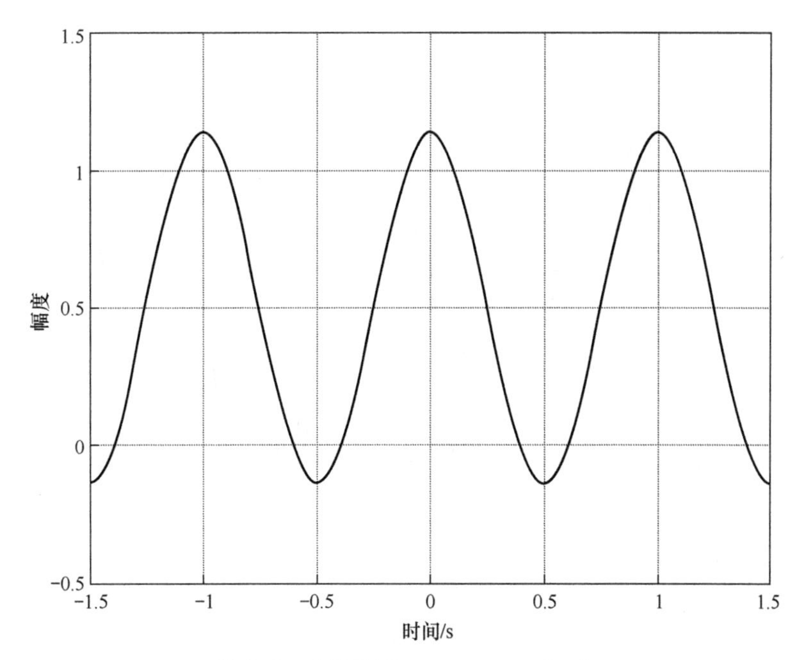


图 3-2 余弦信号 $0.5+0.637\times\cos(2\pi t)$

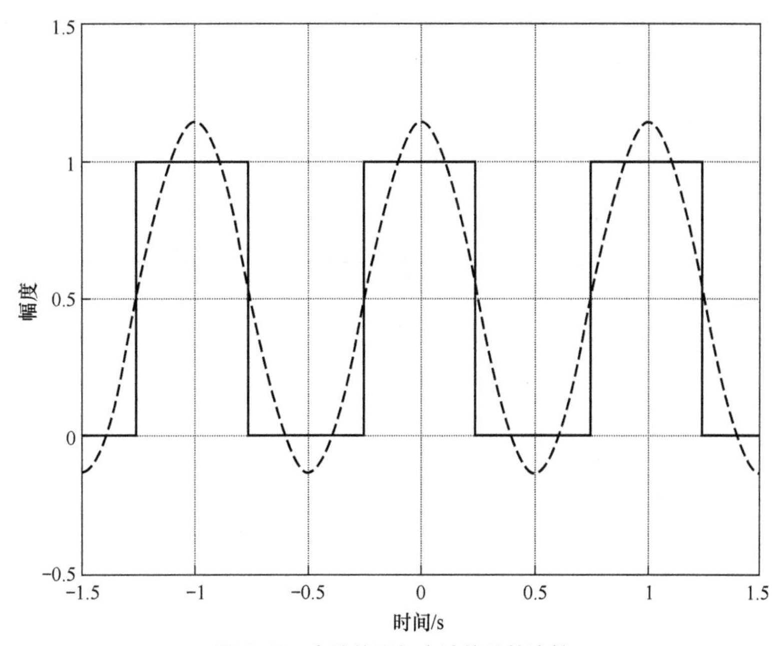


图 3-3 余弦信号与方波信号的比较

得到如图 3-4 所示的图形。

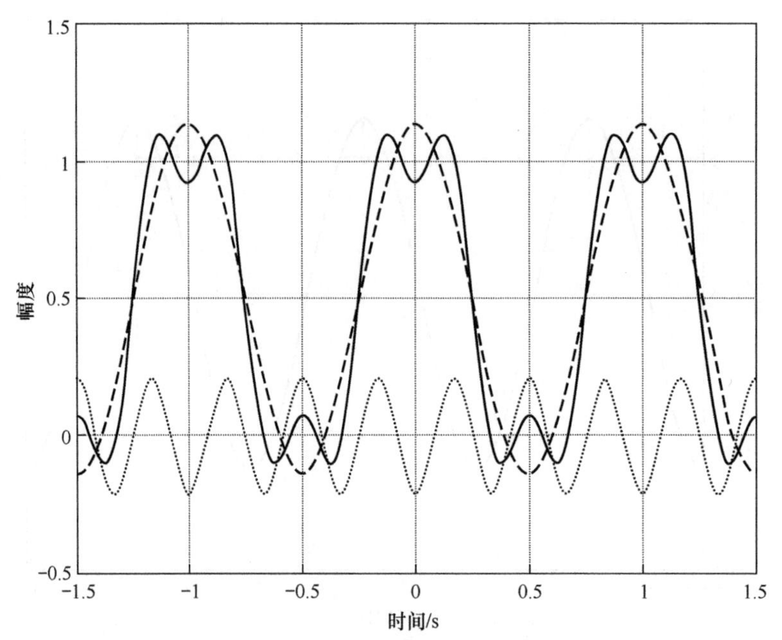


图 3-4　两个余弦信号合成的信号

将其与方波信号放在一起进行比较，从图中可以看出，两个余弦信号合成的信号和方波信号重合得更好一些，如图 3-5 所示。

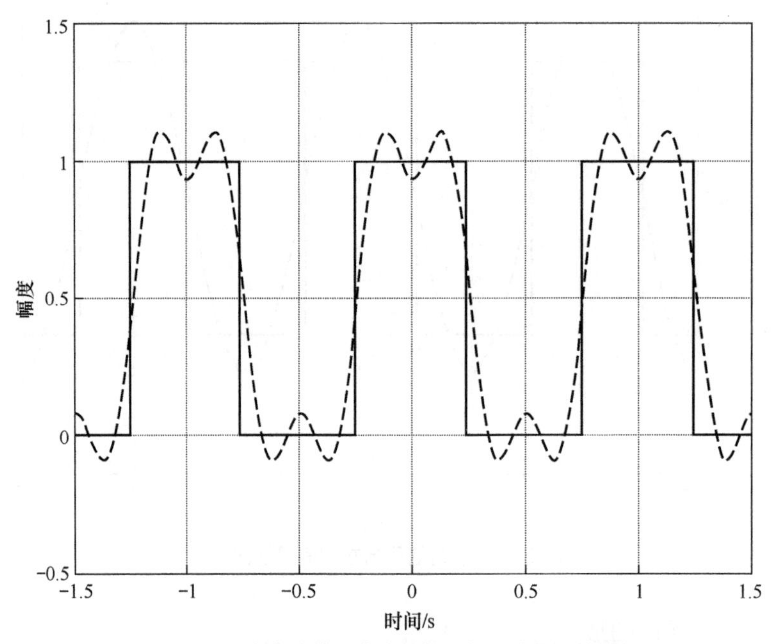


图 3-5　两个余弦信号合成的信号与方波信号的比较

俗话说“三个臭皮匠顶个诸葛亮”，再加入一个频率为 5Hz、角频率为 $10\pi(\mathrm{rad/s})$，振幅为 0.127 的余弦信号：

$$f(t)=0.5+0.637\times\cos(2\pi t)-0.212\times\cos(6\pi t)+0.127\times\cos(10\pi t)$$

得到如图 3-6 所示的图形。

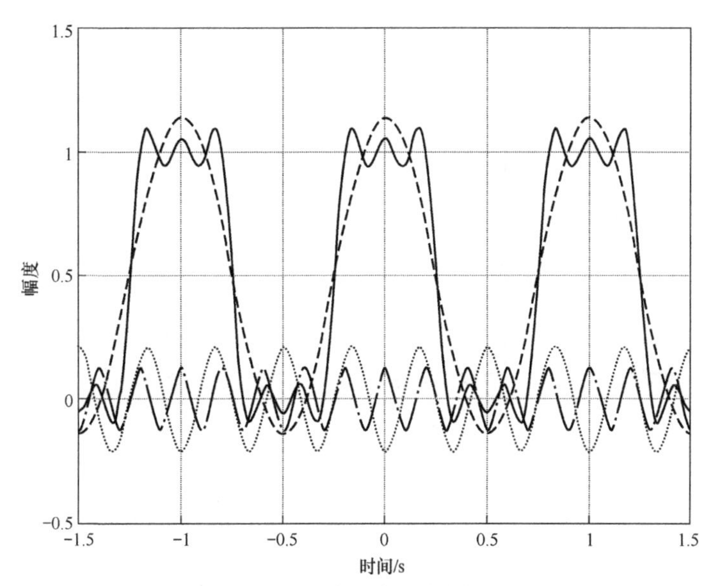


图 3-6 三个余弦信号合成的信号

再次将其与方波信号放在一起进行比较，得到如图 3-7 所示图形。

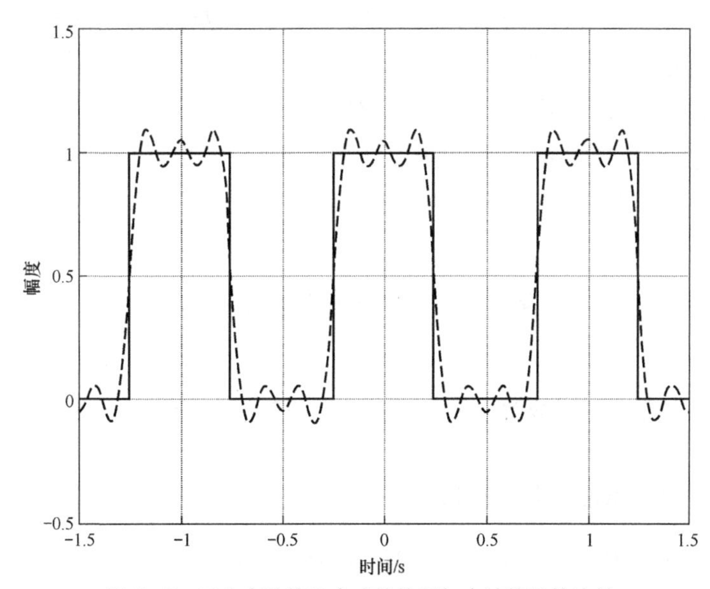


图 3-7 三个余弦信号合成的信号与方波信号的比较

图 3-7 可以看出，由三个余弦信号合成的信号拟合方波信号的误差更小。依此类推，如果我们用更多的余弦信号去合成表示方波信号，那么合成的信号将越来越接近方波信号，如图 3-8 所示。

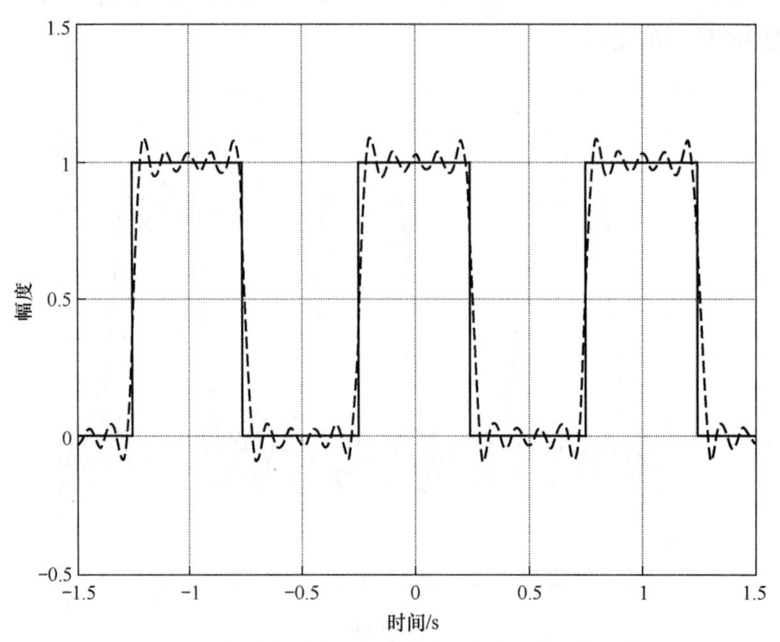


图 3−8　多个余弦信号合成的信号与方波信号的比较

通过上面的例子，我们可以看出，方波信号可以通过多个余弦信号来表示。也就是说，多个余弦信号可以合成方波信号，方波信号也可以分解成多个余弦信号。那么，我们现在思考两个问题：

1. 为什么方波信号可以分解成余弦信号？
2. 合成方波信号的余弦信号及其系数是如何被确定的？

在接下来的章节中，我们会慢慢给出答案。

## 3.2　向量与正交基

为什么方波信号可以分解成余弦信号？我们需要再复习一下向量的知识。

### 3.2.1　向量的概念和重要性质

向量也称作矢量，是一种既有大小又有方向的量，例如速度、加速度、力等就是这样的量。如果忽略其实际含义，它们可以被抽象为数学中的概念——向量。

向量的大小，也就是向量的长度或模。如图 3-9 所示，将向量 $\boldsymbol{OA}$ 的模记作$|\boldsymbol{OA}|$。向量 $\boldsymbol{OA}$ 、 $\boldsymbol{OB}$ 也可以记作 $\boldsymbol{a}$ 和 $\boldsymbol{b}$ ，对应的模为$|\boldsymbol{a}|$、$|\boldsymbol{b}|$。

向量的投影：向量 $\boldsymbol{a}$ 在向量 $\boldsymbol{b}$ 方向的投影 $OA'=|\boldsymbol{a}|\times\cos\theta=|\boldsymbol{OA}|\times\cos\theta$。

向量的内积：两个向量的内积等于其中一个向量的模与另一个向量在这个向量方向上投影的乘积。向量的内积也叫作点积或数量积。

以图 3-9 为例，向量的内积为 $\boldsymbol{a}\cdot\boldsymbol{b}=|\boldsymbol{a}||\boldsymbol{b}|\times\cos\theta$。其中，$|\boldsymbol{a}|\times\cos\theta$是向量 $\boldsymbol{a}$ 在向量 $\boldsymbol{b}$ 方向上的投影。$\boldsymbol{a}\cdot\boldsymbol{b}=\left(|\boldsymbol{a}|\times\cos\theta\right)\times|\boldsymbol{b}|=|\boldsymbol{a}||\boldsymbol{b}|\times\cos\theta$，即向量 $\boldsymbol{b}$ 的模与向量 $\boldsymbol{a}$ 在向量 $\boldsymbol{b}$ 方向上投影的乘积。

向量的夹角：两个向量的内积除以两个向量模的乘积，即为两向量夹角的余弦值。

$$\cos\theta=\frac{\boldsymbol{a}\cdot\boldsymbol{b}}{|\boldsymbol{a}||\boldsymbol{b}|}$$

当两个向量互相垂直时， $\theta=90^\circ$ ， $\cos\theta=0$ ， $\boldsymbol{a}\cdot\boldsymbol{b}=|\boldsymbol{a}||\boldsymbol{b}|\times\cos\theta=0$ ，所以两个互相垂直的向量的内积为零。

再举个例子，如图 3-10 所示，向量 $\boldsymbol{a}$ 和向量 $\boldsymbol{b}$ 的模分别为$|\boldsymbol{a}|=2$ ，$|\boldsymbol{b}|=\sqrt{2}$，夹角 $\theta$ 为$45^\circ$ 。则向量的内积：

$$\boldsymbol{a}\cdot\boldsymbol{b}=|\boldsymbol{a}||\boldsymbol{b}|\times\cos\theta=2\times\sqrt{2}\times\frac{\sqrt{2}}{2}=2$$

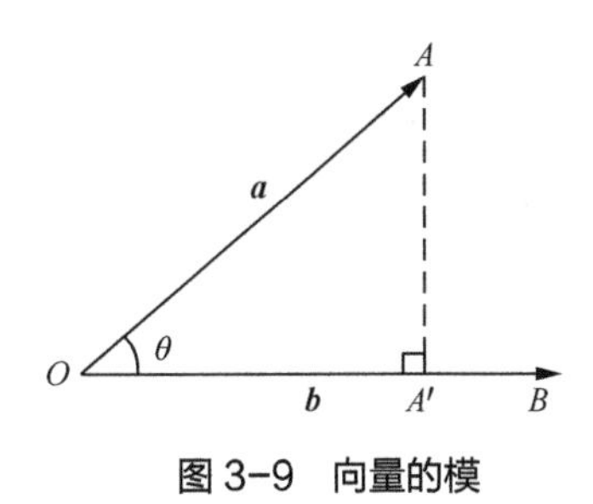

图 3-9 向量的模

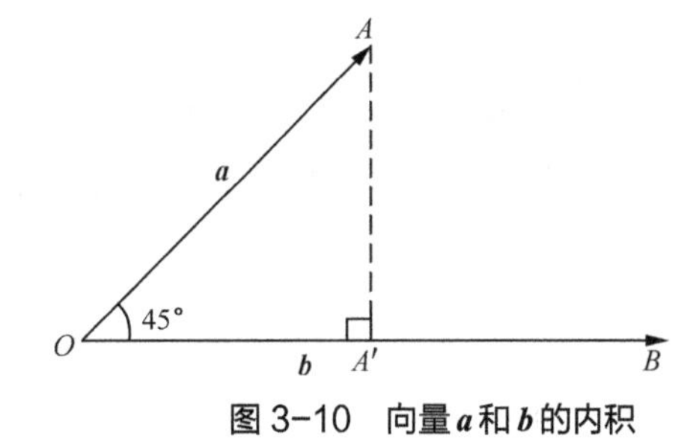

图 3-10 向量 $\boldsymbol{a}$ 和 $\boldsymbol{b}$ 的内积

## 3.2.2 向量内积的线性表示

在上面例子中，我们用几何的方式表示了向量的内积。其实，向量的内积还可以用线性代数的方式表示。

设向量 $\boldsymbol{x}$ 、 $\boldsymbol{y}$ 的坐标表示为 $\boldsymbol{x}=(x_1,x_2)$ ， $\boldsymbol{y}=(y_1,y_2)$ ，则向量的内积：

$$\boldsymbol{x}\cdot\boldsymbol{y}=x_1y_1+x_2y_2$$

例如，将向量 $\boldsymbol{a}$ 和向量 $\boldsymbol{b}$ 放入直角坐标系，将向量 $\boldsymbol{b}$ 的方向选作横轴。由图 3-11 可以

看出，$\boldsymbol{a}$=(1,1)，$\boldsymbol{b}$=(2,0)，则向量的内积：

$$\boldsymbol{a}\cdot\boldsymbol{b}=1\times 2+1\times 0=2$$

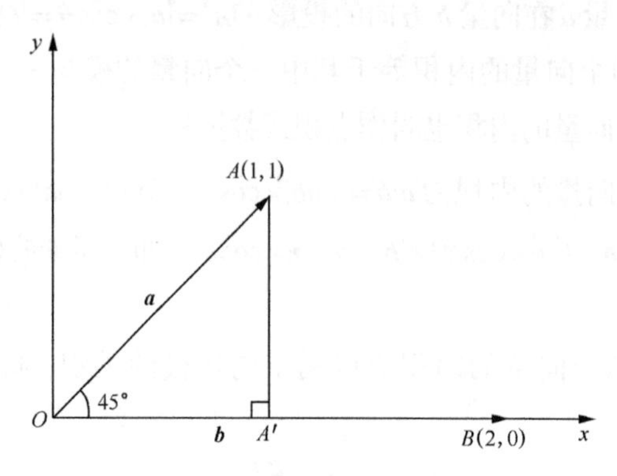


图 3-11　向量内积的线性表示

## 3.2.3　多维向量的内积

在上述例子中，我们讨论的是二维向量。那么如何表示三维向量呢？

我们知道二维向量可以在二维直角坐标系中表示，同理三维向量也可以用三维坐标系来表示。

在三维坐标系中，$x$、$y$、$z$ 分别表示坐标系的三个坐标轴。向量 $\boldsymbol{a}$ 为一个三维向量，如图 3-12 所示。

设三维向量 $\boldsymbol{a}$ 在 $x$、$y$、$z$ 坐标轴的上投影分别 [2,3,1]，即坐标为 (2,3,1)，则向量 $\boldsymbol{a}$ 可以表示为 $\boldsymbol{a}$=[2,3,1]，如图 3-13 所示。

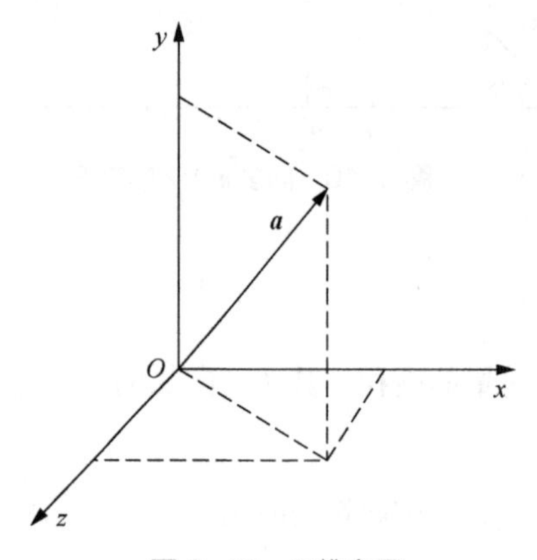


图 3-12　三维向量 $\boldsymbol{a}$

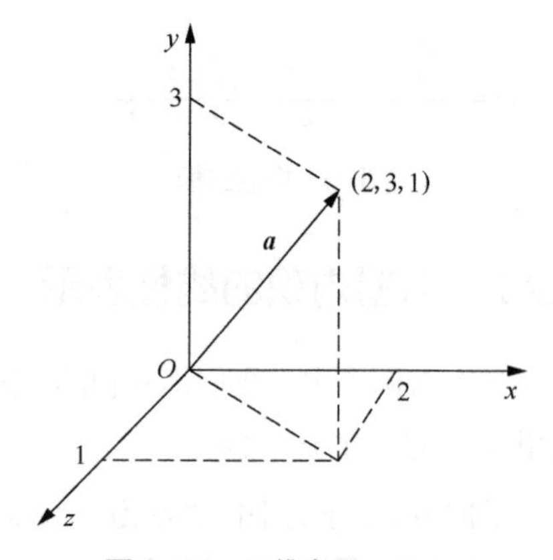


图 3-13　三维向量 $\boldsymbol{a}$=[2,3,1]

设另有三维向量 $\boldsymbol{a}$=[3,−1,4]，$\boldsymbol{b}$=[2,−5,−1]，则三维向量 $\boldsymbol{a}$，$\boldsymbol{b}$ 的内积：

$$\begin{aligned}\boldsymbol{a}\cdot\boldsymbol{b}&=[3,-1,4]\cdot[2,-5,-1]\\&=3\times2+(-1)\times(-5)+4\times(-1)\\&=7\end{aligned}$$

如果向量不是二维或三维的，而是更多维的，则两个向量的内积：

$$\boldsymbol{a}\cdot\boldsymbol{b}=\sum_{i=1}^{n}a_ib_i$$

其中，$\boldsymbol{a}=[a_1,a_2,\cdots,a_n]$，$\boldsymbol{b}=[b_1,b_2,\cdots,b_n]$，可以展开：

$$\boldsymbol{a}\cdot\boldsymbol{b}=\sum_{i=1}^{n}a_ib_i=a_1b_1+a_2b_2+\cdots+a_nb_n$$

另外，向量的内积 $\boldsymbol{a}\cdot\boldsymbol{b}$ 也可以用符号 $<\boldsymbol{a},\boldsymbol{b}>$，或者 $[\boldsymbol{a},\boldsymbol{b}]$ 表示。

还可以通过矩阵相乘的方式，$\boldsymbol{A}$ 和 $\boldsymbol{B}$ 分别为向量 $\boldsymbol{ab}$ 对应的矩阵，$\boldsymbol{B}^{\mathrm{T}}$ 为矩阵 $\boldsymbol{B}$ 的转置。

$$\boldsymbol{a}\cdot\boldsymbol{b}=\boldsymbol{A}\cdot\boldsymbol{B}=\boldsymbol{A}\boldsymbol{B}^{\mathrm{T}}$$

例如，三维向量 $\boldsymbol{a}=[3,-1,4]$，$\boldsymbol{b}=[2,-5,-1]$ 的内积：

$$\boldsymbol{a}\cdot\boldsymbol{b}=[3\ -1\ \ 4]\begin{bmatrix}2\\-5\\-1\end{bmatrix}=[7]$$

## 3.2.4 正交组与正交基

向量的另一个重要概念是正交组和正交基。

正交组：两个向量正交就可以组成一个正交组。

正交基：在 $n$ 维空间中，由 $n$ 个互相正交的向量构成一个正交基，$n$ 维空间中的任意向量都可以用正交基表示。

例如，在二维空间中，直角坐标系中的 $x$ 轴和 $y$ 轴垂直且正交。它们可以看作是一个正交组。因为二维空间中只需要两个向量就可以构成一对正交基，所以 $x$ 轴和 $y$ 轴也可以看作是一对正交基。

设有二维空间向量 $\boldsymbol{a}=[1,1]$，它可以分解到 $x$ 轴、$y$ 轴，对应的坐标为 $(1,1)$，如图 3-14 所示。

如何用正交基表示任意向量呢？

设二维空间存在正交基 $\boldsymbol{b}$ 和 $\boldsymbol{c}$，对于二维空间中的向量 $\boldsymbol{a}$，可以用正交基 $\boldsymbol{b}$ 和 $\boldsymbol{c}$ 来表示，只要找到向量 $\boldsymbol{a}$ 在正交基 $\boldsymbol{b}$ 和 $\boldsymbol{c}$ 下的坐标 $A_b, A_c$ 即可，如图 3-15 所示。

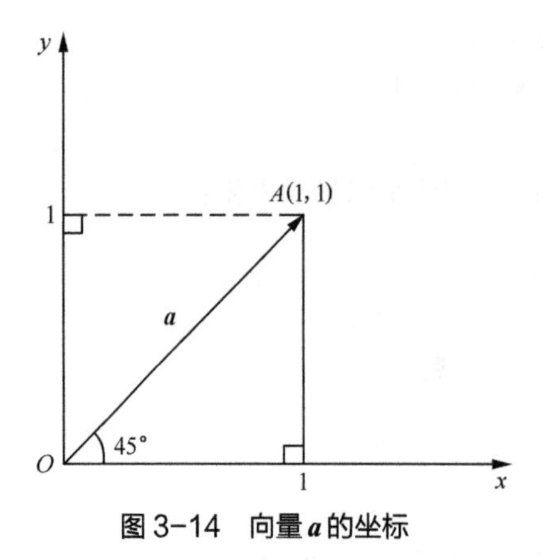


图 3-14　向量 $\boldsymbol{a}$ 的坐标

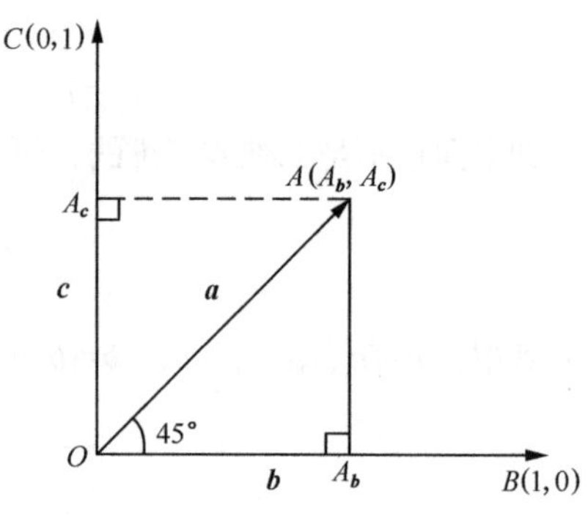


图 3-15　向量 $\boldsymbol{a}$ 在正交基 $\boldsymbol{b}$ 和 $\boldsymbol{c}$ 下的坐标

$$A_b=\frac{<\boldsymbol{a},\boldsymbol{b}>}{<\boldsymbol{b},\boldsymbol{b}>}=\frac{|\boldsymbol{a}||\boldsymbol{b}|\times\cos\theta}{|\boldsymbol{b}||\boldsymbol{b}|\times\cos 0}=\frac{|\boldsymbol{a}||\boldsymbol{b}|\times\cos\theta}{|\boldsymbol{b}||\boldsymbol{b}|\times\cos 0}=\frac{|\boldsymbol{a}|\times\cos\theta}{|\boldsymbol{b}|}=\frac{\sqrt{2}\times\frac{\sqrt{2}}{2}}{1}=1$$

$$A_c=\frac{<\boldsymbol{a},\boldsymbol{c}>}{<\boldsymbol{c},\boldsymbol{c}>}=\frac{|\boldsymbol{a}||\boldsymbol{c}|\times\cos\theta}{|\boldsymbol{c}||\boldsymbol{c}|\times\cos 0}=\frac{|\boldsymbol{a}||\boldsymbol{c}|\times\cos\theta}{|\boldsymbol{c}||\boldsymbol{c}|\times\cos 0}=\frac{|\boldsymbol{a}|\times\cos\theta}{|\boldsymbol{c}|}=\frac{\sqrt{2}\times\frac{\sqrt{2}}{2}}{1}=1$$

即向量 $\boldsymbol{a}$ 在正交基 $\boldsymbol{b}$ 和 $\boldsymbol{c}$ 下的坐标为 $(1,1)$。有了正交基下的坐标，就可以用 $\boldsymbol{b}$ 和 $\boldsymbol{c}$ 来表示向量 $\boldsymbol{a}$：

$$\boldsymbol{a}=\boldsymbol{b}+\boldsymbol{c}$$

### 3.2.5　多维向量的正交分解

通过上面的例子，我们知道了二维向量可以分解到正交基下。正交基也叫作一个矢量集合，例如 $\{\boldsymbol{b},\boldsymbol{c}\}$ 也可以称作是一个矢量集合。同理三维向量和多维向量也可以被分解到正交基或矢量集合中，比如 $\{\boldsymbol{x},\boldsymbol{y},\boldsymbol{z}\}$，$\{\boldsymbol{v}_1,\boldsymbol{v}_2,\boldsymbol{v}_3,\boldsymbol{v}_4,\cdots,\boldsymbol{v}_n\}$。

二维向量 $\boldsymbol{a}$ 可以被分解到正交基 $\{\boldsymbol{b},\boldsymbol{c}\}$ 下，如图 3-16 所示。

三维向量 $\boldsymbol{a}$ 分解到正交基 $\{\boldsymbol{x},\boldsymbol{y},\boldsymbol{z}\}$ 下，如图 3-17 所示。

虽然我们可以用多维正交基 $\{\boldsymbol{v}_1,\boldsymbol{v}_2,\boldsymbol{v}_3,\boldsymbol{v}_4,\cdots,\boldsymbol{v}_n\}$ 来表示多维向量，但是我们却不能准确地将其可视化。因为人类生活在三维空间中，即使是四维空间，我们也难想象其具体形态。正如《庄子·外篇·秋水》中所言："夏虫不可以语于冰者，笃于时也。"不过，区别于工笔画，国画的一大特色是写意，它不追求外在逼真，但求精神实质。那么，我们可以尝试用写意的手法来描绘多维正交基 $\{\boldsymbol{v}_1,\boldsymbol{v}_2,\boldsymbol{v}_3,\boldsymbol{v}_4,\cdots,\boldsymbol{v}_n\}$ 下的多维向量 $\boldsymbol{a}$，这需要我们想象一下正交基中任意两个向量彼此正交，如图 3-18 所示。

再举几个向量分解的实例，例如二维向量的正交分解，如图 3-19 所示。

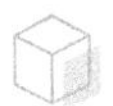

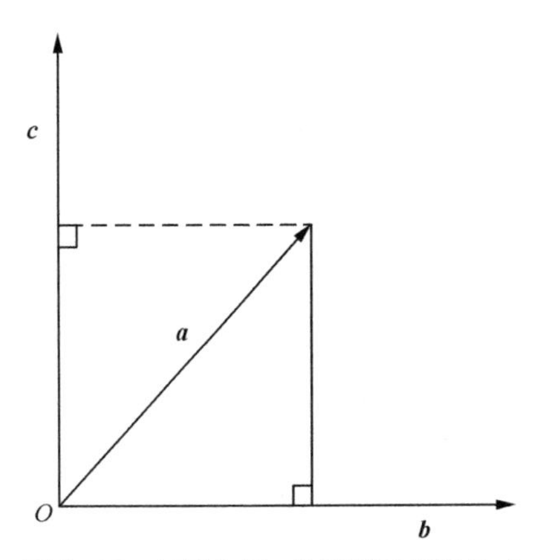


图 3-16　二维向量 $\boldsymbol{a}$ 分解到正交基 $\{\boldsymbol{b},\boldsymbol{c}\}$

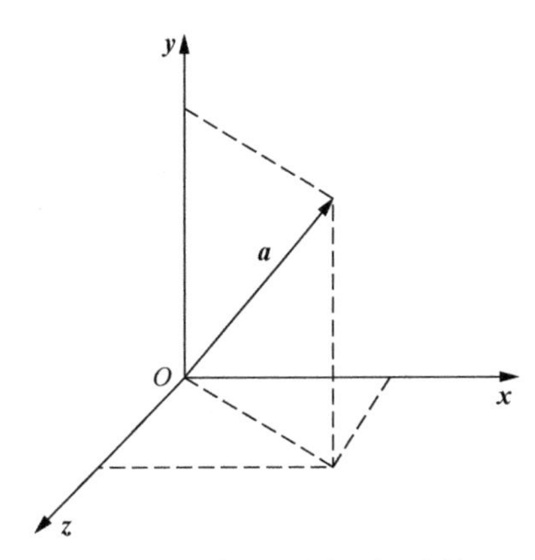


图 3-17　三维向量 $\boldsymbol{a}$ 分解到正交基 $\{\boldsymbol{x},\boldsymbol{y},\boldsymbol{z}\}$

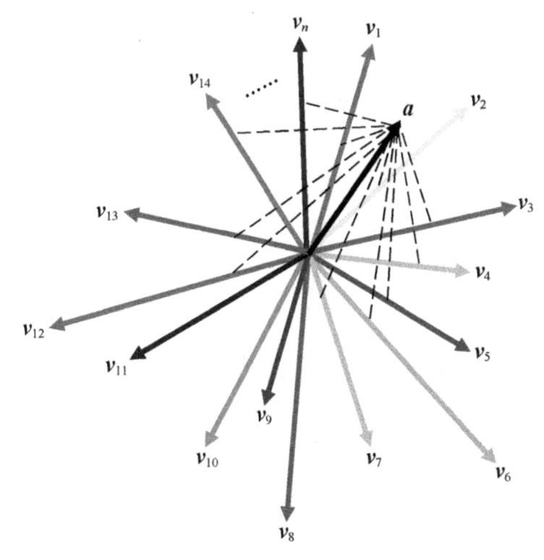


图 3-18　多维向量 $\boldsymbol{a}$ 分解示意图

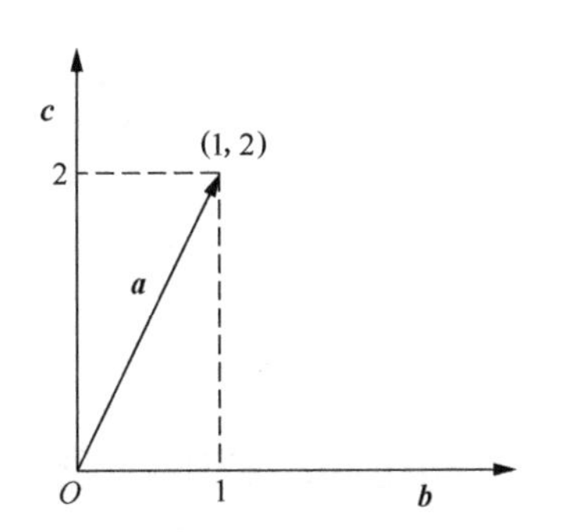


图 3-19　二维向量的正交分解（$\boldsymbol{a}=\boldsymbol{b}+2\boldsymbol{c}$）

三维向量的正交分解，如图 3-20 所示。

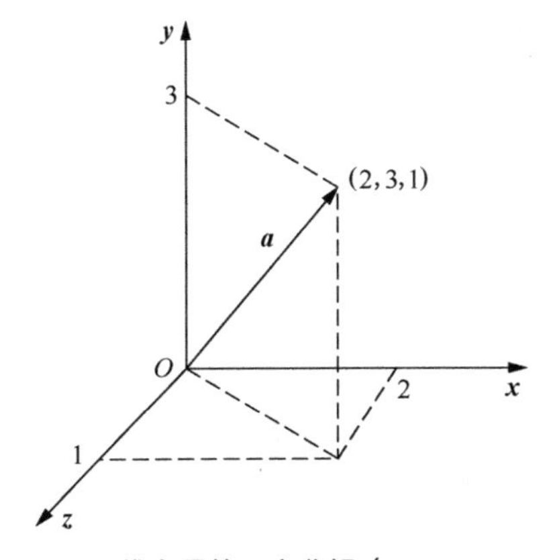


图 3-20　三维向量的正交分解（$\boldsymbol{a}=2\boldsymbol{x}+3\boldsymbol{y}+1\boldsymbol{z}$）

$n$ 维向量的正交分解，如图 3-21 所示。

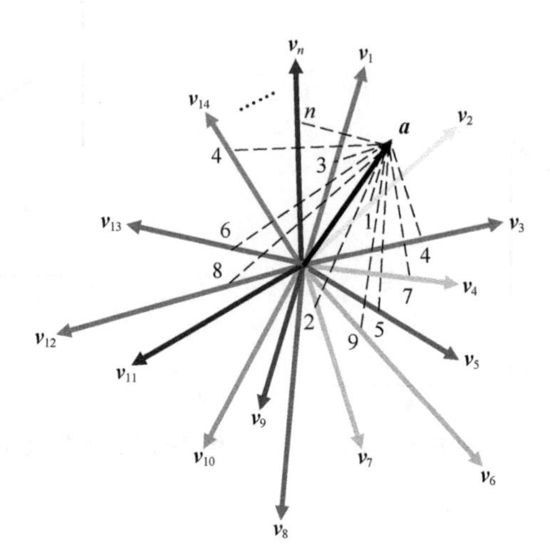


图 3-21　$n$ 维向量的正交分解（$\boldsymbol{a}=3\boldsymbol{v}_1+1\boldsymbol{v}_2+4\boldsymbol{v}_3+7\boldsymbol{v}_4+\cdots+n\boldsymbol{v}_n$）

## 3.3　向量与函数

向量是指具有大小和方向的量，而函数是因变量随着自变量的变化而变化的量。尽管二者看似毫不相关，但其实二者有很多相似之处。

### 3.3.1　向量与函数的比较

下面我们来对比一下向量与函数。

设有一个 $n$ 维向量 $\boldsymbol{a}$，其对应的 $n$ 维正交基为 $\{\boldsymbol{v}_1,\boldsymbol{v}_2,\boldsymbol{v}_3,\boldsymbol{v}_4,\cdots,\boldsymbol{v}_n\}$，正交基的索引为 $n$，$n$ 的取值为 $[1,2,3,\cdots,n]$。向量 $\boldsymbol{a}$ 在正交基 $\{\boldsymbol{v}_1,\boldsymbol{v}_2,\boldsymbol{v}_3,\boldsymbol{v}_4,\cdots,\boldsymbol{v}_n\}$ 下的坐标值为 $[1,2,3,\cdots,n]$，即为向量 $\boldsymbol{a}$ 在对应正交基 $\{\boldsymbol{v}_1,\boldsymbol{v}_2,\boldsymbol{v}_3,\boldsymbol{v}_4,\cdots,\boldsymbol{v}_n\}$ 下的投影值，如图 3-22 所示。

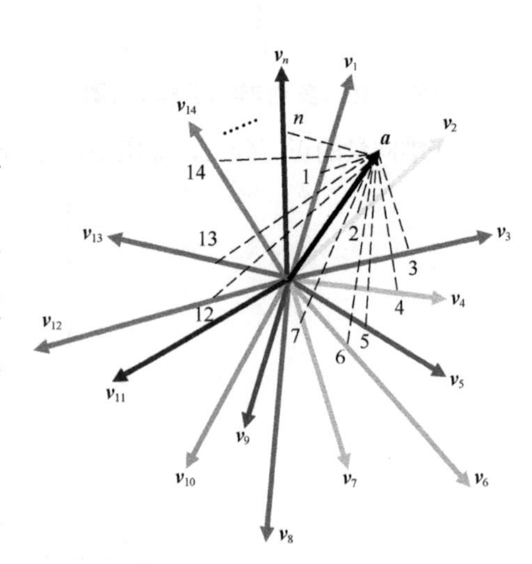


图 3-22　$\boldsymbol{a}=1\boldsymbol{v}_1+2\boldsymbol{v}_2+3\boldsymbol{v}_3+4\boldsymbol{v}_4+\cdots+n\boldsymbol{v}_n$

设有函数 $y=f(x)$，自变量为 $x$，因变量为 $y$。令 $y=f(x)=x$，如图 3-23 所示。

若限制 $x$ 的取值范围，令 $x\in[1,2,3,\cdots,n]$，得 $y=f(x)=x=[f(1),f(2),f(3),\cdots,$

$f(n)\big] = [1,2,3,\cdots,n]$，如图 3-24 所示。

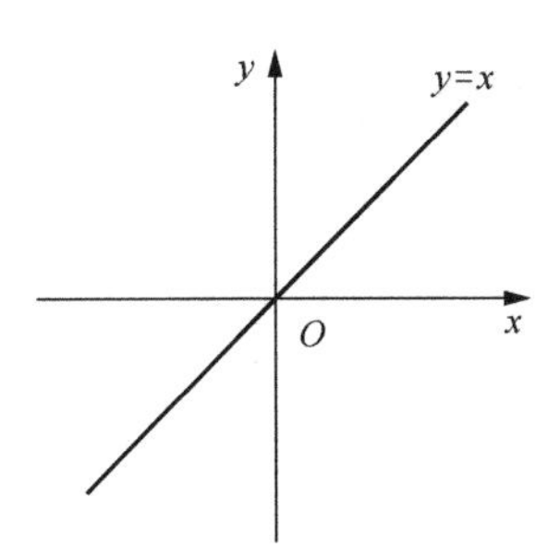

图 3-23 函数 $y = f(x) = x$

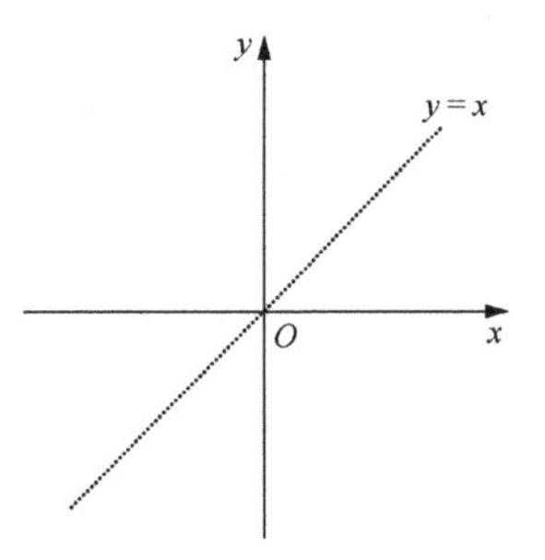

图 3-24 函数 $y = f(x) = x$， $x \in [1,2,3,\cdots,n]$

思考一下，如果我们把自变量 $x$ 看作是 $n$ 维正交基的索引 $n$，则 $f(x) = \big[f(1), f(2), f(3),\cdots, f(n)\big]$ 和正交基 $\{\boldsymbol{v}_1, \boldsymbol{v}_2, \boldsymbol{v}_3, \boldsymbol{v}_4, \cdots, \boldsymbol{v}_n\}$ 相对应。因变量 $y$ 和向量 $\boldsymbol{a}$ 对应，函数的取值 $y = \big[f(1), f(2), f(3),\cdots, f(n)\big] = [1,2,3,\cdots,n]$ 和向量 $\boldsymbol{a} = [1,2,3,\cdots,n]$ 对应。那么，我们可以将函数 $f(x)$ 看作是一个特殊的 $n$ 维向量。

$$n \leftrightarrow x$$

$$\boldsymbol{v}_n \leftrightarrow f(x)$$

$$\{\boldsymbol{v}_1, \boldsymbol{v}_2, \boldsymbol{v}_3, \boldsymbol{v}_4, \cdots, \boldsymbol{v}_n\} \leftrightarrow \big[f(1), f(2), f(3), \cdots, f(n)\big]$$

$$\boldsymbol{a} \leftrightarrow y$$

设另有一函数 $g(x) = 2x$，当 $x \in [1,2,3,\cdots,n]$ 时有：

$$g(x) = 2x = \big[g(1), g(2), g(3), \cdots, g(n)\big] = [2,4,6,\cdots,2n]$$

函数 $y = f(x)$ 和 $y = g(x)$ 如图 3-25 所示。

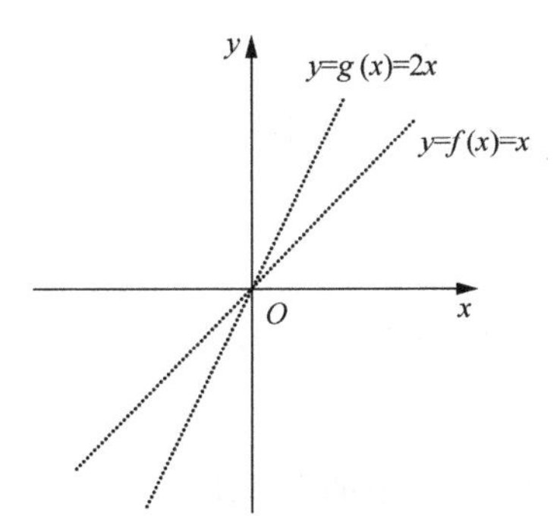

图 3-25 函数 $y = f(x)$ 和 $y = g(x)$， $x \in [1,2,3,\cdots,n]$

通过上述分析，我们可以看出，函数可以用来表示向量，向量也可以被看作是一个特殊的函数。

### 3.3.2 函数的内积

我们知道向量可以计算内积，那么函数是否也可以求内积呢？

多维向量的内积定义为：

$$\boldsymbol{a}\cdot\boldsymbol{b}=\sum_{i=1}^{n}a_i b_i$$

其中，$\boldsymbol{a}=[a_1,a_2,\cdots,a_n]$，$\boldsymbol{b}=[b_1,b_2,\cdots,b_n]$，可以展开为：

$$\boldsymbol{a}\cdot\boldsymbol{b}=\sum_{i=1}^{n}a_i b_i=a_1b_1+a_2b_2+\cdots+a_nb_n$$

我们尝试按照多维向量计算内积的方法，求函数$f(x)$和$g(x)$的内积，当$x\in[1,2,3,\cdots,n]$时：

$$\begin{aligned}<f(x)\cdot g(x)>&=\sum_{i=1}^{n}f(i)g(i)\\&=f(1)g(1)+f(2)g(2)+\cdots+f(n)g(n)\\&=2+8+\cdots+2n^2\end{aligned}$$

两个向量的内积的几何意义是其中一个向量的模与另一个向量在这个向量方向上投影的乘积。那么，函数的内积的几何意义是什么呢？

下面我们改写一下上面的计算过程，将每个乘积项后面乘以 1，则当$x\in[1,2,3,\cdots,n]$时：

$$\begin{aligned}<f(x)\cdot g(x)>&=\sum_{i=1}^{n}f(i)g(i)\\&=f(1)g(1)+f(2)g(2)+\cdots+f(n)g(n)\\&=2\times1+8\times1+\cdots+2n^2\times1\end{aligned}$$

再把每一个乘积项看作是一个宽为 1，高为 2，8，⋯，$2n^2$的小矩形。

$2\times1$，$8\times1$，⋯，$2n^2\times1$则为每个小矩形的面积，因此函数的内积$<f(x)\cdot g(x)>=2\times1+8\times1+\cdots+2n^2\times1$即为所有小矩形面积的和，如图 3-26 所示。

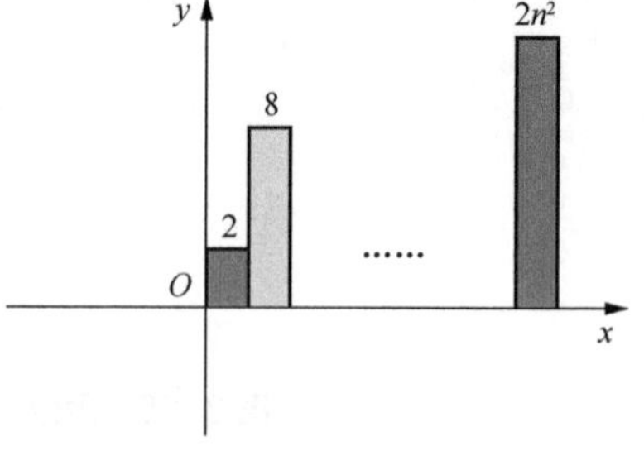


图 3-26 函数$f(x)$和$g(x)$的内积面积

所以，函数内积的几何意义可以理解为两个函数乘积与横轴围成的面积和。

刚刚举例的函数$f(x)$和$g(x)$中加上了限定条件$x\in[1,2,3,\cdots,n]$，表示$f(x)$和$g(x)$为离散函数。如果将此概念推广到连续函数，函数内积的定义为：

在区间 $[a,b]$ 上，如果函数 $f(x)$ 和 $g(x)$ 在该区间上可积且平方可积，则函数的内积：

$$<f(x)\cdot g(x)>=\int_a^b f(x)g(x)\mathrm{d}x$$

如果将积分变量从 $x$ 改为 $t$，区间变为 $[t_1,t_2]$，函数 $f(t)$ 和 $g(t)$ 的内积：

$$<f(t)\cdot g(t)>=\int_{t_1}^{t_2} f(t)g(t)\mathrm{d}t$$

## 3.3.3 函数内积的性质

函数内积有一个重要的性质：如果内积为 0，则表示两个函数正交。

$$<f(t)\cdot g(t)>=\int_{t_1}^{t_2} f(t)g(t)\mathrm{d}t=0$$

如何理解内积为 0 呢？我们知道内积表示两个函数乘积的面积求和。内积为 0，也就是说面积和为 0。

为了便于理解，我们先以离散函数为例。设 $t\in[1,2,3,\cdots,n]$，函数 $f(t)=[1,-1,1,-1,\cdots,1,-1]$，函数 $g(t)=\left[2,2,8,8,\cdots,2n^2,2n^2\right]$，函数 $f(t)$ 和 $g(t)$ 内积：

$$\begin{aligned}<f(t)\cdot g(t)>&=\sum_{t=1}^{n} f(t)g(t)\\&=f(1)g(1)+f(2)g(2)+\cdots+f(n)g(n)\\&=2\times1-2\times1+8\times1-8\times1+\cdots+2n^2\times1-2n^2\times1\\&=0\end{aligned}$$

函数 $f(x)$ 和 $g(x)$ 的内积面积如图 3-27 所示。

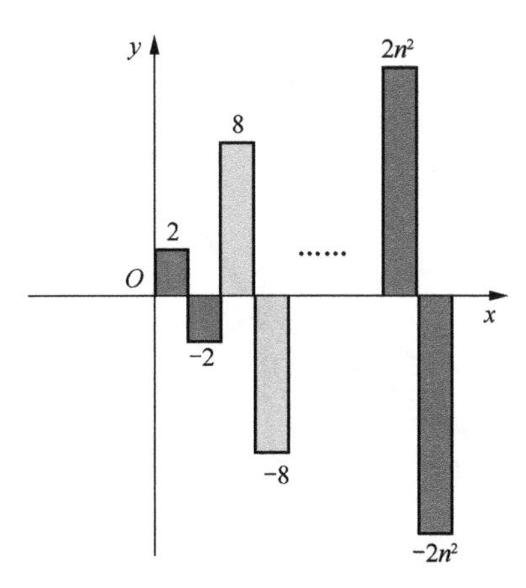


图 3-27 函数 $f(x)$ 和 $g(x)$ 的内积面积

再举一个连续函数的正交的例子，设有函数 $f(t)=x$ 和 $g(t)=x^2$，二者的内积：

$$<f(t)\cdot g(t)> = <x\cdot x^2> = \int_{-\infty}^{\infty} x^3 \mathrm{d}x = 0$$

函数$f(t)=x$和$g(t)=x^2$的内积面积如图 3-28 所示。

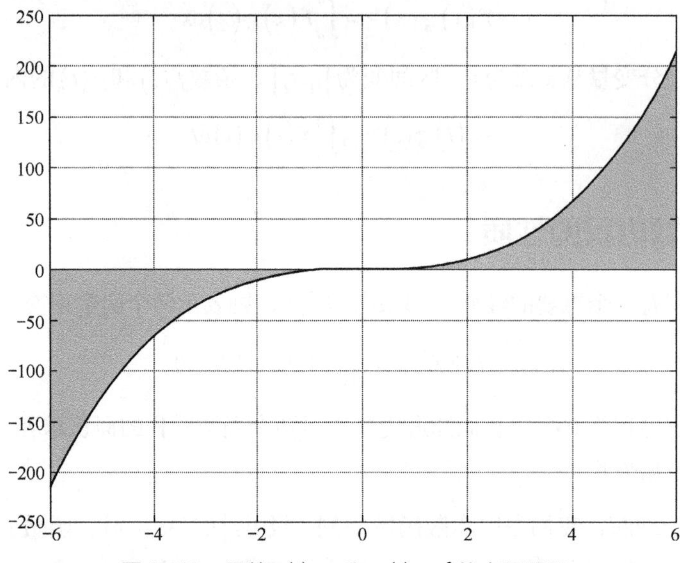


图 3-28　函数$f(t)=x$和$g(t)=x^2$的内积面积

我们可以看到，对函数$f(t)=x$和$g(t)=x^2$求内积，即为求函数$x^3$与横轴所围成的面积和。因为正负部分面积相等，所以面积和为 0。

与向量正交基的概念类似，若函数$f_1(t)$，$f_2(t)$，$f_3(t)$，…，$f_n(t)$彼此正交，则可以组成一个完备正交函数集$\{f_1(t)，f_2(t)，f_3(t)，\cdots，f_n(t)\}$。这个完备正交函数集可以表示任意函数$f(t)$，如图 3-29 所示。

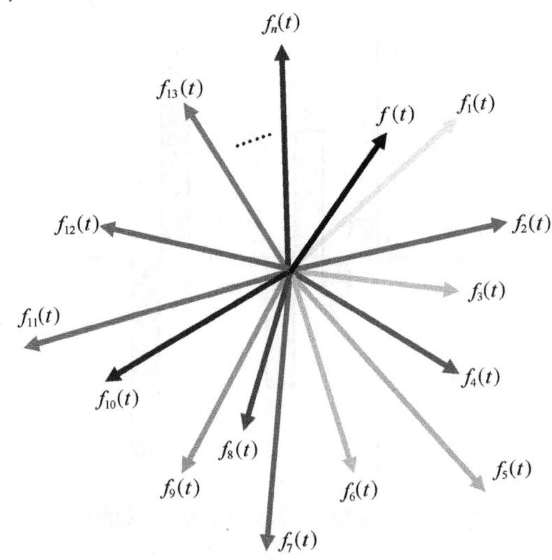


图 3-29　完备正交函数集$\{f_1(t)，f_2(t)，f_3(t)，\cdots，f_n(t)\}$

至此，我们从函数引申到信号，通过信号分解引出向量的概念，又从向量的正交性延伸到函数正交性。恰似人生，总是兜兜转转最终还是回到原点。那么，函数的正交性质究竟有什么妙用，它又与信号有什么联系？且听下回分解。

## 3.4 如何理解傅里叶级数

如果说晦涩难懂的公式是一只只难缠的妖怪，那么前面关于信号、向量、函数的知识都是降妖前的修炼。现在我们正式出山，看看能不能降住傅里叶级数这只“妖”。

### 3.4.1 傅里叶级数的定义

设有周期信号$f(t)$，其周期为$T$。当满足狄里赫利条件时，它可以分解为如下三角级数：

$$f(t)=a_0/2+a_1\cos(\omega t)+a_2\cos(2\omega t)+\cdots+b_1\sin(\omega t)+b_2\sin(2\omega t)+\cdots$$

该三角级数被称为$f(t)$的傅里叶级数。

再利用求和符号写得简洁一点：

$$f(t)=a_0/2+\sum_{k=1}^{\infty}\left[a_k\cos(k\omega t)+b_k\sin(k\omega t)\right]$$

其中：

$$\omega=2\pi/T=2\pi f$$

$$a_k=\frac{2}{T}\int_{-T/2}^{T/2}f(t)\cos(k\omega t)\mathrm{d}t\quad(k=0,1,2,\cdots)$$

$$b_k=\frac{2}{T}\int_{-T/2}^{T/2}f(t)\sin(k\omega t)\mathrm{d}t\quad(k=0,1,2,\cdots)$$

初看之下，你可能会感到无从下手。公式很长，不仅有求和，还有积分。莫慌张，我们慢慢拆解。

### 3.4.2 三角函数集的正交性

前面我们已经知道了函数的正交性，以及正交函数集的概念。值得注意的是，三角函数恰好具有正交的性质，因此可以构造出一个正交函数集。

三角函数集$\{1,\cos x,\sin x,\cos 2x,\sin 2x,\cdots,\cos nx,\sin nx\}$，(其中$n=1,2,3\cdots,\infty$)内的函数在区间$[-\pi,\pi]$上彼此正交，即这个集合中任意两个不同的函数在$[-\pi,\pi]$上的内积为0。

任意两个不同的函数内积为 0：

$$<1 \cdot \cos nx> = \int_{-\pi}^{\pi} \cos nx \mathrm{d}x = 0$$

$$<1 \cdot \sin kx> = \int_{-\pi}^{\pi} \sin kx \mathrm{d}x = 0$$

$$<\cos nx \cdot \sin kx> = \frac{1}{2}\int_{-\pi}^{\pi}\left[\sin(n+k) - \sin(n-k)\right]\mathrm{d}x = 0$$

即与横轴围成的面积和为 0。我们可以通过图形来表示一下 $<1 \cdot \cos nx>$ 与横轴围成的面积，如图 3-30 所示。

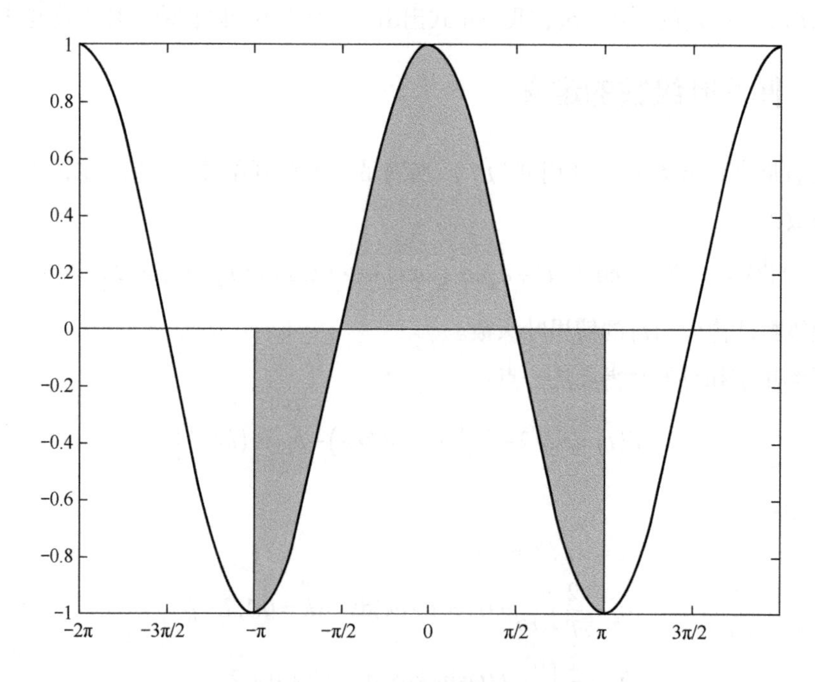


图 3-30 $<1 \cdot \cos nx>$ 与横轴围成的面积

相同的函数内积不为 0：

$$<\cos nx \cdot \cos nx> = \int_{-\pi}^{\pi} \cos^2 nx \mathrm{d}x = \pi$$

$$<\sin nx \cdot \sin nx> = \int_{-\pi}^{\pi} \sin^2 nx \mathrm{d}x = \pi$$

即与横轴围成的面积和不为 0。$<\cos nx \cdot \cos nx>$ 与横轴围成的面积，如图 3-31 所示。

同理，如果将三角函数集替换成三角信号，得到对应的正交函数集 $\{1, \cos(\omega t), \sin(\omega t),\ \cos(2\omega t), \sin(2\omega t), \cdots, \cos(k\omega t), \sin(k\omega t)\}, (k = 1,2,3\cdots,\infty)$，它们也满足彼此正交的条件。其中任意两个不同的信号在一个周期 $\left[-\frac{T}{2}, \frac{T}{2}\right]$ 内的内积为 0，相同的函数内积不为 0。

$\cos(k\omega t)$、$\sin(k\omega t)$表示的是不同频率的余弦信号和正弦信号。正交集中的 1 可以看作是$\cos(0\omega t)$，如图 3-32 所示。

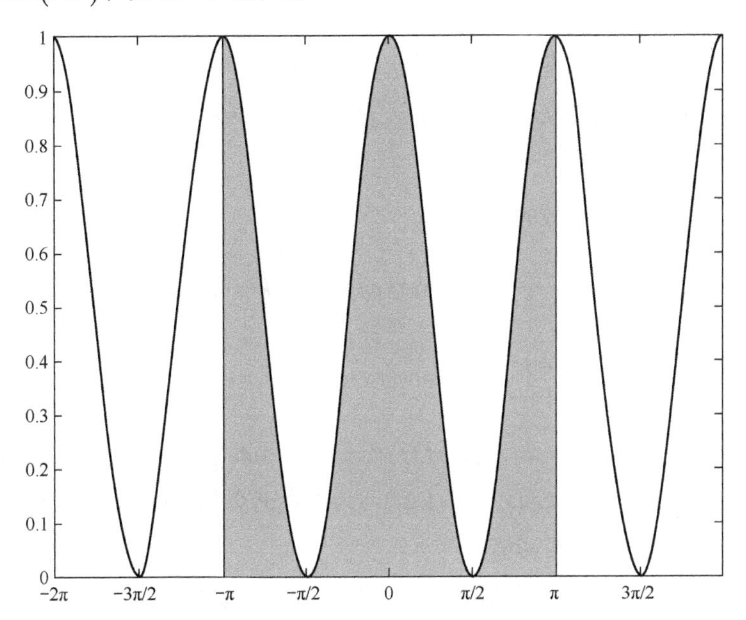


图 3-31　<cos*nx*·cos*nx*>与横轴围成的面积

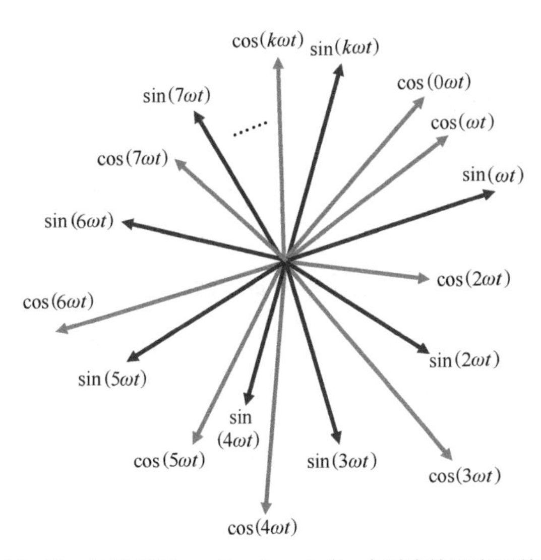


图 3-32　三角信号 $\cos(k\omega t)$、$\sin(k\omega t)$对应的正交函数集

### 3.4.3　傅里叶级数展开

再来看一下傅里叶级数的公式：

$$f(t)=a_0/2+a_1\cos(\omega t)+a_2\cos(2\omega t)+\cdots+b_1\sin(\omega t)+b_2\sin(2\omega t)+\cdots$$
$$=a_0/2+\sum_{k=1}^{\infty}\left[a_k\cos(k\omega t)+b_k\sin(k\omega t)\right]$$

傅里叶级数其实就是把信号$f(t)$在正交的三角信号集$\{1,\cos(\omega t),\sin(\omega t),\cos(2\omega t),\sin(2\omega t),\cdots,\cos(k\omega t),\sin(k\omega t)\},(k=1,2,3\cdots,\infty)$上展开，即用不同频率的三角信号去合成信号$f(t)$。

我们再来看傅里叶级数的系数：

$$a_k=\frac{2}{T}\int_{-T/2}^{T/2}f(t)\cos(k\omega t)\mathrm{d}t \qquad (k=0,1,2,\cdots)$$

$$b_k=\frac{2}{T}\int_{-T/2}^{T/2}f(t)\sin(k\omega t)\mathrm{d}t \qquad (k=0,1,2,\cdots)$$

傅里叶级数的系数$a_k$、$b_k$为信号$f(t)$在三角信号集$\{1,\cos(\omega t),\sin(\omega t),\cos(2\omega t),\sin(2\omega t),\cdots,\cos(k\omega t),\sin(k\omega t)\},(k=1,2,3\cdots,\infty)$的正交基中的坐标，即信号$f(t)$在各个不同频率的信号上的投影值。

以系数$a_k$为例，其实是求信号$f(t)$在各个不同频率的余弦信号上的投影值。根据正交基求坐标公式：

$$a_k=\frac{<f(t),\cos(k\omega t)>}{<\cos(k\omega t),\cos(k\omega t)>}=\frac{\int_{-T/2}^{T/2}f(t)\cos(k\omega t)\mathrm{d}t}{\int_{-T/2}^{T/2}\cos(k\omega t)\cos(k\omega t)\mathrm{d}t}$$
$$=\frac{\int_{-T/2}^{T/2}f(t)\cos(k\omega t)\mathrm{d}t}{\frac{T}{2}}=\frac{2}{T}\int_{-T/2}^{T/2}f(t)\cos(k\omega t)\mathrm{d}t$$

当$k=1$时，求的是信号$f(t)$在频率为$\omega$的余弦信号上的投影值：

$$a_1=\frac{<f(t),\cos(k\omega t)>}{<\cos(\omega t),\cos(\omega t)>}=\frac{\int_{-T/2}^{T/2}f(t)\cos(\omega t)\mathrm{d}t}{\int_{-T/2}^{T/2}\cos(\omega t)\cos(\omega t)\mathrm{d}t}$$
$$=\frac{\int_{-T/2}^{T/2}f(t)\cos(\omega t)\mathrm{d}t}{\frac{T}{2}}=\frac{2}{T}\int_{-T/2}^{T/2}f(t)\cos(\omega t)\mathrm{d}t$$

当$k=2$时，求的是信号$f(t)$在频率为$2\omega$的余弦信号上的投影值：

$$a_2=\frac{<f(t),\cos(2\omega t)>}{<\cos(2\omega t),\cos(2\omega t)>}=\frac{\int_{-T/2}^{T/2}f(t)\cos(2\omega t)\mathrm{d}t}{\int_{-T/2}^{T/2}\cos(2\omega t)\cos(2\omega t)\mathrm{d}t}$$

$$=\frac{\int_{-T/2}^{T/2} f(t)\cos(2\omega t)\mathrm{d}t}{\frac{T}{2}}=\frac{2}{T}\int_{-T/2}^{T/2} f(t)\cos(2\omega t)\mathrm{d}t$$

同理，系数 $b_k$ 是求信号 $f(t)$ 在各个不同频率的正弦信号上的投影值。

$$b_k=\frac{\langle f(t),\sin(k\omega t)\rangle}{\langle\sin(k\omega t),\sin(k\omega t)\rangle}=\frac{\int_{-T/2}^{T/2} f(t)\sin(k\omega t)\mathrm{d}t}{\int_{-T/2}^{T/2}\sin(k\omega t)\sin(k\omega t)\mathrm{d}t}$$

$$=\frac{\int_{-T/2}^{T/2} f(t)\sin(k\omega t)\mathrm{d}t}{\frac{T}{2}}=\frac{2}{T}\int_{-T/2}^{T/2} f(t)\sin(k\omega t)\mathrm{d}t$$

再回到关于方波信号分解为余弦信号的两个问题。

1. 为什么方波信号可以分解成余弦信号？

因为三角函数具有正交性，正交三角函数组合成的函数集可以用来表示其他信号，包括方波信号。

2. 合成方波信号的余弦信号及其系数是如何被确定的？

方波信号可以分解成不同频率的余弦信号和正弦信号。在例子中，我们仅选取了几个频率分别为 $\omega t$、$3\omega t$、$5\omega t$ 的余弦信号。其实一个完整的方波信号会分解为更多频率的余弦信号和正弦信号。也就是说更多的不同频率的余弦信号和正弦信号可以拟合出一个更好的方波信号。

系数是方波信号展开成不同频率的余弦信号时，在对应频率的信号上的投影值，如图 3-33 所示。

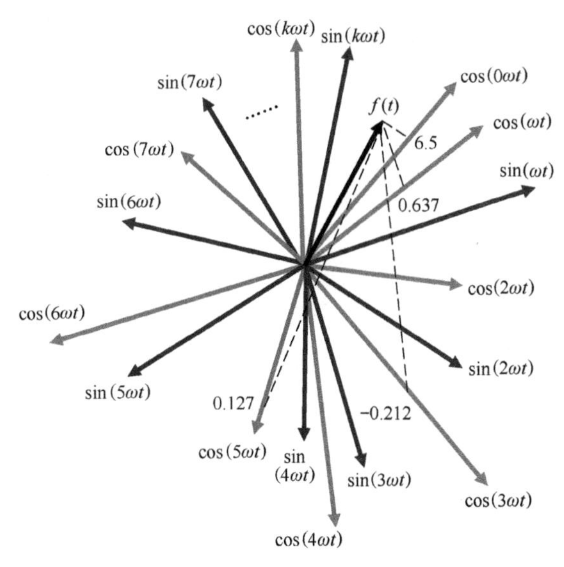


图 3-33 信号 $f(t)$ 在 $\sin(k\omega t)$、$\cos(k\omega t)$ 上的分解

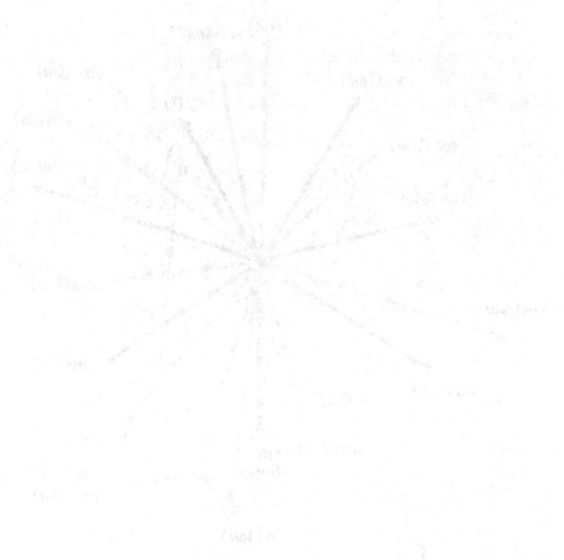

# 第4章 信号与频谱

在前一章中，我们探讨了信号与傅里叶变换之间的内在联系，并阐述了如何利用傅里叶级数将复杂信号分解为一系列正弦信号和余弦信号的理论方法。在此基础上，本章旨在介绍如何准确地描绘原始信号与其经由傅里叶级数转换后的表现形式之间的对应关系，即信号与频谱的对应关系。

## 4.1 信号的幅度谱与相位谱

在第3章我们了解到，周期为1s，占空比为50%的方波信号，可以通过傅里叶级数近似展开为3个余弦信号的组合：

$$f(t)=0.5+0.637\times\cos(2\pi t)-0.212\times\cos(6\pi t)+0.127\times\cos(10\pi t) \quad (4\text{-}1)$$

如图4-1所示。

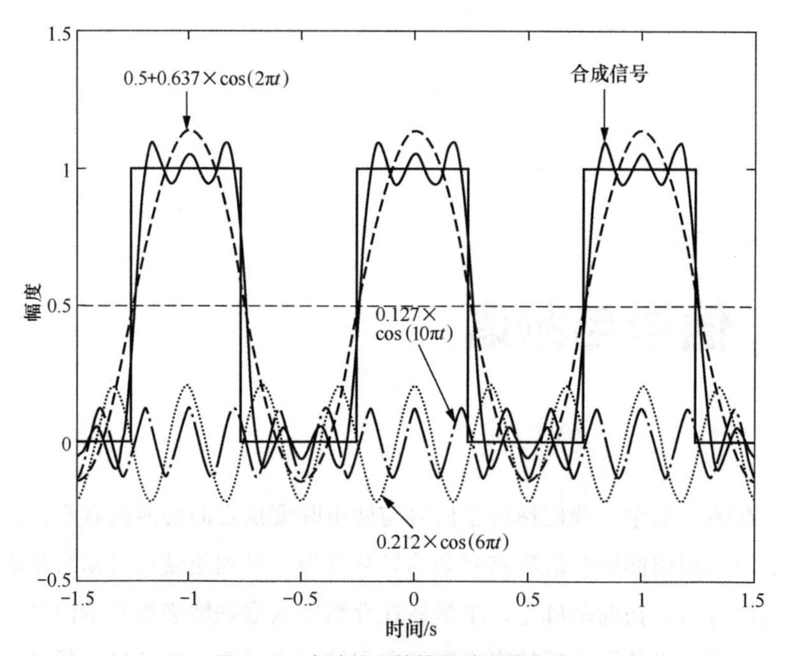


图4-1　方波信号的傅里叶级数展开

这3个余弦信号对应的角频率分别为$2\pi(\text{rad/s})$、$6\pi(\text{rad/s})$、$10\pi(\text{rad/s})$，对应的频率分别为1Hz、3Hz、5Hz。

那么，如何更简洁地表示这3个余弦信号和频率的对应关系呢？

由于公式（4-1）中的信号$f(t)$可以展开成不同频率的余弦信号的组合，所以我们只需要知道不同频率的余弦信号的大小就能恢复原来的信号。也就是说我们只需要知道傅里叶级数的系数，如图4-2所示。

同理，3个余弦信号对应的角频率分别为$2\pi(\text{rad/s})$、$6\pi(\text{rad/s})$、$10\pi(\text{rad/s})$，我

们也可以用角频率作为横轴单位来表示这3个余弦信号和角频率的对应关系，如图4-3所示。

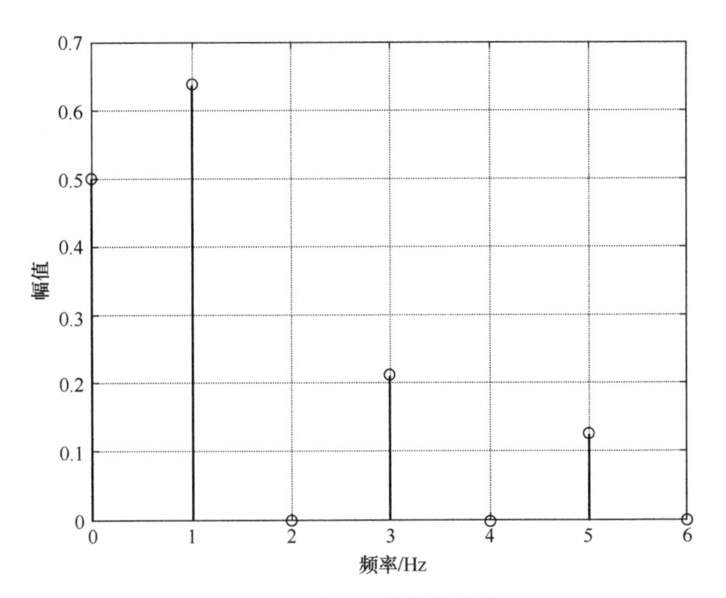


图 4-2　信号$f(t)$的幅度谱

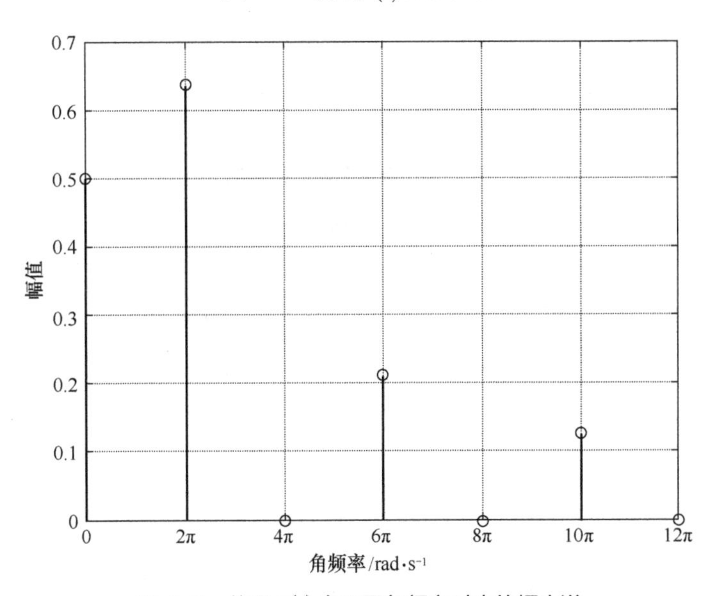


图 4-3　信号$f(t)$中不同角频率对应的幅度谱

在公式（4-1）中，信号$f(t)$只包含余弦信号。现在我们思考一个问题：如果信号中既包含余弦信号，也包含正弦信号，我们该如何表示它？

例如，现有信号$f(t)$，其表示式如下：

$$f(t)=0.5+\cos(2\pi t)+\sin(2\pi t)+0.127\times\cos(10\pi t) \tag{4-2}$$

因为信号$f(t)$中同时包含余弦信号和正弦信号，并且$\cos(2\pi t)$和$\sin(2\pi t)$频率相同，所以不能用一个图来表示信号的所有频率分量。

那么，我们能否把余弦信号和正弦信号分开，用两个图分别表示呢？

使用两幅图形分别表示正弦信号和余弦信号是可行的，如图 4-4 和图 4-5 所示，但这种方法并不够简洁。

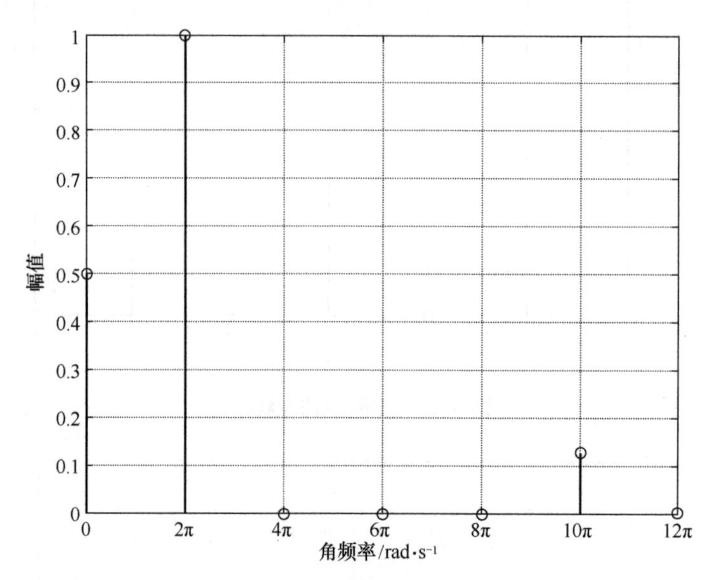


图 4-4　余弦分量的幅度谱

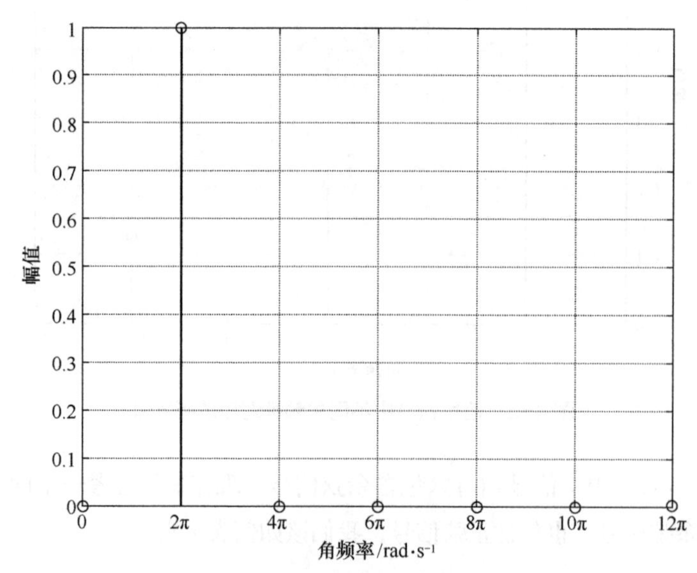


图 4-5　正弦分量的幅度谱

如果能把同频率的余弦信号和正弦信号合并，我们是否就能用一张图来表示它们呢？

根据辅助角公式：

$$a\sin x + b\cos x = \sqrt{a^2+b^2}\sin\left(x+\arctan\frac{b}{a}\right)$$

$$a\cos x + b\sin x = \sqrt{a^2+b^2}\cos\left(x-\arctan\frac{b}{a}\right)$$

可得：

$$\cos(2\pi t)+\sin(2\pi t)=\sqrt{1^2+1^2}\cos\left(2\pi t-\arctan\frac{1}{1}\right)$$

$$=\sqrt{2}\cos\left(2\pi t-\frac{\pi}{4}\right)$$

代入公式（4-2）中可得：

$$f(t)=0.5+\sqrt{2}\cos\left(2\pi t-\frac{\pi}{4}\right)+0.127\times\cos(10\pi t) \tag{4-3}$$

该信号的时域图形如图 4-6 所示。

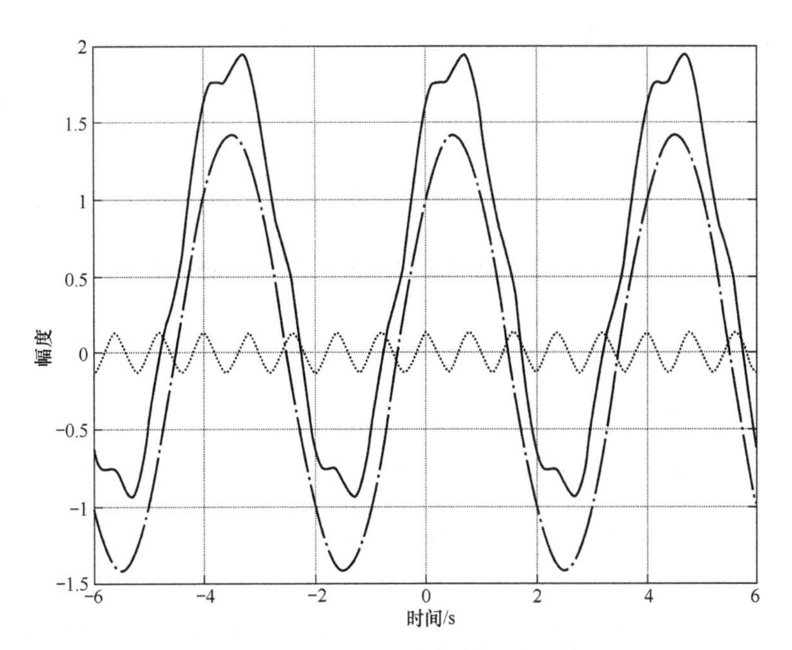


图 4-6 化简后只包含余弦信号的 $f(t)$

现在公式（4-3）中信号 $f(t)$ 中只包含余弦信号了，按照前面的方法，该信号的幅度谱如图 4-7 所示。

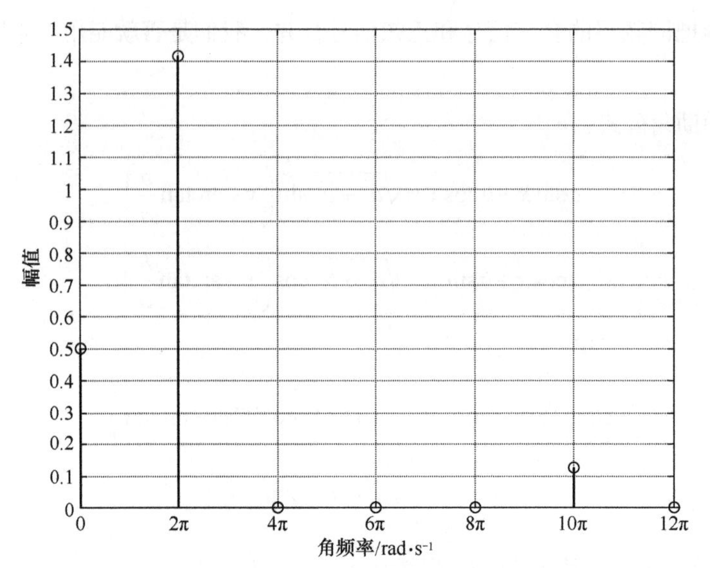


图 4-7　余弦分量的幅度谱

看来，我们确实可以用一张图表示信号$f(t)$。把这个方法推广到傅里叶级数展开公式。

$$f(t)=a_0/2+a_1\cos(\omega t)+a_2\cos(2\omega t)+\cdots+a_k\cos(k\omega t)+b_1\sin(\omega t)$$
$$+b_2\sin(2\omega t)+\cdots+b_k\sin(k\omega t)$$
$$=a_0/2+\sum_{k=1}^{\infty}\left[a_k\cos(k\omega t)+b_k\sin(k\omega t)\right]$$

$$\omega=2\pi f=2\pi/T$$

$$a_k=\frac{2}{T}\int_{-T/2}^{T/2}f(t)\cos(k\omega t)\mathrm{d}t \qquad (k=0,1,2,\cdots)$$

$$b_k=\frac{2}{T}\int_{-T/2}^{T/2}f(t)\sin(k\omega t)\mathrm{d}t \qquad (k=0,1,2,\cdots)$$

再利用辅助角公式写成余弦形式：

$$f(\mathrm{t})=A_0/2+A_1\cos(\omega t+\varphi)+A_2\cos(\omega t+\varphi)+\cdots+A_k\cos(k\omega t+\varphi)$$
$$=A_0/2+\sum_{k=1}^{\infty}A_k\cos(k\omega t+\varphi)$$

其中，$A_0=a_0$，$A_k=\sqrt{a_k^2+b_k^2}\ (k=0,1,2,\cdots)$，$\varphi_k=-\arctan\frac{a_k}{b_k}\ (k=0,1,2,\cdots)$

通过仔细观察我们发现，变换后的公式可以用余弦信号表示，与变换之前相比，多了一个初相位$\varphi$。

以图 4-8 所示余弦信号为例，我们来理解一下相位和初相位的概念。

在余弦函数$y=\cos\theta$中，$\theta$为余弦函数的相位角。

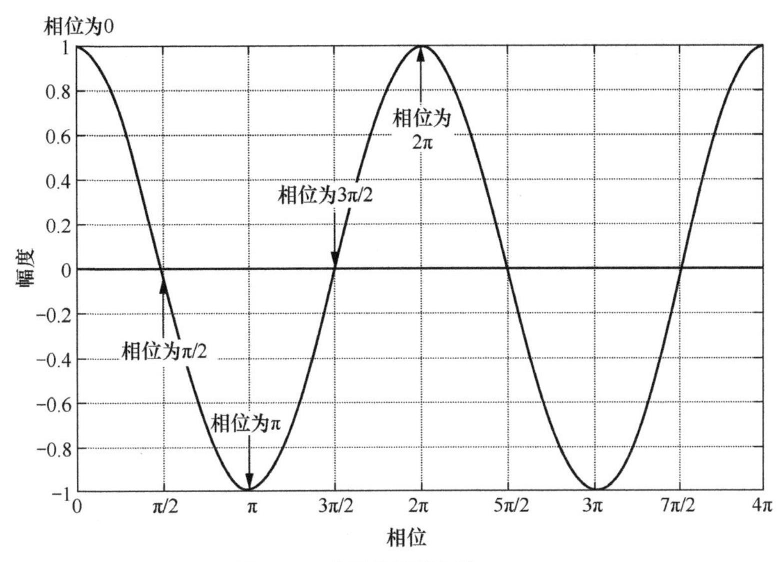


图 4-8 余弦信号的相位

在图 4-9 所示的余弦信号$y=A\cos(\omega t+\varphi)$中，$\omega t+\varphi$为余弦信号的相位，$\varphi$为余弦信号的初相位。

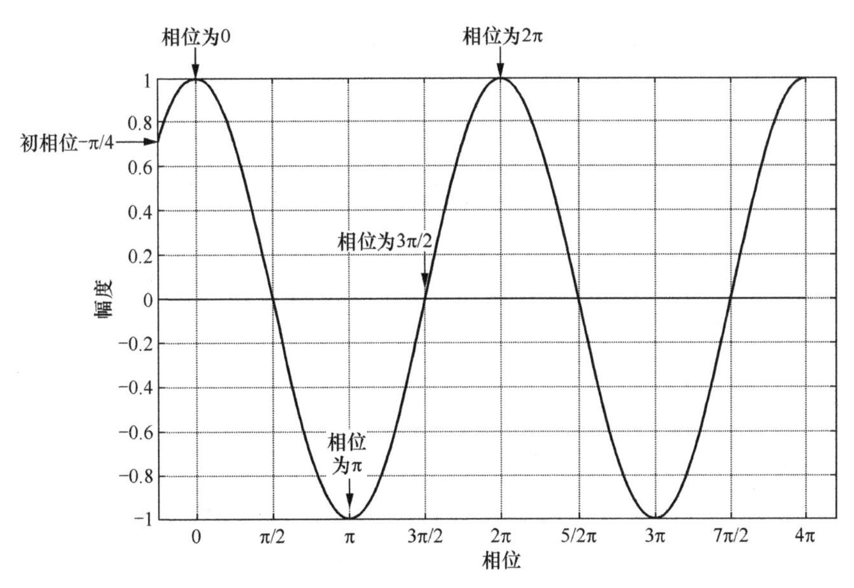


图 4-9 余弦信号$y=A\cos(\omega t+\varphi)$的相位

对于信号$f(t)=0.5+\sqrt{2}\cos\left(2\pi t-\frac{\pi}{4}\right)+0.127\times\cos(10\pi t)$，如果只用余弦分量的

幅度谱来表示是不够的，因为缺失了余弦分量$\sqrt{2}\cos\left(\omega t-\frac{\pi}{4}\right)$中初相位的信息。因此，我们可以增加一个图形来表示所有余弦分量的初相位的信息，即相位谱。至此，信号展开成余弦分量后，通过余弦分量的幅度谱和相位谱就能完整表示展开后的信号了，如图 4-10 所示。

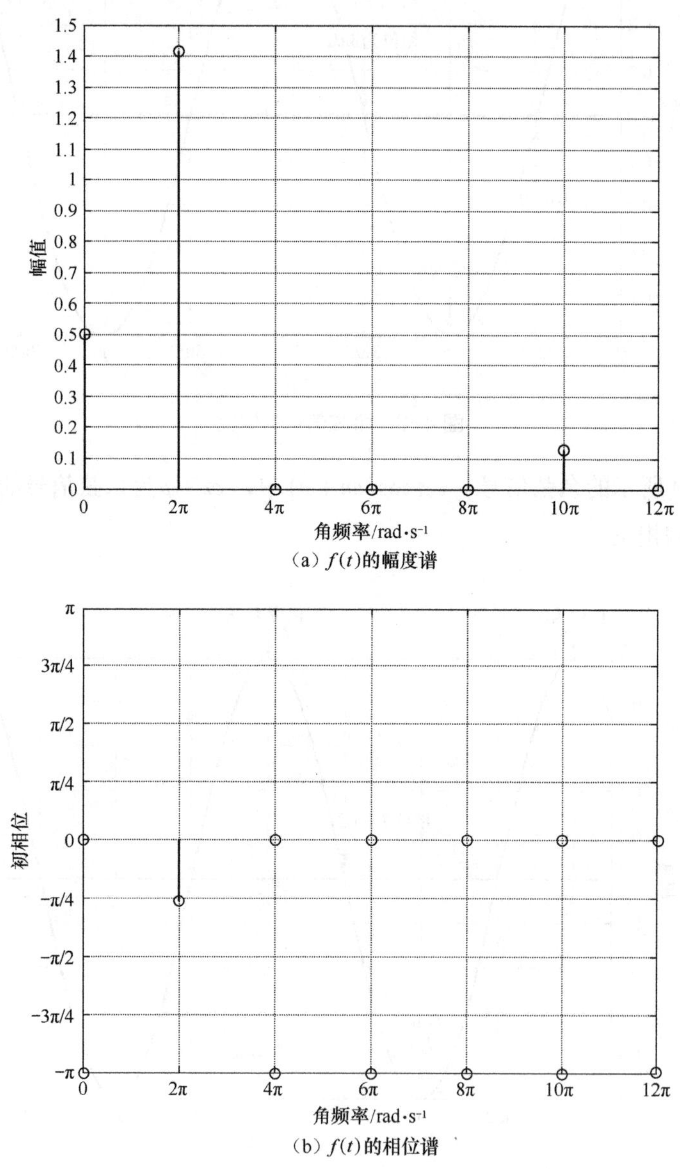


（a）$f(t)$的幅度谱

（b）$f(t)$的相位谱

图 4-10　信号$f(t)$幅度谱和相位谱

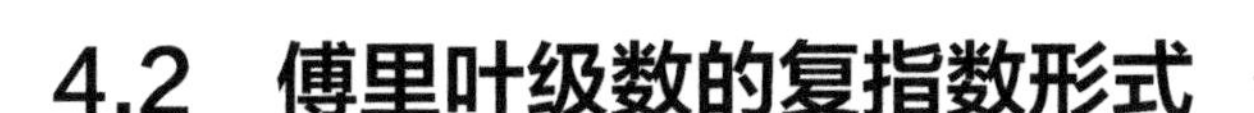

# 4.2 傅里叶级数的复指数形式

信号可以通过傅里叶级数展开成正余弦信号，并且可以通过三角公式变换为只有正弦信号或余弦信号的形式。但三角函数的运算有些烦琐，有没有更简洁的方法呢？我们可以引入复指数来解决这个问题。

## 4.2.1 复数及其性质

实数，包括有理数和无理数，它们和数轴上的点一一对应，如图 4-11 所示。

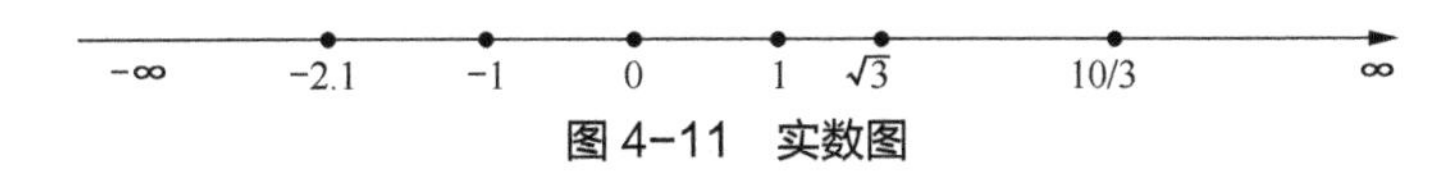


图 4-11 实数图

复数，包含实数和虚数，例如 $z = a + b\mathrm{i}$，如图 4-12 所示。其中，实部为 $a$，虚部为 $b$，i 为虚数单位。

复数有多种表示方法。

它们还可以表示成复平面上的一个点，如图 4-13 所示。

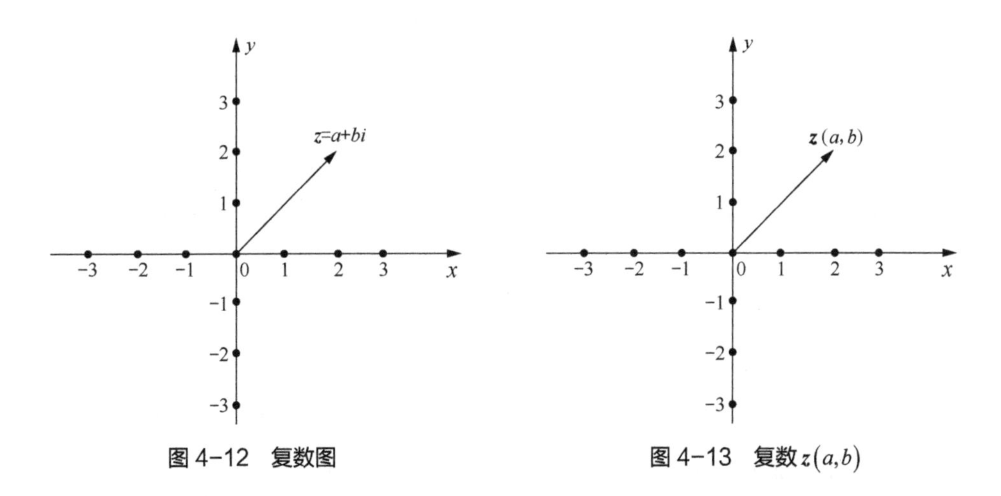


图 4-12 复数图

图 4-13 复数 $z(a,b)$

或者如图 4-14 所示，复数也可以表示成复平面上的一个向量。

同样，复平面上的这个向量，还可以表示成如图 4-15 所示三角函数的形式。

接下来，再利用欧拉公式，向量可以表示成如图 4-16 所示的复指数函数的形式。

接下来看一下复数的性质：两个复数相乘，等于它们的模相乘，幅角相加。

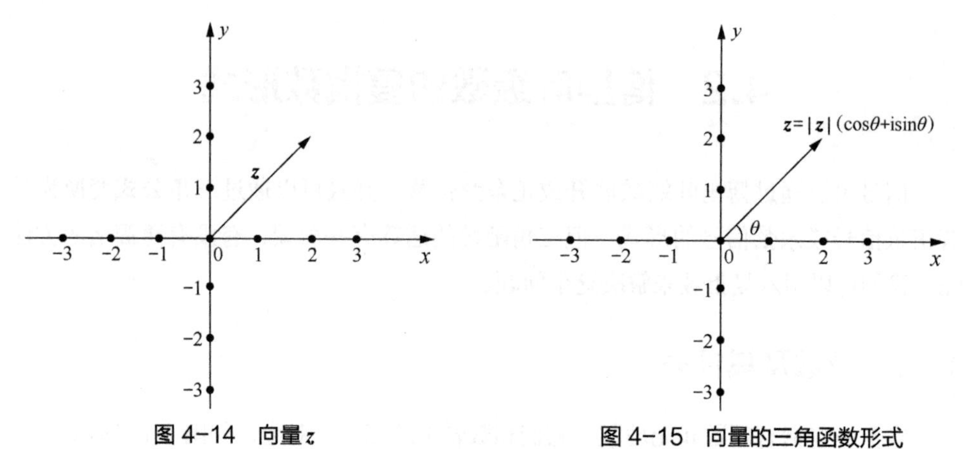


图 4-14　向量 $z$　　　　图 4-15　向量的三角函数形式

下面我们以三角函数的形式推导这一性质：

$$
\begin{aligned}
z_1z_2 &= |z_1|(\cos\theta_1 + \mathrm{i}\sin\theta_1)\times|z_2|(\cos\theta_2 + \mathrm{i}\sin\theta_2)\\
&= |z_1||z_2|\left[(\cos\theta_1\cos\theta_2 - \sin\theta_1\sin\theta_2) + \mathrm{i}(\cos\theta_1\sin\theta_2 + \sin\theta_1\cos\theta_2)\right]\\
&= |z_1||z_2|[\cos(\theta_1+\theta_2) + \mathrm{i}\sin(\theta_1+\theta_2)]
\end{aligned}
$$

如图 4-17 所示。

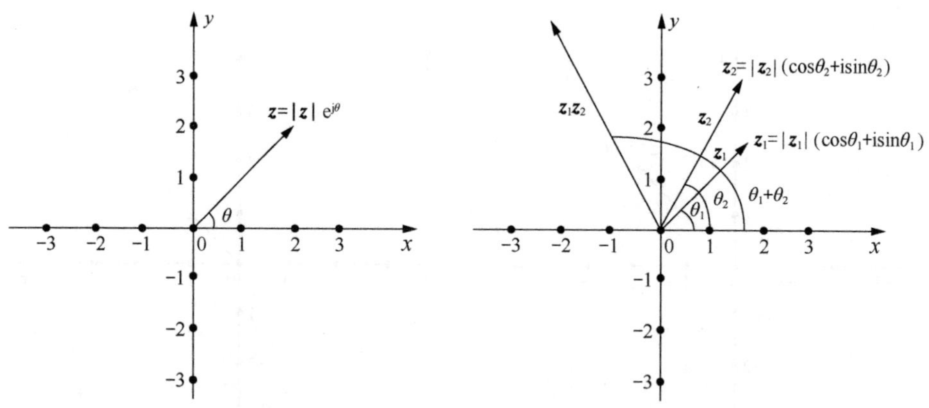


图 4-16　向量的复指数函数形式　　　　图 4-17　复数的乘法－三角函数形式

复数还可以通过复指数的形式去表示，下面，我们用复指数的形式来进行推导。根据指数的运算公式，当底数不变时，指数相加。

$$
\begin{aligned}
z_1z_2 &= |z_1|\mathrm{e}^{\mathrm{j}\theta_1}\times|z_2|\mathrm{e}^{\mathrm{j}\theta_2}\\
&= |z_1||z_2|\mathrm{e}^{\mathrm{j}\theta_1}\mathrm{e}^{\mathrm{j}\theta_2}\\
&= |z_1||z_2|\mathrm{e}^{\mathrm{j}(\theta_1+\theta_2)}
\end{aligned}
$$

如图 4-18 所示。

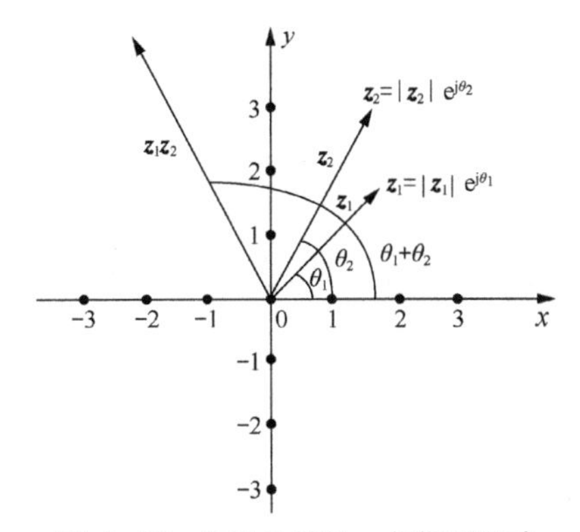


图 4-18 复数的乘法－复指数形式

通过对比我们不难发现，复指数运算比三角函数运算更简单。因此，在工程应用中，通常采用复指数的形式。

## 4.2.2 虚数及其性质

虚数是实部为 0 的复数，在数学中记作 i，而在物理学中因为 *i* 表示电流，所以虚数用 j 来表示，直角坐标系中的虚数如图 4-19 所示。

虚数与实数不同，它在现实世界中没有直接的表现形式。虚数有些不好理解，给人虚无缥缈的感觉。既然虚数不容易被直接理解，那么我们可以尝试从它的一些特征去理解。

虚数 j 有一个重要的性质：$j^2=-1$，$j=\sqrt{-1}$。虽然这个性质证明起来不太容易，但是我们可以通过欧拉公式和 e 指数的运算来对其进行证明，欧拉公式中的 e 指数如图 4-20 所示。

欧拉公式：

$$z=e^{j\theta}=\cos\theta+j\sin\theta$$

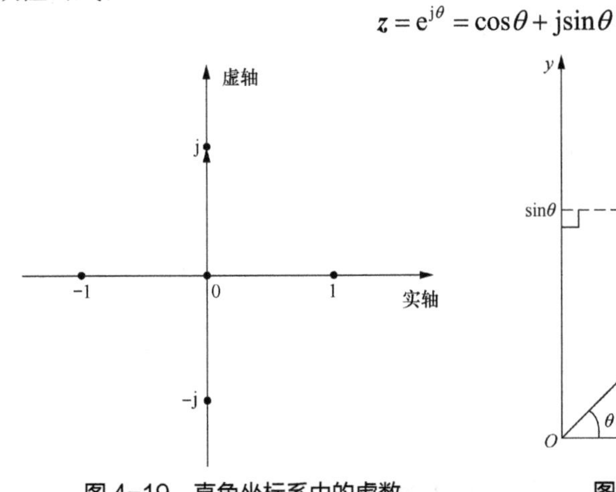


图 4-19 直角坐标系中的虚数

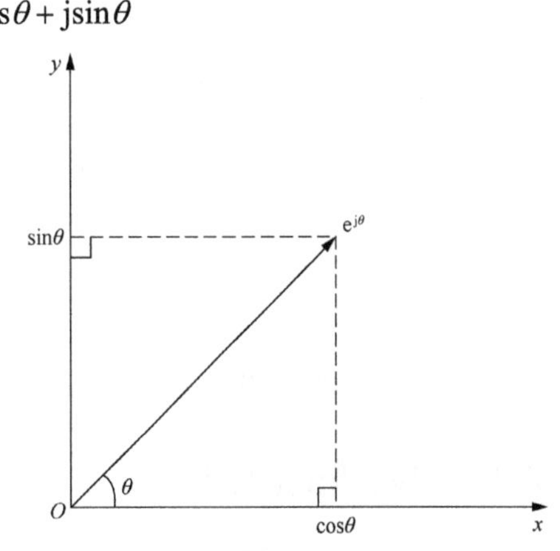


图 4-20 欧拉公式中的 e 指数

当 $\theta=\dfrac{\pi}{2}$ 时：

$$e^{j\frac{\pi}{2}}=\cos\frac{\pi}{2}+j\sin\frac{\pi}{2}=0+j\times 1=j$$

也就是说可以把虚数当作一个特殊的 e 指数。

当 $\theta=\pi$ 时：

$$e^{j\pi}=\cos\pi+j\sin\pi=-1+j\times 0=-1$$

而

$$e^{j\pi}=e^{j\left(\frac{\pi}{2}+\frac{\pi}{2}\right)}=e^{j\frac{\pi}{2}}\times e^{j\frac{\pi}{2}}=j\times j=-1$$

也就证明了 $j^2=-1$ 。

再来看一下虚数的几何意义：

$$j=1\times j=1\times e^{j\frac{\pi}{2}}$$

虚数 j 相当于一个初始方向沿实轴且模值为 1 的向量沿逆时针方向旋转 90°，如图 4-21 所示。

$j^2$ 相当于又将虚数 j 沿逆时针方向旋转 90°，这时候向量的方向指向实轴的负方向，模值仍然为 1：

$$j\times j=e^{j\frac{\pi}{2}}\times e^{j\frac{\pi}{2}}=e^{j\pi}=-1$$

如图 4-22 所示。

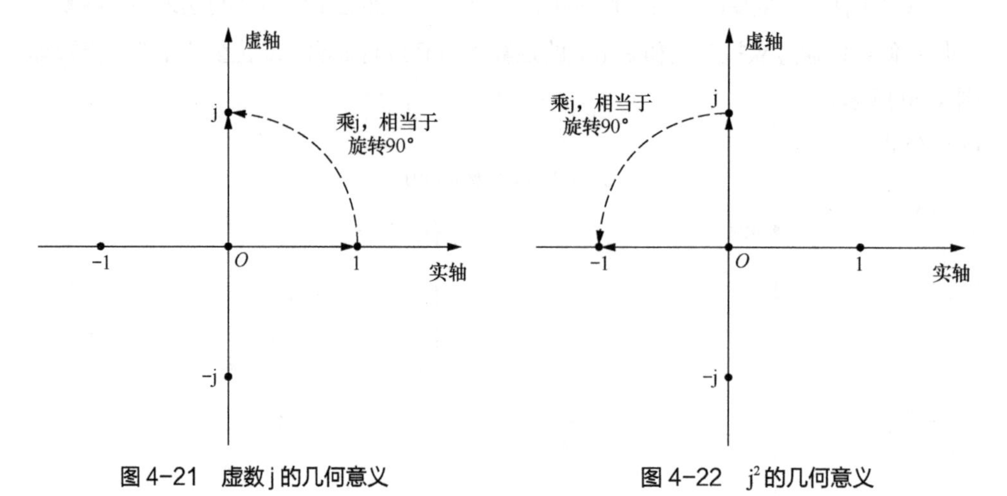


图 4-21 虚数 j 的几何意义　　图 4-22 $j^2$ 的几何意义

## 4.2.3 复向量的内积

向量的内积是指两个向量相乘。例如，向量 $\boldsymbol{m}$ ：

$$\boldsymbol{m}=(0.5,1)$$

由于其坐标值 (0.5,1) 均为实数，所以我们称之为实向量，如图 4-23 所示。

实向量 $\boldsymbol{m}$ 与自己的内积：

$$<\boldsymbol{m},\boldsymbol{m}> = 0.5\times0.5+1\times1=1.25$$

如果向量对应的坐标值为复数，则称之为复向量。例如，向量 $\boldsymbol{m}_z$=(0.5j, j) 和向量 $\boldsymbol{n}_z$=(1 − j, 1 − 0.5j) 均为复向量，复向量示意图如图 4-24 所示。

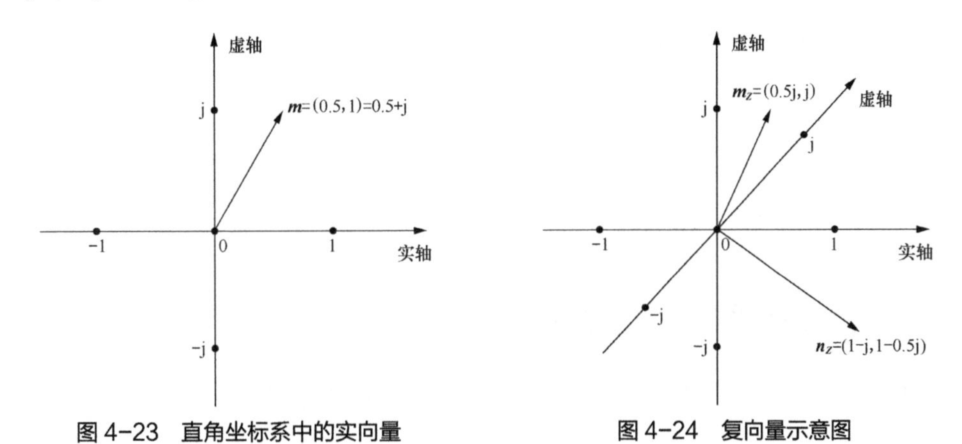


图 4-23 直角坐标系中的实向量

图 4-24 复向量示意图

复向量的内积是前一个向量各元素与后一个向量的对应元素的共轭相乘后的和。这与实向量内积的不同之处在于需要与后一个向量的元素的共轭进行相乘。

什么是共轭？共轭就是将虚数部分的符号取反。向量 $z=a+b\text{j}$ 的共轭表示为 $z^*=a-b\text{j}$，如图 4-25 所示。

同理，$\boldsymbol{m}_z$=(0.5j, j) 的共轭为 $\boldsymbol{m}_z^*$=(− 0.5j, − j)。$\boldsymbol{n}_z$=(1 − j, 1 − 0.5j) 的共轭为 $\boldsymbol{n}_z^*$=(1 + j, 1 + 0.5j)，如图 4-26 所示。

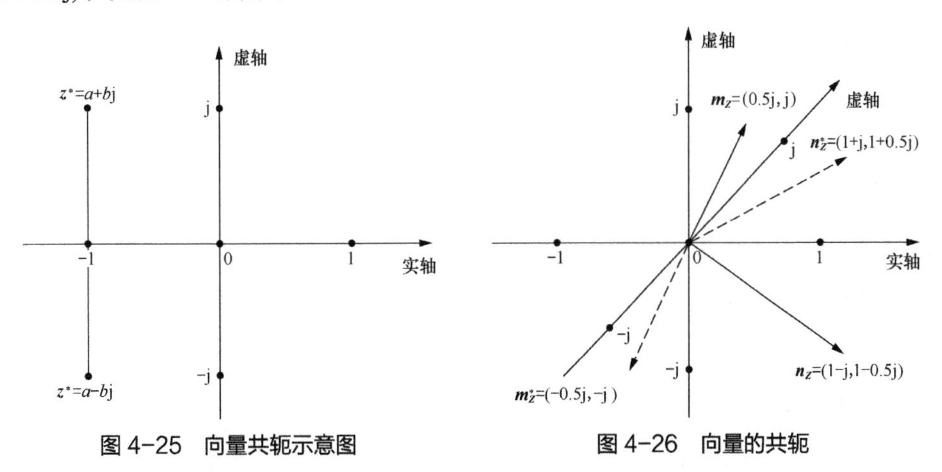


图 4-25 向量共轭示意图

图 4-26 向量的共轭

复向量 $\boldsymbol{m}_z$ 的内积，即 $\boldsymbol{m}_z$ 与其共轭的乘积：

$$<\boldsymbol{m}_z,\boldsymbol{m}_z> = \boldsymbol{m}_z \times \boldsymbol{m}_z^* = 0.5\text{j}\times(-0.5\text{j}) - \text{j}\times\text{j} = 1.25$$

复向量 $\boldsymbol{m}_z$，$\boldsymbol{n}_z$ 的内积，即为 $\boldsymbol{m}_z$ 与 $\boldsymbol{n}_z$ 的共轭的乘积：

$$\begin{aligned}<\boldsymbol{m}_z,\boldsymbol{n}_z> = \boldsymbol{m}_z \times \boldsymbol{n}_z^* &= 0.5\text{j}\times(1+\text{j}) + \text{j}\times(1+0.5\text{j}) \\ &= 0.5\text{j} - 0.5 + \text{j} - 0.5 \\ &= -1 + 1.5\text{j}\end{aligned}$$

归纳一下复向量的内积公式：

$$<\boldsymbol{a},\boldsymbol{b}> = \sum_{i=1}^{n} a_i b_i^*$$

其中，$\boldsymbol{a}=[a_1,a_2,\cdots,a_n]$，$\boldsymbol{b}=[b_1,b_2,\cdots,b_n]$

$$<\boldsymbol{a},\boldsymbol{b}> = \sum_{i=1}^{n} a_i b_i^* = a_1 b_1^* + a_2 b_2^* + \cdots + a_n b_n^*$$

### 4.2.4 复指数函数与复指数信号

现在我们已经了解了复数、虚数、复向量，接下来让我们继续学习复指数函数和复指数信号。

欧拉公式 $\text{e}^{\text{j}\theta} = \cos\theta + \text{j}\sin\theta$ 中的 $\text{e}^{\text{j}\theta}$ 是一个复指数函数，所以也满足复指数的性质。前面提到了复指数运算比三角函数更简单。举个例子，现有复指数 $\text{e}^{\text{j}\theta}$ 和 $\text{e}^{\text{j}\varphi}$，计算两个复指数的乘积。通过三角函数运算：

$$\begin{aligned}\text{e}^{\text{j}\theta}\times\text{e}^{\text{j}\varphi} &= (\cos\theta + \text{j}\sin\theta)\times(\cos\varphi + \text{j}\sin\varphi) \\ &= (\cos\theta\times\cos\varphi - \sin\theta\times\sin\varphi) + \text{j}(\cos\theta\times\sin\varphi + \sin\theta\times\cos\varphi) \\ &= \cos(\theta+\varphi) + \text{j}\sin(\theta+\varphi)\end{aligned}$$

根据复指数运算：

$$\text{e}^{\text{j}\theta}\times\text{e}^{\text{j}\varphi} = \text{e}^{\text{j}(\theta+\varphi)}$$

把 $\text{e}^{\text{j}\theta}$ 和 $\text{e}^{\text{j}\varphi}$ 看作是向量，二者相乘的物理意义为：将向量 $\text{e}^{\text{j}\theta}$ 沿逆时针方向旋转 $\varphi$ 角度，如图 4-27 所示。

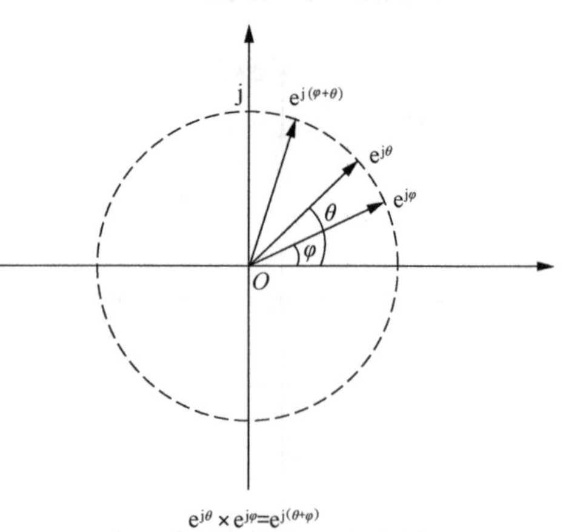


图 4-27　复指数的乘法

如何理解复指数信号呢？

前面我们讲到，令 $\theta = \omega t$，则可以得到信号的复指数形式：

$$\text{e}^{\text{j}\omega t} = \cos\omega t + \text{j}\sin\omega t$$

如图 4-28 所示，复指数信号 $e^{j\omega t}$ 可以被理解为一个沿着单位圆不断旋转的向量，旋转方向为逆时针方向，向量的模值为 1。举个形象一点的例子，可以想象一下体操运动员手中拿着一条彩带，用手不断地旋转画圈，彩带的轨迹与复指数信号的轨迹类似，如图 4-29 所示。

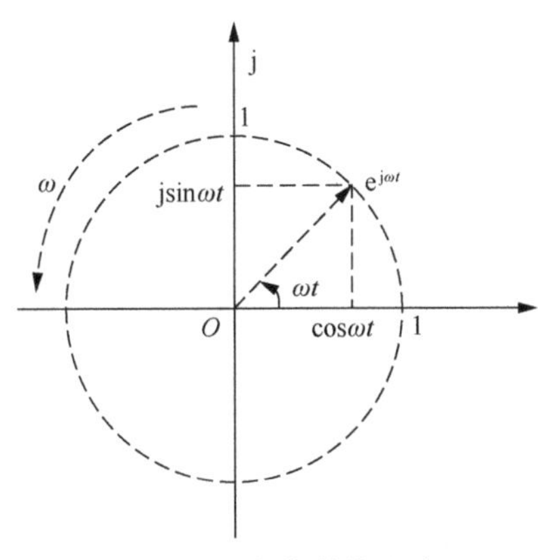


图 4-28 复指数信号 $e^{j\omega t}$

图 4-29 彩带的旋转轨迹

复指数信号 $e^{j\omega t}$ 在实轴平面和虚轴平面的投影分别是余弦信号 $\cos\omega t$ 和正弦信号 $\sin\omega t$，如图 4-30 所示。

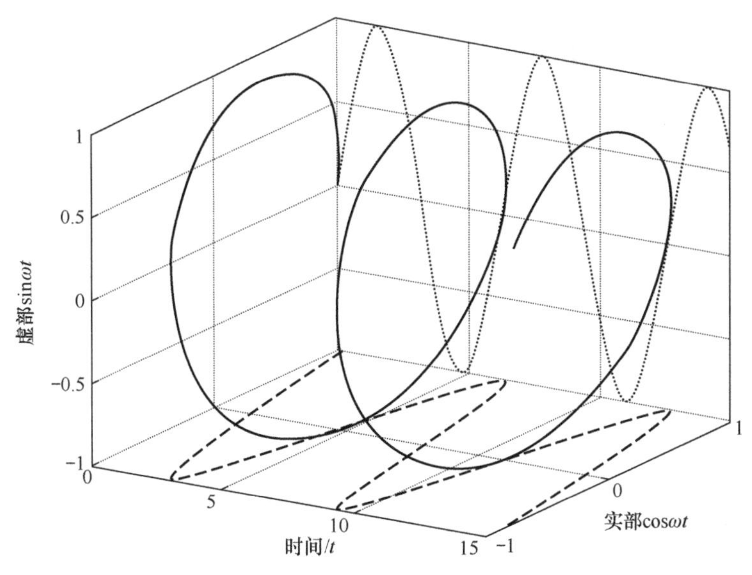


图 4-30 复指数信号 $e^{j\omega t}$ 的投影

在讨论正余弦信号的时候，我们可以通过幅值 $A$、角频率 $\omega$、初相位 $\varphi$ 来描述信号的特征。同样地，复指数信号也可以用来表示这些信号特征，如图 4-31 和图 4-32 所示。

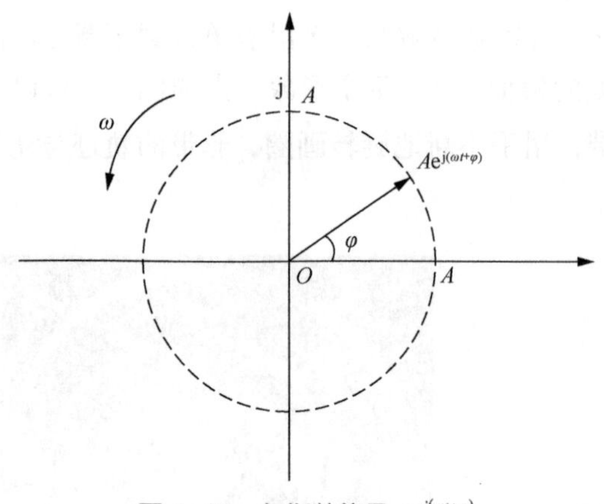


图 4-31　复指数信号 $Ae^{j(\omega t+\varphi)}$

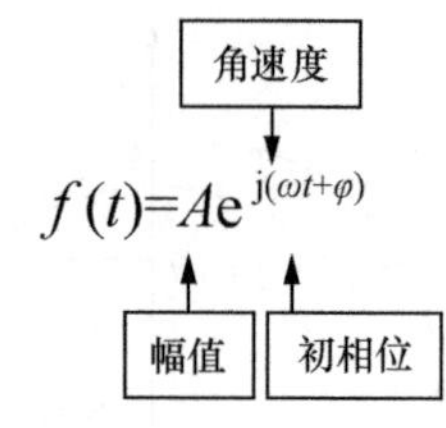


图 4-32　信号的特征

两个复指数信号$f_1(t)$和$f_2(t)$相乘，可以表示为：

$$
\begin{aligned}
f_1(t)\times f_2(t) &= e^{j(\omega_1 t+\varphi_1)}\times e^{j(\omega_2 t+\varphi_2)} \\
&= e^{j[(\omega_1+\omega_2)t+(\varphi_1+\varphi_2)]}
\end{aligned}
$$

如图 4-33 所示。

两个复指数信号相乘的物理意义为将其频率相加，初相位也相加。一个应用实例是将一个低频信号与一个高频载波信号相乘，这样可以将低频信号调制到高频载波信号上。

如果是信号$f_1(t)$与其共轭信号$f_1^*(t)$相乘，则有：

$$
f_1(t)\times f_1^*(t) = e^{j(\omega_1 t+\varphi_1)}\times e^{-j(\omega_1 t+\varphi_1)} = 1
$$

如图 4-34 所示。

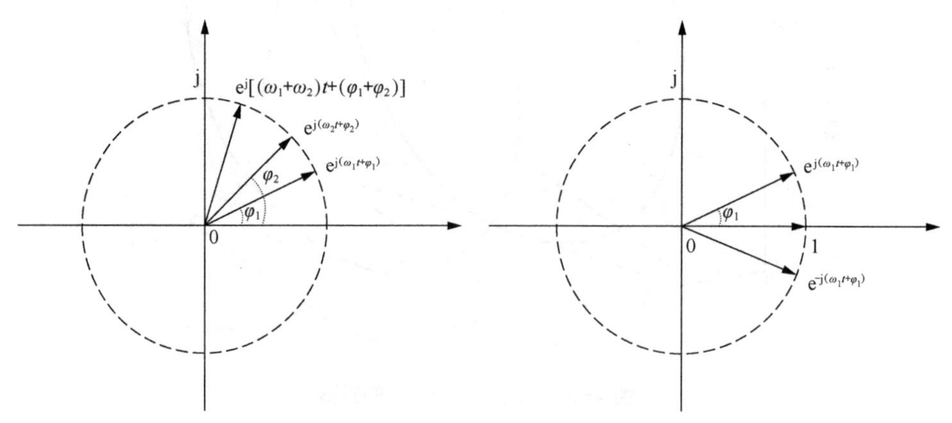


图 4-33　复指数信号$f_1(t)$和$f_2(t)$相乘　　图 4-34　信号$f_1(t)$与其共轭信号$f_1^*(t)$相乘

信号与其共轭信号相乘的物理意义为，将复指数信号乘以一个频率相同，但旋转方向相反的信号，结果会得到一个常量，也就是直流分量。在信号的解调中可以找到这种操作的实际应用。

和正余弦信号类似，复指数信号也有一个重要的性质——正交性：

复指数信号集 $\left\{e^{-jn\omega t},\cdots,e^{-j3\omega t},e^{-j2\omega t},e^{-j\omega t},e^{j0\omega t},e^{j\omega t},e^{j2\omega t},e^{j3\omega t},\cdots,e^{jn\omega t}\right\}$ 中的信号在一个周期 $[-T/2,\ T/2]$ 内彼此正交，即其中任意两个不同的信号在一个周期 $[-T/2,T/2]$ 上的内积为 0。

接下来，我们将证明复指数信号的正交性。只需要证明任意两个不同频率的信号在一个周期的内积为 0，以及任意相同频率的信号在一个周期的内积不为 0。首先证明任意两个不同频率的信号内积为 0：

$$<e^{jn\omega t}\cdot e^{jk\omega t}>=\int_{-T/2}^{T/2}e^{jn\omega t}e^{-jk\omega t}dt \quad (4\text{-}4)$$

$$=\int_{-T/2}^{T/2}e^{j(n-k)\omega t}dt=0 \quad (4\text{-}5)$$

公式（4-5）的物理意义是对信号 $e^{j(n-k)\omega t}$ 进行积分，求得它与坐标轴所围成的面积和为 0，如图 4-35 所示。

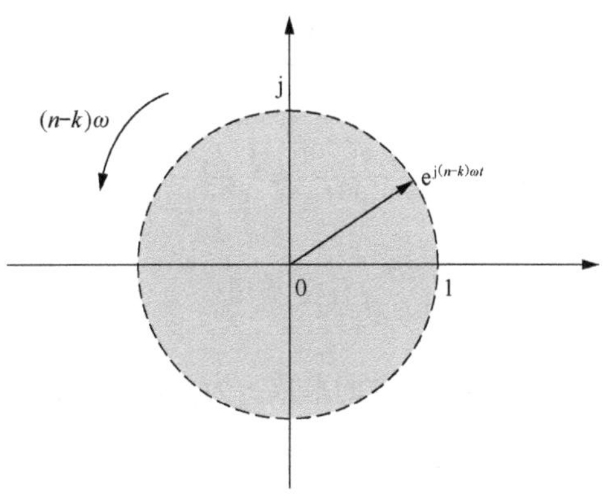


图 4-35　信号 $e^{j(n-k)\omega t}$ 的积分

再证明，任意相同的频率信号内积不为 0：

$$<e^{jn\omega t}\cdot e^{jn\omega t}>=\int_{-T/2}^{T/2}e^{jn\omega t}e^{-jn\omega t}dt$$

$$=\int_{-T/2}^{T/2}1dt=T$$

### 4.2.5　傅里叶级数的复指数形式

在上一章中，我们讨论了正余弦信号因为满足正交性，可以组成一个正交的三角信号集。

$\{1,\cos(\omega t),\sin(\omega t),\cos(2\omega t),\sin(2\omega t),\cdots,\cos(k\omega t),\sin(k\omega t)\},(k=1,2,3,\cdots)$ 可以用作傅里叶级数展开的基础。

傅里叶级数的三角函数形式：

$$f(t)=a_0/2+\sum_{k=1}^{\infty}\left[a_k\cos(k\omega t)+b_k\sin(k\omega t)\right]$$

其中：

$$\omega=2\pi f=\frac{2\pi}{T}\ (k=0,1,2,\cdots)$$

$$a_k=\frac{<f(t),\cos(k\omega t)>}{<\cos(k\omega t),\cos(k\omega t)>}=\frac{2}{T}\int_{-T/2}^{T/2}f(t)\cos(k\omega t)dt$$

$$b_k = \frac{\langle f(t), \sin(k\omega t) \rangle}{\langle \sin(k\omega t), \sin(k\omega t) \rangle} = \frac{2}{T}\int_{-T/2}^{T/2} f(t)\sin(k\omega t)\,\mathrm{d}t$$

同理，复指数信号也满足正交性，可以组成正交的复指数信号集 $\{\mathrm{e}^{-\mathrm{j}n\omega t},\cdots,\mathrm{e}^{-\mathrm{j}3\omega t},\mathrm{e}^{-\mathrm{j}2\omega t},\mathrm{e}^{-\mathrm{j}\omega t},\mathrm{e}^{\mathrm{j}0\omega t},\mathrm{e}^{\mathrm{j}\omega t},\mathrm{e}^{\mathrm{j}2\omega t},\mathrm{e}^{\mathrm{j}3\omega t},\cdots,\mathrm{e}^{\mathrm{j}n\omega t}\}$。故也可用作傅里叶级数展开。

傅里叶级数的复指数函数形式：

$$f(t) = \sum_{k=-\infty}^{\infty} c_k \mathrm{e}^{\mathrm{j}k\omega t}$$

其中：

$$\omega = 2\pi f = \frac{2\pi}{T}\left(k = 0, \pm 1, \pm 2, \cdots\right)$$

$$c_k = \frac{\langle f(t), \mathrm{e}^{\mathrm{j}k\omega t} \rangle}{\langle \mathrm{e}^{\mathrm{j}k\omega t}, \mathrm{e}^{\mathrm{j}k\omega t} \rangle} = \frac{\int_{-T/2}^{T/2} f(t)\mathrm{e}^{-\mathrm{j}k\omega t}\,\mathrm{d}t}{\int_{-T/2}^{T/2} \mathrm{e}^{\mathrm{j}k\omega t}\mathrm{e}^{-\mathrm{j}k\omega t}\,\mathrm{d}t}$$

$$= \frac{1}{T}\int_{-T/2}^{T/2} f(t)\mathrm{e}^{-\mathrm{j}k\omega t}\,\mathrm{d}t$$

傅里叶级数的系数 $c_k$ 为 $f(t)$ 在复指数函数集 $\{\mathrm{e}^{\mathrm{j}k\omega t}\}, (k = 0, \pm 1, \pm 2, \cdots)$ 中各个正交基上的坐标，如图 4-36 所示。

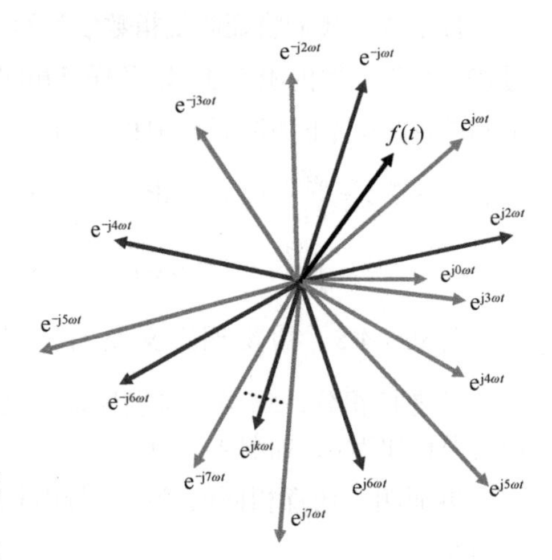


图 4-36　$f(t)$ 与复指数函数集 $\{\mathrm{e}^{\mathrm{j}k\omega t}\}$

# 4.3　复指数形式的傅里叶频谱

现在我们知道傅里叶级数展开可以表示成复指数的形式，接下来，我们将介绍如何把信号展开成复指数的形式，以及如何表示复指数信号的频谱。

## 4.3.1　正余弦信号的傅里叶级数展开

首先我们以正余弦信号为例，将其展开成复指数形式。根据欧拉公式：

$$\mathrm{e}^{\mathrm{j}\omega t} = \cos\omega t + \mathrm{j}\sin\omega t$$

变换得到：

$$\mathrm{e}^{\mathrm{j}\omega t} + \mathrm{e}^{-\mathrm{j}\omega t} = (\cos\omega t + \mathrm{j}\sin\omega t) + (\cos\omega t - \mathrm{j}\sin\omega t) = 2\cos\omega t$$

$$\mathrm{e}^{\mathrm{j}\omega t} - \mathrm{e}^{-\mathrm{j}\omega t} = (\cos\omega t + \mathrm{j}\sin\omega t) - (\cos\omega t - \mathrm{j}\sin\omega t) = 2\mathrm{j}\sin\omega t$$

所以余弦信号展开为复指数信号为：

$$\cos\omega t = \frac{1}{2}\left(\mathrm{e}^{\mathrm{j}\omega t} + \mathrm{e}^{-\mathrm{j}\omega t}\right)$$

对应的傅里叶级数系数：

$$c_1=\frac{1}{2},c_{-1}=\frac{1}{2}$$

正弦信号展开为复指数信号为：

$$\sin\omega t=\frac{1}{2\mathrm{j}}\left(\mathrm{e}^{\mathrm{j}\omega t}-\mathrm{e}^{-\mathrm{j}\omega t}\right)=-\frac{\mathrm{j}}{2}\left(\mathrm{e}^{\mathrm{j}\omega t}-\mathrm{e}^{-\mathrm{j}\omega t}\right)$$

对应的傅里叶级数系数：

$$c_1=-\frac{\mathrm{j}}{2},c_{-1}=\frac{\mathrm{j}}{2}$$

## 4.3.2 复指数信号的幅度谱和相位谱

我们已经分别把余弦信号和正弦信号展开成了复指数形式。那么，如何通过图形来表示复指数形式的信号呢？

让我们先以余弦信号的复指数展开为例。余弦信号 $\cos\omega t$ 的时域波形如图 4-37 所示。

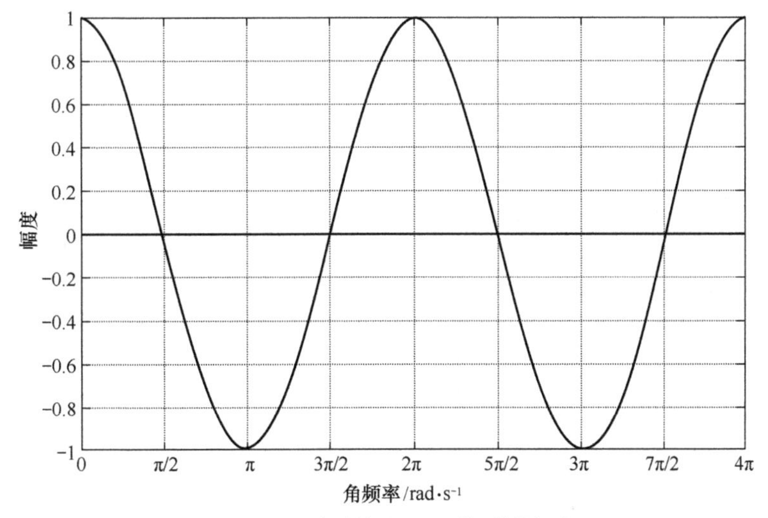


图 4-37 余弦信号 $\cos\omega t$ 的时域波形

按复指数形式展开：

$$\cos\omega t=\frac{1}{2}\left(\mathrm{e}^{\mathrm{j}\omega t}+\mathrm{e}^{-\mathrm{j}\omega t}\right)$$

傅里叶级数的系数：

$$c_1=\frac{1}{2},c_{-1}=\frac{1}{2}$$

一个复指数信号可以被视为一个旋转的向量，所以余弦信号可以用两个复指数信号来表示。$\frac{1}{2}e^{j\omega t}$表示的是沿逆时针方向旋转，角频率为$\omega$，模值为$\frac{1}{2}$的向量。$\frac{1}{2}e^{-j\omega t}$表示的是沿顺时针方向旋转，角频率为$-\omega$，模值为$\frac{1}{2}$的向量。余弦信号的三维频谱图如图4-38所示。

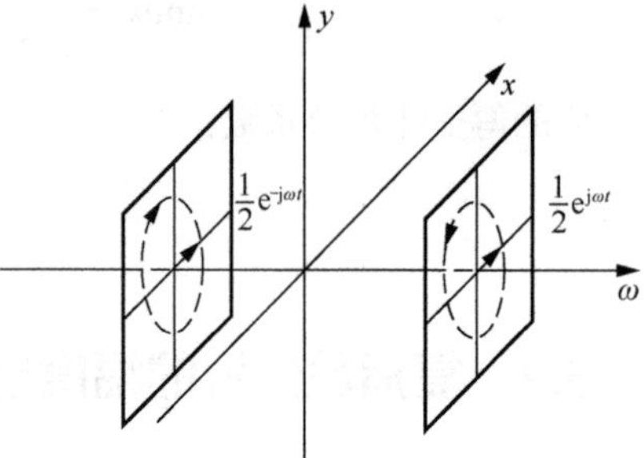


图4-38　余弦信号的三维频谱图

虽然三维频谱图看起来很直观，但是绘制起来并不容易。对于正余弦信号，以及复指数信号，其中包含的重要的信息有三个：角频率（角速度）、幅值和初相位。可以把这三个信息用两个图表示，即幅度谱和相位谱。

幅度谱表示的是信号展开为复指数形式的不同频率分量及其幅值大小。$\cos\omega t=\frac{1}{2}\left(e^{j\omega t}+e^{-j\omega t}\right)$中对应复指数的角频率分别为$\omega$和$-\omega$，所以只在这两个频率上有值，且幅值都是$\frac{1}{2}$。余弦信号的幅度谱如图4-39所示。

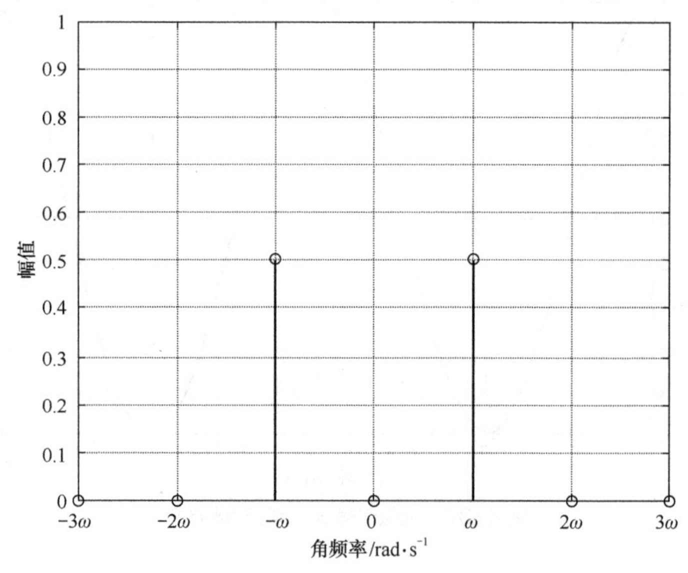


图4-39　余弦信号的幅度谱

相位谱表示的是信号展开为复指数的不同频率分量的初相位。$\cos\omega t=\frac{1}{2}\left(e^{j\omega t}+e^{-j\omega t}\right)$中对应复指数的初相位都为0，所以其相位谱全为0。余弦信号的相位谱如图4-40所示。

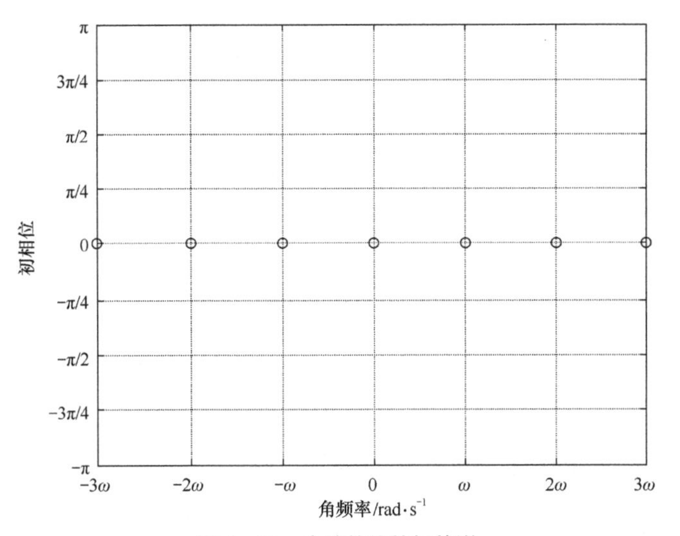


图 4-40　余弦信号的相位谱

接下来，我们再来看看如何绘制正弦信号的复指数展开的频谱。正弦信号 $\sin\omega t$ 的时域波形如图 4-41 所示。

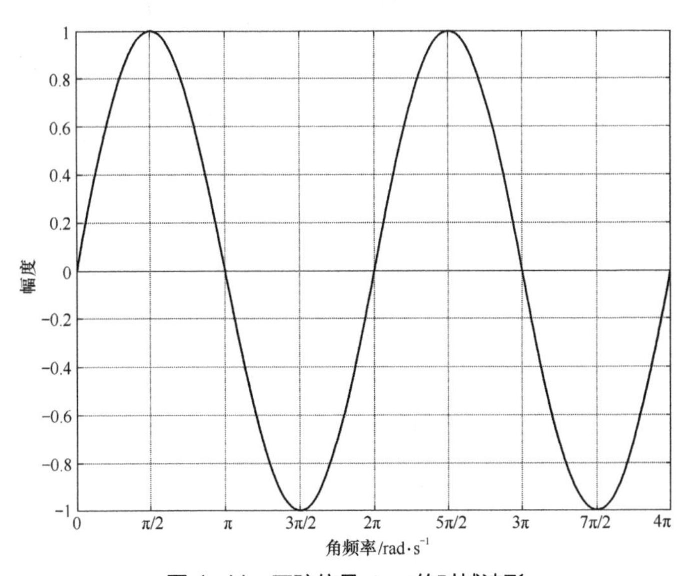


图 4-41　正弦信号 $\sin\omega t$ 的时域波形

展开成复指数形式：

$$\sin\omega t = -\frac{\mathrm{j}}{2}\mathrm{e}^{\mathrm{j}\omega t} + \frac{\mathrm{j}}{2}\mathrm{e}^{-\mathrm{j}\omega t}$$

傅里叶级数的系数：

$$c_1 = -\frac{\mathrm{j}}{2}, c_{-1} = \frac{\mathrm{j}}{2}$$

由于系数中出现了虚数，令$\mathrm{j}=\mathrm{e}^{\mathrm{j}\frac{\pi}{2}}$，可以将其进一步化简：

$$\begin{aligned}\sin\omega t&=-\frac{\mathrm{j}}{2}\mathrm{e}^{\mathrm{j}\omega t}+\frac{\mathrm{j}}{2}\mathrm{e}^{-\mathrm{j}\omega t}\\&=\frac{1}{2}\mathrm{e}^{-\mathrm{j}\frac{\pi}{2}}\mathrm{e}^{\mathrm{j}\omega t}+\frac{1}{2}\mathrm{e}^{\mathrm{j}\frac{\pi}{2}}\mathrm{e}^{-\mathrm{j}\omega t}\\&=\frac{1}{2}\mathrm{e}^{\mathrm{j}\left(\omega t-\frac{\pi}{2}\right)}+\frac{1}{2}\mathrm{e}^{\mathrm{j}\left(-\omega t+\frac{\pi}{2}\right)}\end{aligned}$$

$\frac{1}{2}\mathrm{e}^{\mathrm{j}\left(\omega t-\frac{\pi}{2}\right)}$表示的是沿逆时针方向旋转，角频率为$\omega$，幅值为$\frac{1}{2}$，初相位为$-\frac{\pi}{2}$的向量。$\frac{1}{2}\mathrm{e}^{\mathrm{j}\left(-\omega t+\frac{\pi}{2}\right)}$表示的是沿顺时针方向旋转，角频率为$-\omega$，幅值为$\frac{1}{2}$，初相位为$\frac{\pi}{2}$的向量。正弦信号的三维频谱图，如图 4-42 所示。

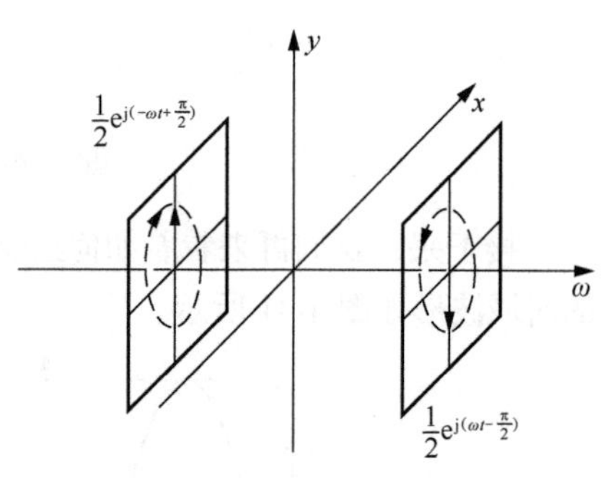

图 4-42　正弦信号的三维频谱图

正弦信号展开为复指数形式时，对应的角频率分别为$\omega$和$-\omega$，幅值都是$\frac{1}{2}$。正弦信号的幅度谱，如图 4-43 所示。

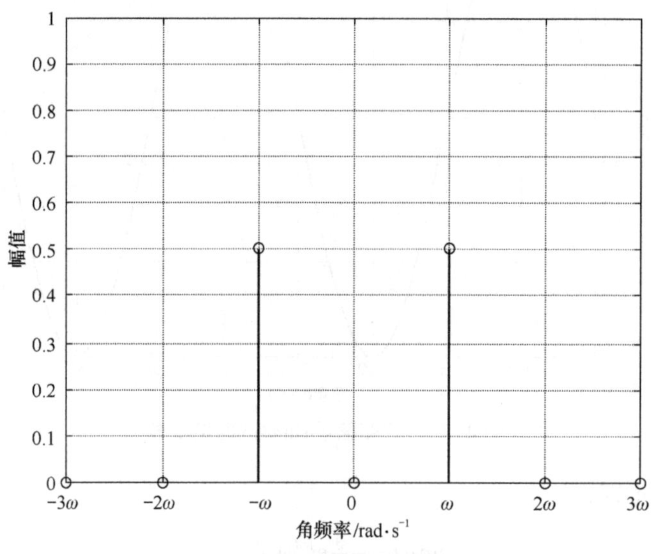

图 4-43　正弦信号的幅度谱

正弦信号分解后，角频率为$\omega$的复指数信号的初相位为$-\frac{\pi}{2}$。角频率为$-\omega$的复

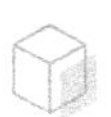

指数信号的初相位为 $\frac{\pi}{2}$。所以正弦信号的相位谱如图 4-44 所示。

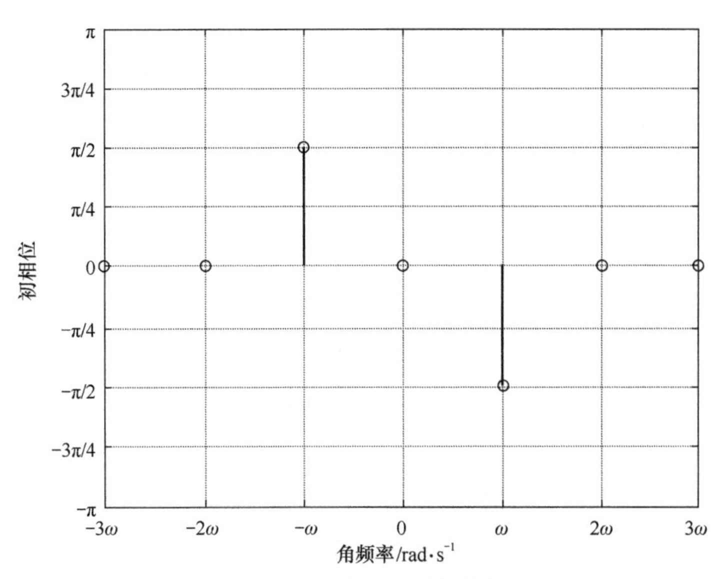


图 4-44 正弦信号的相位谱

了解了正余弦信号的频谱后，我们再来看一个实际信号的例子。

现有信号 $f(t)$，其表达式如下：

$$f(t)=0.5+\sqrt{2}\cos\left(\omega t-\frac{\pi}{4}\right)+0.127\times\cos(5\omega t)$$

$$=0.5+\frac{\sqrt{2}}{2}\left[\mathrm{e}^{\mathrm{j}\left(\omega t-\frac{\pi}{4}\right)}+\mathrm{e}^{-\mathrm{j}\left(\omega t-\frac{\pi}{4}\right)}\right]+\frac{0.127}{2}\left(\mathrm{e}^{\mathrm{j}5\omega t}+\mathrm{e}^{-\mathrm{j}5\omega t}\right)$$

该信号的三维频谱图如图 4-45 所示。

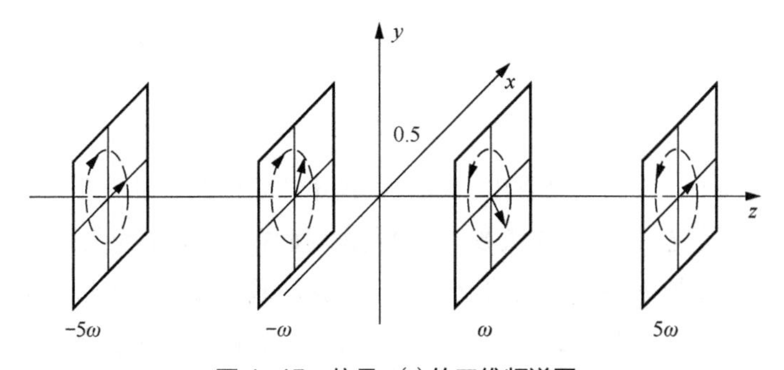


图 4-45 信号 $f(t)$ 的三维频谱图

其幅度谱如图 4-46 所示，相位谱如图 4-47 所示。

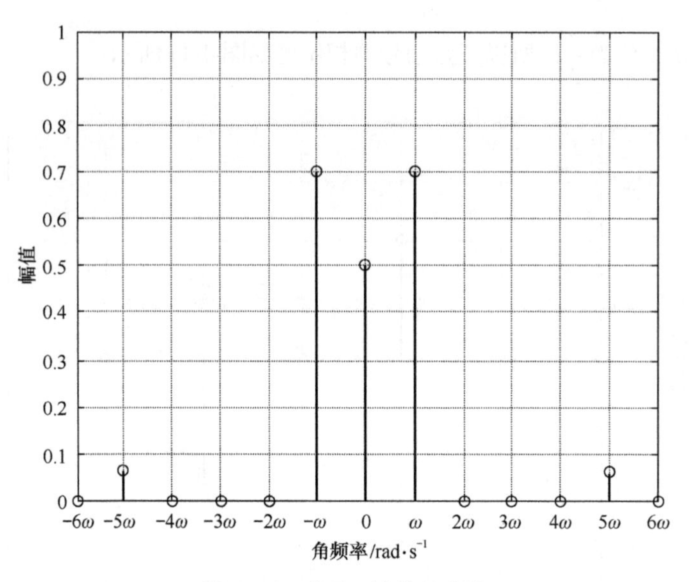


图 4-46 信号$f(t)$的幅度谱

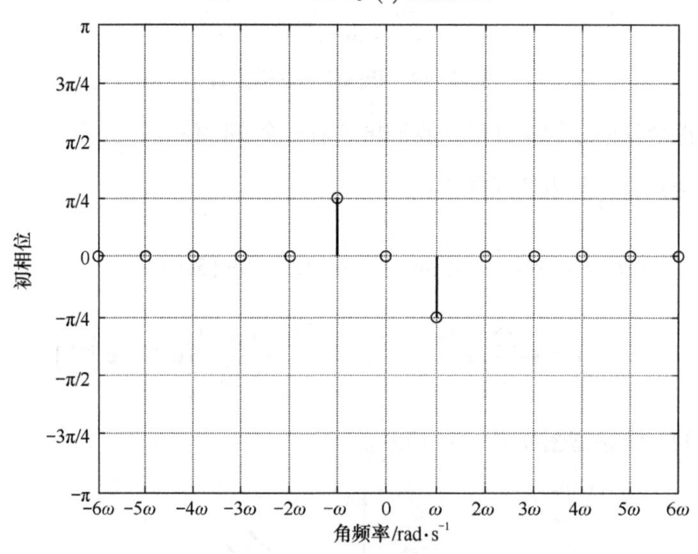


图 4-47 信号$f(t)$的相位谱

通过上述例子，我们可以看出，当信号展开成复指数信号的形式后，会出现角频率$\omega$为负数的情况，即频率为负数。在现实物理世界中，频率为负的信号并不存在。然而，这里出现角频率$\omega$为负数的原因在于，我们通过数学方式将一个频率为正数的信号展开成频率有正有负的复指数信号。其中，负频率表示复指数信号的旋转方向为顺时针。举例来说，自然数中不包括负数，但一个自然数可以表示成一个正数和一个负数相加的形式，如$1=2+(-1)$。

# 第5章

# 傅里叶级数与傅里叶变换

**在第4章中，我们介绍了信号的复指数形式的傅里叶级数展开。本章我们将以周期矩形信号为例，分析周期矩形信号的频谱特性，并对非周期信号的傅里叶变换进行分析。**

# 5.1 周期矩形脉冲信号的频谱

$f(t)$为周期矩形脉冲信号，周期为$T$，脉宽为$\tau$，幅值为1，占空比为$1/2$，如图5-1所示。

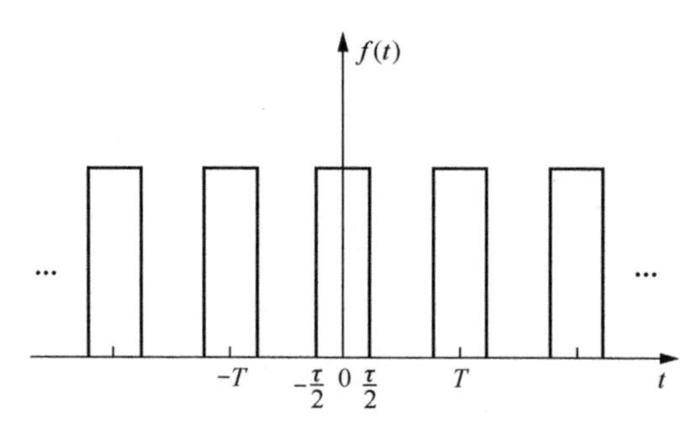


图 5-1 周期矩形脉冲信号

接下来，对矩形脉冲信号进行傅里叶级数展开。用$\omega_0$替代原傅里叶级数公式中的$\omega$，$\mathrm{e}^{\mathrm{j}k\omega_0 t}$表示信号展开成的不同频率的复指数。同时，为了方便表示，用$F(k\omega_0)$代替傅里叶级数的系数$c_k$，即用$F(k\omega_0)$表示对应频率的大小。

傅里叶级数的复指数函数形式变为：

$$f(t)=\sum_{k=-\infty}^{\infty}F(k\omega_0)\mathrm{e}^{\mathrm{j}k\omega_0 t}$$

其中：

$$\omega_0=2\pi f_0=2\pi/T\left(k=0,\pm1,\pm2,\cdots\right)$$

$$\begin{aligned}F(k\omega_0)&=\frac{<f(t),\mathrm{e}^{\mathrm{j}k\omega_0 t}>}{<\mathrm{e}^{\mathrm{j}k\omega_0 t},\mathrm{e}^{\mathrm{j}k\omega_0 t}>}\\&=\frac{\int_{-T/2}^{T/2}f(t)\mathrm{e}^{-\mathrm{j}k\omega_0 t}\mathrm{d}t}{\int_{-T/2}^{T/2}\mathrm{e}^{\mathrm{j}k\omega_0 t}\mathrm{e}^{-\mathrm{j}k\omega_0 t}\mathrm{d}t}\\&=\frac{1}{T}\int_{-T/2}^{T/2}f(t)\mathrm{e}^{-\mathrm{j}k\omega_0 t}\mathrm{d}t\end{aligned}$$

周期矩形脉冲信号的傅里叶级数展开的计算如下：

$$\begin{aligned}F(k\omega_0)&=\frac{1}{T}\int_{-\tau/2}^{\tau/2}f(t)\mathrm{e}^{-\mathrm{j}k\omega_0 t}\mathrm{d}t\\&=\frac{1}{T}\int_{-\tau/2}^{\tau/2}\left[\cos(k\omega_0 t)-\mathrm{j}\sin(k\omega_0 t)\right]\mathrm{d}t\end{aligned}$$

$$
\begin{aligned}
&= \frac{1}{T}\int_{-\tau/2}^{\tau/2}\cos\left(k\omega_0 t\right)\mathrm{d}t - \mathrm{j}\frac{1}{T}\int_{-\tau/2}^{\tau/2}\sin\left(k\omega_0 t\right)\mathrm{d}t \\
&= \frac{1}{T}\int_{-\tau/2}^{\tau/2}\cos\left(k\omega_0 t\right)\mathrm{d}t \\
&= \frac{\sin\left(k\omega_0 \tau/2\right)}{k\omega_0 T/2}
\end{aligned}
$$

这里只关注信号频率对应的幅度，暂不考虑相位。故以幅度谱代指频谱，如图 5-2 所示。

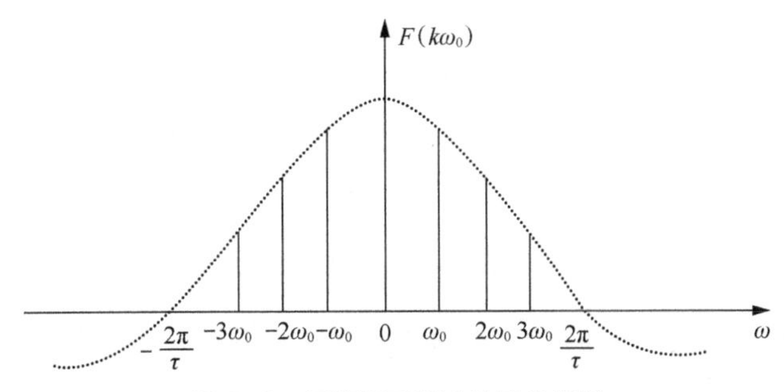


图 5-2　周期矩形脉冲信号的频谱

从图 5-2 可以看出，周期矩形脉冲信号的频谱被展开成了无穷个不同频率的复指数信号。复指数信号的频率均为 $\omega_0$ 的整数倍，间隔均为 $\omega_0$，因此将 $\omega_0$ 称为基波频率。如图 5-3 所示。

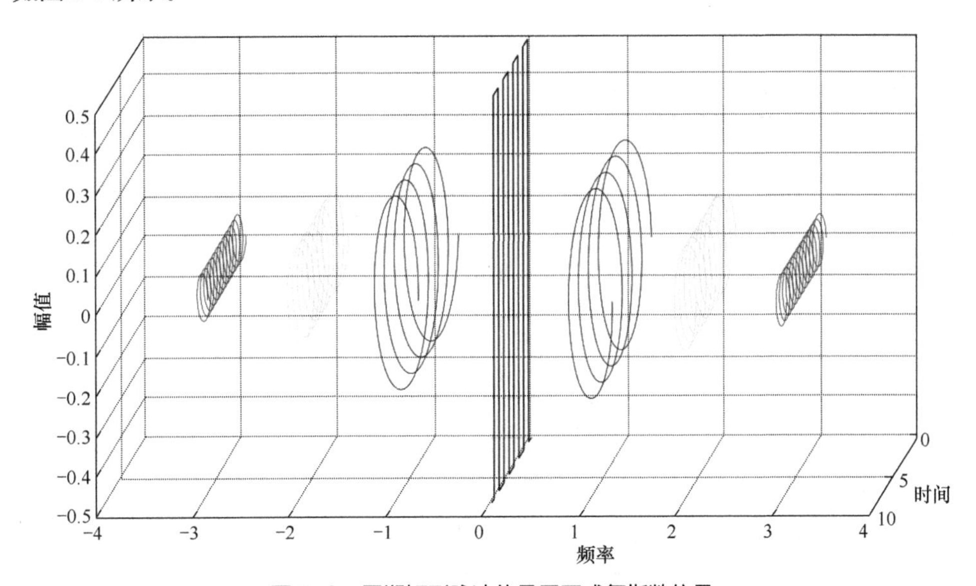


图 5-3　周期矩形脉冲信号展开成复指数信号

同理，周期矩形脉冲信号也可以展开为不同频率的余弦信号，如图 5-4 所示。

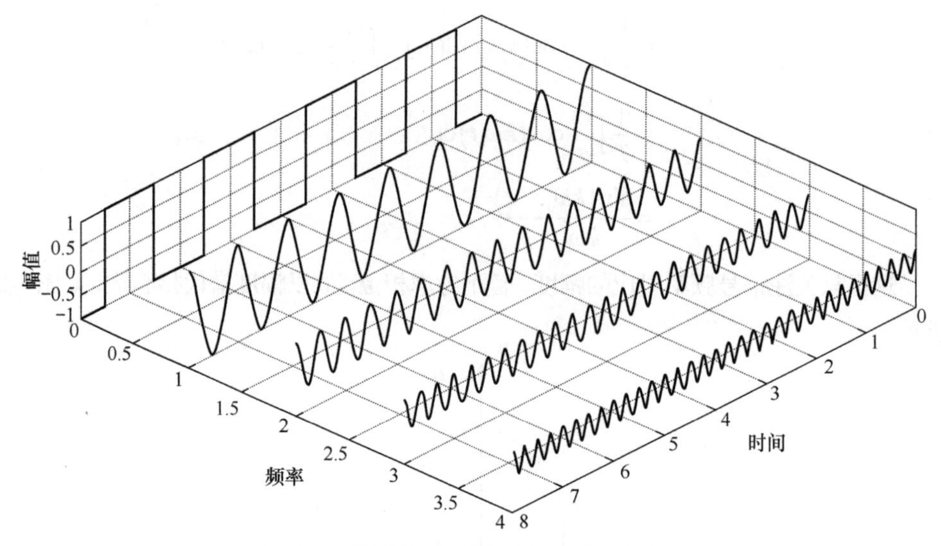


图 5-4　周期矩形脉冲信号展开成余弦信号

现在，我们来思考一个问题：当周期矩形脉冲信号的周期 $T$ 变大，而脉冲宽度保持不变时，其频谱将如何变化？

从以下公式中可以看出，$F(k\omega_0)$ 和周期 $T$ 成反比关系，所以周期 $T$ 越大，$F(k\omega_0)$ 的取值越小。

$$F(k\omega_0)=\frac{1}{T}\int_{-T/2}^{T/2}f(t)\mathrm{e}^{-\mathrm{j}k\omega_0 t}\mathrm{d}t$$

当周期增大到 $2T$ 时，信号如图 5-5 所示。

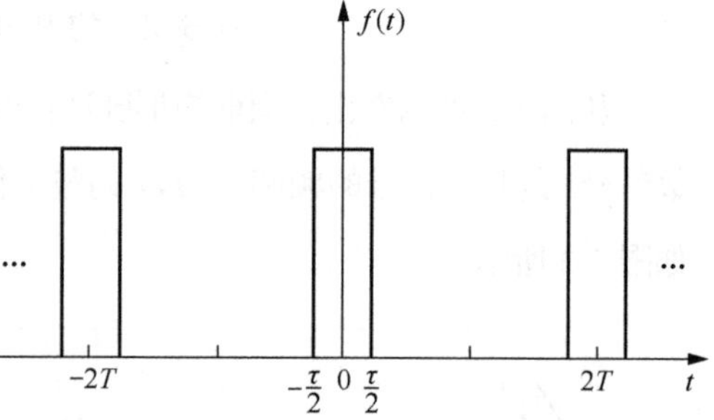


图 5-5　周期为 $2T$ 的矩形脉冲信号

因为 $\omega_0=2\pi f_0=2\pi/T(k=0,\pm1,\pm2\cdots)$，当 $T$ 增大时，$\omega_0$ 减小。其频谱如图 5-6 所示。

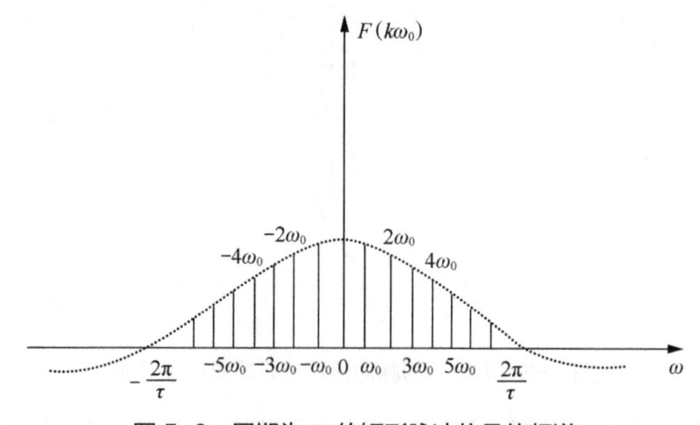


图 5-6　周期为 $2T$ 的矩形脉冲信号的频谱

从图 5-6 中，我们可以看出，$F(k\omega_0)$的幅值变小，频率间隔也在变小。

如果周期继续增大趋于 ∞，如图 5-7 所示。其频谱如图 5-8 所示。

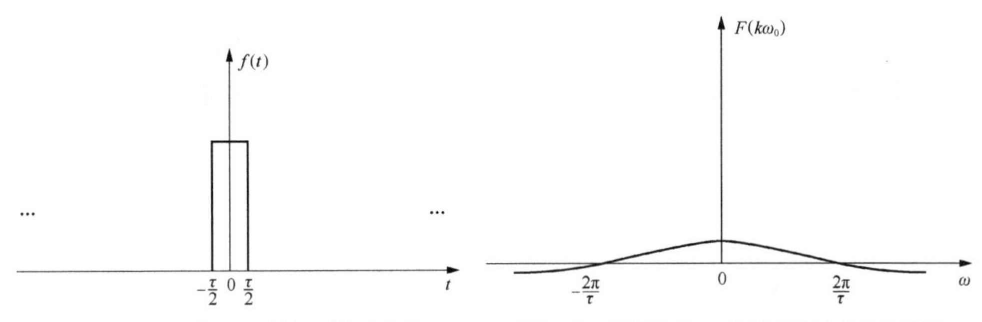


图 5-7 周期趋于 ∞ 的矩形脉冲信号

图 5-8 周期趋于 ∞ 的矩形脉冲信号的频谱

从图 5-8 可以看出，当周期 $T$ 继续增大，趋于 ∞ 时，信号的频谱 $F(k\omega_0)$ 的幅值将趋于 0，频谱间隔也变为 0，频谱变为连续谱线。

当周期矩形脉冲信号的周期趋于 ∞ 时，原来的周期信号变为非周期信号。所以傅里叶级数展开的方式只适用于周期信号，不能准确地表示非周期信号的频谱。

## 5.2 非周期信号的频谱

在上节中我们提到，傅里叶级数展开不能准确地表示非周期信号的频谱，那么非周期信号的频谱该如何表示呢？

### 5.2.1 信号的频谱密度

当我们遇到抽象且不容易理解的事物，我们可以尝试用熟悉且简单的事物进行类比。

假如我们有 5 个杯子和 1 杯水，如图 5-9 和图 5-10 所示。

图 5-9 5 个杯子

图 5-10 一杯水

杯子的数量是直观的。但如果想要描述杯中有多少水，就有些难度了，因为我们无法进行直观地计数，这时我们需要借助物理公式来计算：

$$密度 \times 体积 = 质量$$

类似地，对于非周期信号的频谱，我们是不是可以用“密度”的概念描述频谱呢？

因为$F(k\omega_0)$和周期$T$成反比，所以周期$T$越大，$F(k\omega_0)$的值越小。当周期$T$继续增大趋于$\infty$时，信号频谱$F(k\omega_0)$的幅值将趋于0。

既然$F(k\omega_0)$和周期$T$成反比关系，那么将$F(k\omega_0)$乘以周期$T$，得到的$F(k\omega_0)\times T$的频谱幅值将不再趋于0：

$$\begin{aligned} F(k\omega_0)\times T &= \int_{-T/2}^{T/2} f(t)\mathrm{e}^{-\mathrm{j}k\omega_0 t}\mathrm{d}t \\ &= \int_{-\infty}^{\infty} f(t)\mathrm{e}^{-\mathrm{j}k\omega_0 t}\mathrm{d}t \end{aligned}$$

周期是频率的倒数：

$T = 1/f_0 = 2\pi/\omega_0$，所以还可以表示为：

$$\begin{aligned} F(k\omega_0)\times T &= \frac{F(k\omega_0)}{f_0} \\ &= 2\pi\times\frac{F(k\omega_0)}{\omega_0} \end{aligned}$$

$F(k\omega_0)\times T$的频谱，如图5-11所示。

因为$2\pi$为常数，不影响信号的频谱特性，引入$F(\omega)$，令：

$$F(\omega) = 2\pi\times\frac{F(k\omega_0)}{\omega_0}$$

当信号确定后，$\omega_0$也为固定值。因此，$F(\omega)$的波形与$F(k\omega_0)\times T$的波形的形状相同。$F(\omega)$的波形如图5-12所示。

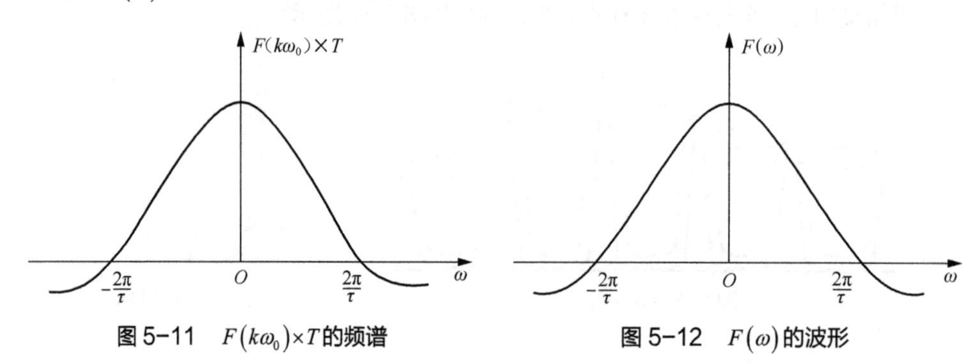


图 5-11　$F(k\omega_0)\times T$的频谱　　图 5-12　$F(\omega)$的波形

因为

$$F(\omega)=2\pi\times\frac{F(k\omega_0)}{\omega_0}$$

所以

$$F(\omega)\times\omega_0=2\pi F(k\omega_0)$$

如何理解 $F(\omega)$ 与 $F(k\omega_0)$ 的关系呢？如图 5-13 所示。

在图 5-13 中，$F(\omega)$ 表示横轴上不同频率 $\omega$ 对应的纵轴取值，即高度。$\omega_0$ 表示的是频率的间隔，可以被视为宽度，而 $2\pi F(k\omega_0)$ 表示 $F(\omega)$ 与 $\omega_0$ 的乘积，可以理解为面积。

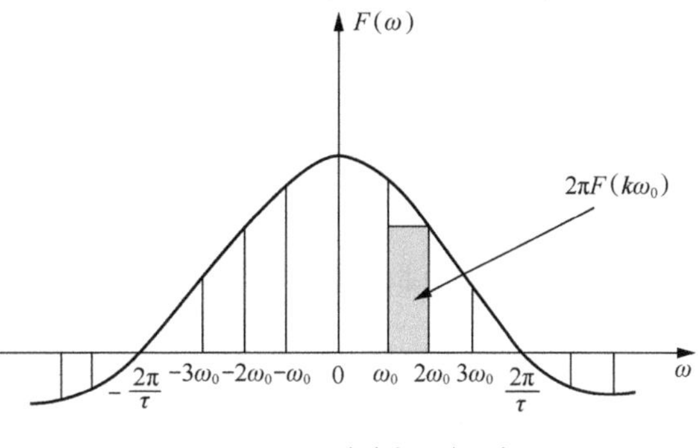


图 5-13 $F(\omega)$ 与 $F(k\omega_0)$

$$F(\omega)\times\omega_0=2\pi F(k\omega_0)$$
高度 × 宽度 = 面积

同理，$F(\omega)$ 还可以理解为密度，$\omega_0$ 理解为体积，$2\pi F(k\omega_0)$ 理解为质量。

$$F(\omega)\times\omega_0=2\pi F(k\omega_0)$$
密度 × 体积 = 质量

故 $F(\omega)$ 又被称作频谱密度函数。

### 5.2.2 非周期信号的傅里叶变换

非周期信号不能通过傅里叶级数展开，但可以用频谱密度函数来表示，这一过程称作傅里叶变换：

$$\begin{aligned}F(\omega)&=F(k\omega_0)\times T\\&=\frac{2\pi\times F(k\omega_0)}{\omega_0}\\&=\int_{-\infty}^{\infty}f(t)\mathrm{e}^{-\mathrm{j}k\omega_0 t}\mathrm{d}t\end{aligned}$$

$F(\omega)$ 表示的是信号 $f(t)$ 分解成不同频率复指数信号 $\mathrm{e}^{\mathrm{j}k\omega_0 t}$ 的大小。反过来，如果已知 $F(\omega)$，我们该如何表示原来的非周期信号 $f(t)$？

$$f(t)=\sum_{k=-\infty}^{\infty}c_k e^{jk\omega t}$$

其中：

$$\omega=2\pi f=\frac{2\pi}{T}(k=0,\pm1,\pm2,\cdots)$$

对于非周期信号，用$F(\omega)$替代$c_k$表示信号$f(t)$：

$$\begin{aligned}f(t)&=\sum_{k=-\infty}^{\infty}F(k\omega_0)e^{jk\omega_0 t}\\&=\sum_{k=-\infty}^{\infty}\frac{1}{2\pi}F(\omega)\omega_0 e^{jk\omega_0 t}\end{aligned}\qquad(5\text{-}1)$$

用$\Delta(k\omega_0)$表示频谱间隔，即：

$$\Delta(k\omega_0)=(k+1)\omega_0-k\omega_0=\omega_0$$

代入式（5-1）：

$$\begin{aligned}f(t)&=\sum_{k=-\infty}^{\infty}\frac{1}{2\pi}F(\omega)\Delta(k\omega_0)e^{jk\omega_0 t}\\&=\sum_{k=-\infty}^{\infty}\frac{1}{2\pi}F(\omega)e^{jk\omega_0 t}\Delta(k\omega_0)\end{aligned}$$

### 5.2.3 函数的连续性

继续对$k\omega_0$进行变换。

设有函数$y$：

$$y=k\omega_0(k=0,\pm1,\pm2,\cdots)$$

函数$y=k\omega_0$如图 5-14 所示。

当$\omega_0=1$时，$y=\cdots,-2,-1,0,1,2,\cdots$

当$\omega_0=0.1$时，$y=\cdots,-0.2,-0.1,0,0.1,0.2,\cdots$

当$\omega_0=0.01$时，$y=\cdots,-0.02,-0.01,0,0.01,0.02,\cdots$

当$T\to\infty$时，$\omega_0=2\pi/T\to0$：

$k\omega_0=k2\pi f_0=k2\pi/T\to0(k=0,\pm1,\pm2,\cdots)$

$k\omega_0$之间的间隔越来越小，趋于连续。

$$k\omega_0\to\omega$$

函数$y=\omega$如图 5-15 所示。

将 $k\omega_0$ 替换为 $\omega$：

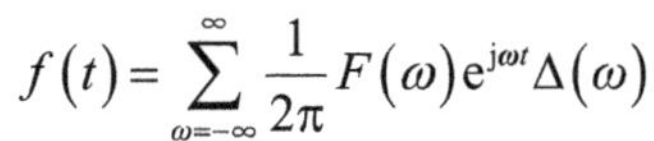

$$f(t)=\sum_{\omega=-\infty}^{\infty}\frac{1}{2\pi}F(\omega)\mathrm{e}^{\mathrm{j}\omega t}\Delta(\omega)$$

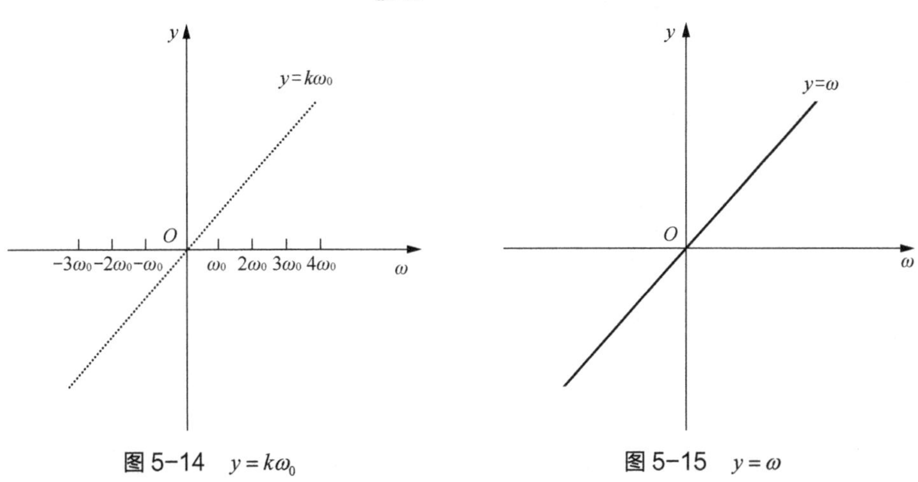


图 5-14 $y=k\omega_0$　　图 5-15 $y=\omega$

## 5.2.4 函数的微分

接下来，我们将继续简化 $\Delta(\omega)$。在这个过程中，我们会利用函数微分的性质。

首先，回顾一下微分的定义：

设函数 $y=f(x)$ 在某区间内有定义，$x_0$ 及 $x_0+\Delta x$ 在这区间内，如果函数的增量

$$\Delta y=f(x_0+\Delta x)-f(x_0)$$

可表示为

$$\Delta y=A\Delta x+o(\Delta x)$$

其中 $A$ 是不依赖 $\Delta x$ 的常数，那么我们称函数 $y=f(x)$ 在点 $x_0$ 处是可微的，而 $A\Delta x$ 叫作函数 $y=f(x)$ 在点 $x_0$ 相应于自变量增量 $\Delta x$ 的微分，记作 $\mathrm{d}y$，即

$$\mathrm{d}y=A\Delta x$$

如果用几何面积表示微分的意义，$x_0$ 表示正方形的边长，$\Delta x$ 表示正方形的边长增加的宽度。当 $\Delta x$ 足够小的时候，可以忽略 $o(\Delta x)$，用 $\mathrm{d}y=A\Delta x$ 近似表示面积的增量，如图 5-16 所示。

我们还可以用几何曲线表示微分的意义，其中 $x_0$ 表示变量的值，$\Delta x$ 表示变量的增量，当 $\Delta x$ 足够小的时候，可以用 $\mathrm{d}y$ 替代 $\Delta y$，近似表示面积的增量，如图 5-17 所示。

例如，假设我们驾驶一辆汽车，汽车的速度不是恒定的，而是随时间变化的。问汽车 1 小时内行驶了多少千米？

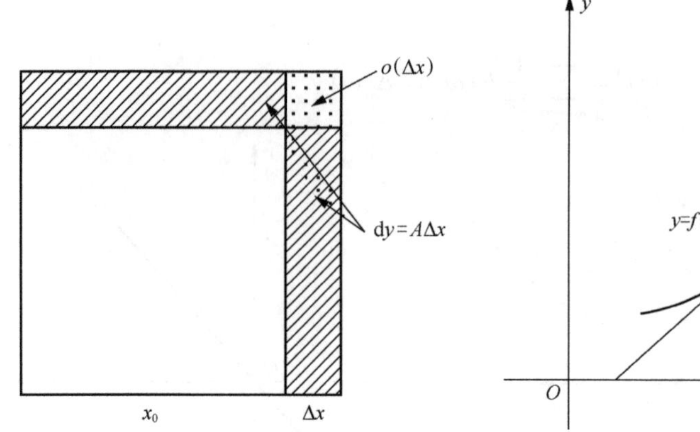


图 5-16　几何面积表示微分的意义　　　　图 5-17　几何曲线表示微分的意义

如果仅仅查看速度表而不参考里程表，确实很难准确回答这个问题。但是，有没有一种方法可以相对精确地计算出汽车在 1 小时内行驶的路程呢？

答案是肯定的。我们可以通过汽车行驶时每秒的瞬时速度来表示这一秒的平均速度，从而估算出汽车每秒行驶的路程，然后将这些值相加计算汽车在 1 小时内行驶的路程。例如，当前车速为 60km/h，约为 16.7m/s，得到汽车每秒大约行驶 16.7m。以此类推，每秒估算一次汽车行驶的路程。

假如用函数微分的思想来解释，设单位时间内汽车行驶路程的增量为 $\Delta s$，时间的增量为 $\Delta t$。$\mathrm{d}s$ 是相对于 $\Delta t$ 的微分，即 $\Delta s = v(t)\times\Delta t$。如果 $\Delta t$ 趋于无穷小，则可用 $\mathrm{d}s$ 表示 $\Delta s$。

介绍完微分的性质，接下来我们继续化简傅里叶展开公式中的 $\Delta(\omega)$。当 $\Delta(\omega)\to 0$ 时，可以用 $\mathrm{d}\omega$ 代替 $\Delta(\omega)$：

$$
\begin{aligned}
f(t) &= \sum_{\omega=-\infty}^{\infty}\frac{1}{2\pi}F(\omega)\mathrm{e}^{\mathrm{j}\omega t}\Delta(\omega) \\
&= \sum_{\omega=-\infty}^{\infty}\frac{1}{2\pi}F(\omega)\mathrm{e}^{\mathrm{j}\omega t}\mathrm{d}\omega
\end{aligned}
$$

## 5.2.5　函数的积分

继续以上节中计算汽车行驶路程的例子来理解函数的积分。汽车在 1 小时内行驶的路程为多少？如果我们知道每 1 秒汽车行驶的路程 $\Delta s$，可以将其相加：

$$
S=\sum_{t=0}^{3600}\Delta s
$$

当 $\Delta t\to 0$ 时，用 $\mathrm{d}s$ 表示 $\Delta s$：

$$
S=\sum_{t=0}^{t=3600}\mathrm{d}s
$$

当 $\Delta t \to 0$ 时，$\mathrm{d}s = v(t)\times\Delta t$，用 $\mathrm{d}t$ 表示 $\Delta t$：

$$S=\sum_{0}^{3600} v(t)\mathrm{d}t$$

函数的积分就是对函数 $v(t)$ 和微分 $\mathrm{d}t$ 的乘积在区间 $[0,3600]$ 上求和的过程。再回到傅里叶展开公式的化简，我们将求和符号变为积分符号：

$$\begin{aligned} f(t) &= \sum_{\omega=-\infty}^{\infty}\frac{1}{2\pi}F(\omega)\mathrm{e}^{\mathrm{j}\omega t}\mathrm{d}\omega \\ &= \int_{-\infty}^{\infty}\frac{1}{2\pi}F(\omega)\mathrm{e}^{\mathrm{j}\omega t}\mathrm{d}\omega \end{aligned}$$

### 5.2.6 非周期信号的傅里叶逆变换

下面让我们回顾一下用 $F(\omega)$ 表示信号 $f(t)$ 的推导过程：

$$\begin{aligned} f(t) &= \sum_{k=-\infty}^{\infty}F(k\omega_0)\mathrm{e}^{\mathrm{j}k\omega_0 t} && \text{（周期信号的傅里叶级数展开）} \\ &= \sum_{k=-\infty}^{\infty}\frac{1}{2\pi}F(\omega)\omega_0\mathrm{e}^{\mathrm{j}k\omega_0 t} && \left(F(k\omega_0)=\frac{1}{2\pi}F(\omega)\omega_0\right) \\ &= \sum_{k=-\infty}^{\infty}\frac{1}{2\pi}F(\omega)\mathrm{e}^{\mathrm{j}k\omega_0 t}\Delta(k\omega_0) && (\omega_0=\Delta(k\omega_0)) \\ &= \sum_{\omega=-\infty}^{\infty}\frac{1}{2\pi}F(\omega)\mathrm{e}^{\mathrm{j}\omega t}\Delta(\omega) && \text{（函数的连续性 } \omega=k\omega_0\text{）} \\ &= \sum_{\omega=-\infty}^{\infty}\frac{1}{2\pi}F(\omega)\mathrm{e}^{\mathrm{j}\omega t}\mathrm{d}\omega && \text{（函数的微分 } \mathrm{d}\omega=\Delta(\omega)\text{）} \\ &= \int_{-\infty}^{\infty}\frac{1}{2\pi}F(\omega)\mathrm{e}^{\mathrm{j}\omega t}\mathrm{d}\omega && \text{（函数的积分）} \end{aligned}$$

最终得到如下形式：

$$f(t)=\frac{1}{2\pi}\int_{-\infty}^{\infty}F(\omega)\mathrm{e}^{\mathrm{j}\omega t}\mathrm{d}\omega$$

因为 $F(\omega)$ 为频谱密度函数，所以这个过程也称作非周期信号的傅里叶逆变换。我们可以用傅里叶变换后得到的频谱密度函数来恢复原始的非周期信号。

## 5.3 傅里叶级数与傅里叶变换的关系

我们来对比一下周期信号与非周期信号的傅里叶展开和变换，如表 5-1 所示。

表 5-1　周期信号与非周期信号的傅里叶展开和变换

| 周期信号的傅里叶级数展开：$f(t)=\sum_{k-\infty}^{\infty}F(k\omega_0)e^{jk\omega_0 t}$ | 非周期信号的傅里叶逆变换 $f(t)=\frac{1}{2\pi}\int_{-\infty}^{\infty}F(\omega)e^{j\omega t}d\omega$ |
|---|---|
| 周期信号的傅里叶级数展开系数：$F(k\omega_0)=\frac{1}{T}\int_{-T/2}^{T/2}f(t)e^{-jk\omega_0 t}dt$ | 非周期信号的傅里叶变换：$F(\omega)=\int_{-\infty}^{\infty}f(t)e^{-j\omega t}dt$ |

同时，对比周期矩形脉冲信号和非周期矩形脉冲信号的时域图和频谱图，如图 5-18 所示。

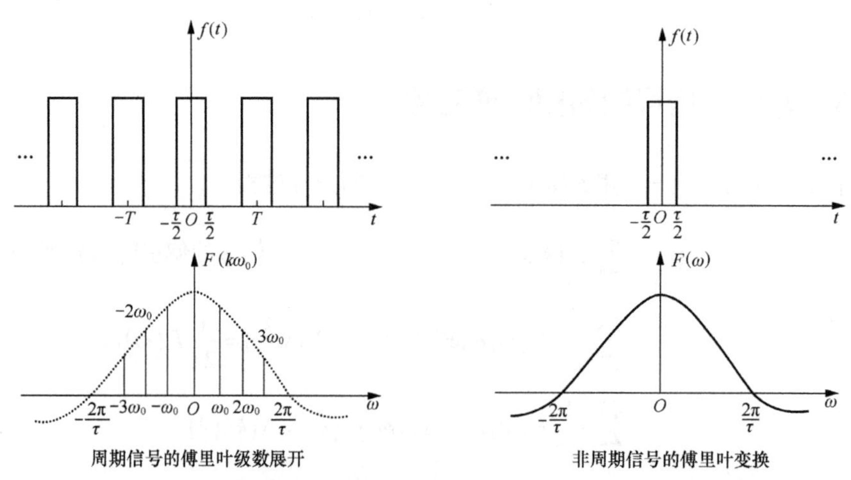


图 5-18　周期矩形脉冲信号和非周期矩形脉冲信号的时域图和频谱图

接下来，对比傅里叶级数展开与傅里叶变换的物理意义。

傅里叶级数展开是将周期信号展开成离散、频率间隔固定的复指数信号，傅里叶变换是将非周期信号变换成频率间隔连续的复指数信号，如图 5-19 所示。

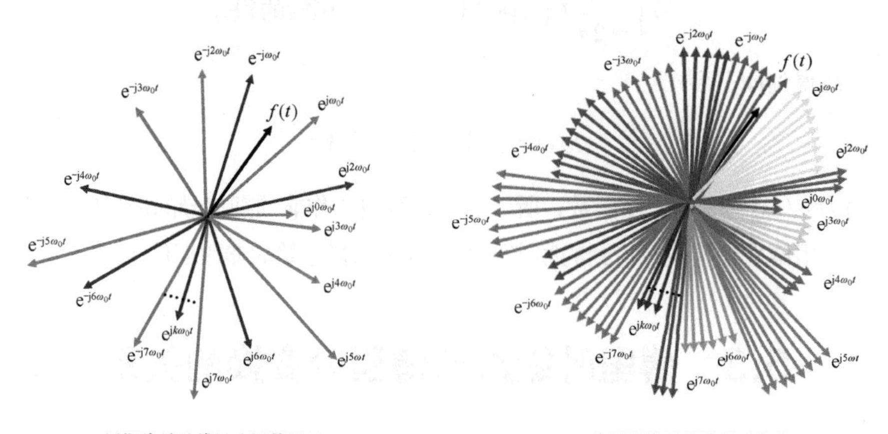


图 5-19　傅里叶级数展开和傅里叶变换

# 第6章 信号的卷积

**在第6章我们讲述了如何表示信号及如何通过傅里叶级数展开和傅里叶变换来分析信号。本章将介绍信号的一种常用运算方式——卷积。**

# 6.1 什么是卷积

## 6.1.1 卷积的定义

在数学中，基本的运算法有加、减、乘、除。如果两个函数相乘，那么应该如何进行运算呢？

例如，已知函数$f(x)=x+1$，$g(x)=x^2+3x+4$，求函数$h(x)=f(x)\times g(x)$？

$$\begin{aligned}h(x)&=f(x)\times g(x)\\&=(x+1)(x^2+3x+4)\\&=(x+1)\times x^2+(x+1)\times 3x+(x+1)\times 4\\&=(x^3+x^2)+(3x^2+3x)+(4x+4)\\&=x^3+4x^2+7x+4\end{aligned}$$

计算$f(x)$与$g(x)$的乘积，其实就是计算两个多项式的乘积，这也就是计算函数卷积的过程。

卷积是数学分析中一种重要的运算，它表示两个变量在某个范围内相乘后求和的结果。例如，它通过两个函数$f$和$g$生成第3个函数$h$，其本质是一种特殊的积分变换，用来描述函数$f$与函数$g$在坐标系中，经过翻转和平移后的重叠部分，常记为$h(x)=f(x)*g(x)$。

除了多项式相乘的方法，卷积还有一种计算方法。其计算过程分为以下4步：

1. 反褶
2. 平移
3. 相乘
4. 求和

仍以函数$h(x)=f(x)*g(x)$为例，先将$g(x)$反褶，即将$x^2+3x+4$变为$4+3x+x^2$，然后将反褶多项式每次向右平移一项，再与$f(x)$垂直对应项相乘，最后将结果求和，计算过程如下。

$$\begin{array}{r}x+1\\ \underline{4+3x+x^2}\\ x^3\end{array}\qquad\longrightarrow\qquad x^3$$

$$
\begin{array}{l}
x+1 \\
\underline{4+3x+x^2} \\
3x^2+x^2=4x^2 \quad \longrightarrow \quad 4x^2 \\
x+1 \\
\underline{4+3x+x^2} \\
4x+3x=7x \quad \longrightarrow \quad 7x \\
x+1 \\
\underline{4+3x+x^2} \\
4 \quad \longrightarrow \quad 4
\end{array}
$$

计算结果：$h(x)=f(x)*g(x)=x^3+4x^2+7x+4$，与使用多项式法求得的结果一致。

## 6.1.2 卷积的计算过程

前面介绍了卷积的计算方法，接下来分析一下卷积的计算过程。

设变量 $f(n)$ 中包含 3 个元素：

$$f[0]=a$$

$$f[1]=b$$

$$f[2]=c$$

变量 $f(n)$ 如图 6-1 所示。

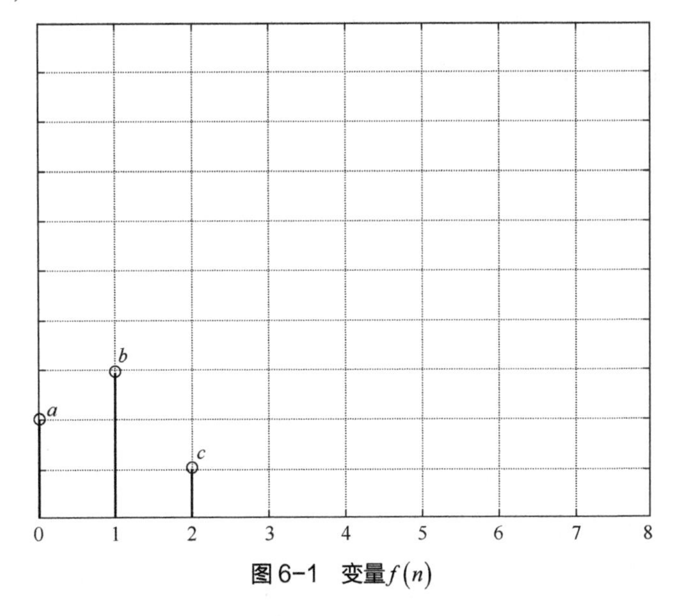


图 6-1 变量 $f(n)$

另有变量 $g(n)$ 中也包含 3 个元素：

$$g[0]=i$$

$$g[1]=j$$

$$g[2]=k$$

变量$g(n)$ 如图 6-2 所示。

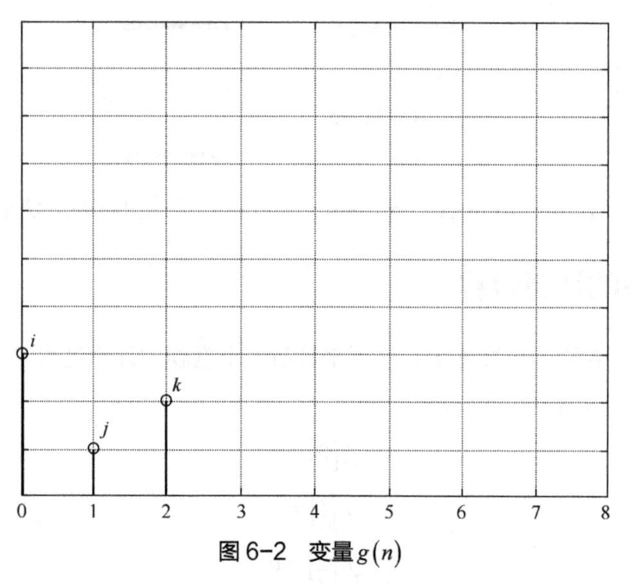


图 6-2　变量$g(n)$

图 6-3 至图 6-6 表示卷积$f(n)*g(n)$ 的计算过程。

第 1 步，用 $g[0]=i$ 乘以$f(n)$，因为$g[0]$的横坐标值为 0，所以直接相乘$f(n)*g[0]$，结果如图 6-3 所示。

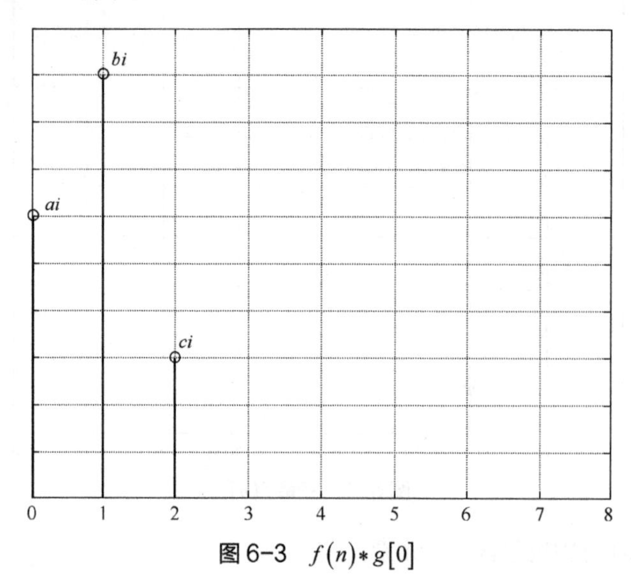


图 6-3　$f(n)*g[0]$

第 2 步，用 $g[1]=j$ 乘以 $f(n)$，因为 $g[1]$ 的横坐标值为 1，所以 $f(n)$ 需要向右移动 1 个单位，再与 $g[1]$ 相乘，$f(n-1)*g[1]$ 如图 6-4 所示。

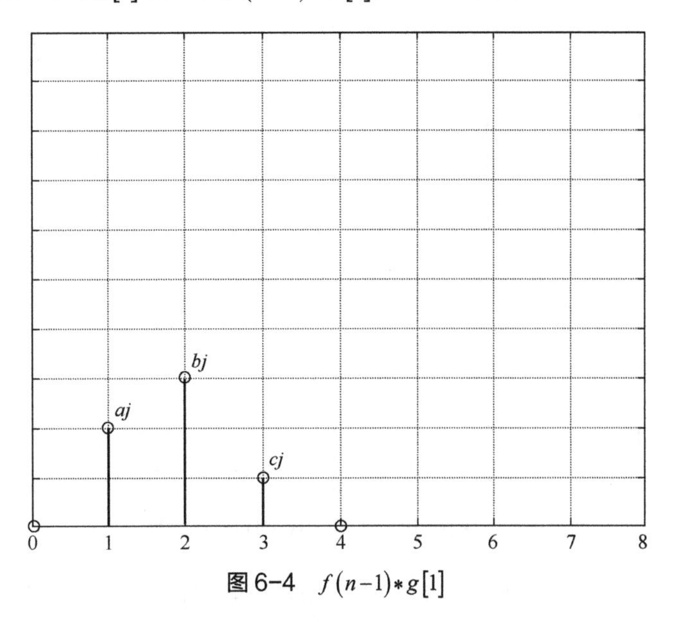


图 6-4　$f(n-1)*g[1]$

第 3 步，用 $g[2]=k$ 乘以 $f(n)$，因为 $g[2]$ 的横坐标值为 2，所以 $f(n)$ 需要向右移动 2 个单位，再与 $g[2]$ 相乘，$f(n-2)*g[2]$ 如图 6-5 所示。

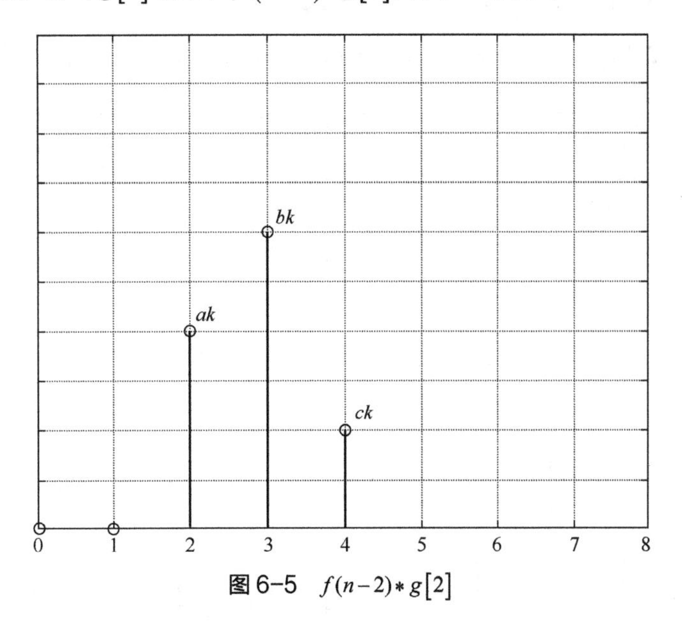


图 6-5　$f(n-2)*g[2]$

第 4 步，将前 3 步得到的结果相加，如图 6-6 所示。

$$f(n)*g(n)=f(n)*g[0]+f(n-1)*g[1]+f(n-2)*g[2]$$

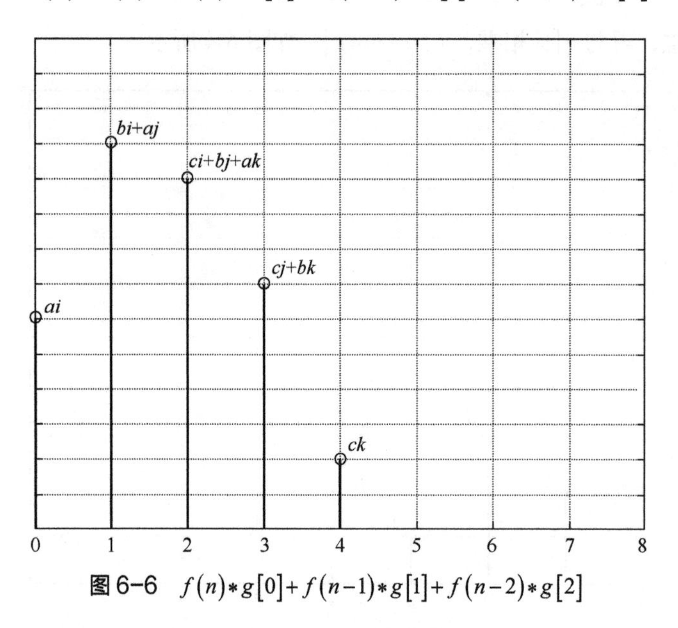


图 6-6 $f(n)*g[0]+f(n-1)*g[1]+f(n-2)*g[2]$

总结一下卷积的计算过程，即将变量$f(n)$平移后与$g(n)$中的元素相乘，平移的量取决于$g(n)$中对应元素的横坐标值。

现在我们知道了卷积的计算过程，下面再举 1 个实例。

已知$f=\{2,3,1\}$，$g=\{3,1,2\}$，求卷积 $f*g$。

对于$f=\{2,3,1\}$，即$f[0]=2$，$f[1]=3$，$f[2]=1$，如图 6-7 所示。

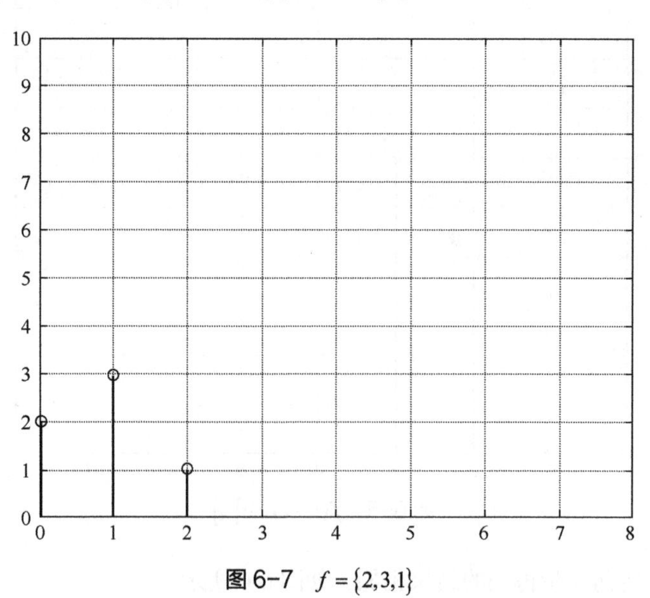


图 6-7 $f=\{2,3,1\}$

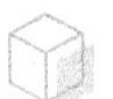

对于 $g=\{3,1,2\}$，即 $g[0]=3$，$g[1]=1$，$g[2]=2$，如图 6-8 所示。

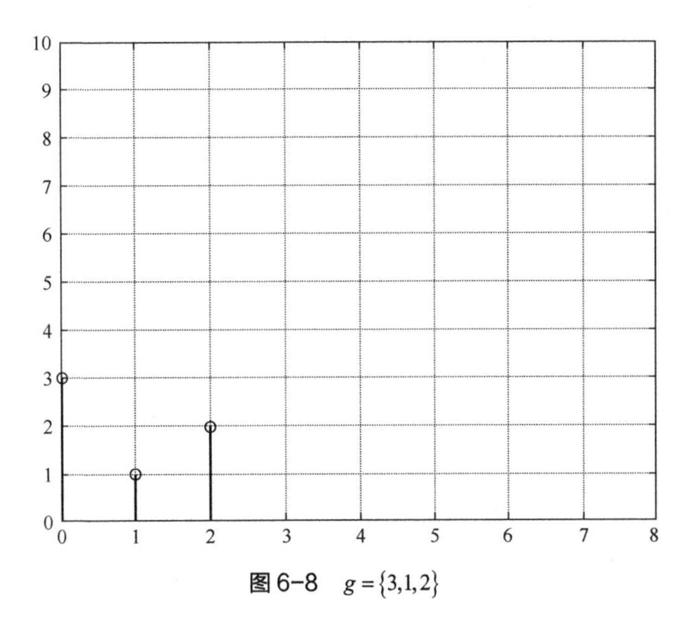

图 6-8 $g=\{3,1,2\}$

根据前面的计算过程求得 $f*g=\{6,11,10,7,2\}$，如图 6-9 所示。

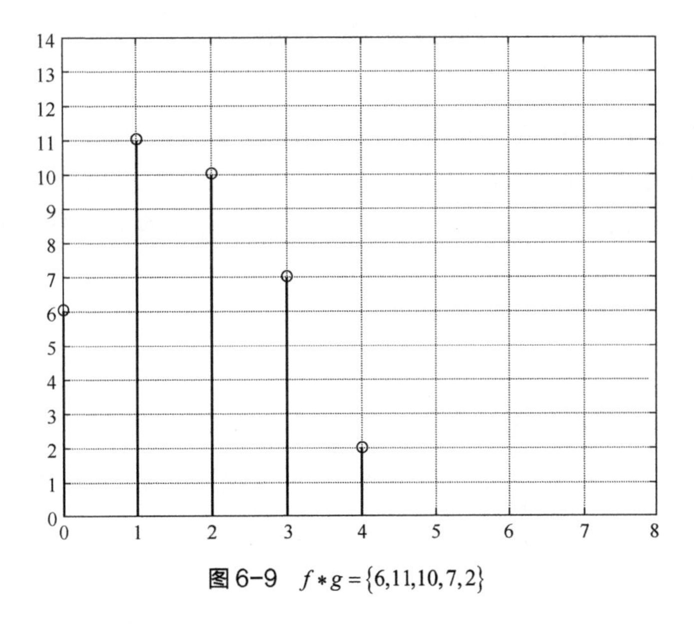

图 6-9 $f*g=\{6,11,10,7,2\}$

总结卷积的计算过程，即将变量 $f(n)$ 平移后与 $g(n)$ 中的各元素相乘，平移的量取决于 $g(n)$ 中的对应元素的横坐标值。

### 6.1.3 离散序列的卷积

将 6.1.2 节中的变量推广到离散函数，有图 6-10 所示的离散函数 $f(n)$ 和 $g(n)$：

$$f(n)=[0,1,2,3,\cdots,n]$$

$$g(n)=[0,2,4,6,\cdots,2n]$$

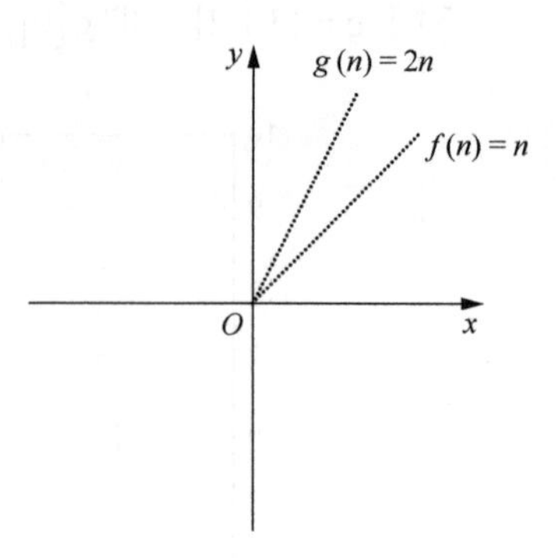

图 6-10　离散函数 $f(n)$ 和 $g(n)$

该如何求 $f(n)$ 和 $g(n)$ 的卷积呢？

这需要用到离散序列的卷积公式：

$$h(n)=f(n)*g(n)=\sum_{k=0}^{n}f(k)g(n-k)$$

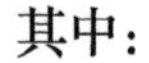

其中：

$$h(0)=f(0)g(0)=0$$

$$h(1)=f(0)g(1)+f(1)g(0)=0$$

$$h(2)=f(0)g(2)+f(1)g(1)+f(2)g(0)=2$$

$$\cdots$$

## 6.2 卷积积分

在上节中，我们介绍了离散序列的卷积计算过程。对于连续函数的卷积，我们以 $f(x)*g(x)$ 为例进行了说明，其中令 $f(x)=x+1$，$g(x)=x^2+3x+4$。通过多项式乘法即可求得其卷积。不过这只是一个特例，并非所有的函数都符合多项式的形式。本节将介绍如何对连续函数进行卷积计算。

### 6.2.1 冲激函数

为了更好地理解连续函数的卷积，我们需要引入冲激函数的概念。

一个宽为 $\Delta\tau$，高为 $\frac{1}{\Delta\tau}$，即脉冲波形下的面积为 1 的脉冲函数 $p(t)$。当宽度 $\Delta\tau$ 趋于无穷小时，这个脉冲函数就被称为冲激函数，常记作 $\delta(t)$。

即：

$$\frac{1}{\Delta\tau}\Delta\tau=1$$

$$p(t)=\frac{1}{\Delta\tau},-\frac{\Delta\tau}{2}\leqslant t\leqslant\frac{\Delta\tau}{2}$$

面积为 1 的脉冲函数$p(t)$如图 6-11 所示。

当$\Delta\tau$趋于无穷小时，$p(t)\to\delta(t)$。此时脉冲$p(t)$的宽度变得无限窄，当只有$t=0$处函数$p(t)$有值，且值为无穷大时，$p(t)$变为冲激函数$\delta(t)$。冲激函数$\delta(t)$如图 6-12 所示。

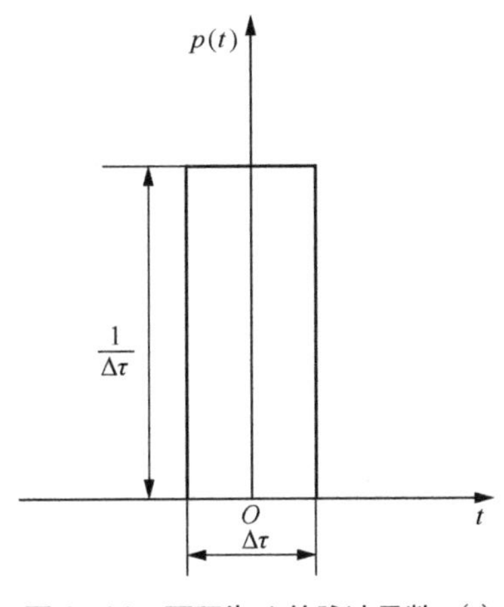


图 6-11　面积为 1 的脉冲函数$p(t)$

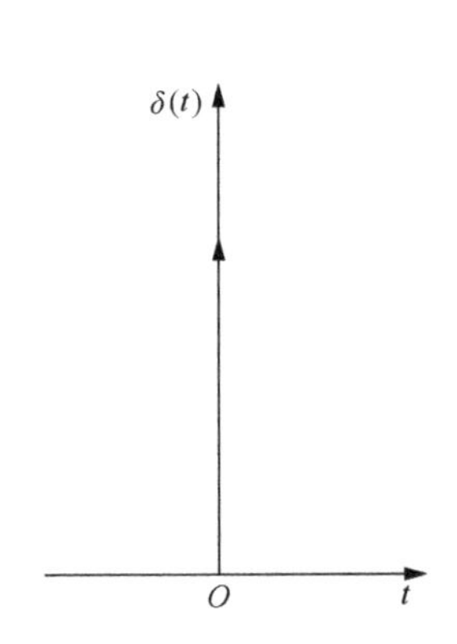


图 6-12　冲激函数$\delta(t)$

如果对冲激函数$\delta(t)$进行积分，其面积仍为 1。

$$\int_{-\infty}^{\infty}\delta(t)\mathrm{d}t=1$$

设有函数$f(t)$，用冲激函数$\delta(t)$与函数$f(t)$相乘。因为$\delta(t)$只在$t=0$处有值，所以有

$$f(t)\delta(t)=f(0)\delta(t)$$

乘积仍为冲激函数，如果对其积分，面积不再是 1，而是$f(0)$，如图 6-13 所示。

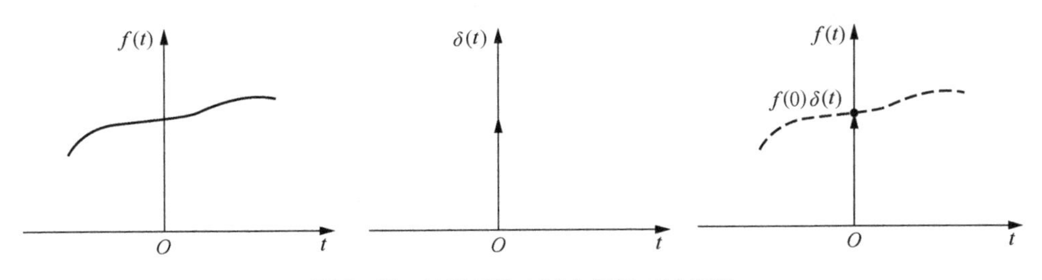


图 6-13　冲激函数$\delta(t)$与函数$f(t)$相乘

## 6.2.2　冲激函数的移位

本节我们分析一下冲激函数的移位性质。

脉冲函数$p(t)$以原点为中心对称，$p(t-\Delta\tau)$和$p(t+\Delta\tau)$分别表示将$p(t)$右移和左移$\Delta\tau$，如图 6-14 所示。

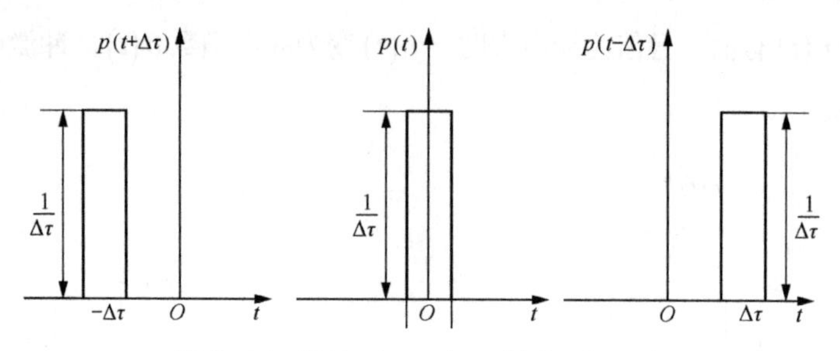


图 6-14　脉冲$p(t+\Delta t)$、$p(t)$和$p(t-\Delta t)$

同理，冲激函数$\delta(t+t_1)$、$\delta(t)$、$\delta(t-t_1)$，如图 6-15 所示。

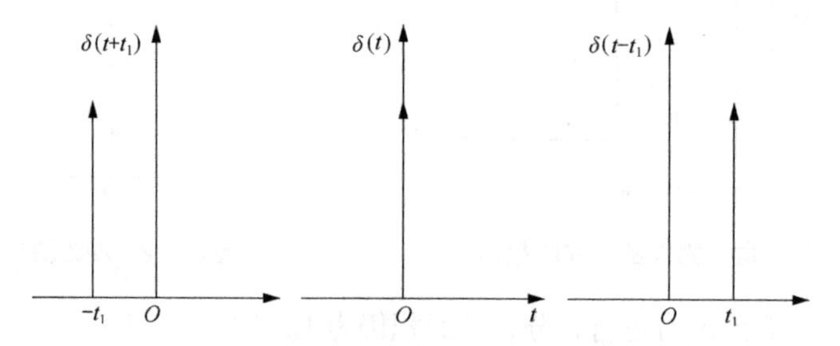


图 6-15　冲激函数$\delta(t+t_1)$、$\delta(t)$和$\delta(t-t_1)$

如果用冲激函数$\delta(t)$、$\delta(t-t_1)$和$\delta(t+t_1)$分别与函数$f(t)$相乘，结果如图 6-16 所示。

$$f(t)\delta(t)=f(0)\delta(t)$$

$$f(t)\delta(t-t_1)=f(t_1)\delta(t-t_1)$$

$$f(t)\delta(t+t_1)=f(-t_1)\delta(t+t_1)$$

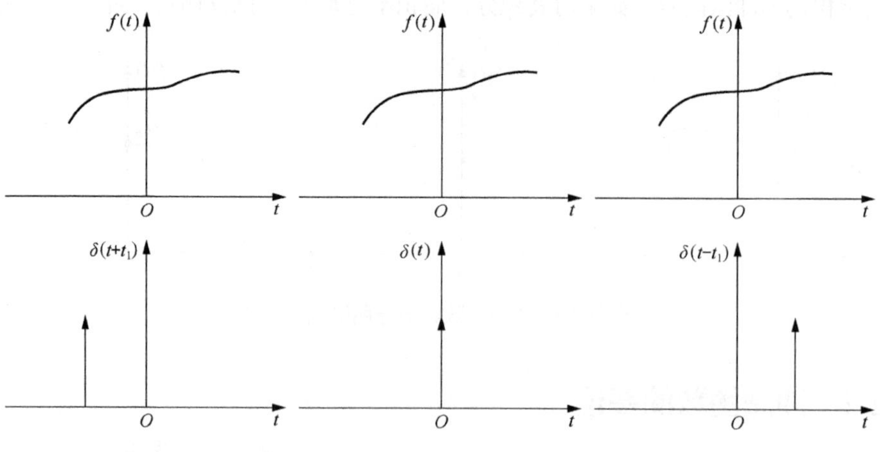


图 6-16　冲激函数$\delta(t+t_1)$、$\delta(t)$和$\delta(t-t_1)$分别与函数$f(t)$相乘

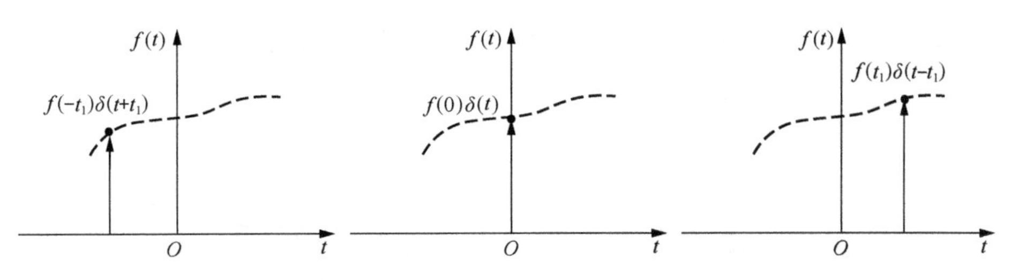


图 6-16　冲激函数 $\delta(t+t_1)$、$\delta(t)$ 和 $\delta(t-t_1)$ 分别与函数 $f(t)$ 相乘（续）

## 6.2.3　信号的时域分解

信号可以通过傅里叶变换分解为不同频率的正余弦信号或复指数信号，这是对信号进行的频域分析。

在本章中，我们将分析信号如何在时域进行分解。

设有连续信号 $f(t)$，如图 6-17 所示。

用宽为 $\Delta\tau$，高为 $\dfrac{1}{\Delta\tau}$，面积为 1 的脉冲信号 $p(t)$ 近似表示信号 $f(t)$，如图 6-18 所示。

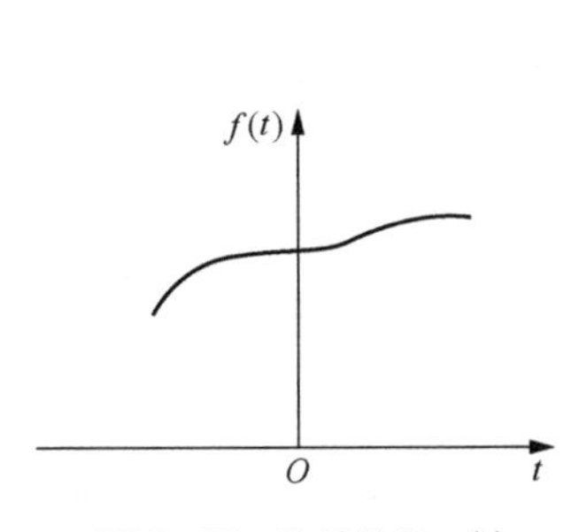


图 6-17　连续信号 $f(t)$

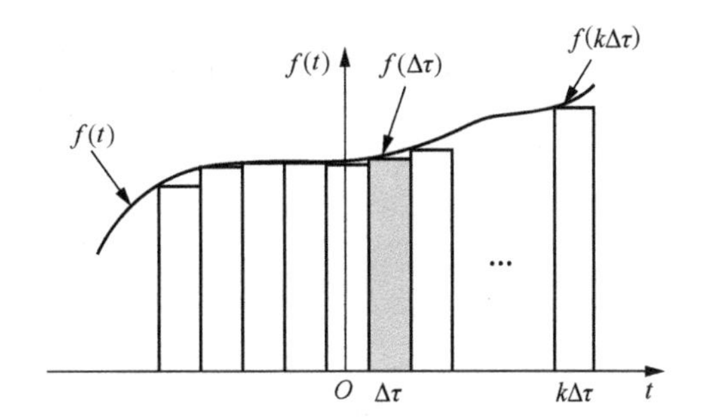


图 6-18　面积为 1 的脉冲信号 $p(t)$ 近似表示信号 $f(t)$

图 6-18 中矩形的高为 $p(t-\Delta t)$，宽为 $\Delta\tau$。因为：

$$p(t-\Delta\tau)\Delta\tau=\frac{1}{\Delta\tau}\Delta\tau=1$$

所以，每一个小矩形的面积也为 $f(k\Delta\tau)$：

$$f(k\Delta\tau)p(t-k\Delta\tau)\Delta\tau=f(k\Delta\tau)$$

即用 $k\Delta\tau$ 处的值近似表示信号 $f(t)$：

$$f(t)\approx\sum_{k=-\infty}^{\infty}f(k\Delta\tau)p(t-k\Delta\tau)\Delta\tau$$

当$\Delta\tau \to 0$时，根据函数的连续性$k\Delta\tau \to \Delta\tau$，以及函数的微分$\Delta\tau \to \mathrm{d}\tau$，即有：

$$f(t) \approx \lim_{\Delta\tau \to 0} \sum_{k=-\infty}^{\infty} f(k\Delta\tau) p(t-k\Delta\tau)\Delta\tau$$
$$= \int_{-\infty}^{\infty} f(\tau) p(t-\tau) \mathrm{d}\tau$$

再根据冲激函数的定义有：

$$f(t) = \int_{-\infty}^{\infty} f(\tau)\delta(t-\tau)\mathrm{d}\tau$$

即用$\int_{-\infty}^{\infty} f(\tau)\delta(t-\tau)\mathrm{d}\tau$的值去替代$f(t)$的值，也可以理解为$f(t)$是$f(\tau)\delta(t-\tau)$在定义域的积分，如图 6-19 所示。

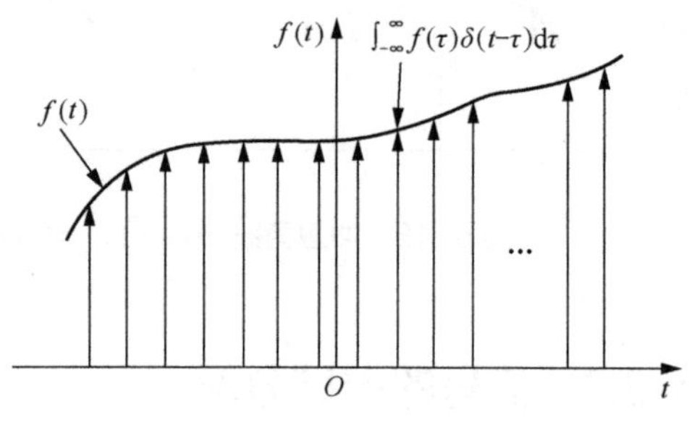


图 6-19　用$\int_{-\infty}^{\infty} f(\tau)\delta(t-\tau)\mathrm{d}\tau$替代$f(t)$

## 6.2.4　卷积积分的定义及物理意义

上节我们介绍了$f(t)$在时域上被分解为冲激函数的过程，即信号$f(t)$与冲激函数$\delta(t)$求卷积的过程，即：

$$f(t)*\delta(t) = \delta(t)*f(t) = \int_{-\infty}^{\infty} \delta(\tau) f(t-\tau)\mathrm{d}\tau = f(t)$$

信号$f(t)$与冲激函数$\delta(t)$的卷积结果仍为$f(t)$，如图 6-20 所示。

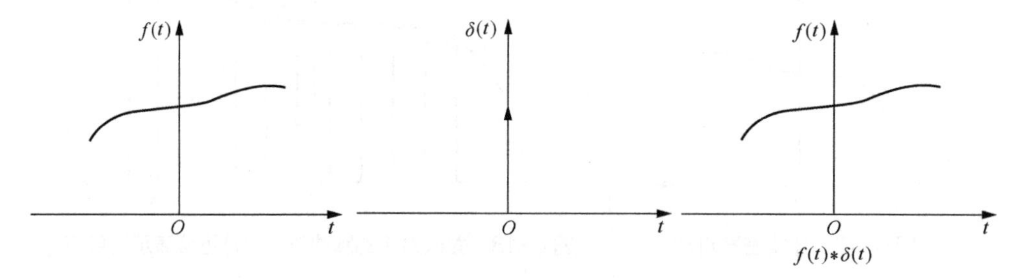


图 6-20　信号$f(t)$与冲激函数$\delta(t)$的卷积

如果将冲激函数$\delta(t)$右移$t_0$，变为$\delta(t-t_0)$，则信号$f(t)$与$\delta(t-t_0)$的卷积表示如下：

$$f(t)*\delta(t-t_0) = \int_{-\infty}^{\infty} \delta(\tau-t_0) f(t-\tau)\mathrm{d}\tau = f(t-t_0)$$

$f(t)*\delta(t-t_0)$卷积结果如图 6-21 所示。

从上例不难看出，信号$f(t)$与冲激函数$\delta(t-t_0)$的卷积即将信号$f(t)$以冲激函数$\delta(t-t_0)$的横坐标$t_0$进行移位，变为$f(t-t_0)$。

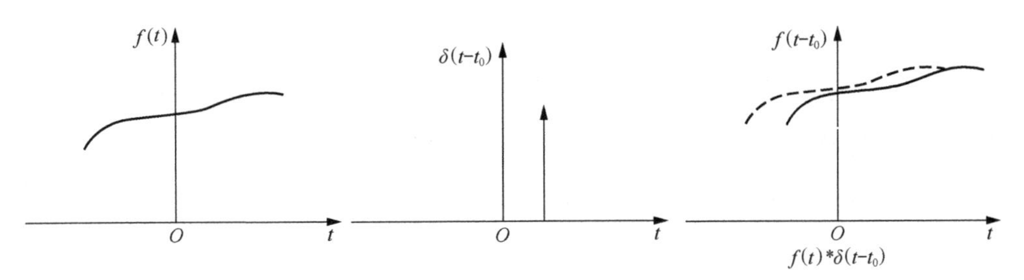


图 6-21 信号 $f(t)$ 与冲激函数 $\delta(t-t_0)$ 的卷积

这里用到的冲激函数 $\delta(t)$ 是一个特殊的函数。如果推广到一般函数，卷积应该如何表示呢?

设有函数 $g(t)$ 和 $f(t)$，积分 $\int_{-\infty}^{\infty} g(\tau) f(t-\tau) \mathrm{d}\tau$ 称为 $g(t)$ 和 $f(t)$ 的卷积积分，简称卷积，记作 $g(t)*f(t)$，即：

$$g(t)*f(t)=\int_{-\infty}^{\infty} g(\tau) f(t-\tau) \mathrm{d}\tau$$

又因为：

$$f(t)*\delta(t)=\int_{-\infty}^{\infty} f(\tau) \delta(t-\tau) \mathrm{d}\tau=f(t)$$

所以有：

$$g(t)*f(t)=g(t)*\int_{-\infty}^{\infty} f(\tau) \delta(t-\tau) \mathrm{d}\tau$$

接下来分析 $g(t)*f(t)$ 的物理意义。

信号 $g(t)$ 示意图如图 6-22 所示。

信号 $f(t)$ 可以理解为由无穷多个冲激函数与对应点 $t$ 的 $f(t)$ 值乘积的积分，即由无穷多个积分面积为 $f(t)$ 的冲激函数组成，如图 6-23 所示。

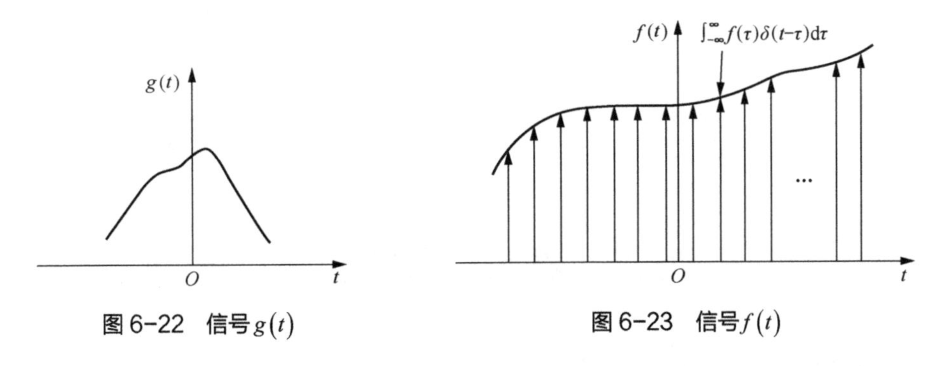


图 6-22 信号 $g(t)$

图 6-23 信号 $f(t)$

信号 $g(t)$ 和 $f(t)$ 的卷积计算过程，可以理解为先将 $f(t)$ 分解成冲激函数，再

用信号 $g(t)$ 与 $f(t)$ 分解得到的冲激函数分别进行卷积运算。具体来说，就是将信号 $g(t)$ 先移位到对应的冲激函数处，再与此处 $f(t)$ 的值相乘，最后将所有信号相加求和。下面以 3 个冲激信号为例进行说明，如图 6-24 所示。

同理，取更多冲激信号，如图 6-25 所示。

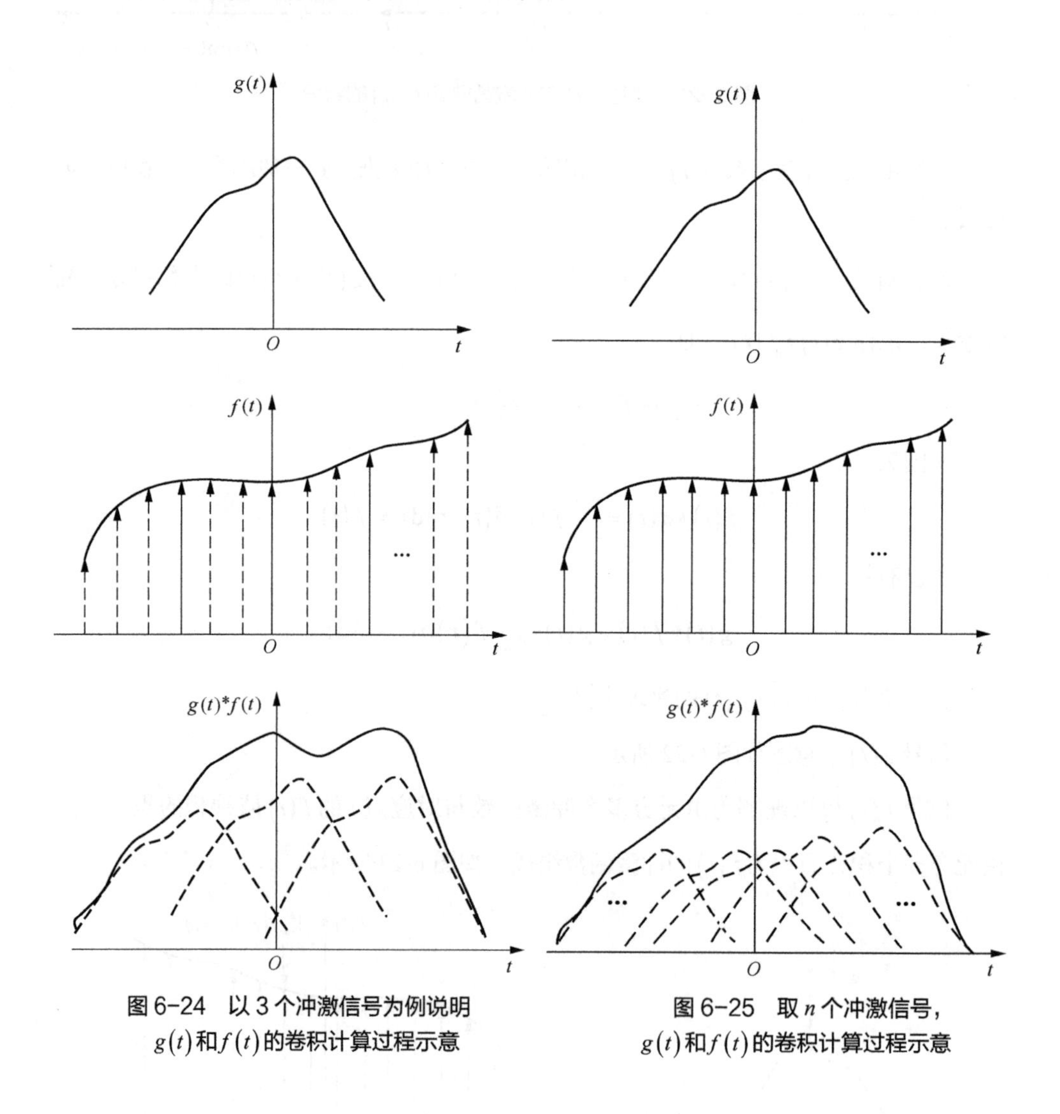


图 6-24　以 3 个冲激信号为例说明 $g(t)$ 和 $f(t)$ 的卷积计算过程示意

图 6-25　取 $n$ 个冲激信号，$g(t)$ 和 $f(t)$ 的卷积计算过程示意

## 6.3　卷积积分的应用

本节我们探讨卷积积分的应用。

## 6.3.1 时域卷积定理

时域卷积定理: 函数在时域中的卷积,其傅里叶变换是各函数傅里叶变换的乘积。

设有信号 $f_1(t)$ 和 $f_2(t)$，它们对应的是时域；其傅里叶变换分别为 $F_1(\omega)$ 和 $F_2(\omega)$，对应的是频域。

$$f_1(t) \longleftrightarrow F_1(\omega)$$

$$f_2(t) \longleftrightarrow F_2(\omega)$$

$$f_1(t)*f_2(t) \longleftrightarrow F_1(\omega)F_2(\omega)$$

根据时域卷积定理，对 $f_1(t)*f_2(t)$ 进行傅里叶变换的结果为 $F_1(\omega)F_2(\omega)$。

证明如下：

$$f_1(t)*f_2(t)=\int_{-\infty}^{\infty}f_1(\tau)f_2(t-\tau)\mathrm{d}\tau$$

$$\begin{aligned}
F\left[f_1(t)*f_2(t)\right]&=\int_{-\infty}^{\infty}\left[\int_{-\infty}^{\infty}f_1(\tau)f_2(t-\tau)\mathrm{d}\tau\right]\mathrm{e}^{-\mathrm{j}\omega t}\mathrm{d}t\\
&=\int_{-\infty}^{\infty}f_1(\tau)\left[\int_{-\infty}^{\infty}f_2(t-\tau)\mathrm{e}^{-\mathrm{j}\omega t}\mathrm{d}t\right]\mathrm{d}\tau\\
&=\int_{-\infty}^{\infty}f_1(\tau)\left[F_2(\omega)\mathrm{e}^{-\mathrm{j}\omega t}\right]\mathrm{d}\tau\\
&=F_2(\omega)\int_{-\infty}^{\infty}f_1(\tau)\mathrm{e}^{-\mathrm{j}\omega\tau}\mathrm{d}\tau\\
&=F_2(\omega)F_1(\omega)
\end{aligned}$$

例如，我们求余弦信号 $\cos\omega t$ 与其自身的卷积 $\cos\omega t*\cos\omega t$，如图 6-26 所示。

从图 6-26 中可以看出，两个余弦信号 $\cos\omega t$ 的时域卷积经过傅里叶变换后，等于两个余弦信号 $\cos\omega t$ 的频域乘积。

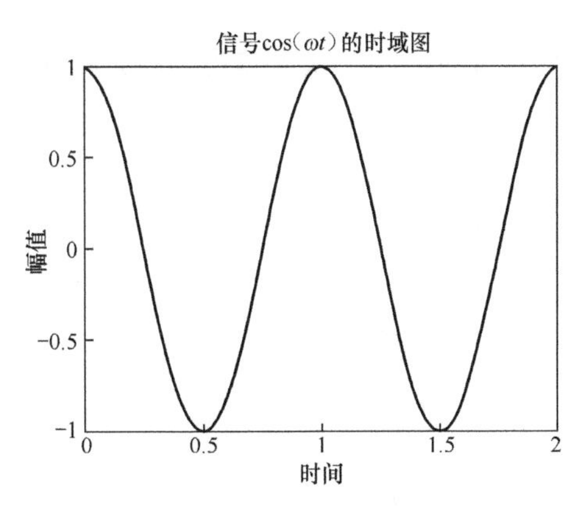


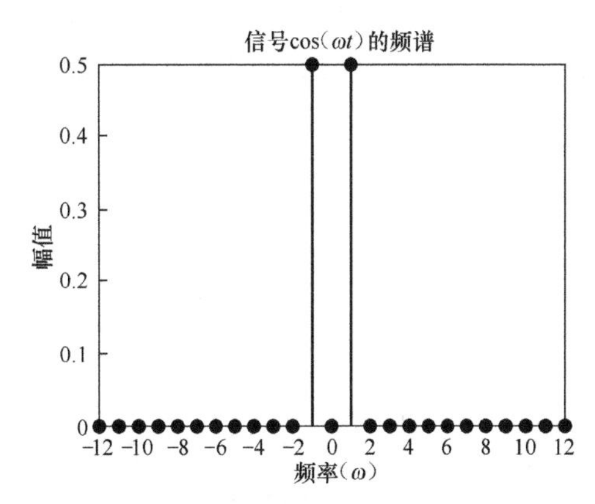


图 6-26　$\cos\omega t*\cos\omega t$

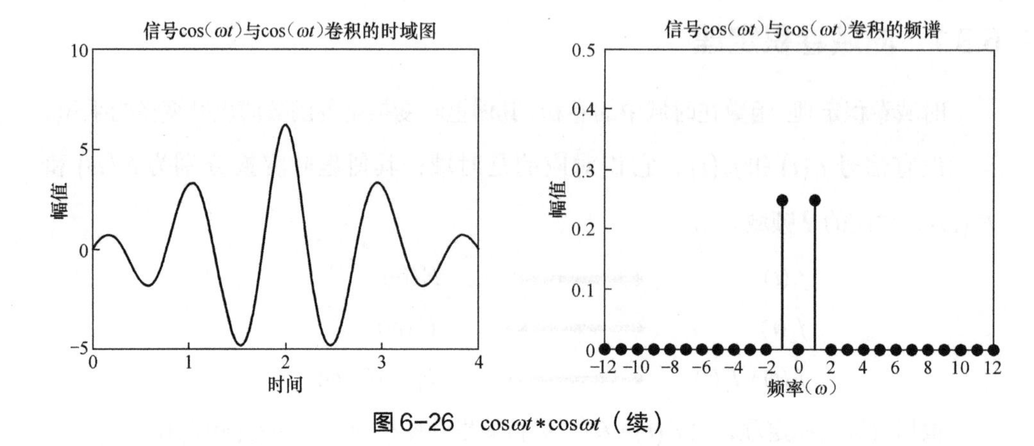


图 6-26　$\cos\omega t * \cos\omega t$（续）

## 6.3.2　冲激响应

为了更好地理解时域卷积定理的应用，现引入冲激响应的概念。

冲激响应：在线性时不变系统中，以单位冲激函数 $\delta(t)$ 为激励时，系统的零状态响应。

上节我们已经介绍过冲激函数 $\delta(t)$。除此之外，冲激响应定义中还有两个关键信息——线性时不变系统和零状态响应。

例如，话筒、功率放大器、音箱可以组成一个音响系统。

如果每次对话筒输入相同的声音，功率放大器对声音的放大倍数相同，音箱输出的声音也相同。那么，这个音响系统是一个线性时不变系统。

如果在对话筒输入声音之前，音箱没有声音输出。那么当话筒有声音输入时，音箱发出的声音可以被视为零状态响应。

在 $t=0$ 时刻，系统的激励为冲激函数 $\delta(t)$ 时，我们用 $h(t)$ 表示系统的冲激响应，如图 6-27 所示。

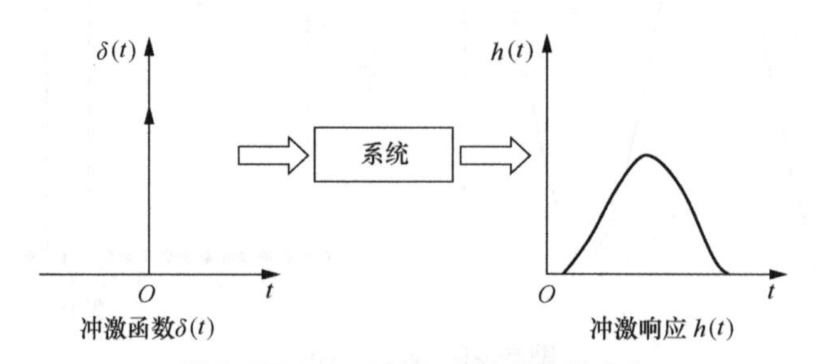


图 6-27　$t=0$ 时刻，系统的冲激响应

在 $t=0$ 、$t=t_0$ 、$t=t_1$ 时刻输入冲激函数，$h(t)$ 为 3 个移位后的冲激响应的叠加，如图 6-28 所示。

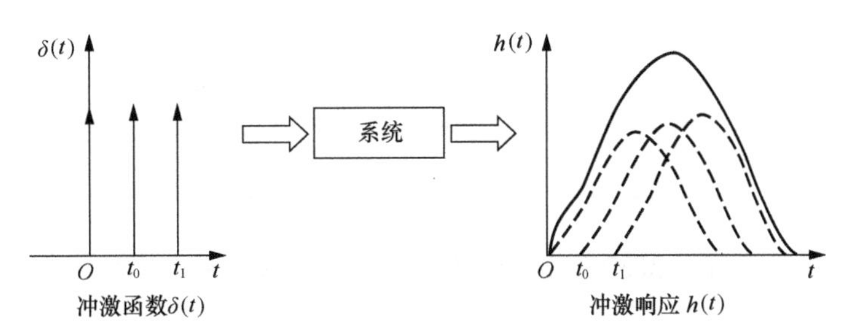


图 6-28　$t=0$ 、$t=t_0$ 、$t=t_1$ 时刻，系统的冲激响应

如果系统输入的不再是冲激函数，而是任意信号 $f(t)$ 。那么信号 $f(t)$ 可以分解为冲激函数的形式，系统的输入可以看作是无数个冲激函数，系统响应 $g(t)$ 为无数个零状态响应的叠加，如图 6-29 所示。

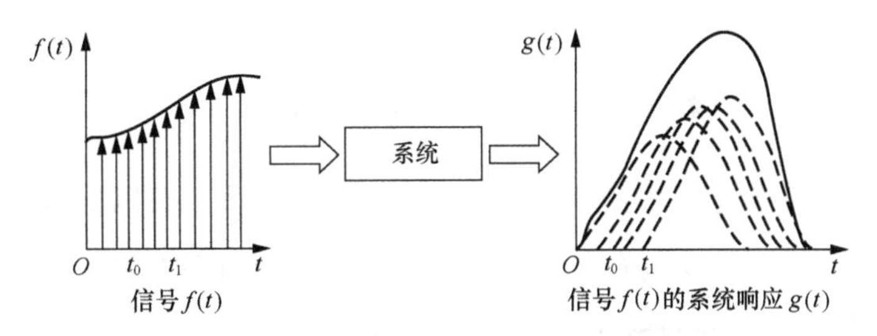


图 6-29　输入信号为 $f(t)$ 时，系统的冲激响应

为了加深理解，我们再举一个例子。自行车也可以看作是一个系统。如果我们骑车不踩脚踏板，车不会动，这时系统处于零状态；如果只踩一下脚踏板，可以看作是对系统输入一个冲激函数 $\delta(t)$ ，自行车的行驶速度可以看作是系统的零状态响应；如果持续踩脚踏板，相当于对系统持续输入冲激函数 $\delta(t)$ ，也可以看作对系统输入了一个信号 $f(t)$ ；如果踩脚踏板的频率越来越快，自行车的速度也会变得越来越快，因为系统的输出是对相邻冲激函数 $\delta(t)$ 响应的叠加，频率越快表明相邻间隔越小，叠加的冲激响应也越多。

### 6.3.3　系统的频率响应

系统的频率响应指冲激响应 $h(t)$ 的傅里叶变换。

如图 6-30 所示，对于一个线性时不变系统，当激励为单位冲激函数 $\delta(t)$ 时，系

统的冲激响应为 $h(t)$。

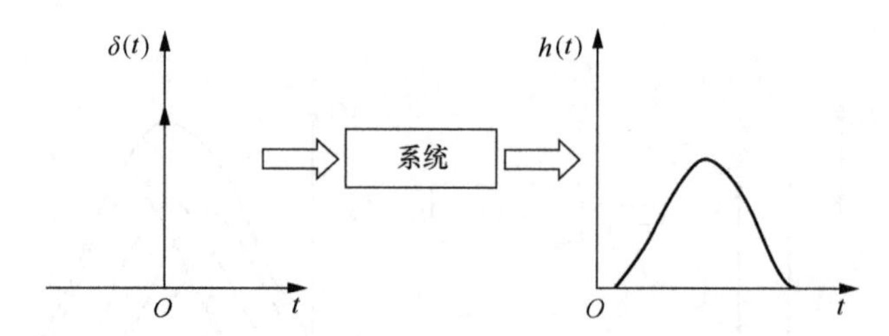


图 6-30 激励为单位冲激函数 $\delta(t)$ 时，系统的冲激响应为 $h(t)$

对系统的冲激响应 $h(t)$ 进行傅里叶变换，得到 $H(\omega)$，如图 6-31 所示。

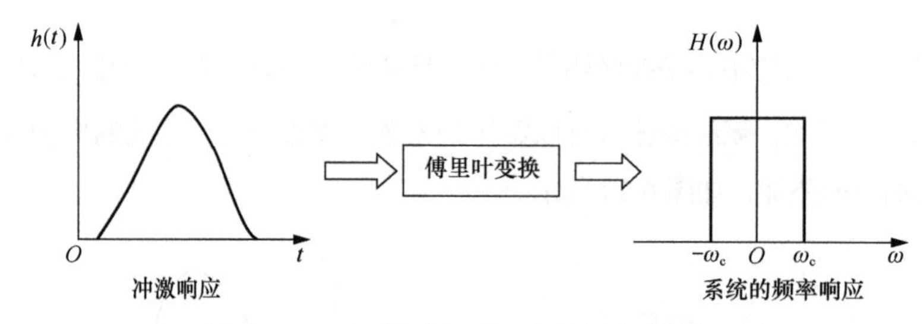


图 6-31 对 $h(t)$ 进行傅里叶变换得到 $H(\omega)$

$H(\omega)$ 即为系统的频率响应。因此，通过冲激函数我们可以得到系统的两种描述方式：冲激响应和频率响应。系统的冲激响应 $h(t)$ 表示的是系统的时域特性，而 $H(\omega)$ 表示的是系统的频域特性，如图 6-32 所示。

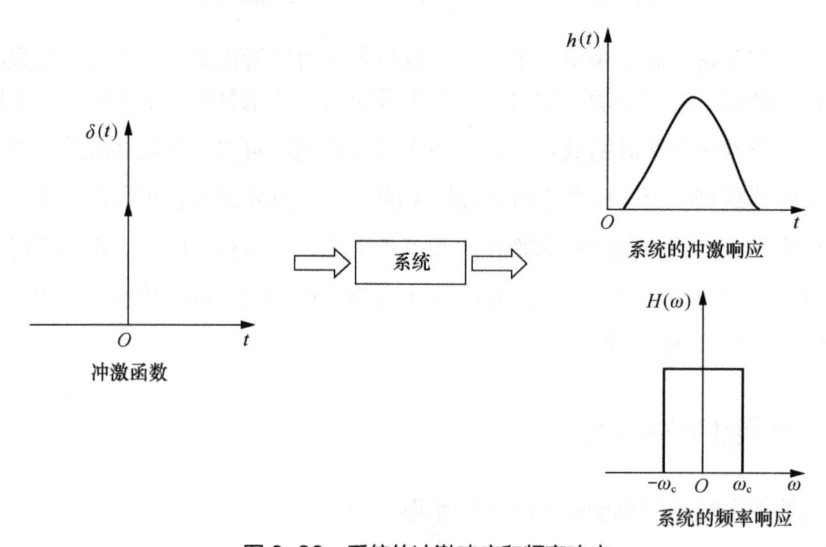


图 6-32 系统的冲激响应和频率响应

### 6.3.4 时域卷积定理的应用－数字滤波器

时域卷积定理的一个重要应用是数字滤波器。

例如，现有信号$f(t)=0.5+\sqrt{2}\cos\left(2\pi t-\frac{\pi}{4}\right)+0.127\times\cos(5\omega t)$，我们需要设计一个滤波器系统，来滤除高频分量$0.127\times\cos(5\omega t)$。$f(t)$如图 6-33 所示。

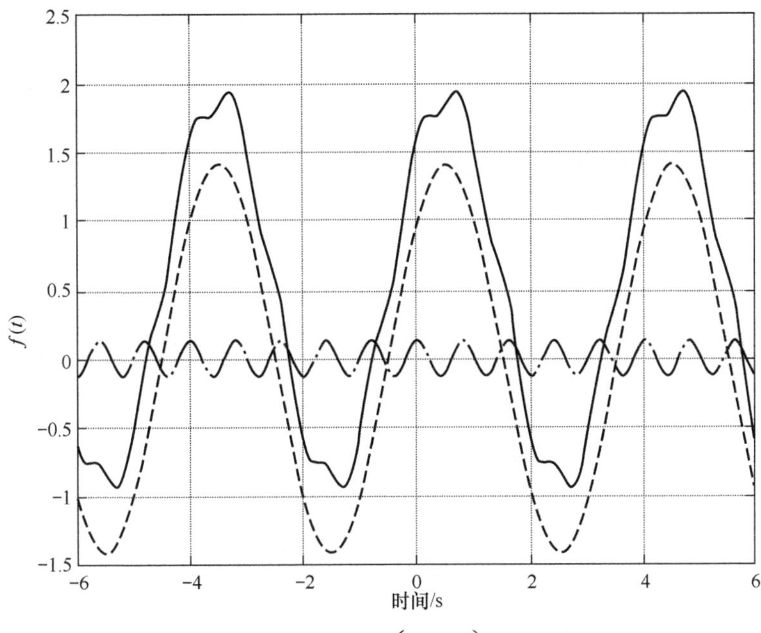


图 6-33 $f(t)=0.5+\sqrt{2}\cos\left(2\pi t-\frac{\pi}{4}\right)+0.127\times\cos(5\omega t)$

设满足要求的滤波器系统的冲激响应为$h(t)$。从时域分析，将信号$f(t)$输入滤波器的过程，即将$f(t)$与$h(t)$进行卷积，如图 6-34 所示。

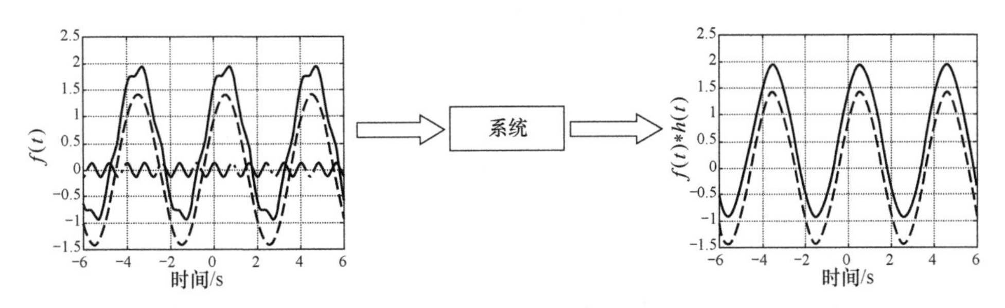


图 6-34 信号$f(t)$经过滤波器

如果从频域分析，$F(\omega)$为$f(t)$的傅里叶变换，$H(\omega)$为$h(t)$的傅里叶变换，$H(\omega)$为滤波器的频率响应。将信号$f(t)$输入滤波器的过程，即$F(\omega)$与$H(\omega)$相乘，如图 6-35 所示。

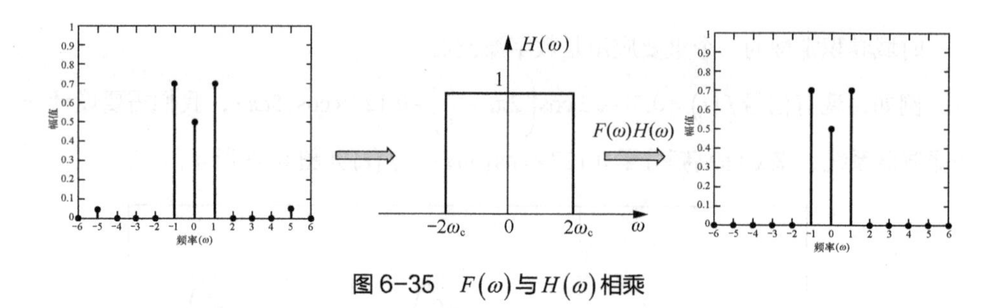


图 6-35　$F(\omega)$与$H(\omega)$相乘

### 6.3.5　频域卷积定理及应用

频域卷积定理：函数在频域中的卷积，其傅里叶逆变换是各频谱密度函数傅里叶逆变换的乘积。

设有信号$f_1(t)$和$f_2(t)$，对应的是时域，其傅里叶变换分别为$F_1(\omega)$和$F_2(\omega)$，对应的是频域。则有：

$$f_1(t) \longleftrightarrow F_1(\omega)$$

$$f_2(t) \longleftrightarrow F_2(\omega)$$

$$f_1(t)f_2(t) \longleftrightarrow \frac{1}{2\pi}F_1(\omega)*F_2(\omega)$$

频域卷积定理的一个重要应用是信号的调制。

例如，设有信号 $\cos\omega t$ 和 $\cos10\omega t$，如果将其在时域相乘 $\cos\omega t\cos10\omega t$。则有：

$$\cos\omega t = \frac{1}{2}\left(\mathrm{e}^{\mathrm{j}\omega t} + \mathrm{e}^{-\mathrm{j}\omega t}\right)$$

$$\cos10\omega t = \frac{1}{2}\left(\mathrm{e}^{\mathrm{j}10\omega t} + \mathrm{e}^{-\mathrm{j}10\omega t}\right)$$

$$\begin{aligned}\cos\omega t\cos10\omega t &= \frac{1}{2}\left(\mathrm{e}^{\mathrm{j}\omega t} + \mathrm{e}^{-\mathrm{j}\omega t}\right)\cdot\frac{1}{2}\left(\mathrm{e}^{\mathrm{j}10\omega t} + \mathrm{e}^{-\mathrm{j}10\omega t}\right)\\ &= \frac{1}{4}\left(\mathrm{e}^{\mathrm{j}\omega t}\mathrm{e}^{\mathrm{j}10\omega t} + \mathrm{e}^{-\mathrm{j}\omega t}\mathrm{e}^{\mathrm{j}10\omega t} + \mathrm{e}^{\mathrm{j}\omega t}\mathrm{e}^{-\mathrm{j}10\omega t} + \mathrm{e}^{-\mathrm{j}\omega t}\mathrm{e}^{-\mathrm{j}10\omega t}\right)\\ &= \frac{1}{4}\left(\mathrm{e}^{\mathrm{j}11\omega t} + \mathrm{e}^{\mathrm{j}9\omega t} + \mathrm{e}^{-\mathrm{j}9\omega t} + \mathrm{e}^{-\mathrm{j}11\omega t}\right)\end{aligned}$$

信号 $\cos\omega t$ 和 $\cos10\omega t$ 在时域相乘，对应是在频域做卷积，如图 6-36 所示。

从上述分析可以看出，低频信号 $\cos\omega t$ 与更高频率的信号 $\cos10\omega t$ 在时域做乘积，相当于在频域进行卷积，可以得到频率为 $9\omega$ 和 $11\omega$ 的信号。这相当于将低频信号 $\cos\omega t$ 调制到了更高的频率。

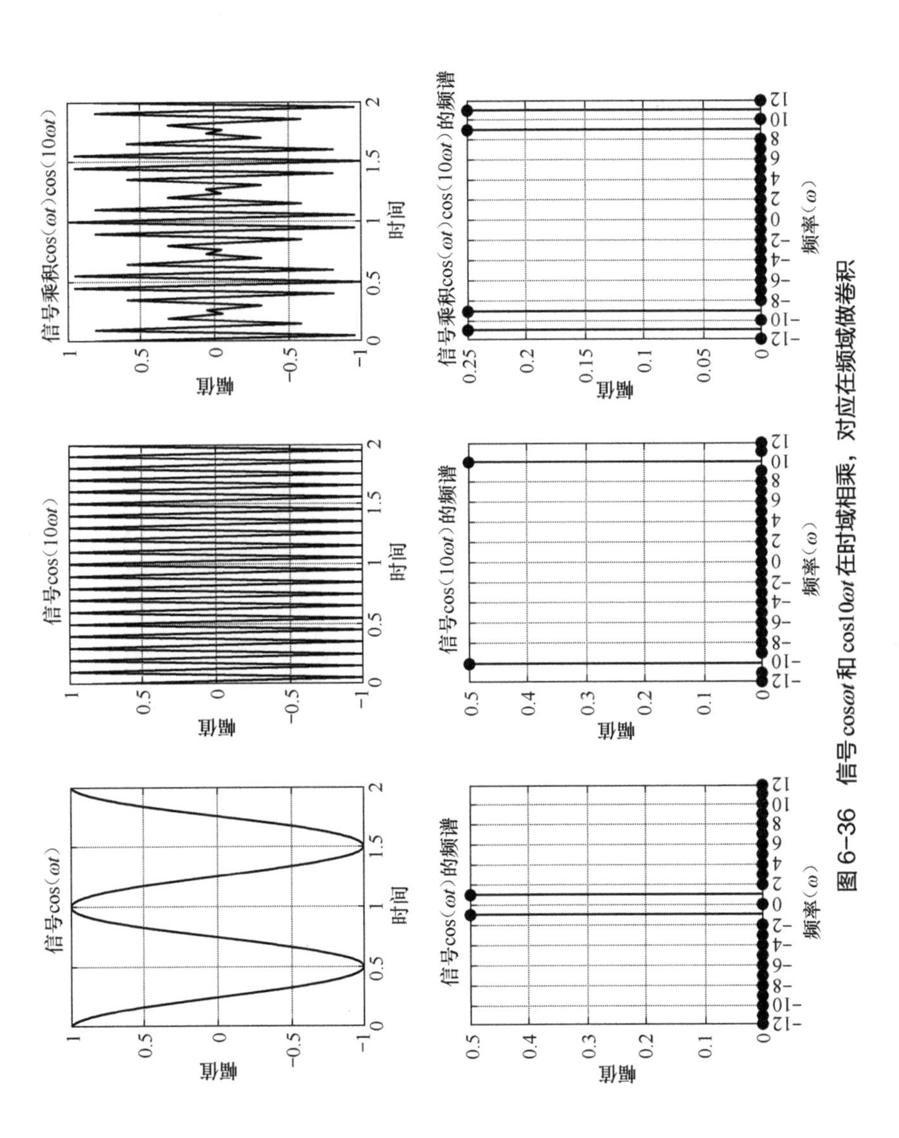


图 6-36　信号 cosωt 和 cos10ωt 在时域相乘，对应在频域做卷积

# 第7章 信号的采样

前面章节所提及的信号为模拟信号。从本章起，我们将步入数字信号的世界。本章介绍模拟信号与数字信号之间转换的桥梁——采样。

# 7.1 采样与傅里叶变换

在有线电话时代初期，电话网络传输的是语音信号转换后的电信号。这些信号通过电压的变换模拟人声音的变换，所以被称为模拟信号。由于信号是随着时间连续变化的，所以也被称为连续信号。电话的基本结构如图 7-1 所示。

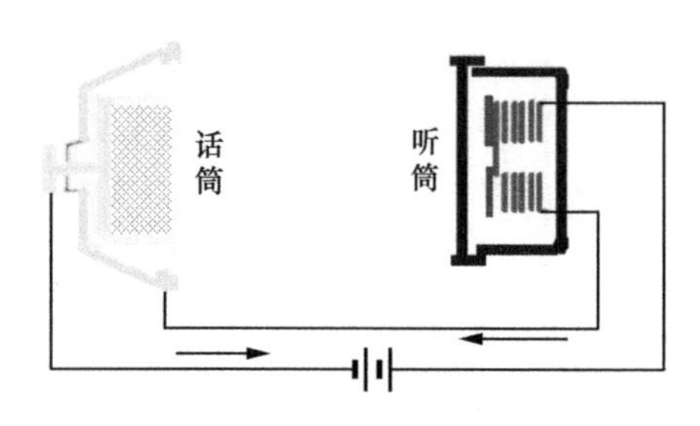


图 7-1 电话的基本结构

在移动通信时代，手机已经基本取代了有线电话。手机的工作原理与有线电话不同，它不直接传输模拟信号，而是先把模拟信号转换为数字信号，并进行一系列数字信号处理，然后再将数字信号转换为模拟信号并通过介质进行传递，如图 7-2 所示。

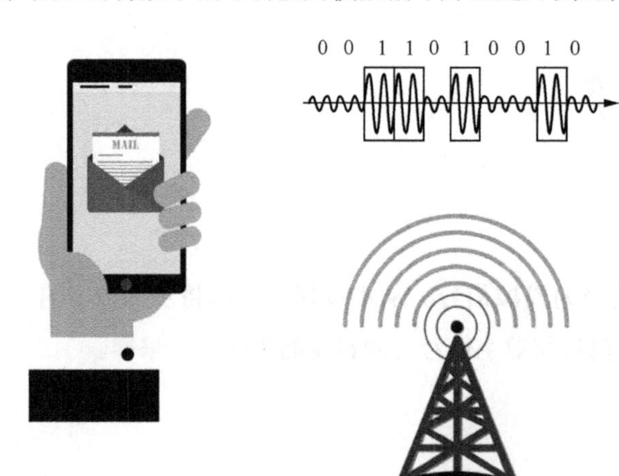

图 7-2 手机信号传递过程

数字信号相对模拟信号而言有诸多优点，所以现在更多地采用数字信号进行信号的传输处理。但原始信号大多是模拟信号，如采集温湿度的传感器、传感器中的感光单元、天线接收到的信号等都是模拟信号，因此需要对模拟信号进行模数转换。

## 7.1.1 模数转换

将模拟信号转换为数字信号的过程称为模数转换，该过程主要包括采样、量化、编码 3 个阶段。

采样：在时间轴上将模拟信号离散化，每隔固定时间间隔抽取一个具有一定幅度的样本。

量化：在幅度轴上将抽取的样本数字化，用接近的固定值来表示原来的幅值大小。

编码：按照特定的格式对量化值进行编码。

模数转换过程如图 7-3 所示。接下来，我们来看看采样是如何实现的。

理想的采样过程可以用模拟信号与冲激序列的乘积来表示。冲激序列由等间隔的冲激函数组成。

例如，$f(t)$ 为模拟信号，$\delta_T(t)$ 为冲激序列，冲激序列的间隔为 $T$，$f_s(t)$ 为采样后的数字信号。则信号的采样过程如图 7-4 所示。

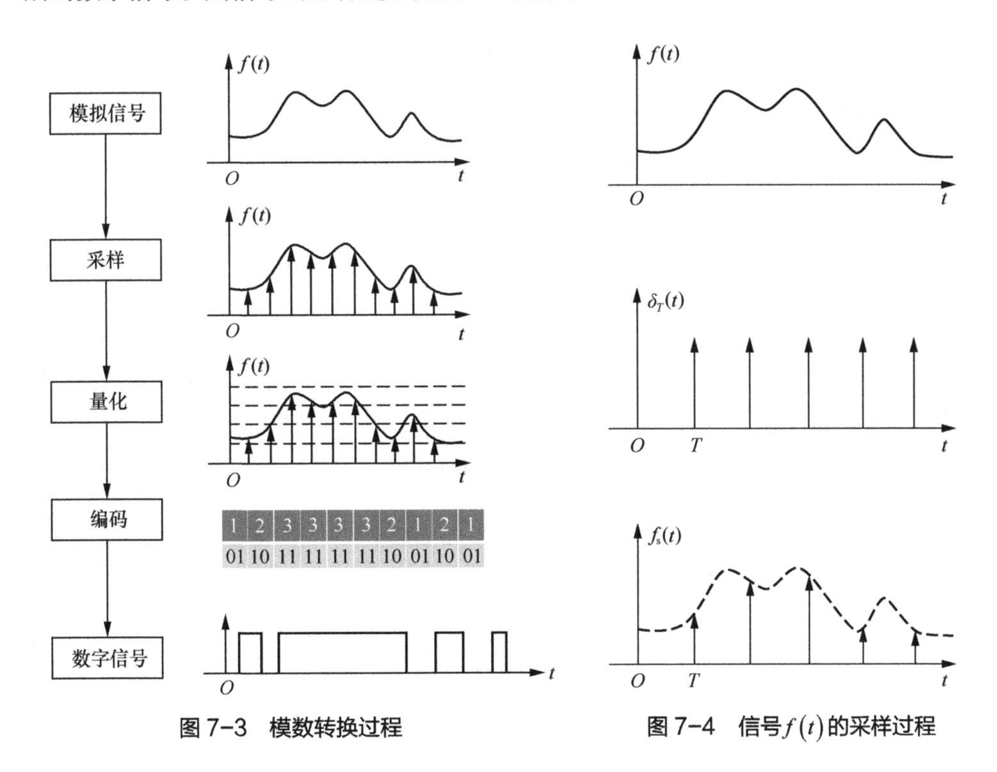


图 7-3 模数转换过程　　图 7-4 信号 $f(t)$ 的采样过程

从时域分析，模拟信号经采样后变为离散信号。那么，采样后的信号在频域中是什么样呢？

设模拟信号 $f(t)$ 的傅里叶变换为 $F(\omega)$，如图 7-5 所示。根据频域卷积定理，现在已知 $F(\omega)$，如果我们再得到冲激序列 $\delta_T(t)$ 的傅里叶变换，将二者进行卷积就可以得到采样后的频谱了。

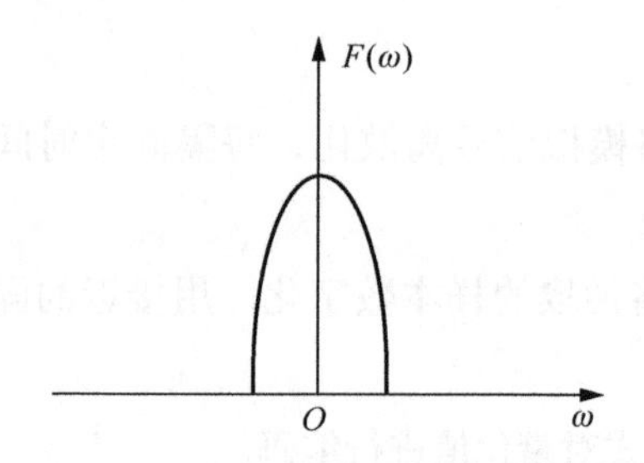


图 7-5　信号 $f(t)$ 的傅里叶变换 $F(\omega)$

## 7.1.2　冲激信号的傅里叶变换

我们来分析单个冲激信号的傅里叶变换。

冲激函数 $\delta(t)$ 只在 $t=0$ 处有值，在定义域内积分为 1。

$$\int_{-\infty}^{\infty}\delta(t)\,\mathrm{d}t=1$$

$\delta(t)$ 如图 7-6 所示。

将冲激函数 $\delta(t)$ 与复指数 $\mathrm{e}^{-\mathrm{j}\omega t}$ 相乘，则只在 $\mathrm{e}^{0}$ 处有值。

$$\delta(t)\ \mathrm{e}^{-\mathrm{j}\omega t}=\delta(t)\ \mathrm{e}^{0}$$

则求冲激函数 $\delta(t)$ 的傅里叶变换，可得：

$$\begin{aligned}\mathcal{F}\left[\delta(t)\right]&=\int_{-\infty}^{\infty}\delta(t)\ \mathrm{e}^{-\mathrm{j}\omega t}\mathrm{d}t\\&=\int_{-\infty}^{\infty}\delta(t)\ \mathrm{e}^{0}\mathrm{d}t\\&=\int_{-\infty}^{\infty}\delta(t)\ \mathrm{d}t\\&=1\end{aligned}$$

即冲激函数 $\delta(t)$ 的傅里叶变换为 1，如图 7-7 所示。

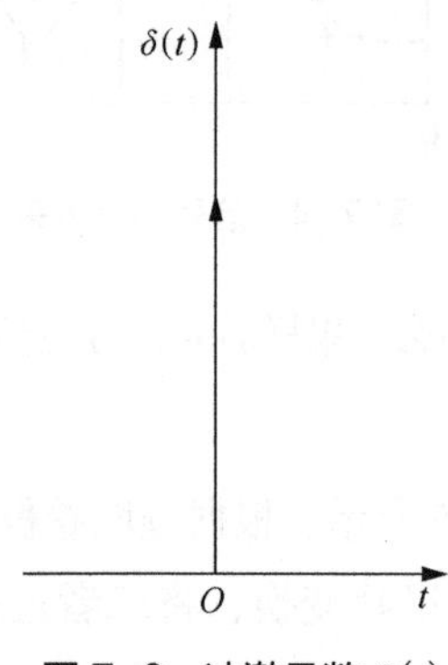


图 7-6　冲激函数 $\delta(t)$

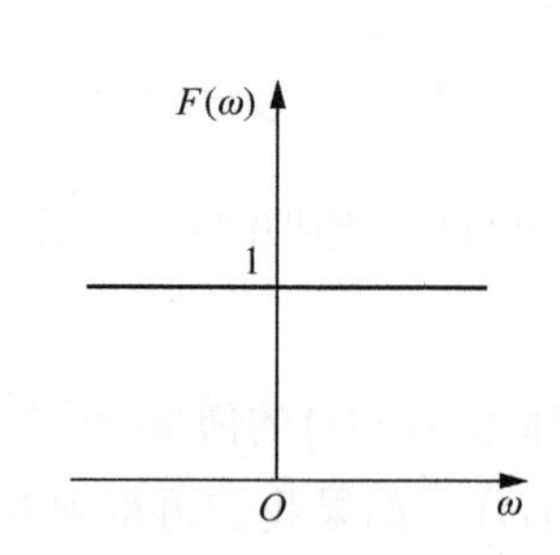


图 7-7　冲激函数 $\delta(t)$ 的傅里叶变换

信号的傅里叶变换，可以理解为将信号展开成不同频率的正余弦信号或复指数信号。冲激函数 $\delta(t)$ 的傅里叶变换为常数 1，这表示需要所有不同频率的正余弦信号或复指数信号才能合成冲激信号，并且它们的幅值均为 1。

## 7.1.3 直流信号的傅里叶变换

在信号处理中，常数表示直流信号。那么，直流信号的傅里叶变换是什么呢？

以直流信号 1 为例，其傅里叶变换为 $2\pi\delta(\omega)$，如果我们计算 $2\pi\delta(\omega)$ 的傅里叶逆变换。

$$
\begin{aligned}
\mathcal{F}^{-1}\left[2\pi\delta(\omega)\right] &= \frac{1}{2\pi}\int_{-\infty}^{\infty} 2\pi\delta(\omega)\mathrm{e}^{\mathrm{j}\omega t}\mathrm{d}\omega \\
&= \int_{-\infty}^{\infty}\delta(\omega)\mathrm{e}^{\mathrm{j}\omega t}\mathrm{d}\omega \\
&= \int_{-\infty}^{\infty}\delta(\omega)\mathrm{e}^{\mathrm{j}0t}\mathrm{d}\omega \\
&= \int_{-\infty}^{\infty}\delta(\omega)\mathrm{d}\omega \\
&= 1
\end{aligned}
$$

我们会发现直流信号 1 的傅里叶变换为强度是 $2\pi$ 的冲激函数，如图 7-8 所示。

$$\mathcal{F}[1] = 2\pi\delta(\omega)$$

因为 $\omega = 2\pi f$，可以用 $f$ 去替换 $\omega$：

$$\delta(f)\mathrm{e}^{\mathrm{j}2\pi0t} = \delta(f)\mathrm{e}^{0}$$

求 $\delta(f)$ 的傅里叶逆变换：

$$
\begin{aligned}
\mathcal{F}^{-1}\left[\delta(f)\right] &= \frac{1}{2\pi}\int_{-\infty}^{\infty}\delta(\omega)\mathrm{e}^{\mathrm{j}\omega t}\mathrm{d}\omega \\
&= \int_{-\infty}^{\infty}\delta(f)\ \mathrm{e}^{\mathrm{j}2\pi ft}\mathrm{d}f \\
&= \int_{-\infty}^{\infty}\delta(f)\mathrm{e}^{\mathrm{j}2\pi0t}\mathrm{d}f \\
&= \int_{-\infty}^{\infty}\delta(f)\mathrm{d}f \\
&= 1
\end{aligned}
$$

即直流信号 1 的傅里叶变换，也可以记作冲激函数 $\delta(f)$，如图 7-9 所示。

$$\mathcal{F}[1] = \delta(f)$$

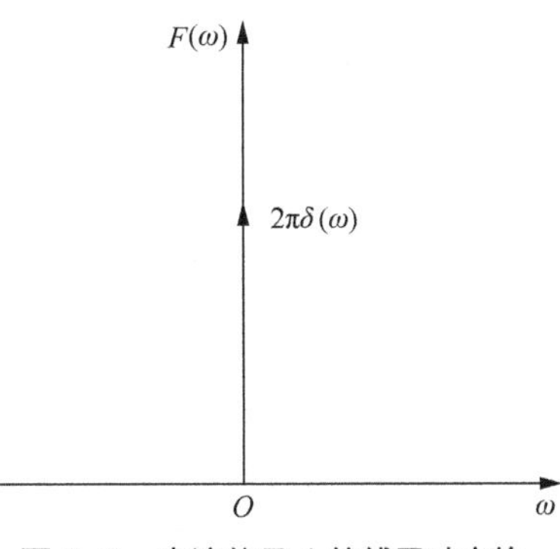

图 7-8　直流信号 1 的傅里叶变换 $2\pi\delta(\omega)$

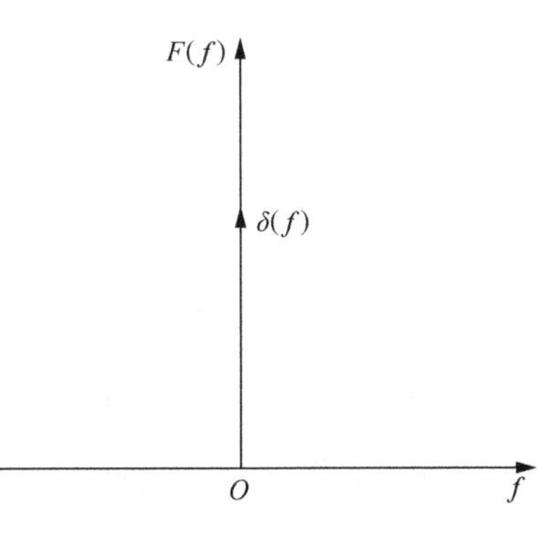

图 7-9　直流信号 1 的傅里叶变换 $\delta(f)$

直流信号 1 的傅里叶变换为冲激函数 $\delta(f)$，

可以理解为直流信号本身没有频率，因此不能展开成不同频率的正余弦信号或复指数信号，所以它只在频率为 0 处有值。

### 7.1.4 复指数信号的傅里叶变换

7.1.3 节对直流信号的傅里叶变换进行了分析，本节我们将计算复指数信号的傅里叶变换。已知：

$$\mathcal{F}[1]=2\pi\delta(\omega)$$

$$\int_{-\infty}^{\infty}1\mathrm{e}^{-\mathrm{j}\omega t}\mathrm{d}t=2\pi\delta(\omega)$$

将 $\omega$ 替换为 $\omega-\omega_0$，则有：

$$\int_{-\infty}^{\infty}\mathrm{e}^{-\mathrm{j}(\omega-\omega_0)t}\mathrm{d}t=2\pi\delta(\omega-\omega_0)$$

现有复指数信号 $\mathrm{e}^{\mathrm{j}\omega_0 t}$，如图 7-10 所示。

其傅里叶变换为：

$$\begin{aligned}\mathcal{F}[\mathrm{e}^{\mathrm{j}\omega_0 t}]&=\int_{-\infty}^{\infty}\mathrm{e}^{\mathrm{j}\omega_0 t}\mathrm{e}^{-\mathrm{j}\omega t}\mathrm{d}t\\&=\int_{-\infty}^{\infty}\mathrm{e}^{-\mathrm{j}(\omega-\omega_0)t}\mathrm{d}t\\&=2\pi\delta(\omega-\omega_0)\end{aligned}$$

如图 7-11 所示。

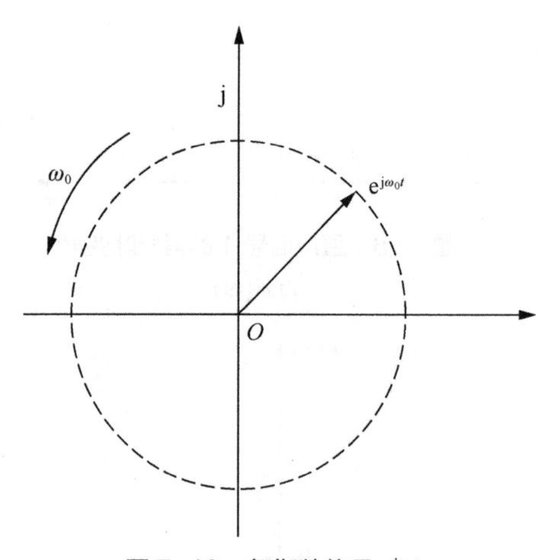


图 7-10 复指数信号 $\mathrm{e}^{\mathrm{j}\omega_0 t}$

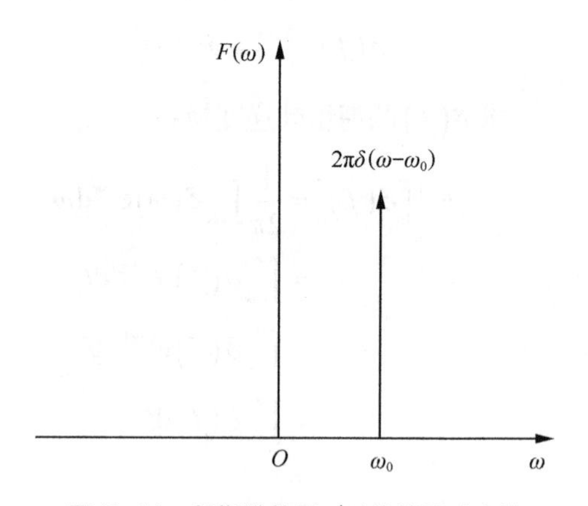


图 7-11 复指数信号 $\mathrm{e}^{\mathrm{j}\omega_0 t}$ 的傅里叶变换

复指数信号 $\mathrm{e}^{\mathrm{j}\omega_0 t}$ 的傅里叶变换为冲激函数 $2\pi\delta(\omega)$ 右移 $\omega_0$。

若用 $2\pi f$ 替换 $\omega$，则有：

$$\mathcal{F}[1]=\delta(f)$$

$$\int_{-\infty}^{\infty} 1\mathrm{e}^{-\mathrm{j}2\pi ft}\mathrm{d}t = \delta(f)$$

$$\int_{-\infty}^{\infty} \mathrm{e}^{-\mathrm{j}2\pi(f-f_0)t}\mathrm{d}t = \delta(f-f_0)$$

复指数信号变换为 $\mathrm{e}^{\mathrm{j}2\pi f_0 t}$，如图 7-12 所示。

其傅里叶变换：

$$\begin{aligned}\mathcal{F}[\mathrm{e}^{\mathrm{j}2\pi f_0 t}] &= \int_{-\infty}^{\infty} \mathrm{e}^{\mathrm{j}2\pi f_0 t}\mathrm{e}^{-\mathrm{j}2\pi ft}\mathrm{d}t \\ &= \int_{-\infty}^{\infty} \mathrm{e}^{-\mathrm{j}2\pi(f-f_0)t}\mathrm{d}t \\ &= \delta(f-f_0)\end{aligned}$$

如图 7-13 所示。

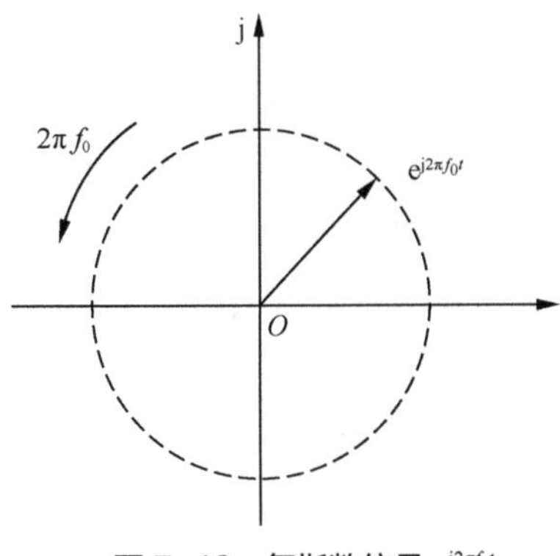


图 7-12　复指数信号 $\mathrm{e}^{\mathrm{j}2\pi f_0 t}$

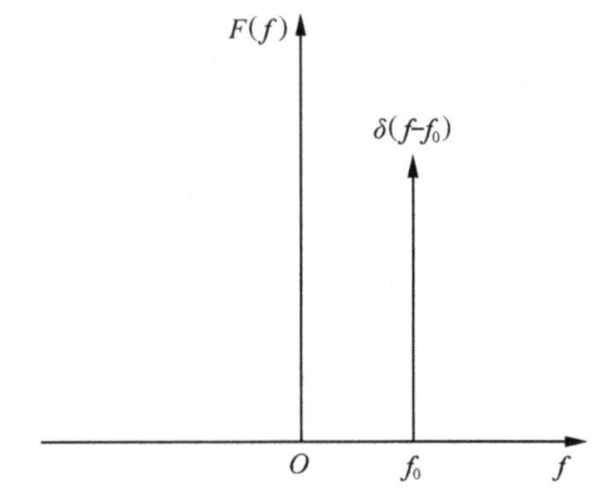


图 7-13　复指数信号 $\mathrm{e}^{\mathrm{j}2\pi f_0 t}$ 的傅里叶变换

复指数信号 $\mathrm{e}^{\mathrm{j}2\pi f_0 t}$ 的傅里叶变换为冲激函数 $\delta(f)$ 向右平移 $f_0$。这表示该信号只有一个频率分量 $f_0$。

## 7.1.5　正余弦信号的傅里叶变换

7.1.4 节我们分析了复指数信号的傅里叶变换，本节将对正余弦信号的傅里叶变换进行分析。

例如，余弦信号 $\cos\omega_0 t$ 的时域波形如图 7-14 所示。

根据欧拉公式进行变换：

$$\cos\omega_0 t = \frac{1}{2}\left(\mathrm{e}^{\mathrm{j}\omega_0 t} + \mathrm{e}^{-\mathrm{j}\omega_0 t}\right)$$

分别对 $\mathrm{e}^{\mathrm{j}\omega_0 t}$ 和 $\mathrm{e}^{-\mathrm{j}\omega_0 t}$ 进行傅里叶变换：

$$\mathcal{F}\left[\mathrm{e}^{\mathrm{j}\omega_0 t}\right] = 2\pi\delta(\omega-\omega_0)$$

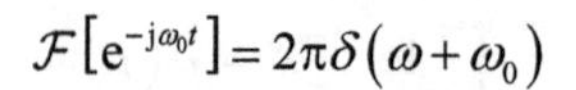

$$\mathcal{F}\left[e^{-j\omega_0 t}\right]=2\pi\delta\left(\omega+\omega_0\right)$$

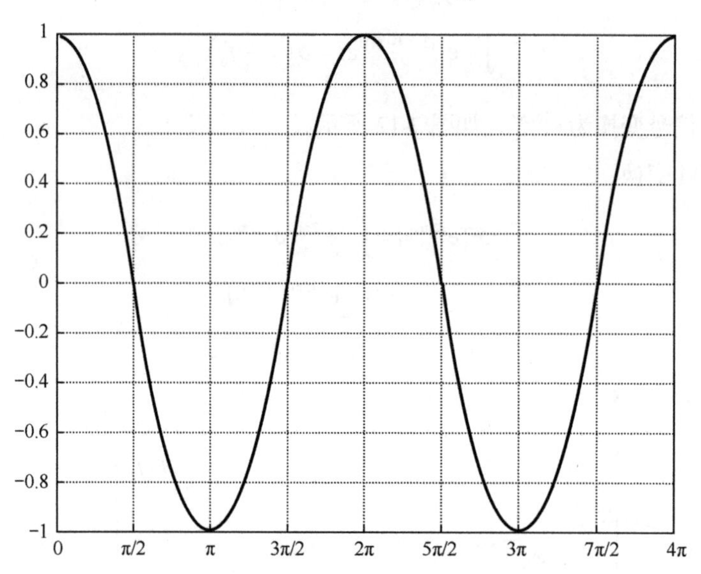


图 7-14 余弦信号 $\cos\omega_0 t$ 的时域波形

则 $\cos\omega_0 t$ 的傅里叶变换为：

$$\mathcal{F}\left[\cos\omega_0 t\right]=\pi\left[\delta\left(\omega-\omega_0\right)+\delta\left(\omega+\omega_0\right)\right]$$

其频谱如图 7-15 所示。

可以看出，$\cos\omega_0 t$ 的复指数形式的傅里叶变换包括两个频率分量，分别为 $\omega_0$ 和 $-\omega_0$，其对应的强度均为 $\pi$。

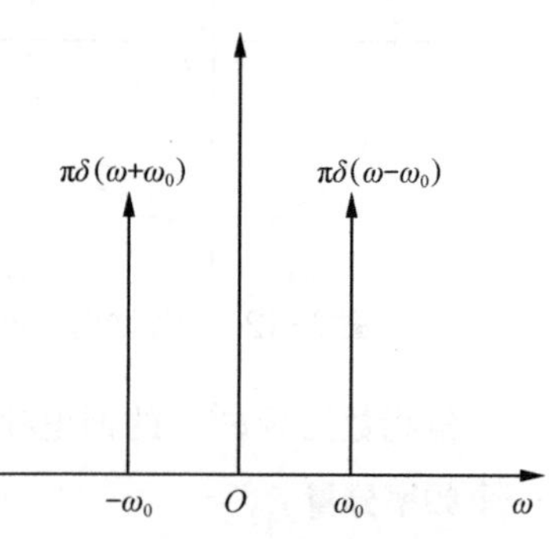


图 7-15 余弦信号的傅里叶变换 $\pi\left[\delta\left(\omega-\omega_0\right)+\delta\left(\omega+\omega_0\right)\right]$ 频谱

同理，如果用 $2\pi f$ 代替 $\omega$，则有：

$$\cos 2\pi f_0 t=\frac{1}{2}\left(e^{j2\pi f_0 t}+e^{-j2\pi f_0 t}\right)$$

$$\mathcal{F}\left[e^{j2\pi f_0 t}\right]=\delta\left(f-f_0\right)$$

$$\mathcal{F}\left[e^{-j2\pi f_0 t}\right]=\delta\left(f+f_0\right)$$

其傅里叶变换：

$$\mathcal{F}\left[\cos 2\pi f_0 t\right]=\frac{1}{2}\left[\delta\left(f-f_0\right)+\delta\left(f+f_0\right)\right]$$

其频谱如图 7-16所示。

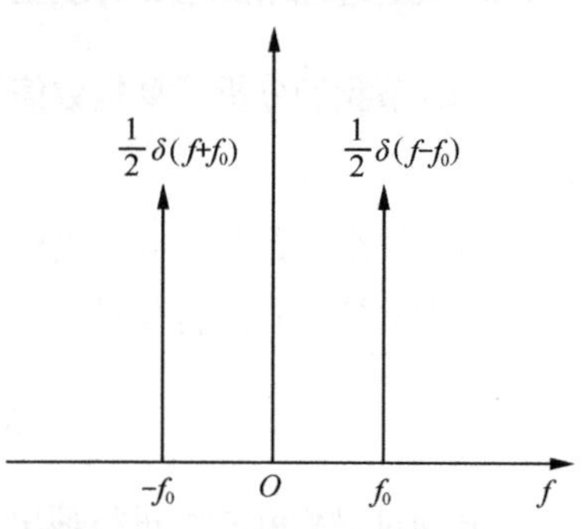


图 7-16 余弦信号的傅里叶变换 $\frac{1}{2}\left[\delta\left(f-f_0\right)+\delta\left(f+f_0\right)\right]$ 频谱

可以看出，如果用频率 $f$ 表示 $\cos\omega_0 t$ 的复指数形式的傅里叶变换，则其包括两个频率分量，分别为$f_0$和$-f_0$，其对应的强度均为$\frac{1}{2}$。

接下来，我们介绍正弦信号的傅里叶变换。正弦信号$\sin\omega_0 t$的时域波形如图 7-17 所示。

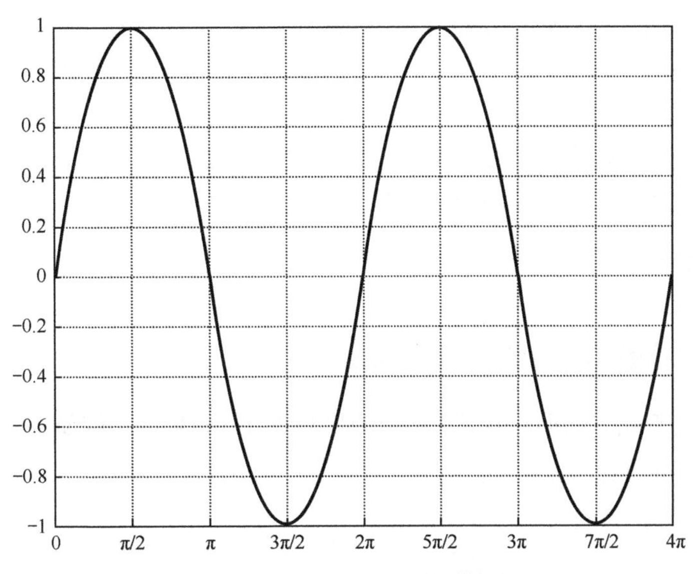


图 7-17　正弦信号$\sin\omega_0 t$的时域波形

根据欧拉公式对$\sin\omega_0 t$进行变换：

$$\sin\omega_0 t = -\frac{\mathrm{j}}{2}\left(\mathrm{e}^{\mathrm{j}\omega_0 t} - \mathrm{e}^{-\mathrm{j}\omega_0 t}\right)$$

因为：

$$\mathcal{F}\left[\mathrm{e}^{\mathrm{j}\omega_0 t}\right] = 2\pi\delta(\omega-\omega_0)$$

$$\mathcal{F}\left[\mathrm{e}^{-\mathrm{j}\omega_0 t}\right] = 2\pi\delta(\omega+\omega_0)$$

则$\sin\omega_0 t$的傅里叶变换：

$$\mathcal{F}\left[\sin\omega_0 t\right] = -\mathrm{j}\pi\left[\delta(\omega-\omega_0)-\delta(\omega+\omega_0)\ \right]$$

其频谱如图 7-18 所示。

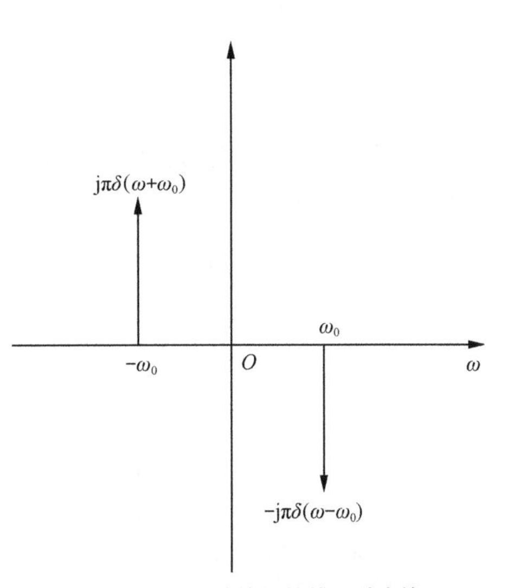


图 7-18　正弦信号的傅里叶变换 $-\mathrm{j}\pi\left[\delta(\omega-\omega_0)-\delta(\omega+\omega_0)\right]$频谱

可以看出，$\sin\omega_0 t$的复指数形式的傅里叶变换包括两个频率分量，分别为$\omega_0$和$-\omega_0$，其对应的强度分别为$-\mathrm{j}\pi$和$\mathrm{j}\pi$。

同理，如果用$2\pi f$替换$\omega$，则有：

$$\sin 2\pi f_0 t = -\frac{\mathrm{j}}{2}\left(\mathrm{e}^{\mathrm{j}2\pi f_0 t} - \mathrm{e}^{-\mathrm{j}2\pi f_0 t}\right)$$

$$\mathcal{F}\left[\mathrm{e}^{\mathrm{j}2\pi f_0 t}\right]=\delta\left(f-f_0\right)$$

$$\mathcal{F}\left[\mathrm{e}^{-\mathrm{j}2\pi f_0 t}\right]=\delta\left(f+f_0\right)$$

其傅里叶变换：

$$\mathcal{F}\left[\sin 2\pi f_0 t\right]=-\frac{\mathrm{j}}{2}\left[\delta\left(f-f_0\right)-\delta\left(f+f_0\right)\right]$$

频谱如图 7-19 所示。

可以看出，如果用频率$f$表示$\sin\omega_0 t$的复指数形式的傅里叶变换，其中有两个频率分量，分别为$f_0$和$-f_0$，对应的强度分别为$-\frac{\mathrm{j}}{2}$和$\frac{\mathrm{j}}{2}$。

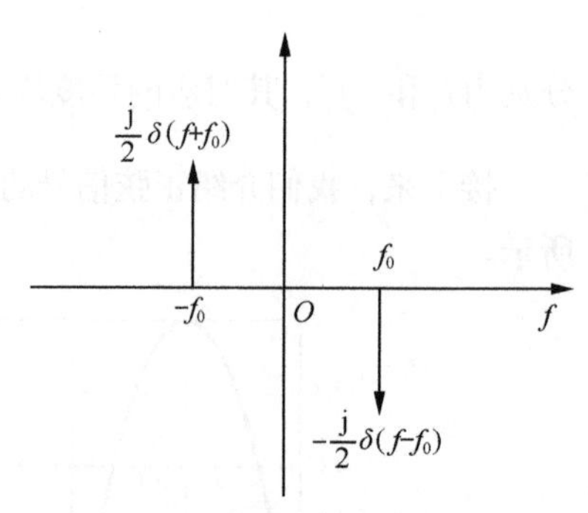


图 7-19　正弦信号的傅里叶变换 $-\frac{\mathrm{j}}{2}\left[\delta\left(f-f_0\right)-\delta\left(f+f_0\right)\right]$频谱

## 7.1.6　一般周期信号的傅里叶变换

我们已经介绍了周期信号可以通过傅里叶级数进行展开。例如，周期余弦信号$\cos\omega_0 t$的傅里叶级数展开表达式如下。

$$\cos\omega_0 t=\frac{1}{2}\left(\mathrm{e}^{\mathrm{j}\omega_0 t}+\mathrm{e}^{-\mathrm{j}\omega_0 t}\right)$$

对应的傅里叶级数的系数为：

$$c_1=\frac{1}{2},c_{-1}=\frac{1}{2}$$

周期余弦信号幅度谱和相位谱如图 7-20 所示。

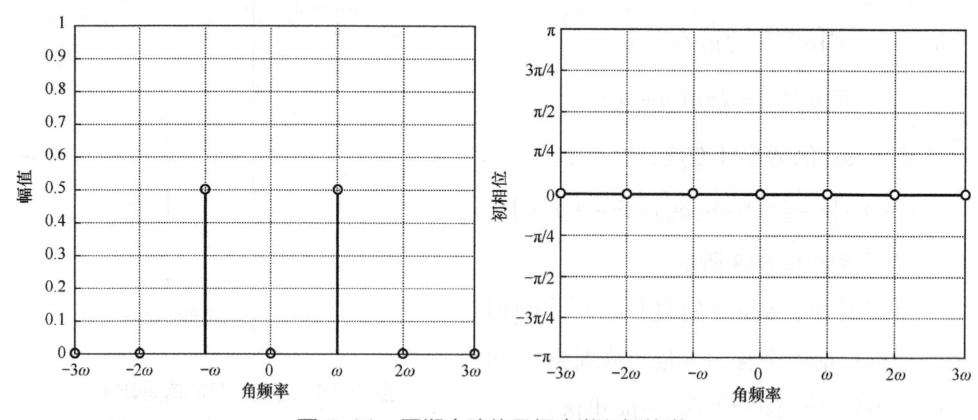


图 7-20　周期余弦信号幅度谱和相位谱

若对其进行傅里叶变换，频谱如图 7-21 所示。

对比周期余弦信号$\cos\omega_0 t$的傅里叶级数展开，可以看出，周期余弦信号的傅里叶变换是傅里叶级数展开的系数与对应频率处冲激函数的乘积。$\omega$形式对应的冲激函数为$2\pi\delta(\omega-\omega_0)$和$2\pi\delta(\omega+\omega_0)$，而$f$形式对应的冲激函数为$\delta(f-f_0)$和$\delta(f+f_0)$。

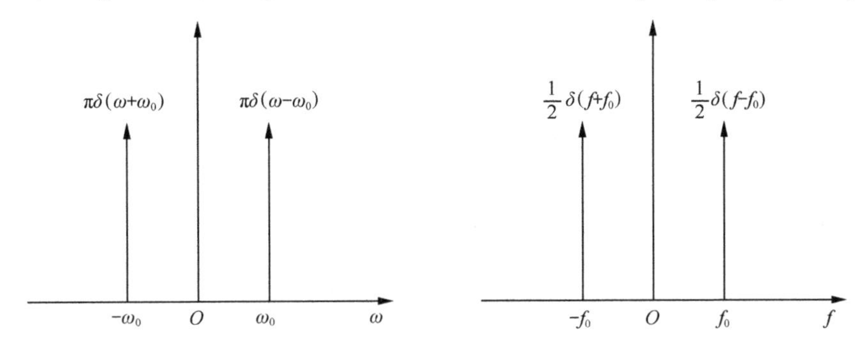


图 7-21　周期余弦信号的傅里叶变换的频谱

$$\pi\delta(\omega-\omega_0)=\frac{1}{2}\times2\pi\delta(\omega-\omega_0)$$

$$\pi\delta(\omega+\omega_0)=\frac{1}{2}\times2\pi\delta(\omega+\omega_0)$$

$$\frac{1}{2}\delta(f-f_0)=\frac{1}{2}\times\delta(f-f_0)$$

$$\frac{1}{2}\delta(f+f_0)=\frac{1}{2}\times\delta(f+f_0)$$

同理，对周期正弦信号进行傅里叶级数展开：

$$\sin\omega_0 t=-\frac{\mathrm{j}}{2}\mathrm{e}^{\mathrm{j}\omega_0 t}+\frac{\mathrm{j}}{2}\mathrm{e}^{-\mathrm{j}\omega_0 t}$$

对应的傅里叶级数的系数为：

$$c_1=-\frac{\mathrm{j}}{2},c_{-1}=\frac{\mathrm{j}}{2}$$

周期正弦信号的幅度谱和相位谱如图 7-22 所示。

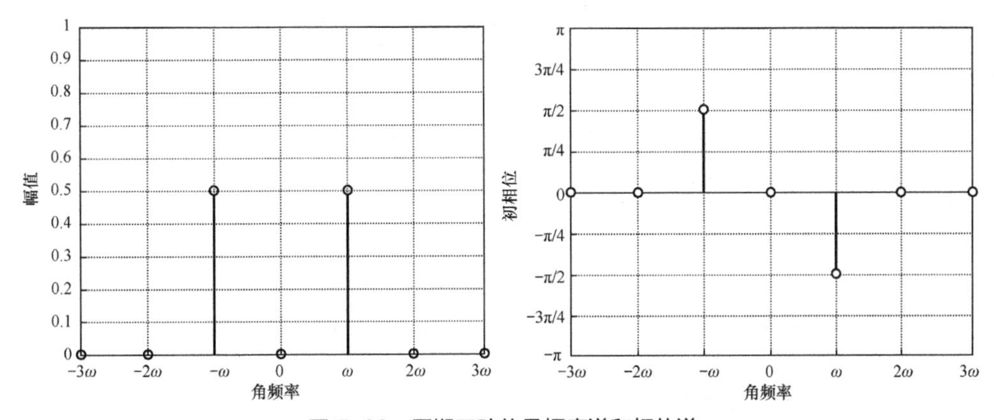


图 7-22　周期正弦信号幅度谱和相位谱

对其进行傅里叶变换，频谱如图 7-23 所示。

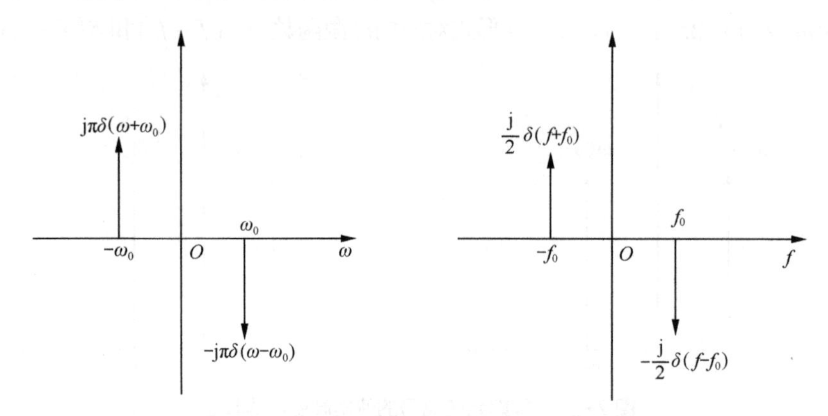


图 7-23　周期正弦信号的傅里叶变换的频谱

对比周期正弦信号 $\sin\omega_0 t$ 的傅里叶级数展开，可以得出傅里叶变换是将傅里叶级数展开的系数与对应的频率处的冲激函数相乘。$\omega$ 形式的冲激函数为 $-\mathrm{j}\pi\delta(\omega-\omega_0)$ 和 $\mathrm{j}\pi\delta(\omega+\omega_0)$，$f$ 形式的冲激函数为 $-\frac{\mathrm{j}}{2}\delta(f-f_0)$ 和 $\frac{\mathrm{j}}{2}\delta(f+f_0)$。

$$-\mathrm{j}\pi\delta(\omega-\omega_0)=-\frac{\mathrm{j}}{2}\times 2\pi\delta(\omega-\omega_0)$$

$$\mathrm{j}\pi\delta(\omega+\omega_0)=\frac{\mathrm{j}}{2}\times 2\pi\delta(\omega+\omega_0)$$

$$-\frac{\mathrm{j}}{2}\delta(f-f_0)=-\frac{\mathrm{j}}{2}\times\delta(f-f_0)$$

$$\frac{\mathrm{j}}{2}\delta(f+f_0)=\frac{\mathrm{j}}{2}\times\delta(f+f_0)$$

推广到一般周期信号的傅里叶变换，即将其傅里叶级数展开的系数与对应频率处冲激函数的乘积。

傅里叶级数、非周期信号的傅里叶变换和周期信号的傅里叶变换的对比如表 7-1 所示。

表 7-1　周期信号和非周期信号频域公式对比

| 周期信号和非周期信号的处理 | 频域公式 |
| --- | --- |
| 周期信号的傅里叶级数展开 | $f(t)=\sum_{k=-\infty}^{\infty}F(k\omega_0)\mathrm{e}^{\mathrm{j}k\omega_0 t}$ |
| 周期信号的傅里叶级数展开系数 | $F(k\omega_0)=\frac{1}{T}\int_{-T/2}^{T/2}f(t)\mathrm{e}^{-\mathrm{j}k\omega_0 t}\mathrm{d}t$ |
| 非周期信号的傅里叶逆变换 | $f(t)=\frac{1}{2\pi}\int_{-\infty}^{\infty}F(\omega)\mathrm{e}^{\mathrm{j}\omega t}\mathrm{d}\omega$ |

续表

| 周期信号和非周期信号的处理 | 频域公式 |
|---|---|
| 非周期信号的傅里叶变换 | $F(\omega)=\int_{-\infty}^{\infty}f(t)\mathrm{e}^{-\mathrm{j}\omega t}\mathrm{d}t$ |
| 周期信号的傅里叶逆变换 | $f(t)=\frac{1}{2\pi}\int_{-\infty}^{\infty}\mathcal{F}(k\omega_0)\mathrm{e}^{\mathrm{j}\omega t}\mathrm{d}\omega$ |
| 周期信号的傅里叶变换 | $\mathcal{F}(k\omega_0)=2\pi\sum_{k=-\infty}^{\infty}F(k\omega_0)\delta(\omega-k\omega_0)$<br>$\mathcal{F}(kf_0)=\sum_{k=-\infty}^{\infty}F(kf_0)\delta(f-kf_0)$ |

## 7.1.7 周期冲激信号的傅里叶变换

7.1.6 节我们分析了周期信号的傅里叶变换，本节将分析冲激序列的傅里叶变换的表达式。

例如，现有冲激序列 $\delta_T(t)$，如图 7-24 所示，我们将求解其傅里叶变换。

冲激序列 $\delta_T(t)$ 可以看作周期冲激函数。我们可以先求 $\delta_T(t)$ 的傅里叶级数展开的系数。

$$\mathcal{F}\left[\delta_T(t)\right]=\frac{1}{T}\int_{-T/2}^{T/2}\delta_T(t)\mathrm{e}^{-\mathrm{j}k\omega_0 t}\mathrm{d}t=\frac{1}{T}$$

$\mathcal{F}$ 表示周期信号的傅里叶变换，则 $\delta_T(t)$ 的傅里叶变换可以表示为：

$$\begin{aligned}\mathcal{F}\left[\delta_T(t)\right]&=\frac{2\pi}{T}\sum_{k=-\infty}^{\infty}\delta(\omega-k\omega_0)\\&=\omega_0\sum_{k=-\infty}^{\infty}\delta(\omega-k\omega_0)\end{aligned}$$

用 $\delta_T(\omega)$ 表示 $\mathcal{F}\left[\delta_T(t)\right]$，如图 7-25 所示。

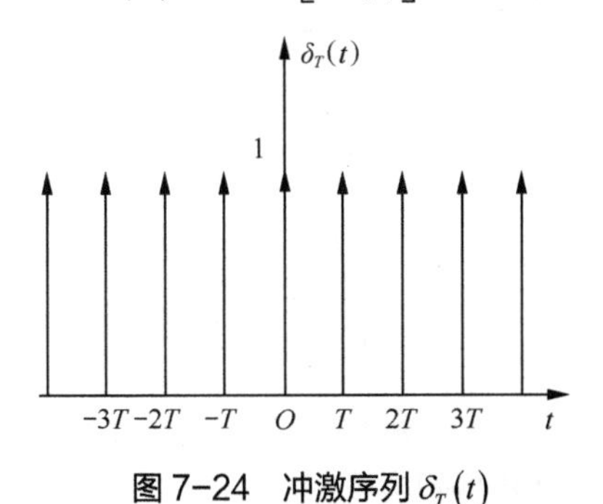


图 7-24　冲激序列 $\delta_T(t)$

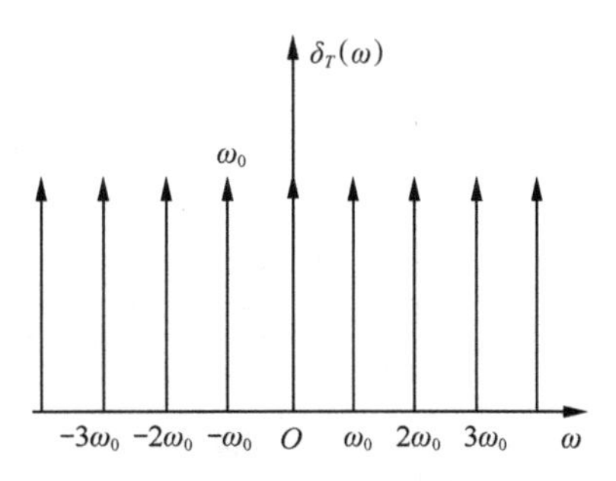


图 7-25　冲激序列 $\delta_T(t)$ 的傅里叶变换

由图 7-25 可以看出，冲激序列 $\delta_T(t)$ 的傅里叶变换仍然为冲激序列，其间隔为

$\omega_0$，冲激强度也为 $\omega_0$。

### 7.1.8 采样的频域分析

前文已讨论了信号在时域中的采样过程，接下来我们将对信号采样在频域中的表现进行分析。

现在已知信号 $f(t)$ 的傅里叶变换为 $F(\omega)$，冲激序列 $\delta_T(t)$ 的傅里叶变换为 $\delta_T(\omega)$。用 $F_s(\omega)$ 表示 $F(\omega)$ 与 $\delta_T(\omega)$ 的卷积，即采样后信号 $f_s(t)$ 对应的傅里叶变换，如图 7-26 所示。

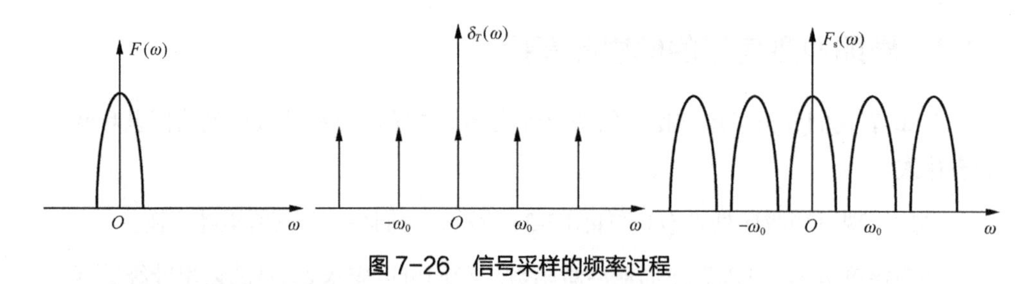


图 7-26 信号采样的频率过程

信号采样过程在时域和频域的对比，如图 7-27 所示。

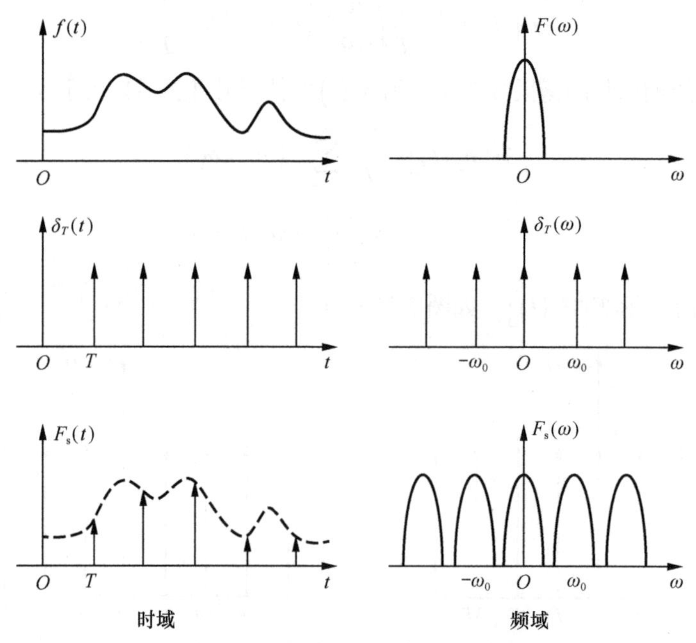


图 7-27 信号采样过程的时频域对比

从图 7-27 可以看出，模拟信号进行采样后，在时域中实现了离散化，频域中信号的频率呈周期性拓展。

采样后的信号频谱发生了变换，那如何恢复原来的信号呢？可以利用低通滤波器，将多余的频率滤除。

设低通滤波器的冲激响应为 $h(t)$，频率响应为 $H(\omega)$。根据时域卷积定理，时域卷积对应频域相乘。在时域中，将采样后信号 $f_s(t)$ 与滤波器冲激响应 $h(t)$ 进行卷积，即可以在频域中得到采样后信号的傅里叶变换 $F_s(\omega)$ 与滤波器频率响应 $H(\omega)$ 的乘积，如图 7-28 所示。

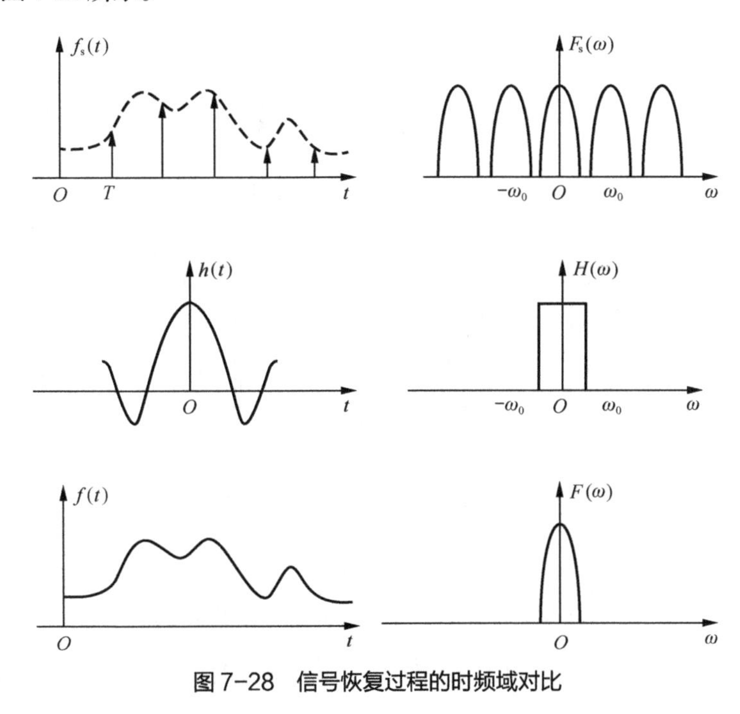


图 7-28　信号恢复过程的时频域对比

## 7.2　低通采样定理

在信号采样过程中，采样得到的数字信号的点数和采样冲激序列的周期频率有关。采样的周期越小，频率越高，采样速率越高，得到的采样点越多，信息损失也越少。但采样速率越高，需要系统的工作频率也越高，需要存储和运算的点数也越多。所以在实际应用中，一般采用能满足系统性能要求的最低采样速率。

如何求信号的最低采样速率呢？如果降低采样速率会对采样结果有什么影响呢？

我们可以先来看一个生活中的例子，在影视节目中，经常会看到一些飞驰的汽车镜头。但是汽车的轮子有时看起来并不是飞速旋转前进，有时甚至显得比较缓慢

或者停止甚至倒转。这是什么原因呢?

其实视频拍摄和信号采样的原理是相似的。摄像机拍摄的过程相当于是对高速旋转的车轮进行采样的过程。当摄像机的拍摄帧率低于汽车车轮的旋转速度时，就会出现上述现象。

接下来我们将通过对余弦信号采样，来分析这一过程。

例如，已知信号的频率$f=5\text{Hz}$，我们现用$f_s=40\text{Hz}$的采样速率对信号进行采样，时域采样过程如图 7-29 所示。

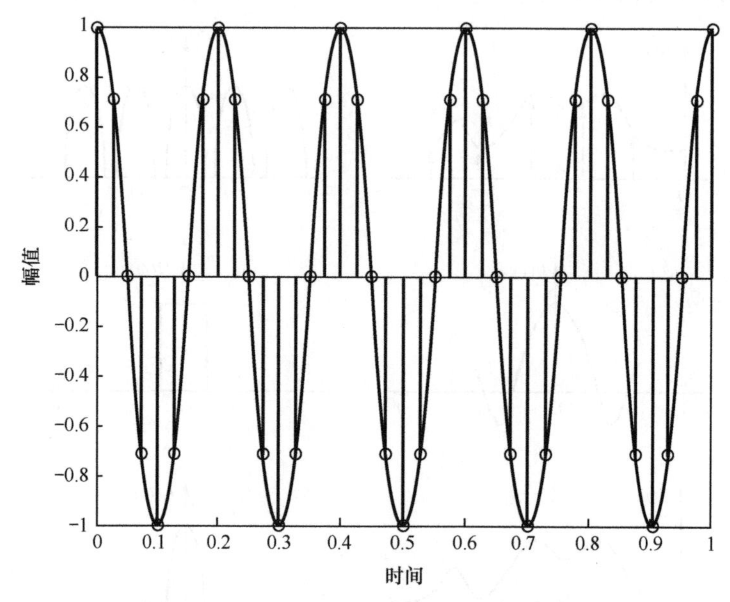


图 7-29　$f=5\text{Hz}$、$f_s=40\text{Hz}$ 的时域采样过程

从图 7-29 中可以看出，因为采样速率为原始信号的 8 倍，所以每个周期内有 8 个采样点。

根据频域卷积定理，采样过程的频域如图 7-30 所示。

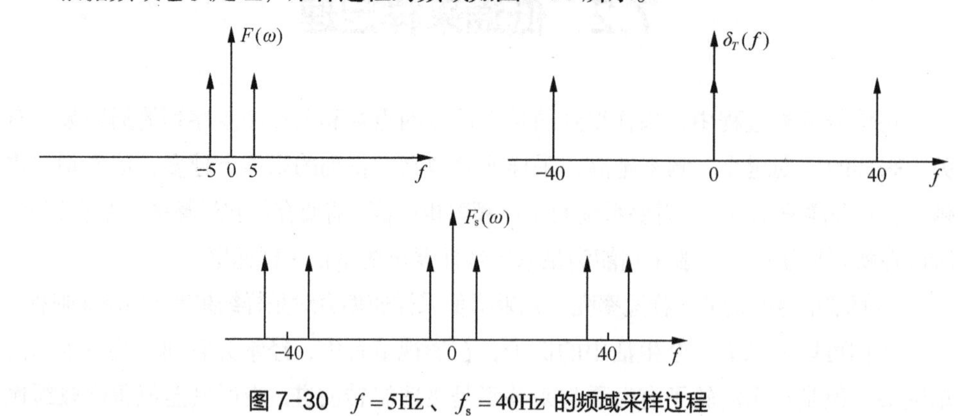


图 7-30　$f=5\text{Hz}$、$f_s=40\text{Hz}$ 的频域采样过程

如果降低采样速率，用$f_s = 20\text{Hz}$的采样速率对信号进行采样，时域采样过程如图 7-31 所示。

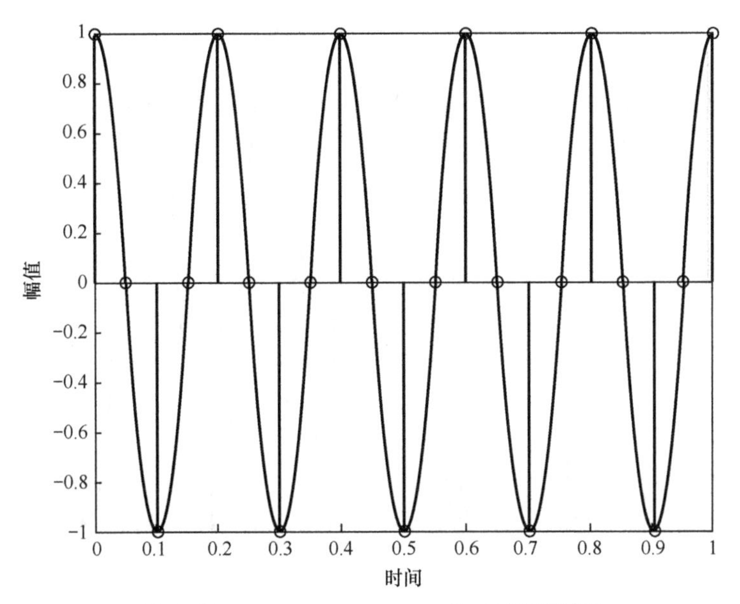


图 7-31　$f = 5\text{Hz}$、$f_s = 20\text{Hz}$ 的时域采样过程

从图 7-31 中可以看出，每个周期有 4 个采样点。

频域采样过程如图 7-32 所示。

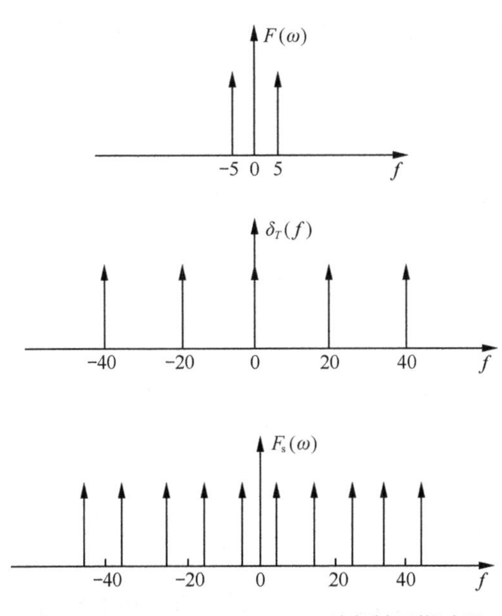


图 7-32　$f = 5\text{Hz}$、$f_s = 20\text{Hz}$ 的频域采样过程

如果继续降低采样速率，用$f_s=10$Hz的采样速率对信号进行采样，时域采样过程如图7-33所示。

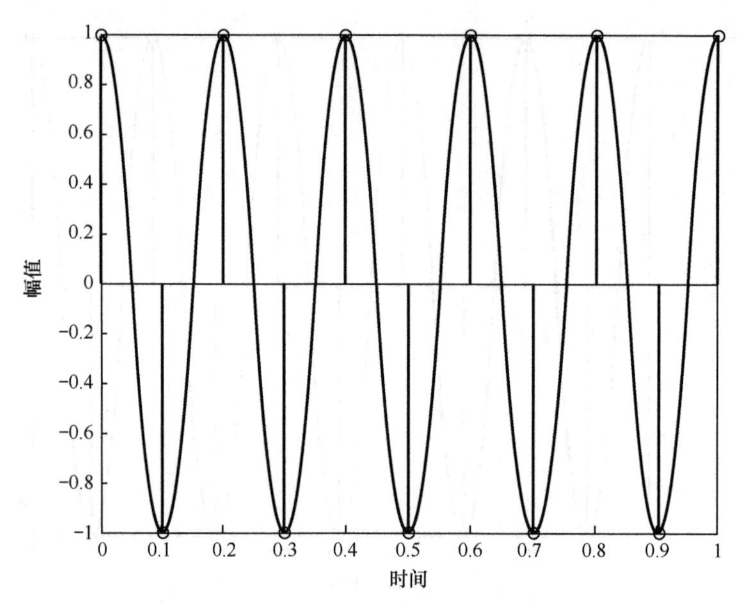


图7-33　$f=5$Hz、$f_s=10$Hz 的时域采样过程

由于采样速率$f_s$是信号频率$f$的2倍，所以每个周期只有2个采样点。但是这个采样速率有一定风险，以余弦信号为例，如果采样点均位于信号取值为0的位置，将不能获取有效信号信息，也无法恢复原始信号。

频域采样过程如图7-34所示。

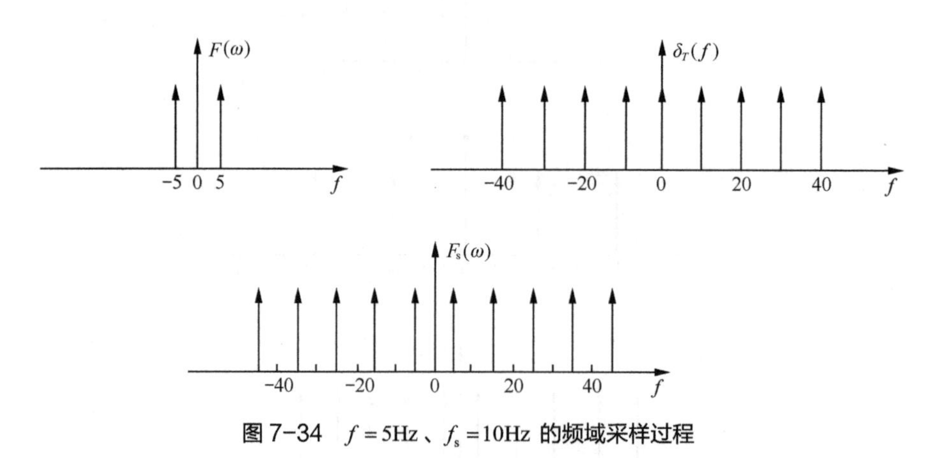


图7-34　$f=5$Hz、$f_s=10$Hz 的频域采样过程

从图7-34可以看出，其实向量的频率已经重叠在了一起。如果继续降低采样速

率，用$f_s=8\text{Hz}$的采样速率对信号进行采样，时域采样过程如图 7-35 所示。

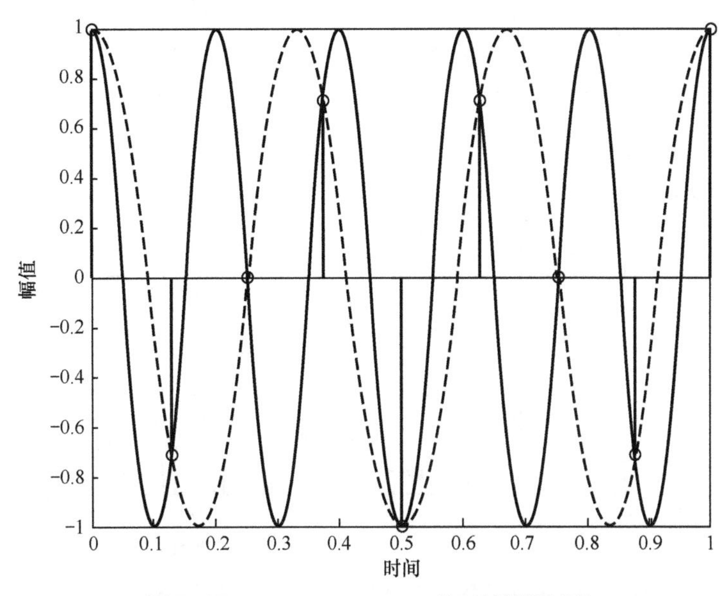


图 7-35　$f=5\text{Hz}$、$f_s=8\text{Hz}$ 的时域采样过程

从图 7-35 可以看出，只通过采样点已经不能区分原始信号的频率为$f=5\text{Hz}$还是$f=3\text{Hz}$。

频域采样过程如图 7-36 所示。

从图 7-36 可以看出，采样后信号的频谱中不仅有 5Hz 的频率分量，还有 3Hz 的频率分量。这也就是为什么我们观察运动中的车轮看起来转得慢或感觉倒转，因为采样速率低导致频率混叠，从而产生了新的频率分量。

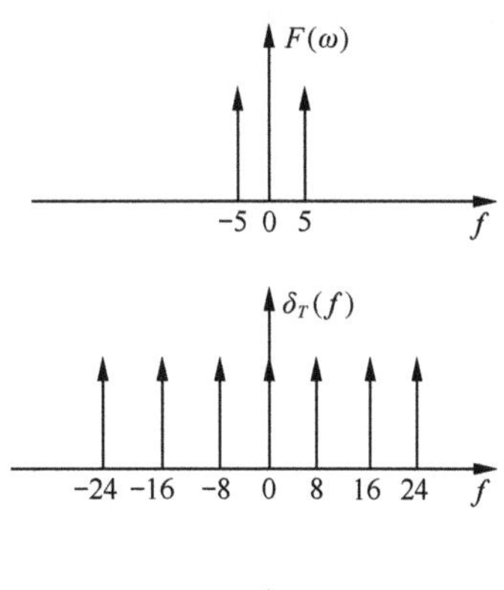


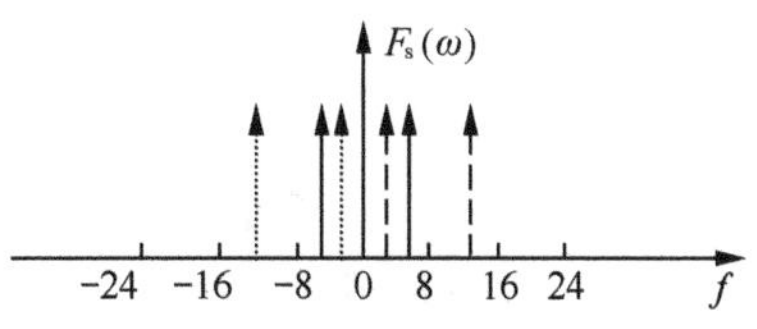


图 7-36　$f=5\text{Hz}$、$f_s=8\text{Hz}$ 的频域采样过程

根据低通采样定理，在信号采样过程中，采样速率需要大于被采样信号最高频率的两倍，才能保证采样后信号频谱不发生混叠。例如，对于信号$f(t)$，其傅里叶变换为$F(\omega)$，频率范围是$[-f_H,f_H]$，最高频率为$f_H$。即当采样速率$f_s>2f_H$时，采样后信号频谱不会发生混叠，如图 7-37 所示。

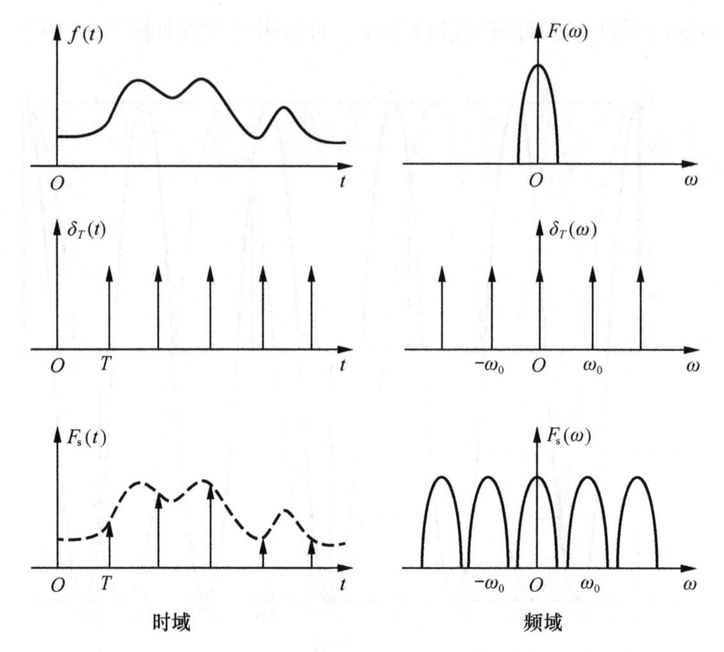


图 7-37　采样速率$f_s>2f_H$时，采样后信号频谱不发生混叠

当采样速率$f_s<2f_H$时，采样后信号频谱会发生混叠。如图 7-38 所示。

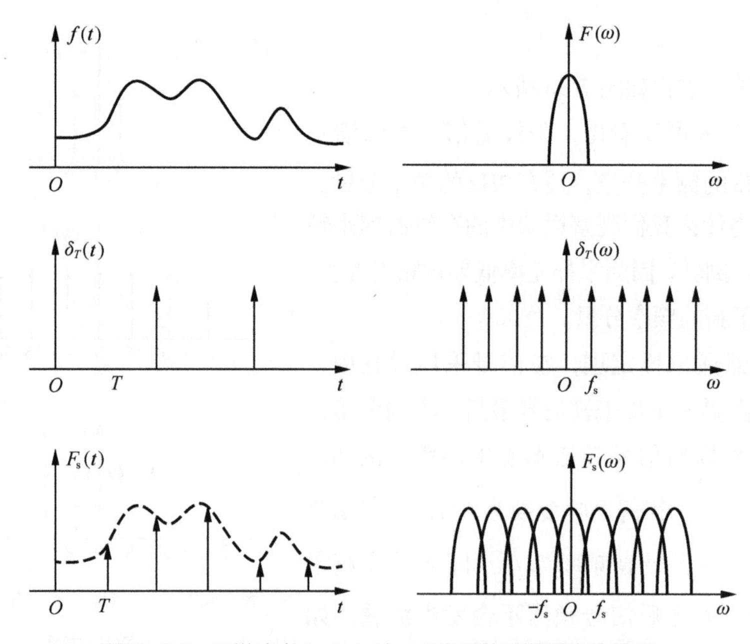


图 7-38　采样速率$f_s<2f_H$时，采样后信号频谱发生混叠

# 7.3 带通采样定理

在前面的例子中我们讲到，用$f_s=8$Hz 的采样速率对$f=5$Hz 的信号进行采样时，由于不满足低通采样定理，信号频率会发生混叠，从而产生$f=3$Hz 的信号。其实，有办法可以消除混叠，如使用带通滤波器来滤除$f=5$Hz 以外的信号，如图 7-39 所示。

这也表明并非所有信号的采样都需要满足低通采样定理，即$f_s>2f_H$。低通采样定理适用于低通信号。除此之外，常见的信号还包括带通信号。

下面以无线通信系统中的调制为例介绍低通信号和带通信号。

在无线通信系统中，携带信息的基带信号为低频信号，其频率在零频附近。需要经过高频的载波信号将其调制到高频，调制后的信号称为已调信号。调制后的高频信号再经过天线发送。信号调制过程如图 7-40 所示。

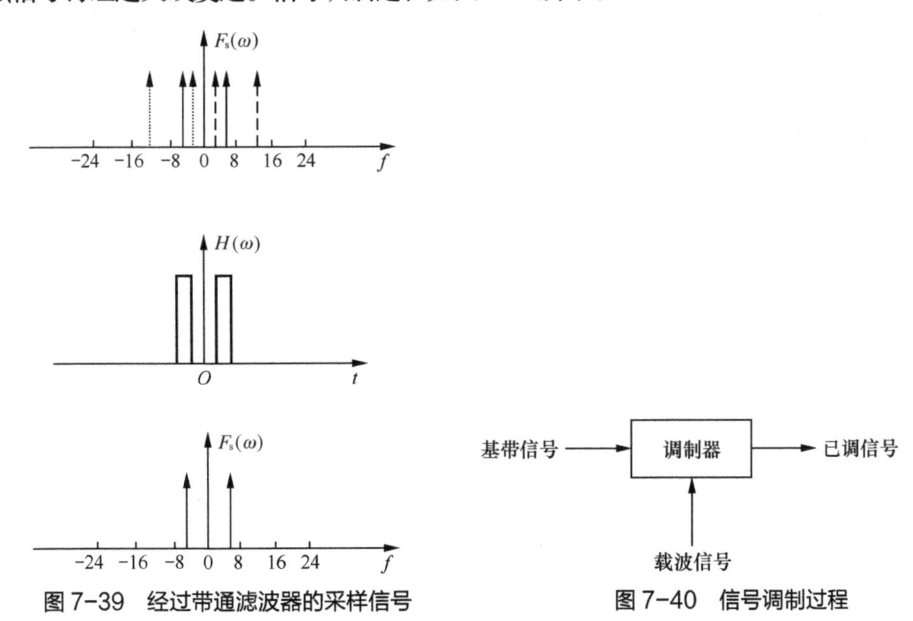


图 7-39 经过带通滤波器的采样信号

图 7-40 信号调制过程

其中，基带信号对应的是低通信号，载波信号对应的是单频信号，调制后的信号对应的是带通信号，带通信号频谱图如图 7-41 所示。

从图 7-41 可以看出，低通信号的频谱在$[-f_H,f_H]$范围内均有值。而带通信号仅在以$f_c$和$-f_c$为中心的有限范围内有值。

对于低通信号采样，需要满足低通采样定理。那么，对带通信号采样，需要满足什么条件呢？

设有一带通信号，其中心频率为$f_c$，频带范围为$[f_L, f_H]$，带宽为$B$，最高频率为$f_H = 3B$。带通信号频谱如图 7-42 所示。

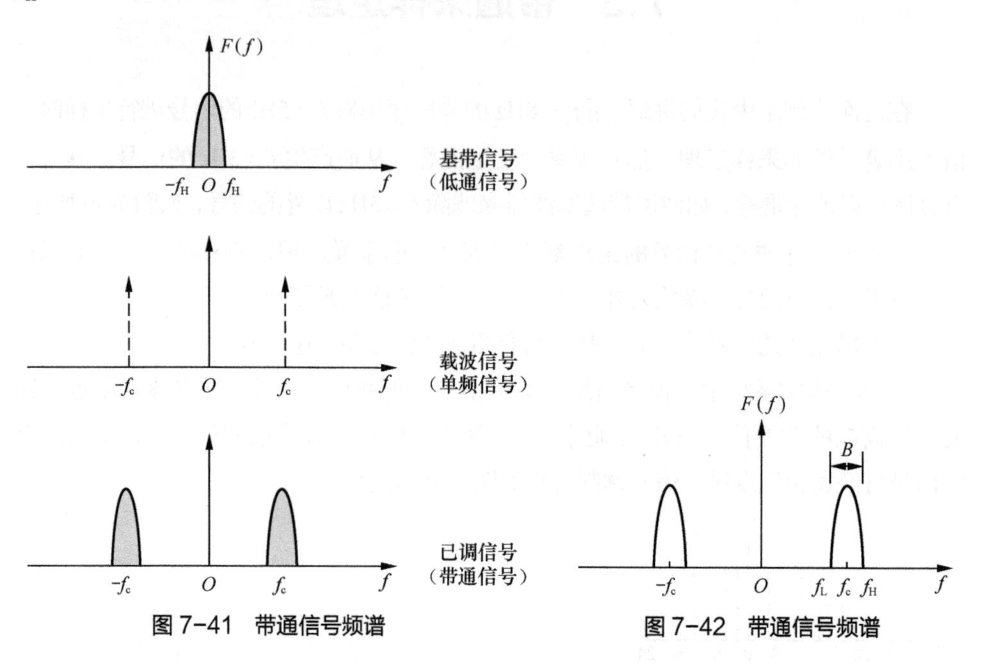


图 7-41　带通信号频谱　　图 7-42　带通信号频谱

现对其进行采样，$f_s$ 为采样速率。若$f_s \geqslant 2f_H$，采样过程的频域变换，如图 7-43 所示。

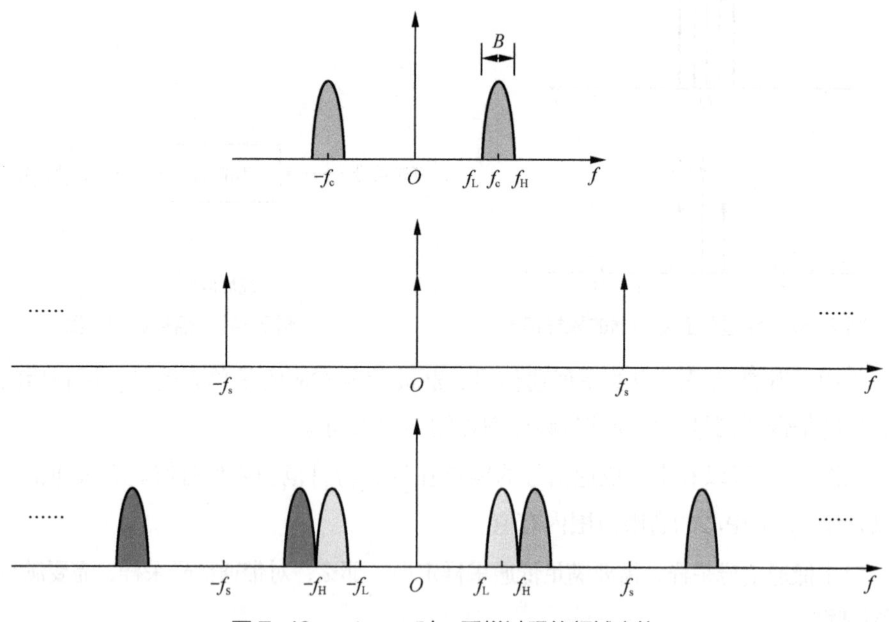


图 7-43　$f_s \geqslant 2f_H$时，采样过程的频域变换

从图 7-43 可以看出，采样后信号频谱没有发生混淆。

若减小采样频率，令 $2f_L<f_s<2f_H$，采样过程的频域变换，如图 7-44 所示。

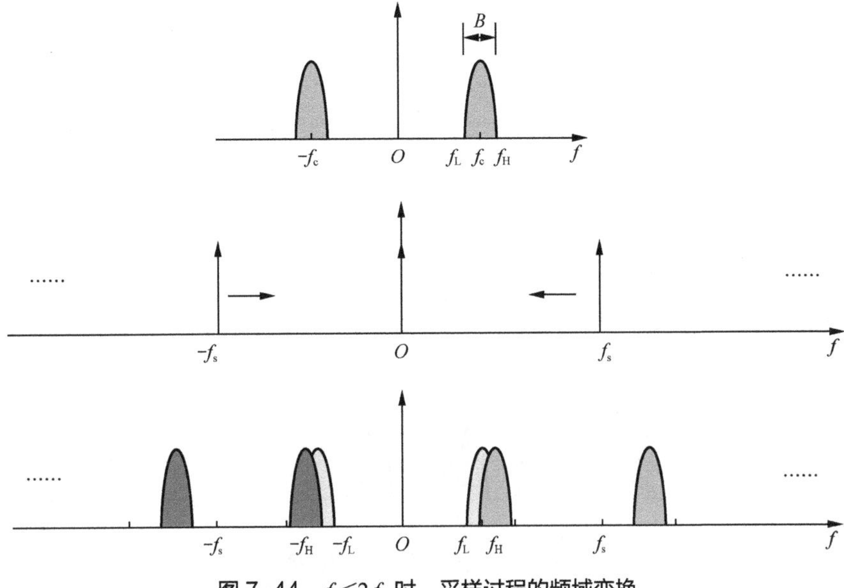


图 7-44 $f_s<2f_H$ 时，采样过程的频域变换

从图 7-44 可以看出，采样后信号频谱发生了混淆。

若继续减小采样速率，令 $f_s\leqslant 2f_L$，采样过程的频域变换，如图 7-45 所示。

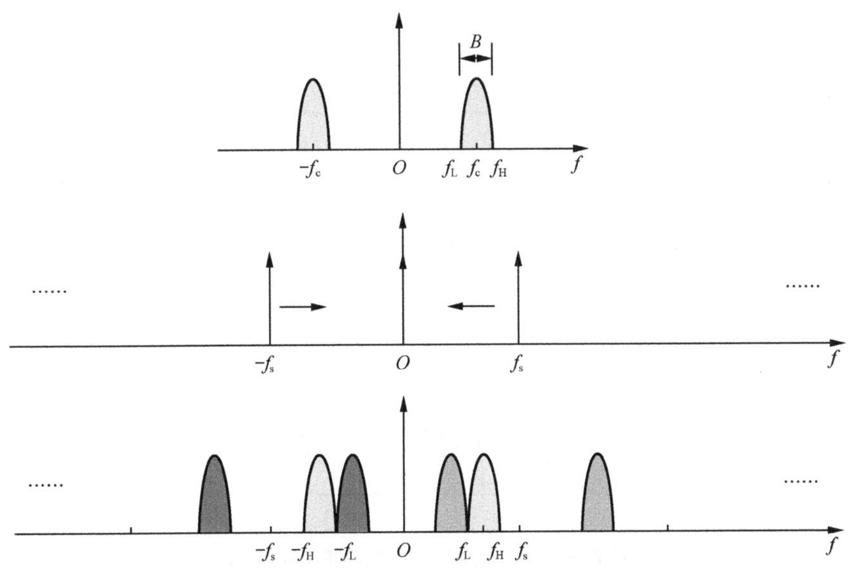


图 7-45 $f_s\leqslant 2f_L$ 时，采样过程的频域变换

从图 7-45 可以看出，采样后信号频谱没有发生混淆。

若继续减小采样速率，直至$f_s \geqslant f_H$，采样过程的频域变换，如图 7-46 所示。

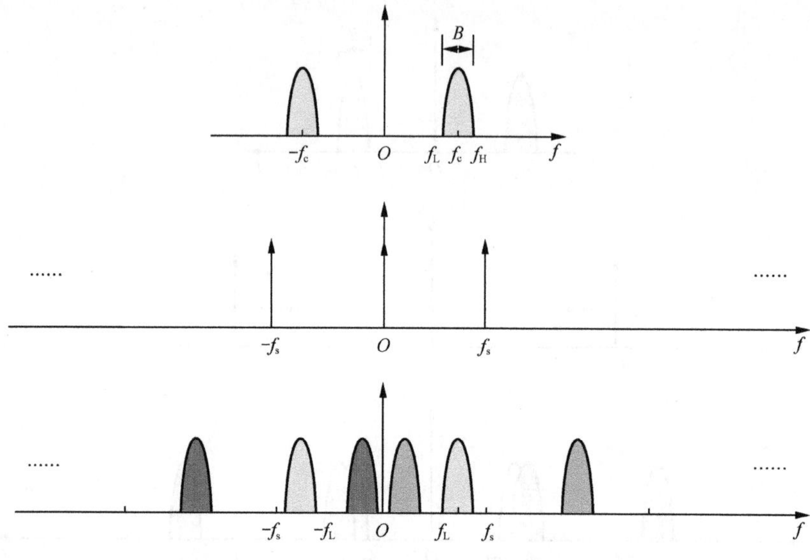


图 7-46　$f_s \geqslant f_H$时，采样过程的频域变换

从图 7-46 可以看出，采样后信号频谱没有发生混淆。

若继续减小采样速率，令$f_s = f_L$，采样过程的频域变换，如图 7-47 所示。

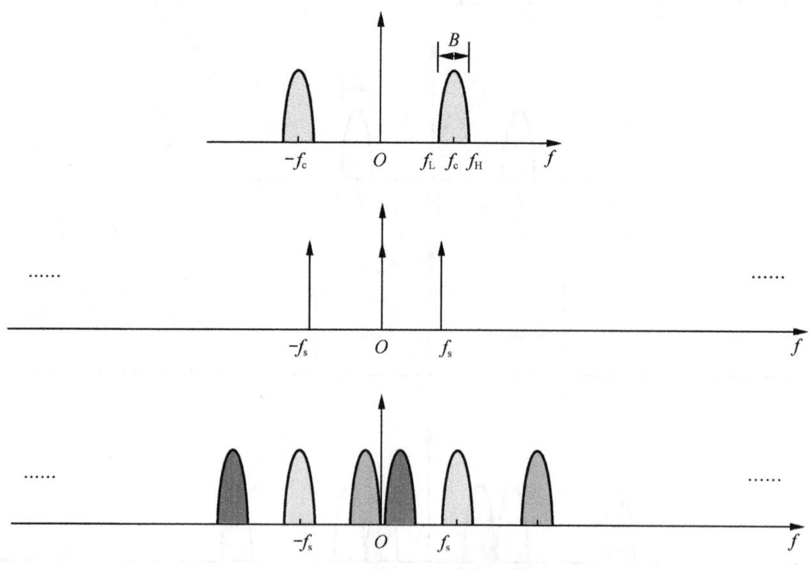


图 7-47　$f_s = f_L$时，采样过程的频域变换

因为采样信号为冲激序列，我们可以补充更多冲激信号，如图 7-48 所示。

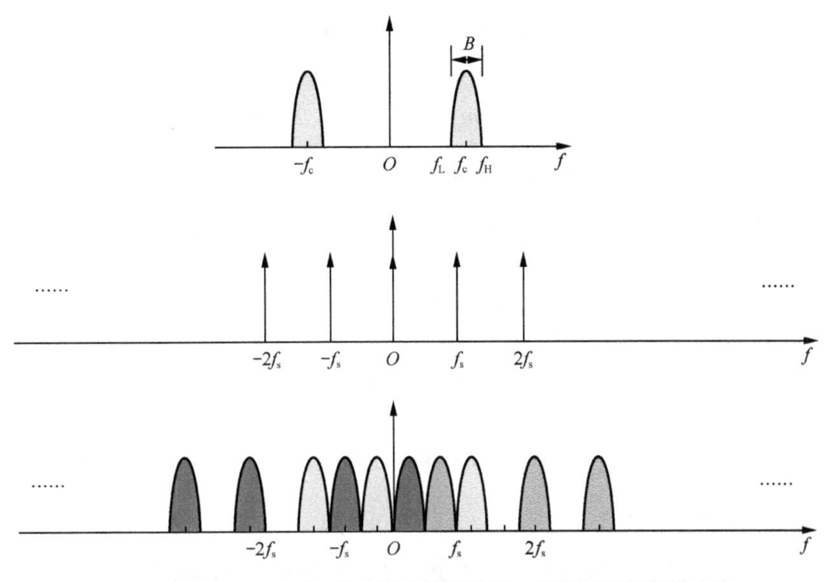


图 7-48 当 $f_s = f_L$ 时，补充更多冲激信号，采样过程的频域变换

从图 7-48 可以看出，采样后信号频谱没有发生混淆。

以上就是带通采样定理的分析过程，现给出带通采样定理的定义。

带通采样定理：满足以下采样频率的 $f_s$ 可以对带通信号进行采样，从而将带通信号无失真地恢复出来。

$$\frac{2f_H}{m} \leqslant f_s \leqslant \frac{2f_L}{m-1}$$

其中，$m = 1,2,3\cdots,m_{max}$，$m_{max}$ 是指不大于 $f_H / B$ 的最大整数。

例如，$f_H = 3B$，$m_{max} = 3$，$m = 1,2,3$。

当 $m = 1$ 时，$f_s \geqslant 2f_H$；

当 $m = 2$ 时，$f_H \leqslant f_s \leqslant 2f_L$；

当 $m = 3$ 时，$\frac{2}{3}f_H \leqslant f_s \leqslant f_L$。

例如，已知信号的带宽 $B = 20\text{MHz}$，中心频率 $f_c = 70\text{MHz}$，最高频率 $f_H = 80\text{MHz}$，最低频率 $f_L = 60\text{MHz}$。那么采样速率 $f_s$ 为多少合适呢？

因为

$$\frac{f_H}{B} = 4$$

根据带通采样定理：

$$\frac{2f_H}{m} \leqslant f_s \leqslant \frac{2f_L}{m-1}$$

$$f_H = 4B，m_{max} = 4，m = 1,2,3,4$$

当 $m = 1$ 时，$f_s \geqslant 2f_H$，即 $f_s \geqslant 160\text{MHz}$；

当 $m = 2$ 时，$f_H \leqslant f_s \leqslant 2f_L$，即 $80\text{MHz} \leqslant f_s \leqslant 120\text{MHz}$；

当 $m = 3$ 时，$\frac{2}{3}f_H \leqslant f_s \leqslant f_L$，即 $53\text{MHz} \leqslant f_s \leqslant 60\text{MHz}$；

当 $m = 4$ 时，$\frac{1}{2}f_H \leqslant f_s \leqslant \frac{2}{3}f_L$，即 $f_s = 40\text{MHz}$。

如果以降低系统的采样频率为目的，可以选择最低的 $f_s = 40\text{MHz}$ 作为采样频率，采样过程如图 7-49 所示。

已知信号的带宽 $B = 20\text{MHz}$，中心频率 $f_c = 60\text{MHz}$，最高频率 $f_H = 70\text{MHz}$，最低频率 $f_L = 50\text{MHz}$。采样速率 $f_s$ 为多少合适呢？

因为

$$\frac{f_H}{B} = 3.5$$

根据带通采样定理：

$$\frac{2f_H}{m} \leqslant f_s \leqslant \frac{2f_L}{m-1}$$

$$f_H = 3.5B，m_{max} = 3，m = 1,2,3$$

当 $m = 1$ 时，$f_s \geqslant 2f_H$，即 $f_s \geqslant 140\text{MHz}$；

当 $m = 2$ 时，$f_H \leqslant f_s \leqslant 2f_L$，即 $70\text{MHz} \leqslant f_s \leqslant 100\text{MHz}$；

当 $m = 3$ 时，$\frac{2}{3}f_H \leqslant f_s \leqslant f_L$，即 $47\text{MHz} \leqslant f_s \leqslant 50\text{MHz}$。

可以看出，如果最低的采样速率为 $f_s = 47\text{MHz}$。这是不是一个最合适的采样速率呢？答案并不唯一。选择最小的采样速率，虽然可以降低系统的工作频率，但同时也会增加后续滤波器的设计难度。所以采样速率的选择，需要根据具体系统设计的要求进行权衡。

例如：若选择 $f_s = 70\text{MHz}$，则采样过程的频域变换如图 7-50 所示。

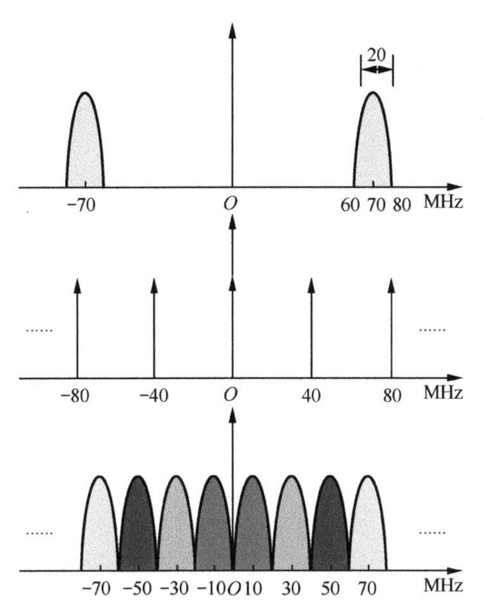


图 7-49 $f_s = 40\text{MHz}$ 时的采样过程

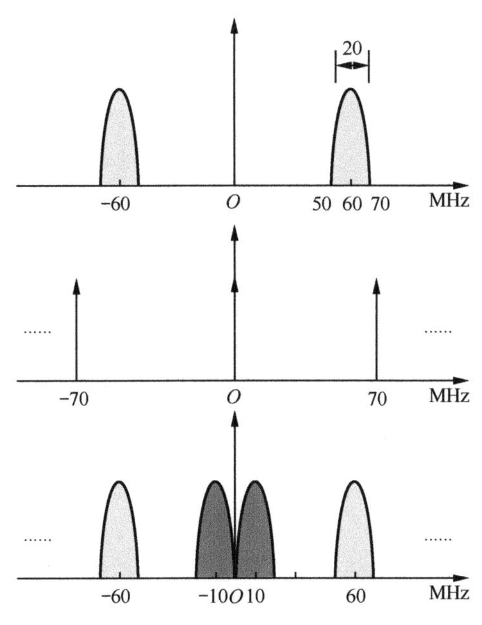


图 7-50 $f_s = 70\text{MHz}$ 时，采样过程的频域变换

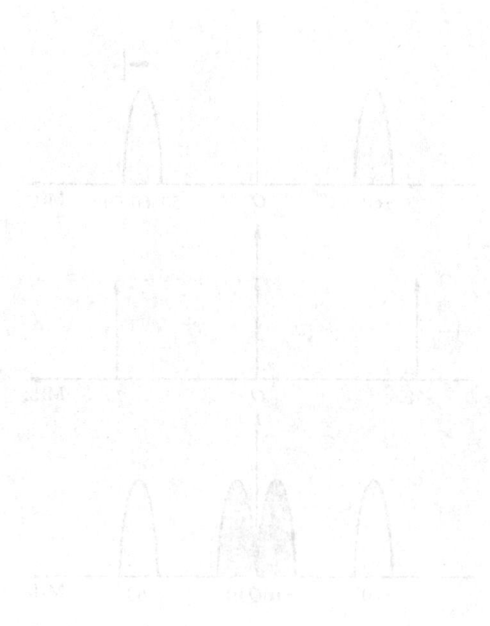

# 第8章 信号的调制与解调

前面已经讨论了如何将信号从模拟信号转变为数字信号。本章介绍无线通信系统中对数字信号的常见处理方法——调制与解调。

# 8.1 调制的必要性

在无线通信系统中，需要将信号通过天线以电磁波的形式传播。而原始信号的频率较低，以声音信号为例，人类能发出的声音频率范围大约在 85 ～ 1100Hz。真空中电磁波传播的速度等于光速，且与电磁波的波长和频率的关系可以表示为：

光速 = 波长 × 频率

其中，真空中的光速为 $3\times10^8$m/s。以频率为 1000Hz 的电磁波为例，其波长为 $3\times10^5$m。

天线的工作原理是基于导线上交变电流的变换，从而产生电磁波并向外辐射。以全向天线为例，每个振子的长度为 1/4 波长，天线的长度为 1/2 波长，如图 8-1 所示。

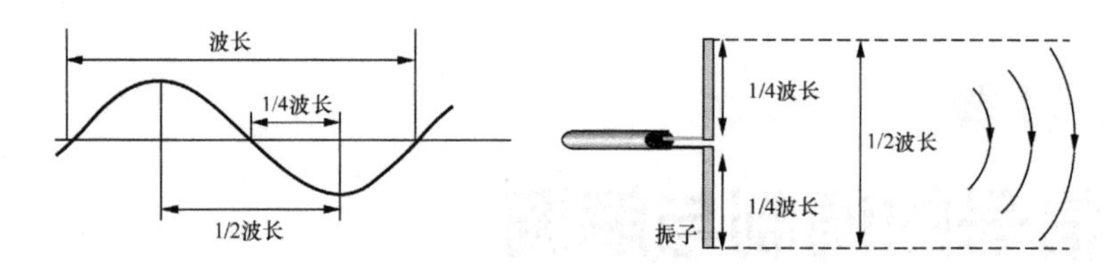


图 8-1　天线原理

如果 1000Hz 的信号直接通过天线发送，天线的长度需要达到 150km，这是不现实的。如果想减小天线尺寸，我们需要提高信号的频率。

如何提高信号的频率呢？通过对原始信号进行调制，我们可以把信号或信号携带的信息从低频搬移到高频。

# 8.2 余弦信号的调制

本节以余弦信号为例，介绍信号的调制过程。

## 8.2.1 余弦信号的双边带调制

现有余弦信号 $\cos\omega_0 t$，其频率为 $\omega_0$。我们用频率为 $10\omega_0$ 的载波信号 $\cos 10\omega_0 t$ 对其进行调制。

根据频域卷积定理，时域相乘对应频域卷积。通过频域卷积，我们可以将信号从低频搬移到高频。而调制的过程，即为将 $\cos\omega_0 t$ 与 $\cos 10\omega_0 t$ 相乘的过程。

根据欧拉公式：

$$\cos\omega_0 t = \frac{1}{2}\left(e^{j\omega_0 t} + e^{-j\omega_0 t}\right)$$

$$\cos 10\omega_0 t = \frac{1}{2}\left(e^{j10\omega_0 t} + e^{-j10\omega_0 t}\right)$$

二者相乘：

$$\begin{aligned}\cos\omega_0 t\cos 10\omega_0 t &= \frac{1}{2}\left(e^{j\omega_0 t} + e^{-j\omega_0 t}\right)\cdot\frac{1}{2}\left(e^{j10\omega_0 t} + e^{-j10\omega_0 t}\right)\\ &= \frac{1}{4}\left(e^{j\omega_0 t}e^{j10\omega_0 t} + e^{-j\omega_0 t}e^{j10\omega_0 t} + e^{j\omega_0 t}e^{-j10\omega_0 t} + e^{-j\omega_0 t}e^{-j10\omega_0 t}\right)\\ &= \frac{1}{4}\left(e^{j11\omega_0 t} + e^{j9\omega_0 t} + e^{-j9\omega_0 t} + e^{-j11\omega_0 t}\right)\end{aligned}$$

信号 $\cos\omega_0 t$ 与 $\cos 10\omega_0 t$ 及乘积的时域频谱，如图 8-2 所示。

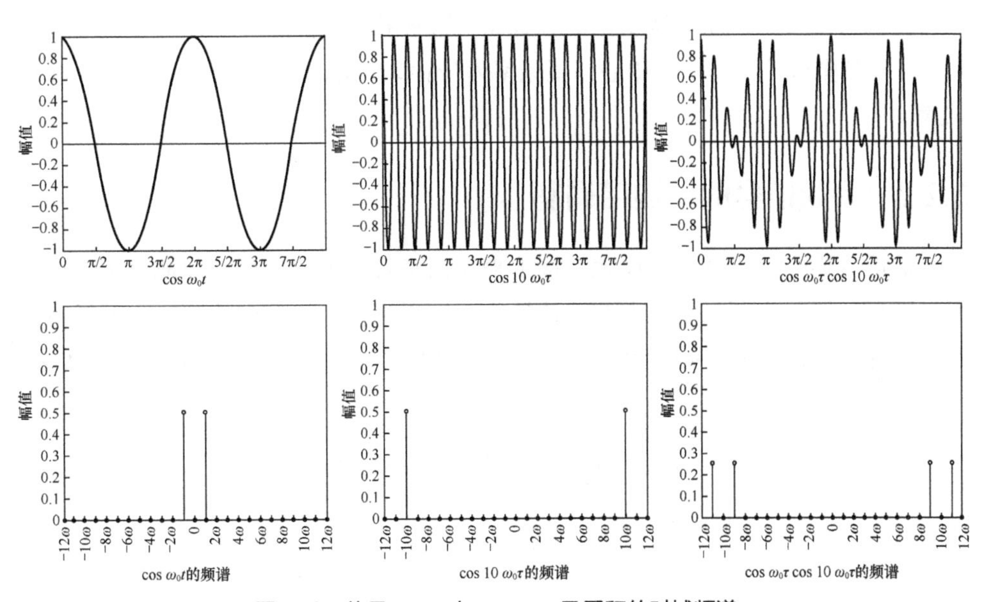


图 8-2 信号 $\cos\omega_0 t$ 与 $\cos 10\omega_0 t$ 及乘积的时域频谱

根据周期信号的傅里叶变换，得到：

$$\mathcal{F}\left[\cos\omega_0 t\cos 10\omega_0 t\right] = \frac{1}{2}\pi\left[\delta(\omega - 11\omega_0) + \delta(\omega - 9\omega_0) + \delta(\omega + 9\omega_0) + \delta(\omega + 11\omega_0)\right]$$

我们也可以绘制出 $\cos\omega_0 t$ 与 $\cos 10\omega_0 t$ 乘积过程的频谱，如图 8-3 所示。

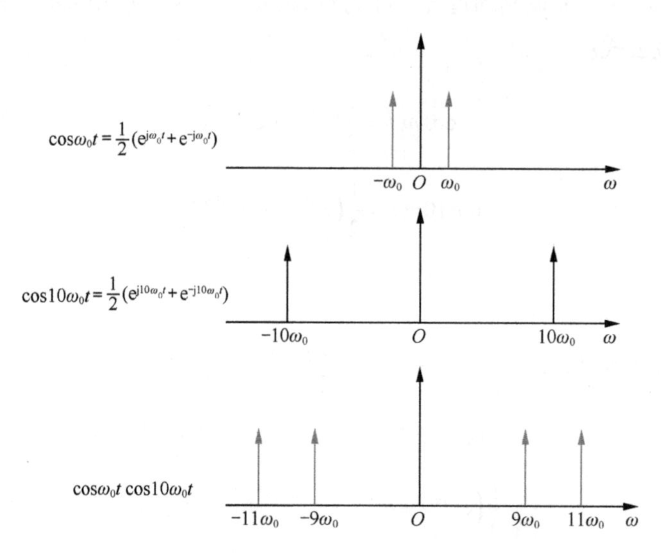


图 8-3 $\cos\omega_0 t$ 与 $\cos 10\omega_0 t$ 乘积过程的频谱

我们可以看出，通过调制，信号 $\cos\omega_0 t$ 从原来的以 0 频为中心，频率为 $\omega_0$ 和 $-\omega_0$，被搬移到了以 $10\omega_0$ 为中心，正频率为 $9\omega_0$ 和 $11\omega_0$，负频率为 $-9\omega_0$ 和 $-11\omega_0$ 的位置。

## 8.2.2 余弦信号的单边带调制

前面我们介绍了调制的原理，接下来我们来看一下如何更有效地利用频谱资源。以移动通信为例，无线电波的传播需要占用频谱。空间中的频谱资源是有限的，并且有严格的管理和使用限制。例如，国内三大运营商的 5G 频谱划分如表 8-1 所示。

表 8-1 国内三大运营商的 5G 频谱划分

| 运营商 | 5G 频段 | 带宽 | 5G 频段号 |
|---|---|---|---|
| 中国移动 | 2525MHz-2675MHz | 160MHz | n41 |
| | 4800MHz-4900MHz | 100 MHz | n79 |
| 中国电信 | 3400MHz-3500MHz | 100 MHz | n78 |
| 中国联通 | 3500MHz-3600MHz | 100 MHz | n78 |

让我们回顾一下 8.2.1 节中关于余弦信号调制的例子。余弦信号 $\cos\omega_0 t$ 在被调制

前以 0 频为中心，仅包含 2 个频率分量 $\omega_0$ 和 $-\omega_0$。被调制到以 $10\omega_0$ 为中心后，产生了 4 个频率分量：正频率为 $9\omega_0$ 和 $11\omega_0$，负频率为 $-9\omega_0$ 和 $-11\omega_0$。也就是说调制后的信号，变成了 $\cos 9\omega_0 t$ 和 $\cos 11\omega_0 t$。

由于余弦信号是实信号，其傅里叶变换的复指数形式含有正负两个镜像的频率分量。如果将实信号替换为复指数信号 $e^{j\omega_0 t}$，那么将只包含正频率分量，如图 8-4 所示。

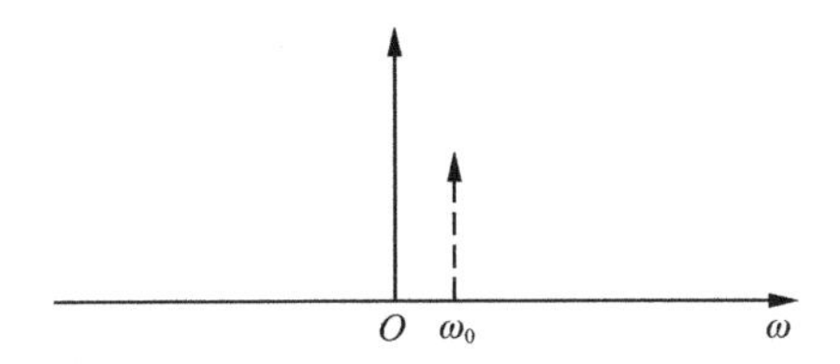


图 8-4 复指数信号 $e^{j\omega_0 t}$ 的频率

根据欧拉公式可知 $e^{j\omega_0 t}$ 是一个复指数信号。

$$e^{j\omega_0 t} = \cos\omega_0 t + j\sin\omega_0 t$$

如何将实信号转换为复指数信号呢？我们可以通过希尔伯特（Hilbert）变换实现。

在现实世界中，物理可实现的信号都是实信号，实信号的频谱具有共轭对称性，即正负频谱的幅度相等，相位相反。如果只取信号的正频部分 $z(t)$，则 $z(t)$ 称为信号 $s(t)$ 的解析表示。

$$z(t) = s(t) + jH\left[s(t)\right]$$

其中 $H\left[s(t)\right]$ 称为信号 $s(t)$ 的希尔伯特变换。

$$H\left[s(t)\right] = \frac{1}{\pi}\int_{-\infty}^{+\infty}\frac{s(t)}{t-\tau}d\tau$$

以余弦信号 $\cos\omega_0 t$ 为例：

$$s(t) = \cos\omega_0 t$$

其正频部分为复指数信号 $e^{j\omega_0 t}$：

$$\begin{aligned} z(t) &= e^{j\omega_0 t} \\ &= \cos\omega_0 t + j\sin\omega_0 t \end{aligned}$$

信号 $s(t)$ 的希尔伯特变换为 $z(t)$ 虚部的取值：

$$H\left[s(t)\right] = H\left[\cos\omega_0 t\right] = \sin\omega_0 t$$

现在用复指数信号 $e^{j\omega_0 t}$ 替换 $\cos\omega_0 t$，用 $\cos 10\omega_0 t$ 对其进行调制。调制过程的频谱

变换，如图 8-5 所示。

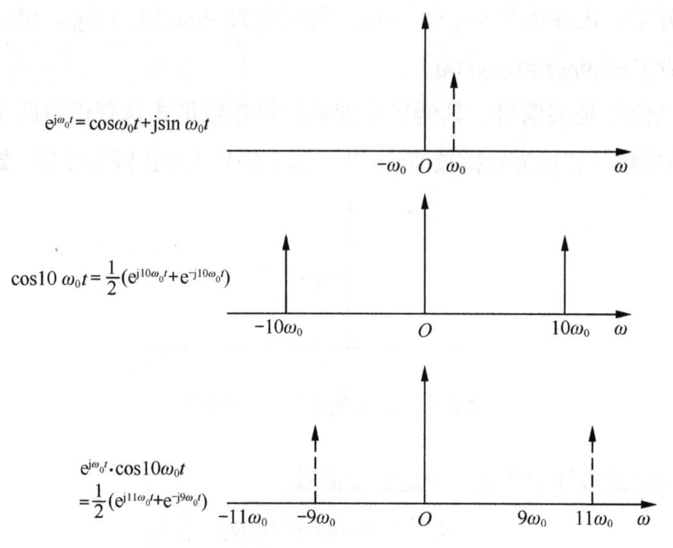


图 8-5　用 $\cos 10\omega_0 t$ 对 $e^{j\omega_0 t}$ 进行调制

从图 8-6 中可以看出，经过调制以后产生了 2 个频率分量：$11\omega_0$ 和 $-9\omega_0$。虽然只有 2 个频率分量，但这 2 个频率分量并不是镜像关系，因此变换后不能恢复原来的信号。那么如何将 $\cos\omega_0 t$ 调制为 $\cos 11\omega_0 t$ 呢？

这可以通过将载波信号也换为复指数信号来实现，即用 $e^{j10\omega_0 t}$ 替换 $\cos 10\omega_0 t$。调制过程的频谱变换，如图 8-6 所示。

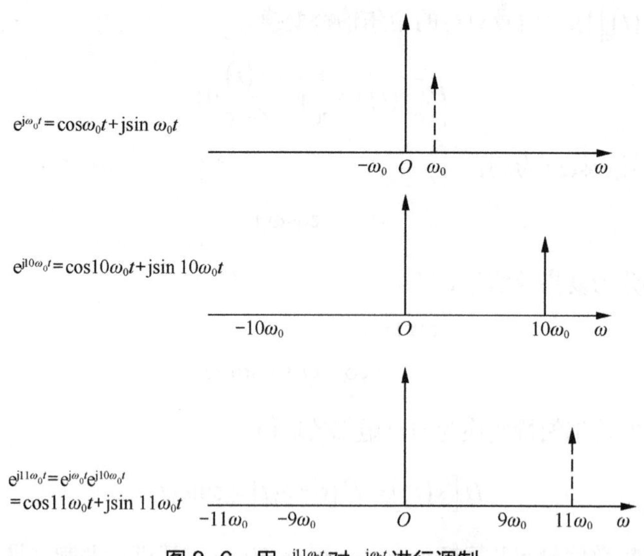


图 8-6　用 $e^{j11\omega_0 t}$ 对 $e^{j\omega_0 t}$ 进行调制

从图 8-6 可以看出，调制后的信号为复指数信号 $e^{j11\omega_0 t}$，只包含一个正频率分量 $11\omega_0$。如果想得到实信号 $\cos 11\omega_0 t$，可以取 $e^{j11\omega_0 t}$ 的实部，如图 8-7 所示。

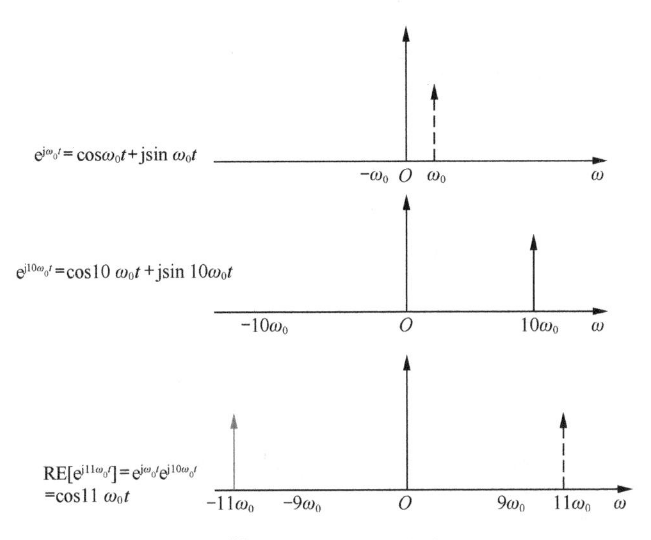


图 8-7 取 $e^{j11\omega_0 t}$ 的实部，得到实信号 $\cos 11\omega_0 t$

### 8.2.3 余弦信号的 IQ 调制

理想很美好，现实很残酷。复指数信号在现实物理世界中并不存在，它是为了计算方便从数学界引入的概念。那么，在实际应用中，只有正余弦信号的情况下，如何将余弦信号 $\cos\omega_0 t$ 调制为 $\cos 11\omega_0 t$ 呢？

我们再来看一下，复指数信号 $e^{j\omega_0 t}$ 和 $e^{j10\omega_0 t}$ 相乘的过程：

$$e^{j\omega_0 t}=\cos\omega_0 t+j\sin\omega_0 t$$

$$e^{j10\omega_0 t}=\cos 10\omega_0 t+j\sin 10\omega_0 t$$

$$\begin{aligned}e^{j\omega_0 t}e^{j10\omega_0 t}&=\left(\cos\omega_0 t+j\sin\omega_0 t\right)\left(\cos 10\omega_0 t+j\sin 10\omega_0 t\right)\\&=\cos\omega_0 t\cos 10\omega_0 t+j\sin\omega_0 t\cos 10\omega_0 t+j\sin 10\omega_0 t\cos\omega_0 t-\sin\omega_0 t\sin 10\omega_0 t\end{aligned}$$

根据三角公式：

$$\cos\left(\alpha+\beta\right)=\cos\alpha\cdot\cos\beta-\sin\alpha\cdot\sin\beta \text{及} \sin\left(\alpha+\beta\right)=\sin\alpha\cdot\cos\beta+\cos\alpha\cdot\sin\beta$$

可得：

$$e^{j\omega_0 t}e^{j10\omega_0 t}=\cos 11\omega_0 t+j\sin 11\omega_0 t$$

上述计算过程中只用到了 $\cos\omega_0 t$、$\sin\omega_0 t$、$\cos 10\omega_0 t$、$\sin 10\omega_0 t$。运用三角公式，可得：

$$\cos\omega_0 t \cdot \cos 10\omega_0 t - \sin\omega_0 t \cdot \sin 10\omega_0 t = \cos 11\omega_0 t$$

所以，可以用正余弦信号替代复指数信号的运算过程，同样能得到 $\cos 11\omega_0 t$，如图 8-8 所示。

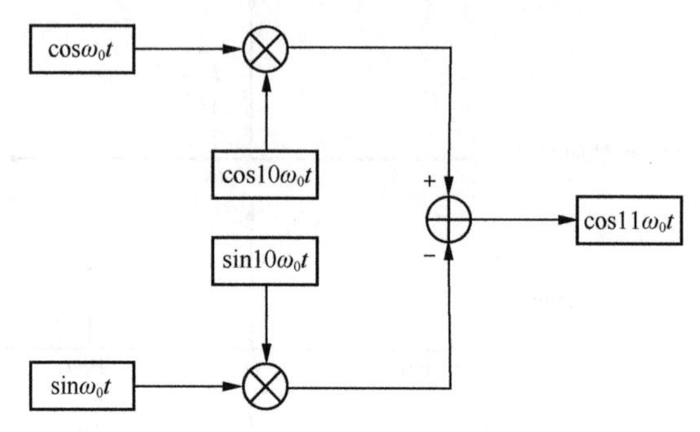


图 8-8　信号 $\cos\omega_0 t$ 调制为 $\cos 11\omega_0 t$ 的原理框图

可以将 $\cos\omega_0 t$ 和 $\sin\omega_0 t$ 分别看作是复指数 $e^{j\omega_0 t}$ 的实部和虚部。令 $I(t) = \cos\omega_0 t$，$Q(t) = \sin\omega_0 t$，则有：

$$e^{j\omega_0 t} = \cos\omega_0 t + j\sin\omega_0 t = I(t) + jQ(t)$$

如图 8-9 所示。

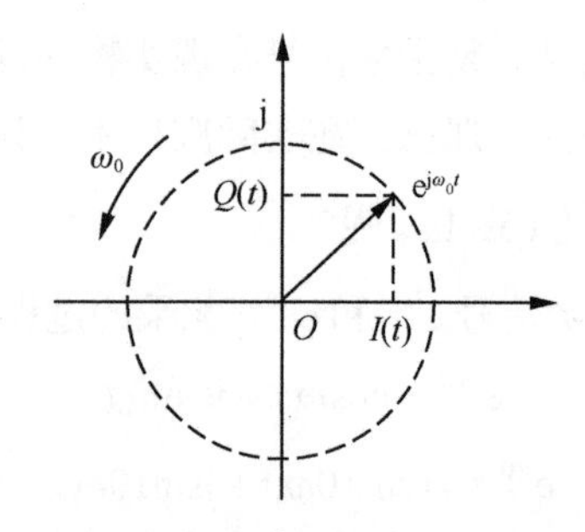


图 8-9　复指数 $e^{j\omega_0 t}$ 的 $I(t)$ 和 $Q(t)$ 分量

其中，$I(t) = \cos\omega_0 t$ 称作同相分量，$Q(t) = \sin\omega_0 t$ 称作正交分量。所以，这种调制方式也称为 IQ 调制，或者正交调制。

用 $I(t)$ 和 $Q(t)$ 表示待调制的信号 $\cos\omega_0 t$ 和 $\sin\omega_0 t$，$\cos\omega_c t$ 和 $\sin\omega_c t$ 表示调制载波信号，$s(t)$ 表示调制后的信号，则有：

$$\begin{aligned} s(t) &= I(t)\cos\omega_c t - Q(t)\sin\omega_c t \\ &= \cos(\omega_0 + \omega_c)t \end{aligned}$$

调制框图如图 8-10 所示。

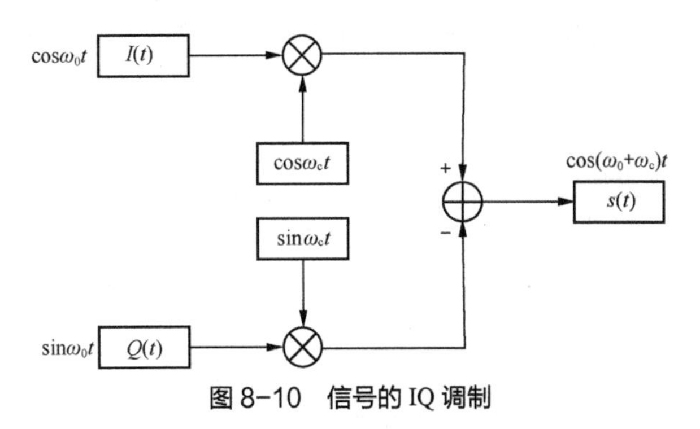


图 8-10 信号的 IQ 调制

## 8.3 基带信号的调制与解调

由上节分析可知，可以通过载波信号将单频的余弦信号从低频调制到高频。接下来，我们分析一下，如何将基带信号从低频调制到高频。

### 8.3.1 基带信号的调制原理

与单频的余弦信号类似，将基带信号与载波信号相乘，即为调制的过程，调制框图如图 8-11 所示。

基带信号调制过程的频谱，如图 8-12 所示。

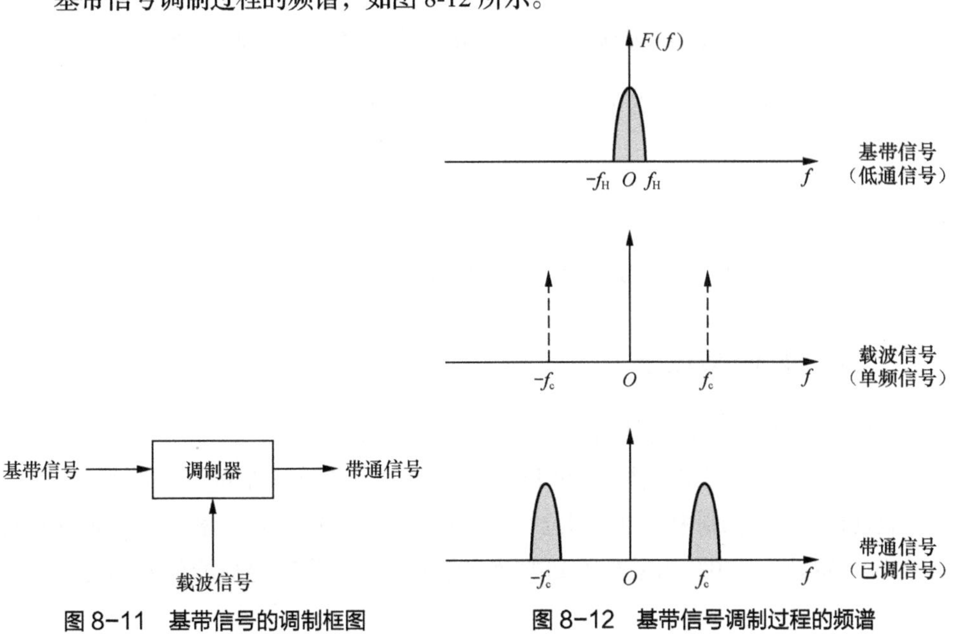


图 8-11 基带信号的调制框图

图 8-12 基带信号调制过程的频谱

那么，基带信号是如何产生的呢？

如图 8-13 所示，首先回顾一下信号从模拟信号转换为数字信号的过程。

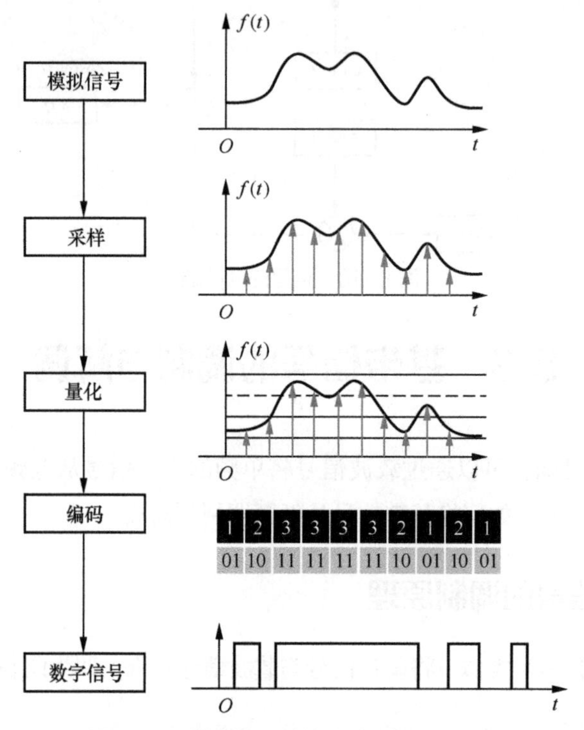


图 8-13 模拟信号转换为数字信号的过程

再来看数字信号转换为基带信号和已调信号的框图，如图 8-14 所示。

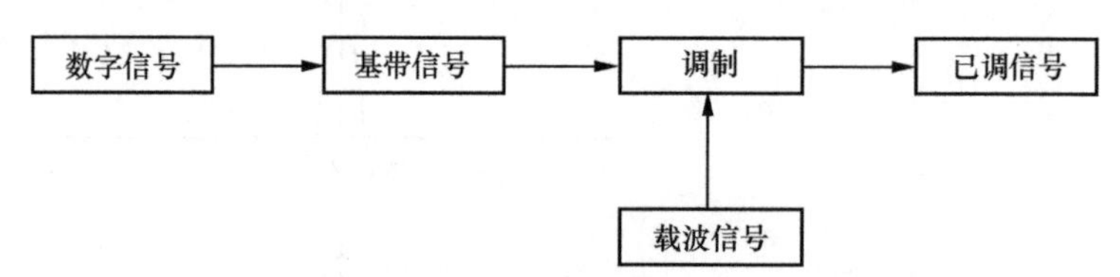


图 8-14 数字信号转换为基带信号和已调信号的框图

## 8.3.2 BPSK 调制过程

为什么基带信号一般为低通信号？

以 BPSK（二进制相移键控）调制为例，我们来分析一下基带信号的特征。

假设在 BPSK 调制中，用 $\pi$ 相位的余弦载波表示“0”，用 $-\pi$ 相位的余弦载波表示“1”。假设“0110”为采样得到的数字信号，$a(t)$ 为映射后的信号，为“+1，

-1，-1，+1”，$\cos 2\pi f_c t$ 为调制载波信号，$s(t)$ 为调制后信号。将映射后的信号 $a(t)$ 与载波信号 $\cos 2\pi f_c t$ 相乘，得到调制信号 $s(t)$，如图 8-15 所示。

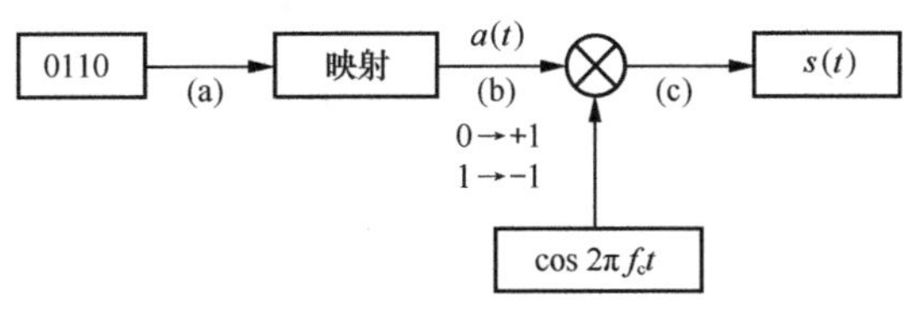


图 8-15 BPSK 调制过程

各节点的时域波形，如图 8-16 所示。

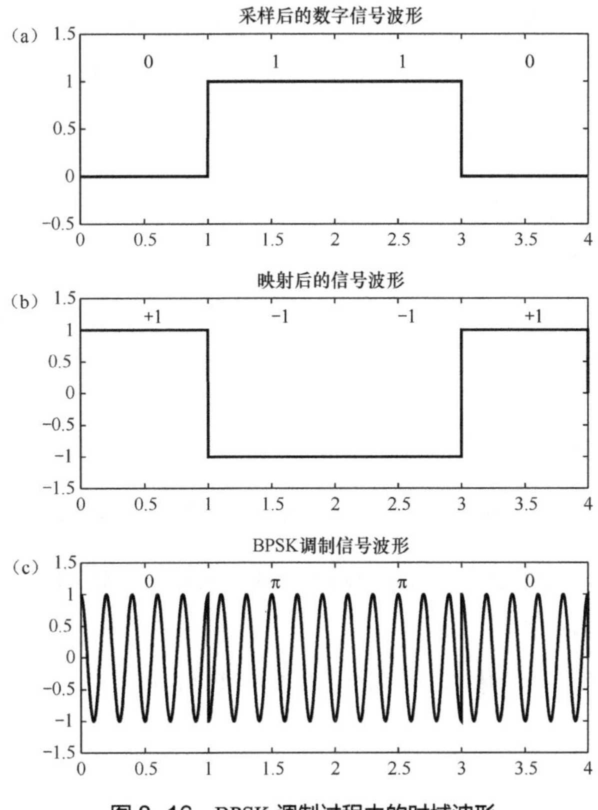


图 8-16 BPSK 调制过程中的时域波形

如何绘制调制过程的频域变换呢？上述例子中，基带信号对应的映射后的信号为脉冲序列，可以视为矩形脉冲。

在前面章节中，我们分析过矩形脉冲的时域及频域波形，如图 8-17 所示。

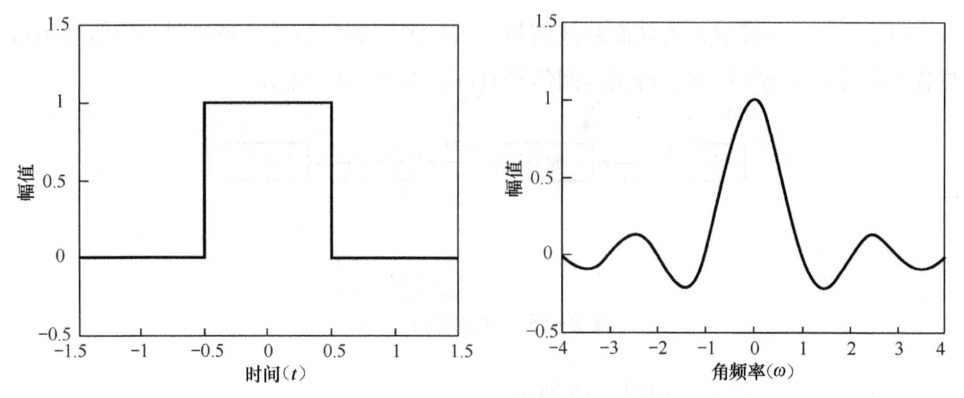


图 8-17　矩形脉冲的时域及频域波形

在实际应用中，为了控制基带信号的频谱宽度，一般先将其经过成型滤波器，使其时域波形更加平滑，频域减少谐波，频带更窄，如图 8-18 所示。

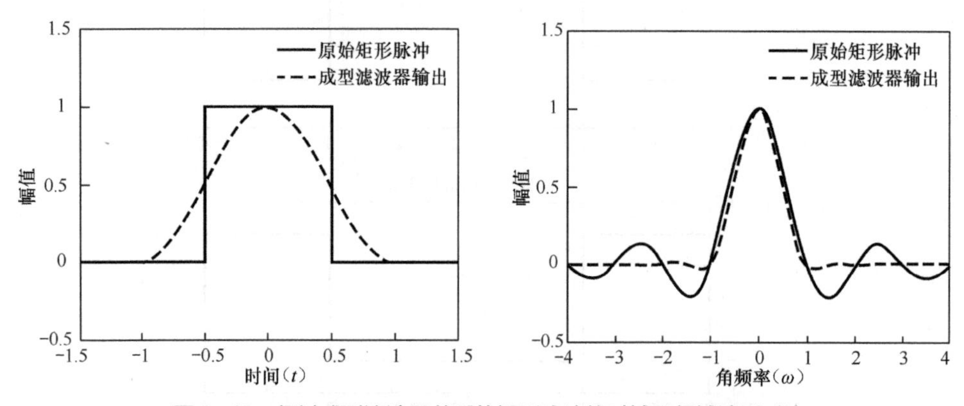


图 8-18　经过成型滤波器前后的矩形脉冲的时域及频域波形对比

基带信号可以看作是连续的非周期矩形脉冲信号，其对应的频谱与单个矩形脉冲信号类似，为低通信号。

如果用$F\left[a(t)\right]$表示基带信号$a(t)$的傅里叶变换，则其频谱如图 8-19 所示。

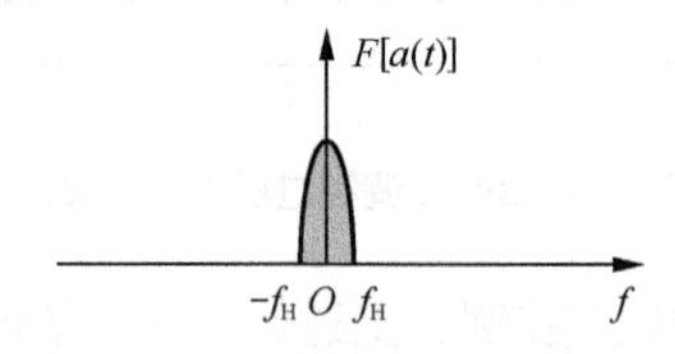


图 8-19　基带信号$a(t)$的频谱

用$F\left[s(t)\right]$表示调制信号$s(t)$的傅里叶变换，则 BPSK 调制过程的频谱，如图 8-20 所示。

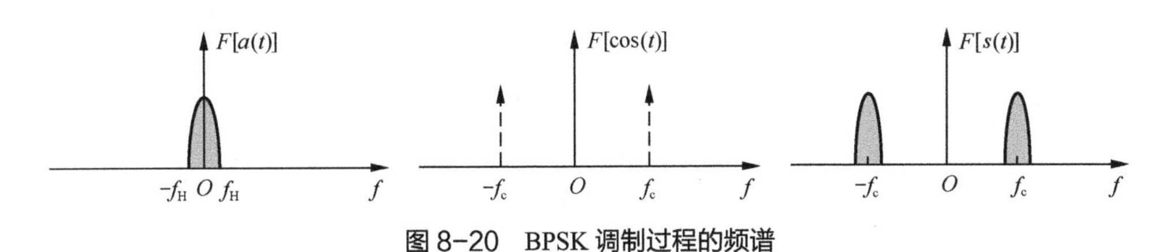

图 8-20 BPSK 调制过程的频谱

## 8.3.3 基带信号的正交调制

前面，我们通过余弦信号的正交调制方法，实现了减少频率分量的目的。对基带信号的调制，频带的利用率显得尤为重要。

以 BPSK 调制过程的频谱示意图为例，如果我们采用直接调制的方式，调制后的信号将占用 $2f_H$ 宽度的频谱带宽。因为信号的正频谱和负频谱是镜像对称的，按照余弦信号 IQ 调制的思路，如果只调制信号正频率，如图 8-21 所示，是否可以实现节省一半带宽的目标呢？

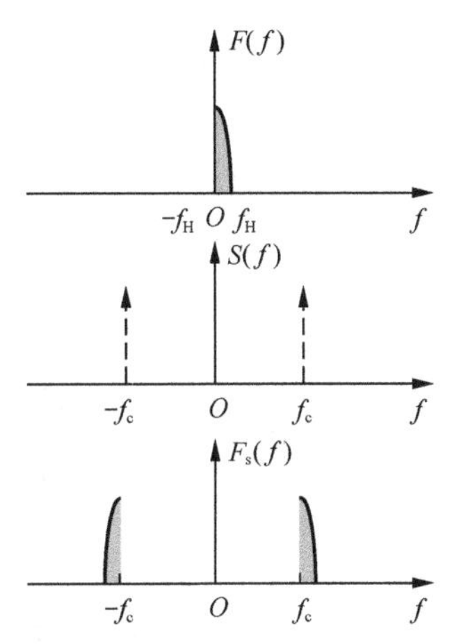

图 8-21 只调制信号正频率示意图

理论上这是可行的。以基带信号 $a(t)$ 为例，如果只取正频率可以构造一个复信号 $z(t)$，即信号 $a(t)$ 的解析信号。复信号 $z(t)$ 的虚部为信号 $a(t)$ 的希尔伯特变换。

$$z(t)=a(t)+\mathrm{j}H\left[a(t)\right]$$

$$H\left[a(t)\right]=\frac{1}{\pi}\int_{-\infty}^{+\infty}\frac{a(t)}{t-\tau}\mathrm{d}\tau$$

但在实际应用中，希尔伯特变换太复杂，不容易实现。退而求其次，我们可以构造一个复信号，使复信号的正负频率部分不对称，这样正负频率部分可以表示不同的信号。

例如，有复信号 $c(t)$：

$$c(t)=\mathrm{e}^{\mathrm{j}\omega_0 t}+2\mathrm{e}^{-\mathrm{j}\omega_0 t}$$

频谱如图 8-22 所示。

可以看出，复信号 $c(t)$ 的频谱是非对称的，正频率 $\omega_0$ 处的冲激强度为 1，负频率 $-\omega_0$ 处的冲激强度为 2。

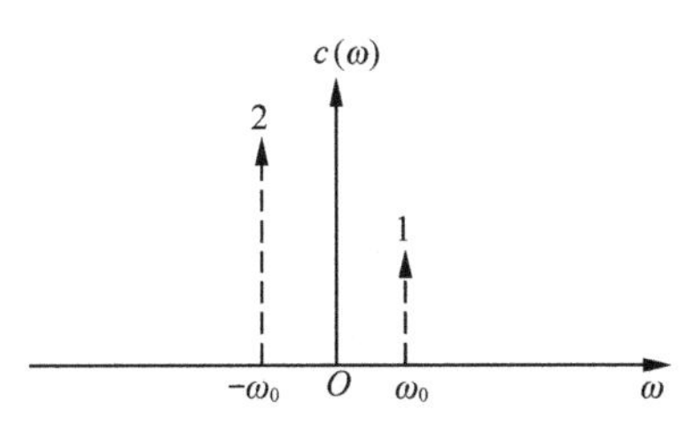

图 8-22 信号 $c(t)$ 的频谱

如果写成正交的形式，则有：

$$
\begin{aligned}
c(t) &= \mathrm{e}^{\mathrm{j}\omega_0 t} + 2\mathrm{e}^{-\mathrm{j}\omega_0 t} \\
&= \cos\omega_0 t + \mathrm{j}\sin\omega_0 t + 2(\cos\omega_0 t - \mathrm{j}\sin\omega_0 t) \\
&= 3\cos\omega_0 t - \mathrm{j}\sin\omega_0 t \\
&= I(t) + \mathrm{j}Q(t)
\end{aligned}
$$

其中，$I(t)=3\cos\omega_0 t$，$Q(t)=-\sin\omega_0 t$。

复信号 $c(t)$ 的 $I$ 分量和 $Q$ 分量携带了幅度不同的信号，幅度分别为 3 和 $-1$。采用这种方式是否能减少带宽，提高频谱使用效率呢？

设有基带信号为 $b(t)$，$b(t)$ 为复信号：

$$b(t)=I(t)+\mathrm{j}Q(t)$$

其频谱非对称，如图 8-23 所示。

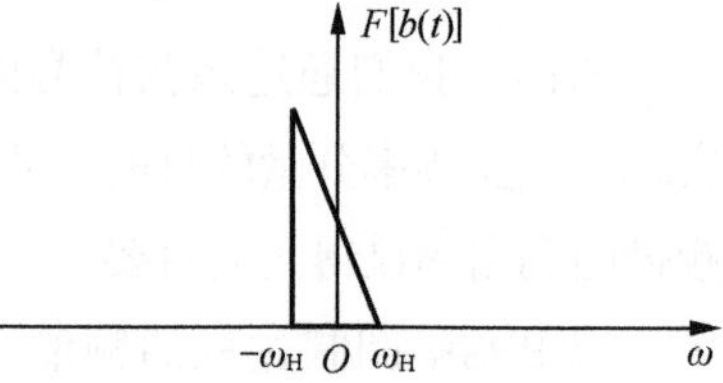


图 8-23　信号 $b(t)$ 的频谱

现用 $\mathrm{e}^{\mathrm{j}\omega_0 t}$ 将 $b(t)$ 的中心频率调制到 $\omega_0$：

$$
\begin{aligned}
& b(t)\mathrm{e}^{\mathrm{j}\omega_0 t} \\
&= [I(t)+\mathrm{j}Q(t)]\ \mathrm{e}^{\mathrm{j}\omega_0 t} \\
&= [I(t)+\mathrm{j}Q(t)]\ (\cos\omega_0 t + \mathrm{j}\sin\omega_0 t) \\
&= I(t)\cos\omega_0 t + \mathrm{j}Q(t)\cos\omega_0 t + \mathrm{j}I(t)\sin\omega_0 t - Q(t)\sin\omega_0 t \\
&= [I(t)\cos\omega_0 t - Q(t)\sin\omega_0 t] + \mathrm{j}[I(t)\sin\omega_0 t + Q(t)\cos\omega_0 t]
\end{aligned}
$$

然后取实部：

$$
\begin{aligned}
& \mathrm{RE}[b(t)\mathrm{e}^{\mathrm{j}\omega_0 t}] \\
&= I(t)\cos\omega_0 t - Q(t)\sin\omega_0 t
\end{aligned}
$$

上述过程频谱变换如图 8-24 所示。

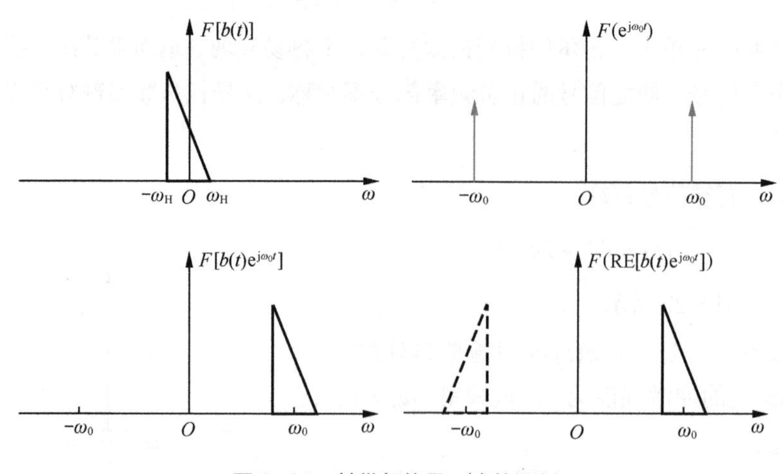


图 8-24　基带复信号 $b(t)$ 的调制

我们可以看出调制后的频谱，以 $\omega_0$ 为中心，带宽为 $2\omega_H$。对比图 8-21 中仅调制正频率的情况，并没有实现减少一半频谱带宽的目的。但由于正负频谱是非对称的，可以表示不同的信号，携带不同的信息，从而可以传输 2 倍的信息量，实际上确实提升了频谱的利用率。

$b(t)$ 正交调制过程如图 8-25 所示。

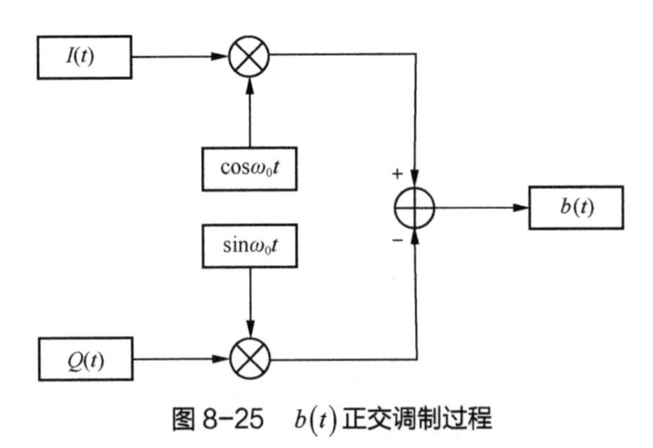


图 8-25 $b(t)$ 正交调制过程

## 8.3.4 基带信号的正交解调

解调是调制的逆过程。如果 $s(t)$ 为接收到的信号，恢复出基带信号的过程称为解调。

设 $s(t)=I(t)\cos\omega_0 t-Q(t)\sin\omega_0 t$， $s(t)$ 乘以 $\cos\omega_0 t$ 可得：

$$
\begin{aligned}
& s(t)\cdot\cos\omega_0 t \\
& =\left[I(t)\cos\omega_0 t-Q(t)\sin\omega_0 t\right]\cdot\cos\omega_0 t \\
& =I(t)\cos\omega_0 t\cos\omega_0 t-Q(t)\sin\omega_0 t\cos\omega_0 t \\
& =\frac{1}{2}I(t)+\frac{1}{2}I(t)\cos 2\omega_0 t-\frac{1}{2}Q(t)\sin 2\omega_0 t
\end{aligned}
$$

可以得到基带信号 $\frac{1}{2}I(t)$ 和另外两个高频分量 $\frac{1}{2}I(t)\cos 2\omega_0 t$ 和 $-\frac{1}{2}Q(t)\sin 2\omega_0 t$。

同理，用 $s(t)$ 乘以 $-\sin\omega_0 t$ 可得：

$$
\begin{aligned}
& s(t)\cdot(-\sin\omega_0 t) \\
& =\left[I(t)\cos\omega_0 t-Q(t)\sin\omega_0 t\right]\cdot(-\sin\omega_0 t) \\
& =-I(t)\cos\omega_0 t\sin\omega_0 t+Q(t)\sin\omega_0 t\sin\omega_0 t \\
& =-\frac{1}{2}I(t)\sin 2\omega_0 t-\frac{1}{2}Q(t)(\cos 2\omega_0 t-1)
\end{aligned}
$$

$$=-\frac{1}{2}I(t)\sin 2\omega_0 t-\frac{1}{2}Q(t)\cos 2\omega_0 t+\frac{1}{2}Q(t)$$

可以得到基带信号$\frac{1}{2}Q(t)$和另外两个高频分量$-\frac{1}{2}I(t)\sin 2\omega_0 t$和$-\frac{1}{2}Q(t)\cos 2\omega_0 t$。然后再通过增加低通滤波器（LPF）滤除多余的高频分量，可以得到原始的基带信号，如图 8-26 所示。

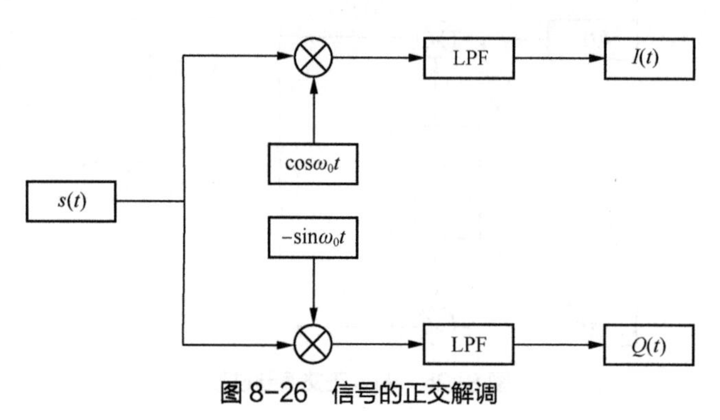


图 8-26　信号的正交解调

# 第9章 信号的上下变频

从广义上讲，将低频信号与高频载波信号相乘，信号则从低频调节到高频，这个过程称为调制。在无线通信系统中，一般会先用频率较低的载波信号对基带信号进行调制，将信号调制到中频，此时信号为中频信号，然后再用高频载波信号将中频信号调节到更高的频率，生成射频信号，这个过程称为数字上变频。同理，如果将高频信号调节为中频信号，则该过程称为数字下变频，信号调制解调和上下变频框图如图9-1所示。

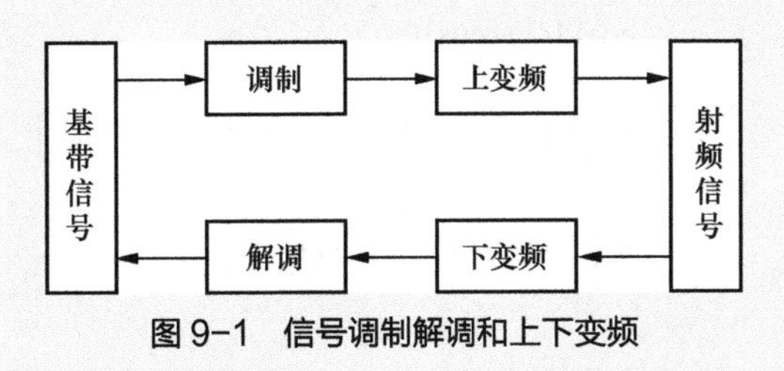


图9-1 信号调制解调和上下变频

# 9.1 余弦信号的上下变频

下面以余弦信号为例，介绍上下变频的过程。

前面章节介绍了余弦信号的正交调制，正交调制过程也是上变频的过程。其中，$\cos\omega_0 t$ 可以理解为调制信号，$\cos 10\omega_0 t$ 为高频信号。

$$\cos\omega_0 t\cdot\cos 10\omega_0 t-\sin\omega_0 t\cdot\sin 10\omega_0 t$$
$$=\cos 11\omega_0 t$$

上变频过程如图 9-2 所示，其频谱变换，如图 9-3 所示。

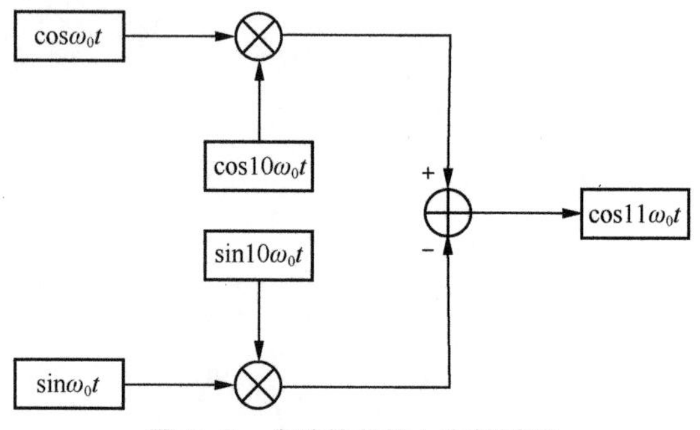


图 9-2　余弦信号的上变频过程

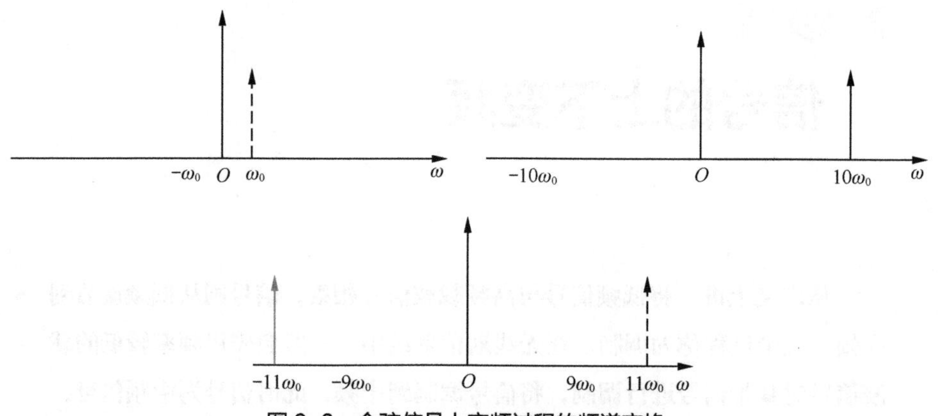


图 9-3　余弦信号上变频过程的频谱变换

如何将信号从高频区域搬移到低频区域，实现下变频呢？

解铃还须系铃人，同样使用 $\cos 10\omega_0 t$。

$$\cos 11\omega_0 t\cdot\cos 10\omega_0 t$$
$$=\frac{1}{2}\left[\cos\left(11+10\right)\omega_0 t+\cos\left(11-10\right)\omega_0 t\right]$$
$$=\frac{1}{2}\left[\cos 21\omega_0 t+\cos\omega_0 t\right]$$

其频谱变换，如图 9-4 所示。

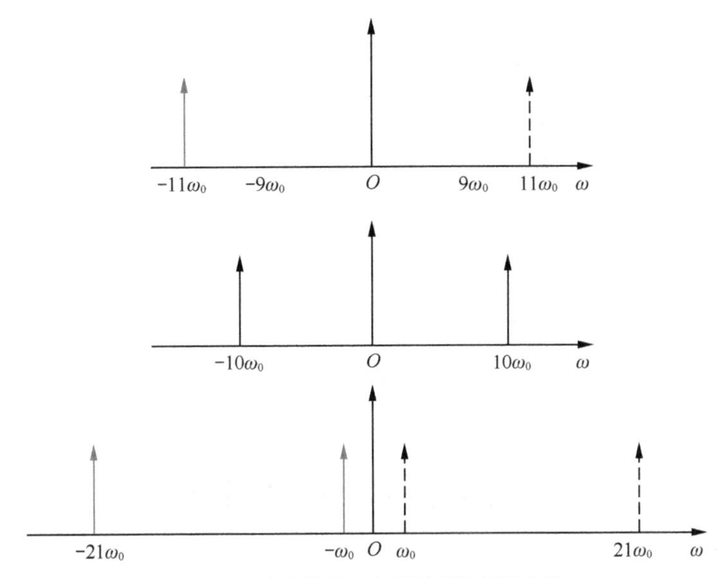


图 9-4 余弦信号下变频过程的频谱变换

从图 9-4 可以看出，信号从 $11\omega_0$ 搬移到了 $\omega_0$，但同时也产生了更高的频率分量信号 $\cos 21\omega_0 t$。要想滤除高频分量信号 $\cos 21\omega_0 t$，只保留 $\omega_0$ 频率的信号 $\cos\omega_0 t$，我们可以添加一个低通滤波器。具体操作如图 9-5 所示。

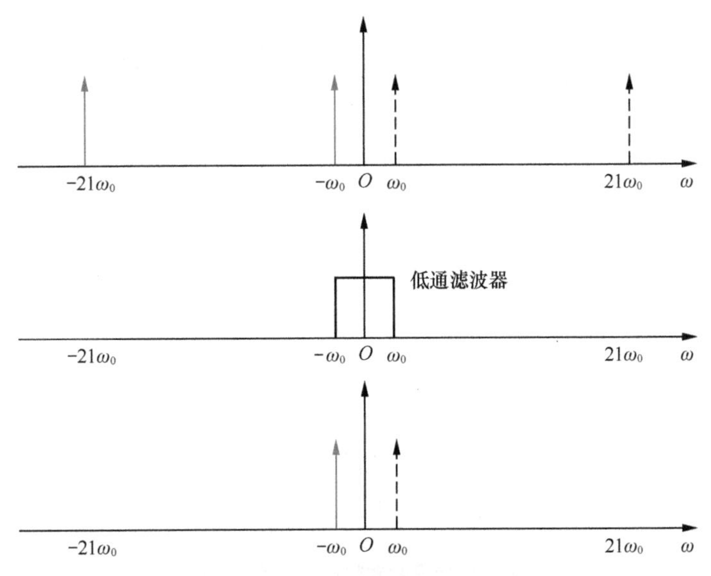


图 9-5 余弦信号下变频后经过低通滤波器

通过以上分析，我们可以看到余弦信号的上下变频的完整过程如图 9-6所示。

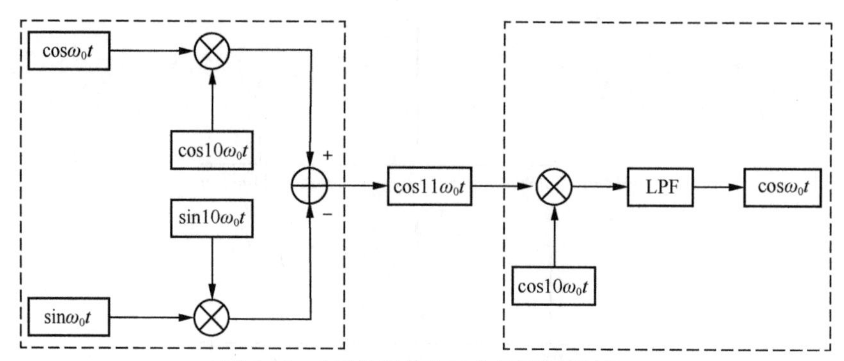


图 9-6　余弦信号的上下变频的完整过程

## 9.2　基带信号的上下变频

本节介绍基带信号的上下变频。以 BPSK 信号的上变频为例，$a(t)$ 为基带信号，$\cos\omega_0 t$ 为载波信号，$s_0(t)$ 为调制后信号，$\cos\omega_c t$ 为上变频载波信号，$s(t)$ 为上变频后信号。

$$s(t)=a(t)\cos\omega_0 t\cos\omega_c t$$

BPSK 信号的调制及上变频过程，如图 9-7 所示。

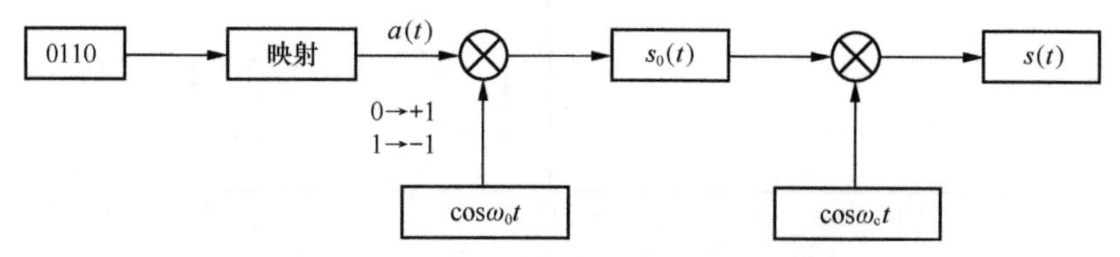


图 9-7　BPSK 信号的调制及上变频过程

其频谱变换，如图 9-8 所示。

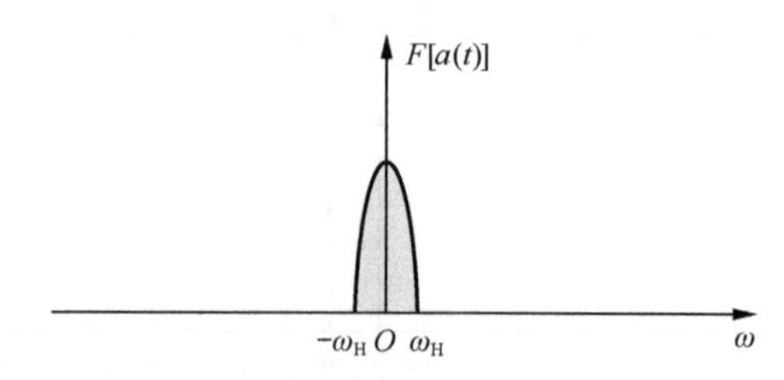


图 9-8　BPSK 信号的调制及上变频过程的频谱变换

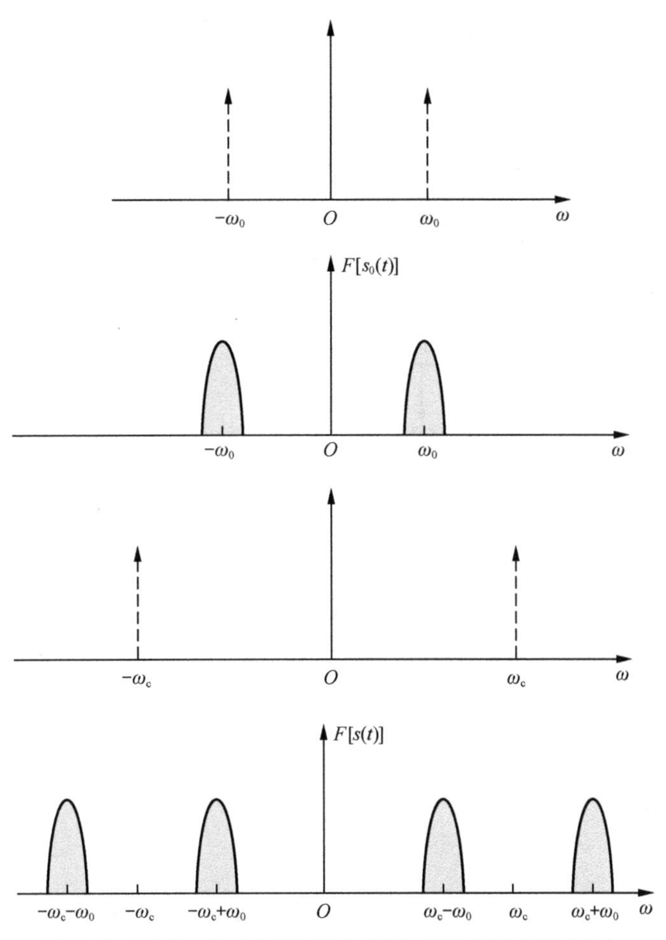


图 9-8 BPSK 信号的调制及上变频过程的频谱变换（续）

因为$s_0(t)$为实信号，所以上变频后$s(t)$产生了$\omega_c+\omega_0$和$\omega_c-\omega_0$频率分量，这导致频谱带宽资源的利用率增长为两倍。

如果仅将信号上变频至$\omega_c+\omega_0$处，只保留$\omega_c+\omega_0$及镜像$-(\omega_c+\omega_0)$处频率，可以采用正交上变频技术。正交上变频过程如图 9-9 所示。

此时：

$$
\begin{aligned}
s(t)&=a(t)\cos\omega_0 t\cos\omega_c t-a(t)\sin\omega_0 t\sin\omega_c t\\
&=a(t)\cos(\omega_c+\omega_0)t
\end{aligned}
$$

若用复指数表示，则有：

$$
\begin{aligned}
s(t)&=\mathrm{RE}\left[a(t)\mathrm{e}^{\mathrm{j}\omega_0 t}\mathrm{e}^{\mathrm{j}\omega_c t}\right]\\
&=\mathrm{RE}\left[a(t)\mathrm{e}^{\mathrm{j}(\omega_c+\omega_0)t}\right]
\end{aligned}
$$

$$=\mathrm{RE}\left[a(t)\cos\left(\omega_{c}+\omega_{0}\right)t+\mathrm{j}a(t)\sin\left(\omega_{c}+\omega_{0}\right)t\right]$$

$$=a(t)\cos\left(\omega_{c}+\omega_{0}\right)t$$

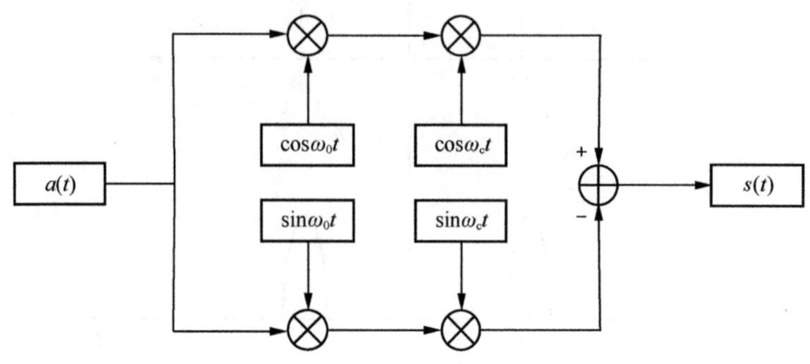


图 9-9　正交上变频过程

其频谱变换，如图 9-10 所示。

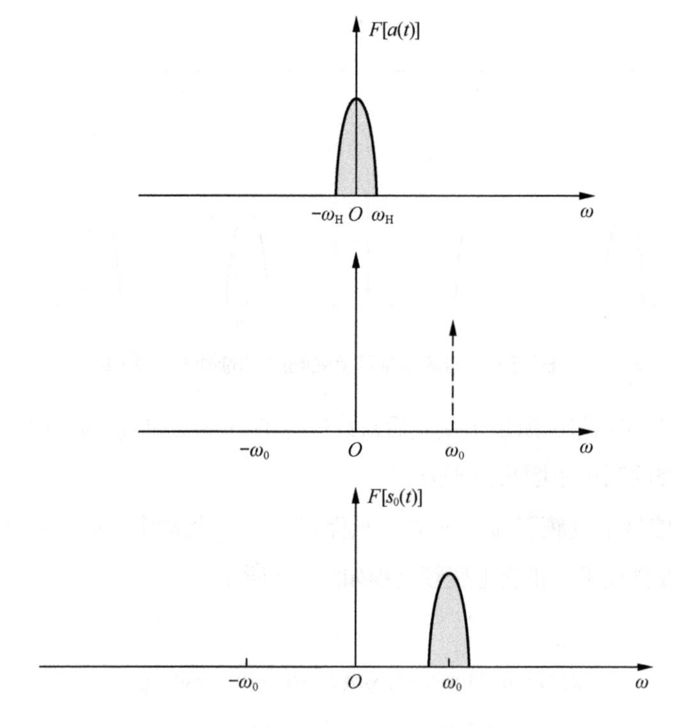


图 9-10　信号 $a(t)$ 的正交调制及上变频过程的频谱变换

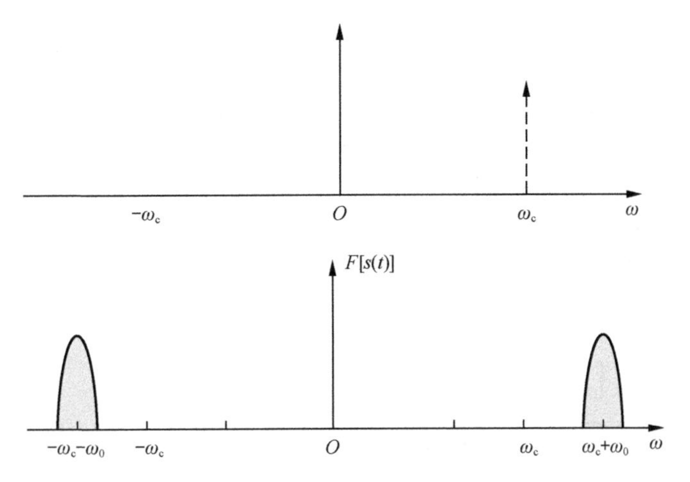


图 9-10 信号 $a(t)$ 的正交调制及上变频过程的频谱变换（续）

信号 $a(t)$ 为实信号，其正负频谱为镜像对称。若基带信号为正负频谱非对称的复信号，如何进行上变频呢？

设基带信号 $b(t)$ 为复信号：

$$b(t)=I(t)+\mathrm{j}Q(t)$$

其中，调制载波频率为 $\omega_0$，正交调制后的信号为 $b_0(t)$，上变频载波频率为 $\omega_c$，上变频后的信号为 $s(t)$。

正交调制过程：

$$\begin{aligned}
b(t)\mathrm{e}^{\mathrm{j}\omega_0 t} &= \left[I(t)+\mathrm{j}Q(t)\right]\mathrm{e}^{\mathrm{j}\omega_0 t} \\
&= [I(t)+\mathrm{j}Q(t)]\left(\cos\omega_0 t+\mathrm{j}\sin\omega_0 t\right) \\
&= I(t)\cos\omega_0 t-Q(t)\sin\omega_0 t+\mathrm{j}[I(t)\sin\omega_0 t+Q(t)\cos\omega_0 t] \\
&= I_0(t)+\mathrm{j}Q_0(t) \\
&= b_0(t)
\end{aligned}$$

正交上变频过程：

$$\mathrm{RE}[b_0(t)\mathrm{e}^{\mathrm{j}\omega_c t}]=I_0(t)\cos\omega_c t-Q_0(t)\sin\omega_c t$$

正交调制及上变频过程如图 9-11 所示，其频谱变换如图 9-12 所示。

复基带信号的下变频过程为上变频过程的逆过程，与余弦信号的下变频原理相同，故不再赘述。

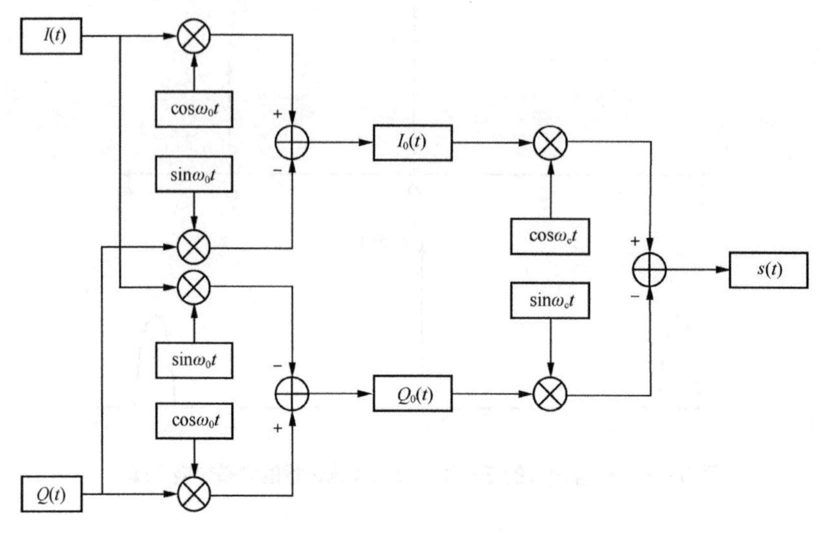


图 9-11　复基带信号 $b(t)$ 的正交调制及上变频过程

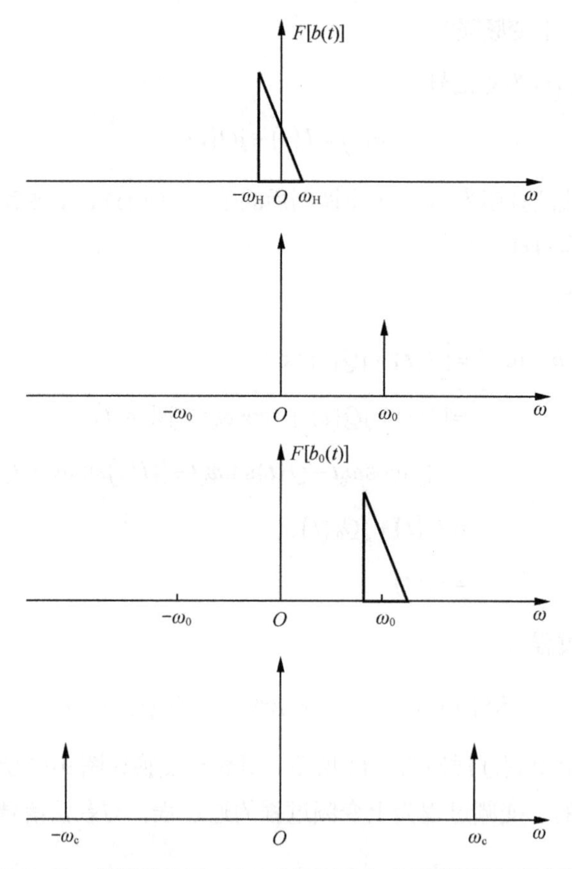


图 9-12　复基带信号 $b(t)$ 正交调制及上变频过程的频谱变换

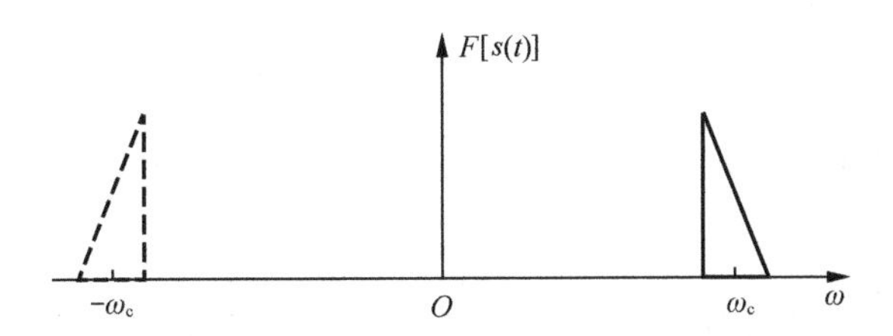


图 9-12 复基带信号 $b(t)$ 正交调制及上变频过程的频谱变换（续）

# 9.3 数字控制振荡器原理

对信号进行正交调制或变频，可以有效节省频谱带宽。其中，一个关键的步骤是产生正交的正余弦信号，如图 9-13 所示。

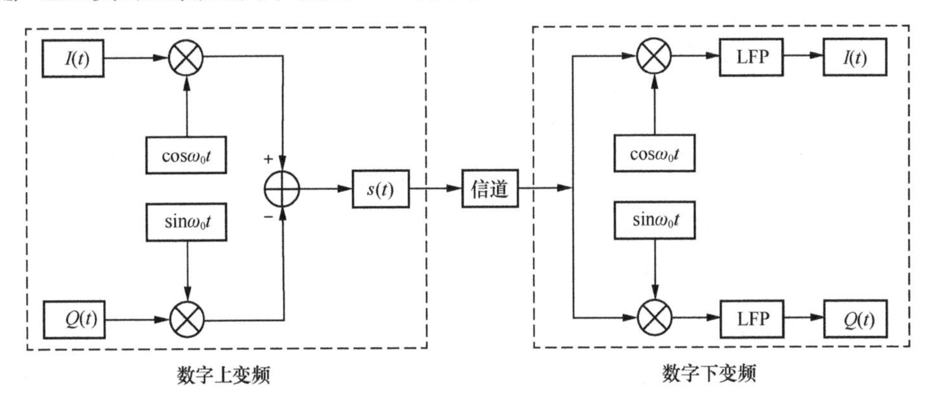


图 9-13 信号的正交调制或变频

在数字信号处理中，用于产生正交的正余弦信号的模块叫作数字控制振荡器（NCO），如图 9-14 所示。它也是直接数字式频率合成器（DDS）的重要组成部分。

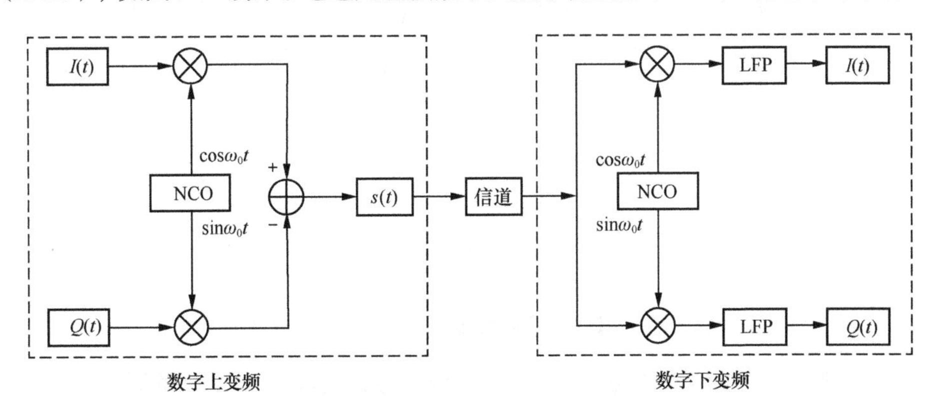


图 9-14 正交调制或变频中的 NCO

接下来，我们探讨一下如何实现NCO。

例如，已知信号的频率$f=1\text{Hz}$，现用$f_s=10f=10\text{Hz}$ 的采样速率对信号进行采样。每个周期可以得到10个采样点，将采样结果存储到ROM（只读存储器）中，如图9-15所示。

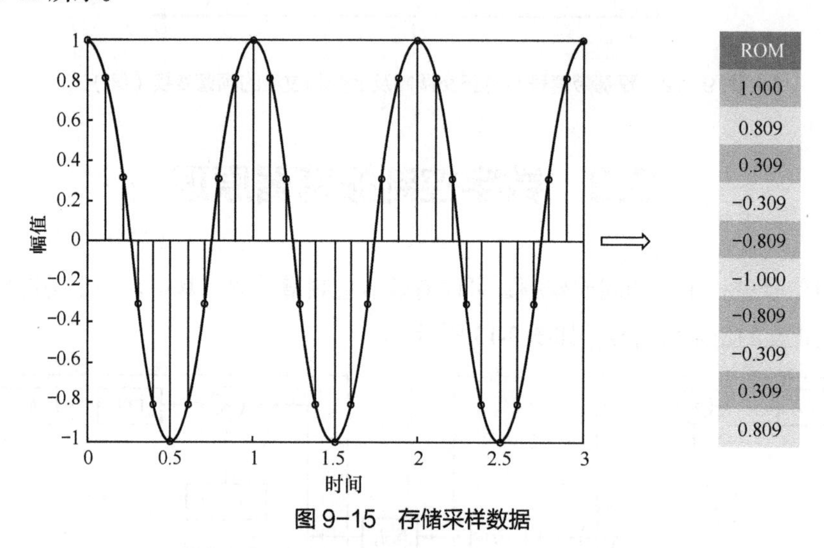


图9-15　存储采样数据

当需要生成信号时，按照一定的时钟频率读取数据。

例如，若生成1个周期的频率为$f_{out}=1\text{Hz}$的余弦信号，则按$f_{clk}=10\text{Hz}$的频率顺序读取存储的数据，如图9-16所示。

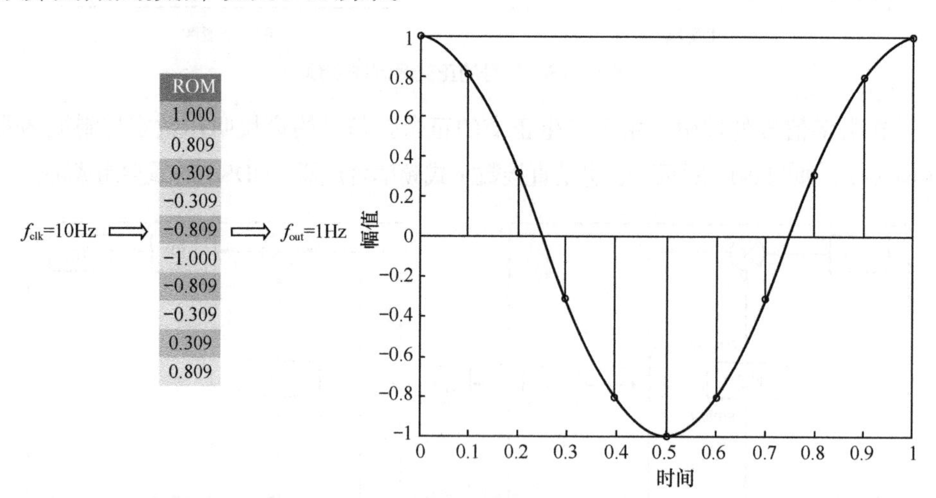


图9-16　生成1个周期的频率为1Hz的余弦信号

若生成2个周期的频率为$f_{out}=1\text{Hz}$的余弦信号，则按$f_{clk}=10\text{Hz}$的频率顺序读取存储的数据2遍，如图9-17所示。

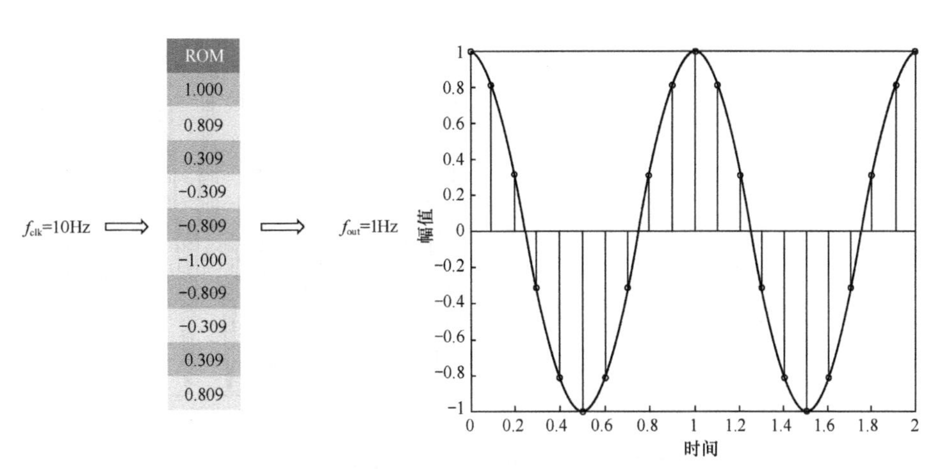


图 9-17　生成 2 个周期的频率为 1Hz 的余弦信号

依此类推，可以生成 $n$ 个周期的余弦信号。

如果想产生频率为 $f_{\text{out}} = 2\text{Hz}$ 的余弦信号，该如何实现呢？

只需要将数据读取频率提升到 $f_{\text{clk}} = 20\text{Hz}$ 即可，如图 9-18 所示。

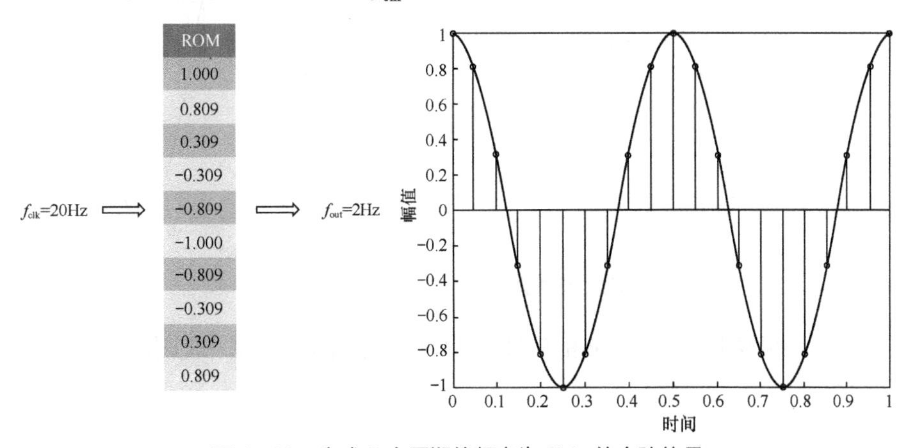


图 9-18　生成 2 个周期的频率为 2Hz 的余弦信号

注意图 9-17 与图 9-18 中的输出数据相同，只是用时减少一半。

同理，如果想生成频率为 $f_{\text{out}} = 10\text{Hz}$ 的余弦信号，只需要将数据读取频率提高到 $f_{\text{clk}} = 100\text{Hz}$ 即可，如图 9-19 所示。

一般情况下，系统的工作时钟 $f_{\text{clk}}$ 是固定的，即数据输出的速率是固定的。那么，如何调整生成信号的频率呢？

答案是：改变输出信号的步长。用 $n_{\text{step}}$ 表示，也称为频率控制字。

例如，数据读取频率为 $f_{\text{clk}} = 10\text{Hz}$，如果要生成 $f_{\text{out}} = 2\text{Hz}$ 的信号，可以将数据间隔输出，即每两个数据只输出一个点。此时输出信号的步长为 $n_{\text{step}} = 2$，如图 9-20 所示。

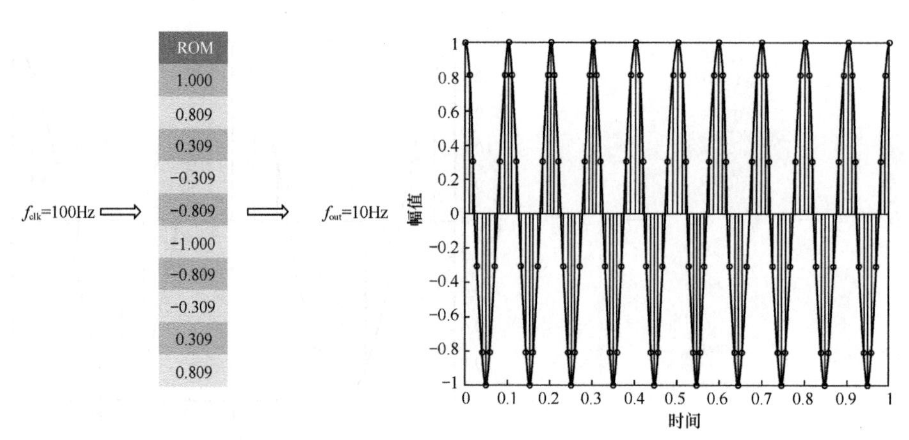


图 9-19 生成频率为 10Hz 的余弦信号

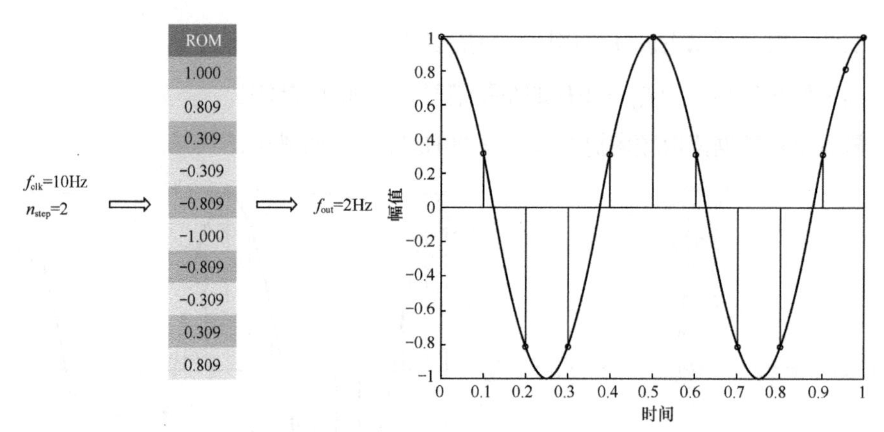


图 9-20 步长为 2 时，生成 2Hz 的余弦信号

同理，如果要生成$f_{out}=3\text{Hz}$的信号，可令数据输出间隔为 3，即步长为$n_{step}=3$，如图 9-21 所示。

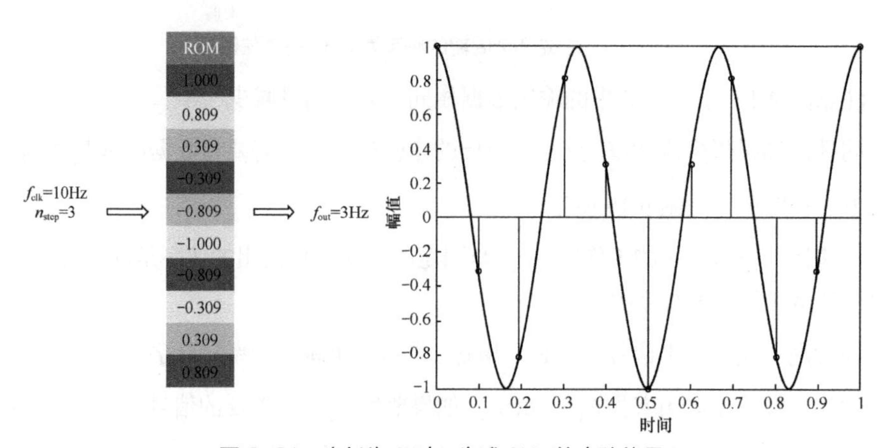


图 9-21 步长为 3 时，生成 3Hz 的余弦信号

依此类推，如果步长一直增加，生成信号的频率可以一直增加吗？

答案：不可以。因为要满足采样定理，即：

$$f_{out} \leqslant \frac{1}{2} f_{clk}$$

采样的频率为$f_{clk} = 10\text{Hz}$，$n_{step} = 5$，生成$f_{out} = 5\text{Hz}$的信号。每个周期仅有两个采样点，如图 9-22 所示。

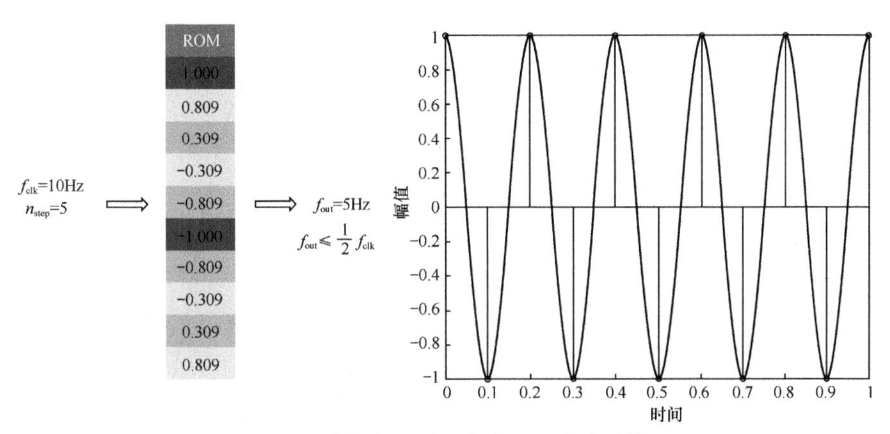


图 9-22 步长为 5 时，生成 5Hz 的余弦信号

反过来，可以输出的最小频率是多少？能输出比$f_{out} = 1\text{Hz}$小的信号吗？

答案：不可以。

当$f_{clk} = 10\text{Hz}$固定不变的情况下，采样点数$N = 10$，输出的频率应满足

$$f_{out} \geqslant f_{clk} / N$$

即最小频率为$f_{out} = 1\text{Hz}$。如图 9-23 所示。

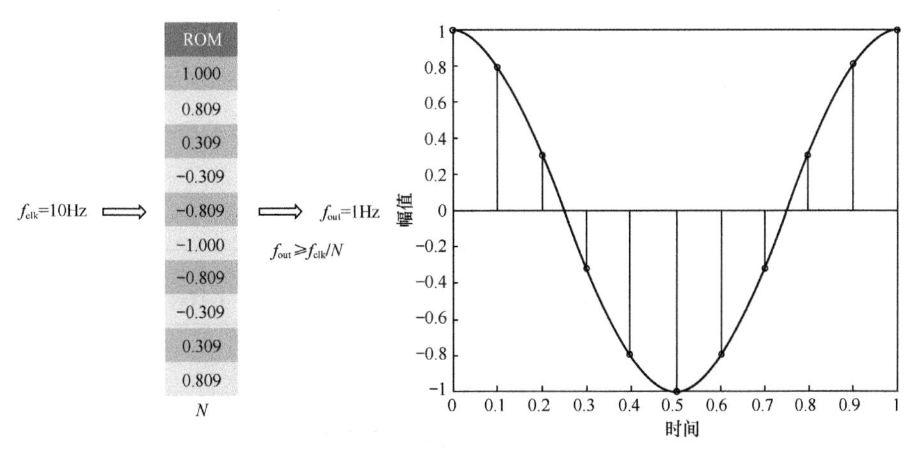


图 9-23 生成的最小频率为$f_{out} \geqslant f_{clk} / N$

除了可以调节输出信号的频率，我们还可以控制输出信号的初始相位。当 $f_{\text{clk}}=10\text{Hz}$，$f_{\text{out}}=1\text{Hz}$ 时，输出 1 个周期的余弦信号包括 10 个点，每个点对应的角度为 $360°/10=36°$。用 $n_{\text{phase}}$ 表示从第几个点开始输出，$n_{\text{phase}}$ 称为相位控制字。

例如，当 $f_{\text{clk}}=10\text{Hz}$，$n_{\text{step}}=2$，$f_{\text{out}}=2\text{Hz}$ 时，令 $n_{\text{phase}}=2$，则输出信号的初始相位为 $360°/5=72°$，如图 9-24 所示。

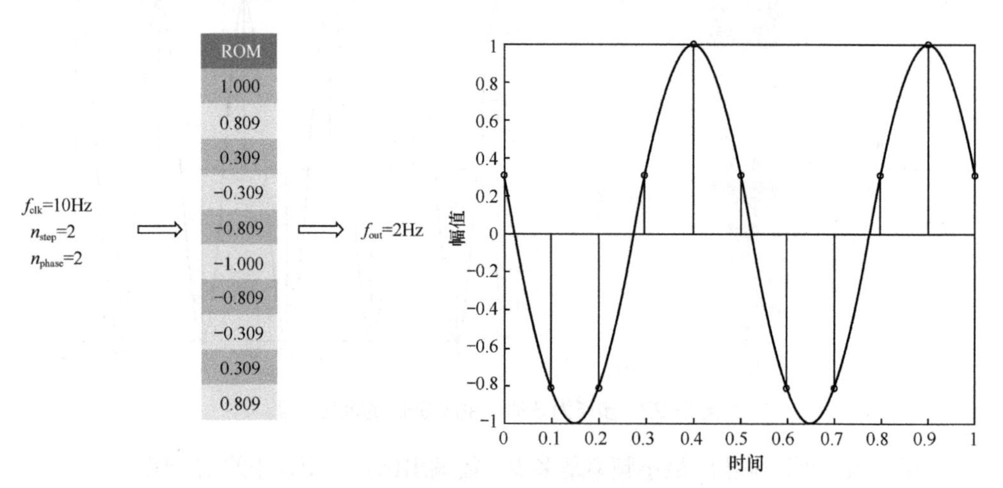


图 9-24 生成 $n_{\text{phase}}=2$ 的余弦信号

以上是以产生余弦信号为例，产生正弦信号的方法类似。另外，由于正余弦信号的对称特性，实际应用中只需存储 1/4 个周期的数据即可。NCO 的实现框图如图 9-25 所示。

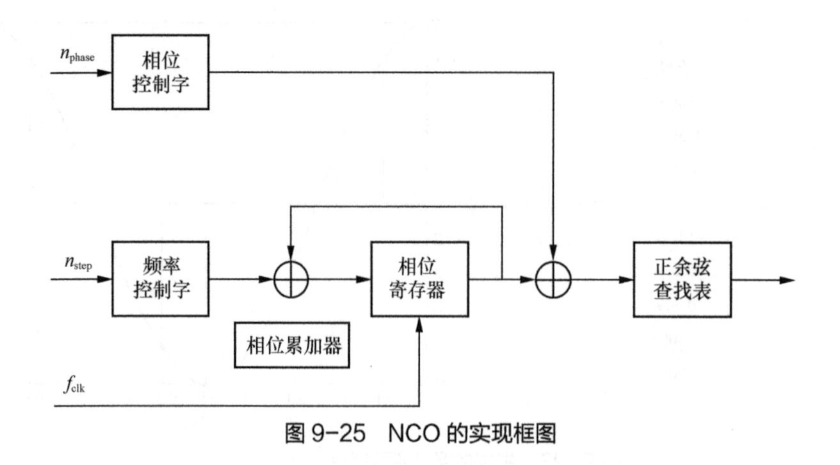


图 9-25 NCO 的实现框图

# 9.4 CORDIC 算法原理

上节介绍了利用 NCO 产生正余弦信号的方法。这种方法的优点是简单，同时也存在一个缺点：占用存储单元。尤其是在产生信号精度要求高，需要存储大量数据的时候，其缺点越明显。

有没有一种方法，可以不用预先存储数据，同样能产生正余弦信号呢？

答案是有的，那就是 CORDIC 算法。

设有一个半径为 $r$ 的圆，圆上有 $\boldsymbol{a}(x_1,y_1)$ 和 $\boldsymbol{b}(x_2,y_2)$ 两个向量。向量 $\boldsymbol{a}$ 与横轴的夹角为 $\theta_1$，向量 $\boldsymbol{b}$ 与向量 $\boldsymbol{a}$ 的夹角为 $\theta$。如图 9-26 所示。通过上述条件，得出：

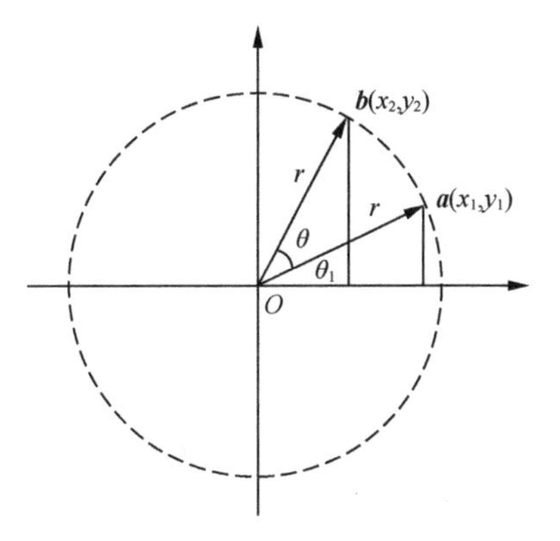


图 9-26 向量 $\boldsymbol{a}(x_1,y_1)$ 与向量 $\boldsymbol{b}(x_2,y_2)$

$$\frac{x_2}{r}=\cos(\theta+\theta_1)=\cos\theta\cos\theta_1-\sin\theta\sin\theta_1=\frac{x_1}{r}\cos\theta-\frac{y_1}{r}\sin\theta$$

$$\frac{y_2}{r}=\sin(\theta+\theta_1)=\sin\theta\cos\theta_1+\cos\theta\sin\theta_1=\frac{x_1}{r}\sin\theta+\frac{y_1}{r}\cos\theta$$

化简得到：

$$x_2=x_1\cos\theta-y_1\sin\theta$$

$$y_2=x_1\sin\theta+y_1\cos\theta$$

用矩阵表示：

$$\begin{bmatrix}x_2\\y_2\end{bmatrix}=\begin{bmatrix}\cos\theta & -\sin\theta\\ \sin\theta & \cos\theta\end{bmatrix}\begin{bmatrix}x_1\\y_1\end{bmatrix}$$

上述过程的几何意义为：如果已知向量 $\boldsymbol{a}$，及向量 $\boldsymbol{a}$ 与向量 $\boldsymbol{b}$ 的夹角 $\theta$，将向量 $\boldsymbol{a}$ 旋转 $\theta$ 角度，则可得到向量 $\boldsymbol{b}$ 及其坐标值。

接下来，介绍 CORDIC 算法的原理。

设有一个半径为 $r$ 的圆，圆上有 $\boldsymbol{a}(x_a,y_a)$ 和 $\boldsymbol{b}(x_b,y_b)$ 两个向量。向量 $\boldsymbol{a}$ 与横轴的夹角为 $\theta_1$，向量 $\boldsymbol{b}$ 与向量 $\boldsymbol{a}$ 的夹角为 $\theta$。如图 9-27 所示。

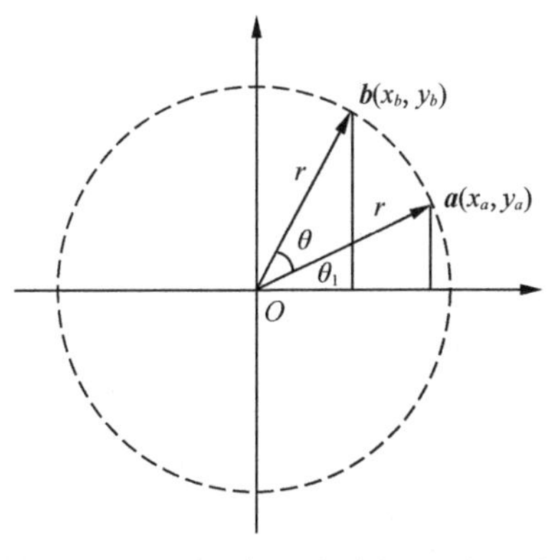


图 9-27 向量 $\boldsymbol{a}(x_a,y_a)$ 和向量 $\boldsymbol{b}(x_b,y_b)$

用矩阵表示向量的关系为：

$$\begin{bmatrix} x_b \\ y_b \end{bmatrix} = \begin{bmatrix} \cos\theta & -\sin\theta \\ \sin\theta & \cos\theta \end{bmatrix} \begin{bmatrix} x_a \\ y_a \end{bmatrix}$$

化简为：

$$\begin{bmatrix} x_b \\ y_b \end{bmatrix} = \cos\theta \begin{bmatrix} 1 & -\tan\theta \\ \tan\theta & 1 \end{bmatrix} \begin{bmatrix} x_a \\ y_a \end{bmatrix}$$

假设，需要多次旋转才能将向量 ***a*** 旋转至向量 ***b*** 处。

第1次旋转的角度为 $\theta_1$，如图 9-28 所示。

得到：

$$\begin{bmatrix} x_2 \\ y_2 \end{bmatrix} = \cos\theta_1 \begin{bmatrix} 1 & -\tan\theta_1 \\ \tan\theta_1 & 1 \end{bmatrix} \begin{bmatrix} x_a \\ y_a \end{bmatrix}$$

第2次旋转的角度为 $\theta_2$，如图 9-29 所示。

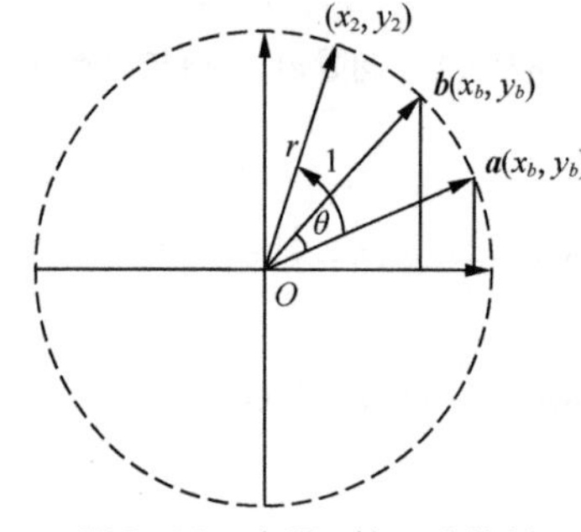


图 9-28　向量 ***a*** 第 1 次旋转

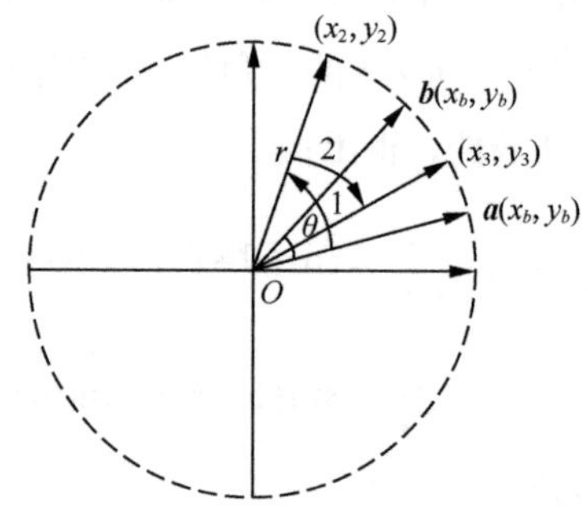


图 9-29　向量 ***a*** 第 2 次旋转

得到：

$$\begin{bmatrix} x_3 \\ y_3 \end{bmatrix} = \cos\theta_2 \begin{bmatrix} 1 & -\tan\theta_2 \\ \tan\theta_2 & 1 \end{bmatrix} \begin{bmatrix} x_2 \\ y_2 \end{bmatrix}$$

以此类推，第 $i$ 次旋转的角度为 $\theta_i$，如图 9-30 所示，则有：

$$\begin{bmatrix} x_{i+1} \\ y_{i+1} \end{bmatrix} = \cos\theta_i \begin{bmatrix} 1 & -\tan\theta_i \\ \tan\theta_i & 1 \end{bmatrix} \begin{bmatrix} x_i \\ y_i \end{bmatrix}$$

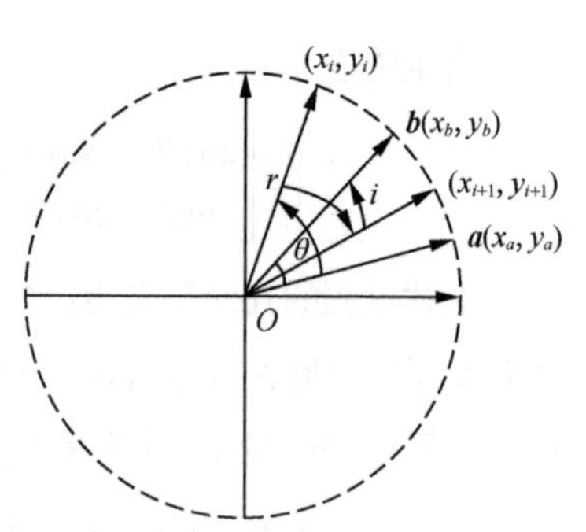


图 9-30　向量 ***a*** 第 $i$ 次旋转

现在增加一些限制条件，将每次旋转角度 $\theta_i$ 取特殊值，如表 9-1 所示。

引入符号 $S_i$，$S_i = \{-1, +1\}$。

当 $S_i = +1$ 时，表示向量逆时针旋转；当 $S_i = -1$ 时，表示向量顺时针旋转。

表 9-1 旋转角度 $\theta_i$ 取值

| $i$ | $\theta_i$ | $\tan\theta_i = 2^{-i}$ |
|---|---|---|
| 0 | 45.0 | 1 |
| 1 | 26.55505 | 0.5 |
| 2 | 14.03624 | 0.25 |
| 3 | 7.125016 | 0.125 |
| 4 | 3.576334 | 0.0625 |

则有：

$$\tan\theta_i = S_i 2^{-i}$$

$$\begin{bmatrix} x_{i+1} \\ y_{i+1} \end{bmatrix} = \cos\theta_i \begin{bmatrix} 1 & -S_i 2^{-i} \\ S_i 2^{-i} & 1 \end{bmatrix} \begin{bmatrix} x_i \\ y_i \end{bmatrix}$$

若将其展开：

$$\begin{bmatrix} x_{i+1} \\ y_{i+1} \end{bmatrix} = \cos\theta_i \begin{bmatrix} 1 & -S_i 2^{-i} \\ S_i 2^{-i} & 1 \end{bmatrix} \begin{bmatrix} x_i \\ y_i \end{bmatrix}$$

$$= \cos\theta_i \begin{bmatrix} 1 & -S_i 2^{-i} \\ S_i 2^{-i} & 1 \end{bmatrix} \left\{ \cos\theta_{i-1} \begin{bmatrix} 1 & -S_{i-1} 2^{-(i-1)} \\ S_{i-1} 2^{-(i-1)} & 1 \end{bmatrix} \begin{bmatrix} x_{i-1} \\ y_{i-1} \end{bmatrix} \right\}$$

$$= \cos\theta_i \begin{bmatrix} 1 & -S_i 2^{-i} \\ S_i 2^{-i} & 1 \end{bmatrix} \left\{ \begin{matrix} \cos\theta_{i-1} \begin{bmatrix} 1 & -S_{i-1} 2^{-(i-1)} \\ S_{i-1} 2^{-(i-1)} & 1 \end{bmatrix} \\ \left\{ \cos\theta_{i-2} \begin{bmatrix} 1 & -S_{i-2} 2^{-(i-2)} \\ S_{i-2} 2^{-(i-2)} & 1 \end{bmatrix} \begin{bmatrix} x_{i-2} \\ y_{i-2} \end{bmatrix} \right\} \end{matrix} \right\}$$

$$= \cos\theta_i \cos\theta_{i-1} \cos\theta_{i-2} \begin{bmatrix} 1 & -S_i 2^{-i} \\ S_i 2^{-i} & 1 \end{bmatrix} \begin{bmatrix} 1 & -S_i 2^{-(i-1)} \\ S_{i-1} 2^{-(i-1)} & 1 \end{bmatrix} \begin{bmatrix} 1 & -S_{i-2} 2^{-(i-2)} \\ S_{i-2} 2^{-(i-2)} & 1 \end{bmatrix} \begin{bmatrix} x_{i-2} \\ y_{i-2} \end{bmatrix}$$

令：

$$k = \cos\theta_i \cos\theta_{i-1} \cdots \cos\theta_1$$

因为：

$$\cos\theta_i = \cos[S_i \arctan(2^{-i})] = \cos[\arctan(2^{-i})]$$

随着旋转次数的增加：

$$k = \prod_{i=0}^{\infty} \cos\left[\arctan(2^{-i})\right] \approx 0.607253$$

代入 $k$，化简得：

$$\begin{bmatrix} x_{i+1} \\ y_{i+1} \end{bmatrix} = k\begin{bmatrix} 1 & -S_i 2^{-i} \\ S_i 2^{-i} & 1 \end{bmatrix}\begin{bmatrix} 1 & -S_{i-1} 2^{-(i-1)} \\ S_{i-1} 2^{-(i-1)} & 1 \end{bmatrix}\begin{bmatrix} 1 & -S_{i-2} 2^{-(i-2)} \\ S_{i-2} 2^{-(i-2)} & 1 \end{bmatrix}\begin{bmatrix} x_{i-2} \\ y_{i-2} \end{bmatrix}$$

$$= \begin{bmatrix} x_b \\ y_b \end{bmatrix}$$

$$= \begin{bmatrix} \cos\theta & -\sin\theta \\ \sin\theta & \cos\theta \end{bmatrix}\begin{bmatrix} x_a \\ y_a \end{bmatrix}$$

引入变量$X_n$和$Y_n$，令：

$$\begin{bmatrix} X_n \\ Y_n \end{bmatrix} = \frac{1}{k}\begin{bmatrix} x_b \\ y_b \end{bmatrix} = \frac{1}{k}\begin{bmatrix} \cos\theta & -\sin\theta \\ \sin\theta & \cos\theta \end{bmatrix}\begin{bmatrix} x_a \\ y_a \end{bmatrix}$$

则有：

$$\begin{cases} X_n = \dfrac{1}{k}(x_a\cos\theta - y_a\sin\theta) \\ Y_n = \dfrac{1}{k}(x_a\sin\theta + y_a\cos\theta) \\ \Delta\theta = \theta - \Sigma\theta \end{cases}$$

设$x_a$和$y_a$的初始值为：

$$\begin{cases} x_a = k \approx 0.607253 \\ y_a = 0 \end{cases}$$

当

$$\begin{cases} n \to \infty \\ \Sigma\theta \to \theta \end{cases}$$

则可得到：

$$\begin{cases} X_n = \cos\theta \\ Y_n = \sin\theta \\ \Delta\theta = 0 \end{cases}$$

即求得$\cos\theta$和$\sin\theta$的值。

# 第 10 章 信号的抽取与插值

对数字信号来说，除了可以通过傅里叶变换得到信号的频谱特性外，还有一个和频率相关的重要参数，那就是采样频率。本章将介绍信号采样频率变换的两种方法：抽取和插值。

# 10.1 信号的采样频率变换

为什么要对数字信号进行采样频率的变换?

1. 信号的频率发生变化

信号的采样需要满足采样定理。当信号频率发生变化时，对应的采样频率也需要相应地提高或降低。

2. 采样频率不同，采样得到的数据量大小不同

在数字信号处理系统中，需要对采样后的数据进行传输、存储、计算。采样频率高意味着精度高，同时也会产生更多的数据，增加传输带宽、存储空间和计算量。所以，在一些环节需要适当降低采样频率，而在一些环节又需要提高采样频率。

举个例子，假设有基带信号$I(t)$，最高频率$f_H = 10\text{MHz}$，带宽$B = 10\text{MHz}$，其频谱如图 10-1 所示。

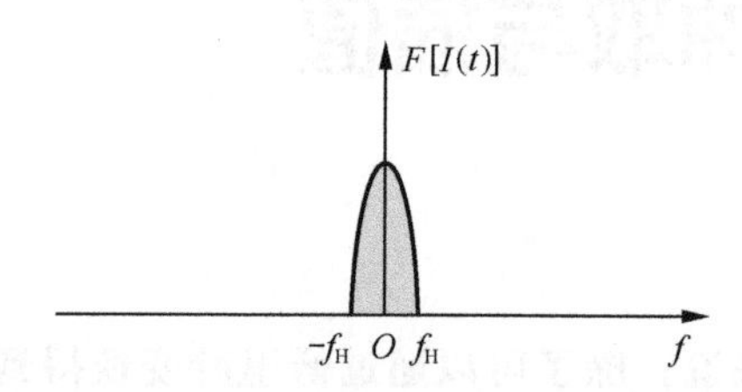


图 10-1 基带信号$I(t)$的频谱

如果$I(t)$为低通信号，需要满足低通采样定理，即采样频率$f_s$需要大于被采样信号最高频率$f_H$的两倍：

$$f_s \geqslant 2f_H$$

假设$I(t)$为一个初始相位为 0 的余弦信号。一般情况下，为保证采样信号不发生频谱混叠，需要满足$f_s \geqslant 2f_H$。为计算方便，令采样频率$f_s = 20\text{MHz}$，且采样点从 0 相位开始，也能保证采样信号不发生频率混叠。如图 10-2 所示。

采样后，每个周期得到 2 个采样点，采样频率$f_s = 20\text{MHz}$。如图 10-3 所示。

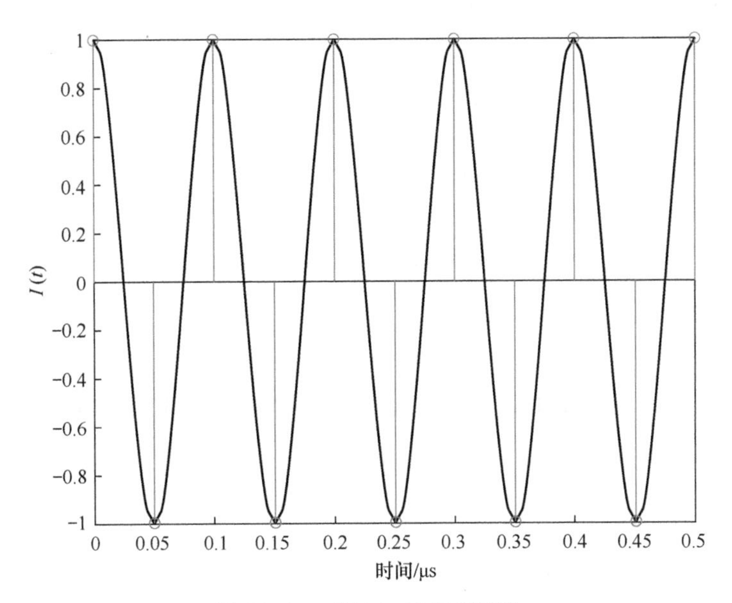


图 10-2　对信号 $I(t)$ 进行采样

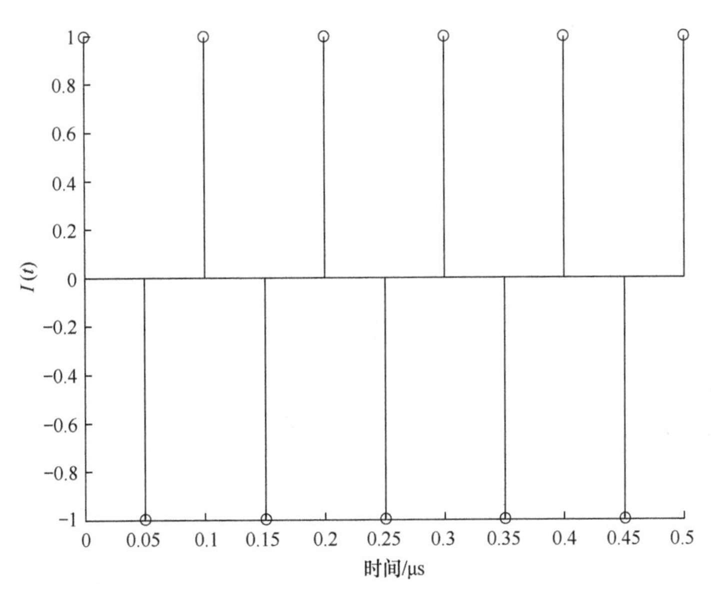


图 10-3　信号 $I(t)$ 采样后的数据点

现在将信号 $I(t)$ 乘以载波信号 $\cos\omega_0 t$，得到调制信号 $s(t)$。载波信号 $\cos\omega_0 t$ 的频率为 70MHz，调制信号 $s(t)$ 带宽 $B = 20\text{MHz}$，中心频率 $f_c = 70\text{MHz}$，最高频率 $f_H = 80\text{MHz}$，最低频率 $f_L = 60\text{MHz}$，如图 10-4 所示。

根据带通采样定理，采样频率 $f_s$ 需满足：

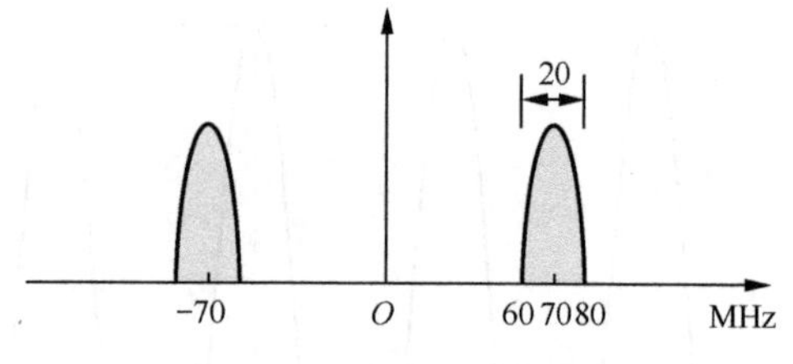

图 10-4　信号 $s(t)$ 的频谱

$$\frac{2f_{\mathrm{H}}}{m} \leqslant f_{\mathrm{s}} \leqslant \frac{2f_{\mathrm{L}}}{m-1}$$

令采样频率 $f_{\mathrm{s}} = 160\mathrm{MHz}$。采样过程中的频谱变换如图 10-5 所示。

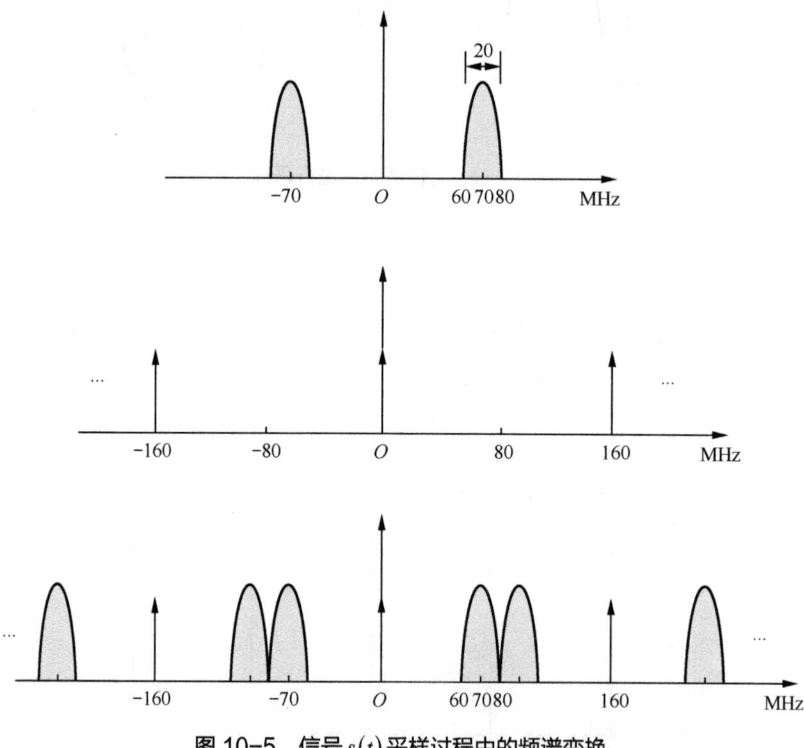

图 10-5　信号 $s(t)$ 采样过程中的频谱变换

载波信号 $\cos\omega_0 t$ 的频率为 70MHz，用采样频率 $f_{\mathrm{s}} = 160\mathrm{MHz}$ 对其进行采样，如图 10-6 所示。

对基带信号 $I(t)$ 采样时，采样频率 $f_{\mathrm{s}} = 20\mathrm{MHz}$，而对载波信号 $\cos\omega_0 t$ 采样时，采样频率 $f_{\mathrm{s}} = 160\mathrm{MHz}$。若二者直接相乘，无法做到采样点一一对应。所以需要先对频率为 $f_{\mathrm{s}} = 20\mathrm{MHz}$ 的基带信号 $I(t)$ 进行 8 倍插值，使其采样频率提升至 160MHz，然后与载波信号相乘，如图 10-7 所示。

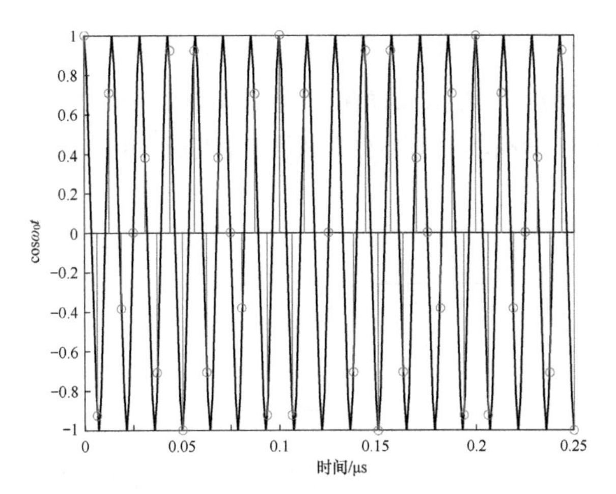


图 10-6 对载波信号 $\cos\omega_0 t$ 进行采样

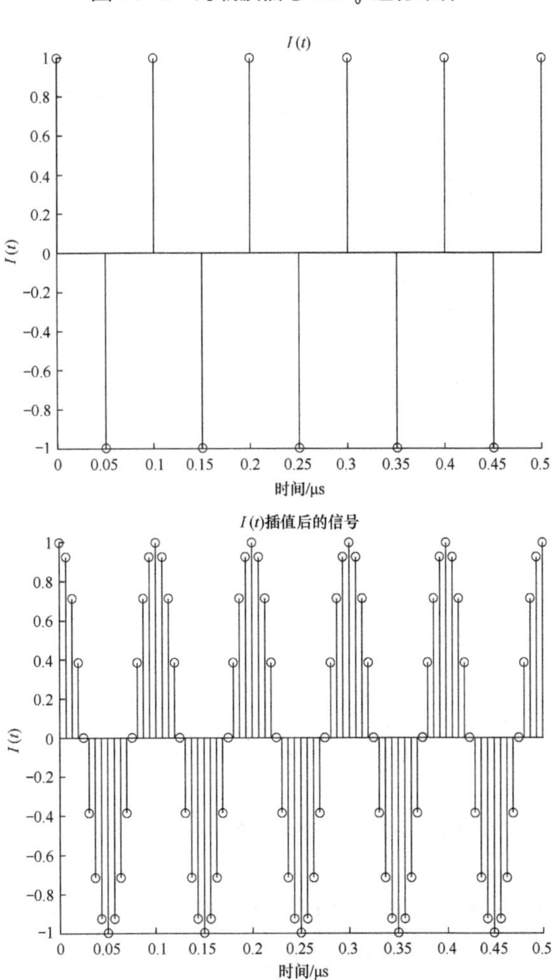


图 10-7 信号插值前后对比

同理，若基带信号为复信号，采用正交调制的方式，则Q路数据也需要进行插值处理。用“20M↑”表示采样频率为20MHz，“160M↑”表示采样频率为160MHz，用“×8↑”表示采样频率提升8倍，正交调制中的采样频率变换如图10-8所示。

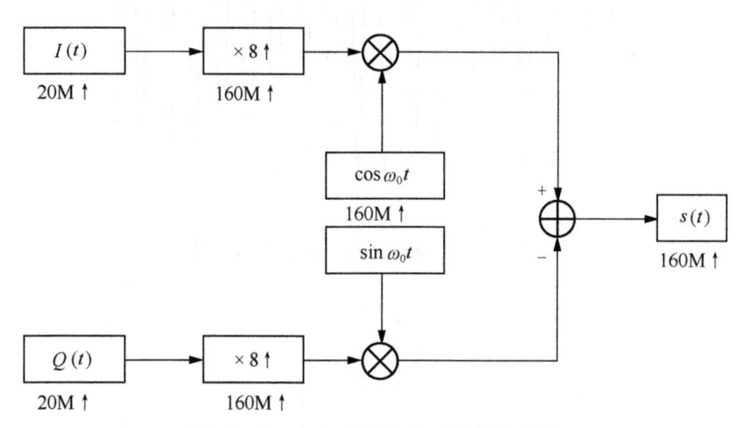


图 10-8　正交调制中的采样频率变换

在信号进行解调或者下变频时，为了减少数据运算量，会将采样频率降低。用“÷8↓”表示采样频率降低到原来的1/8。正交解调中的采样频率变换如图10-9所示。

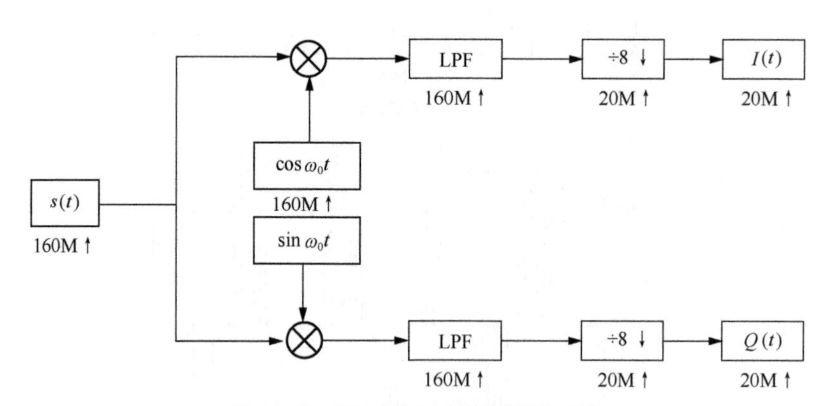


图 10-9　正交解调中的采样频率变换

接下来，对比信号调制解调过程中的中心频率和采样频率的变换。基带信号中心频率为0MHz，载波频率为70MHz，调制后信号的中心频率为70MHz，解调后信号的中心频率为0MHz，如图10-10所示。

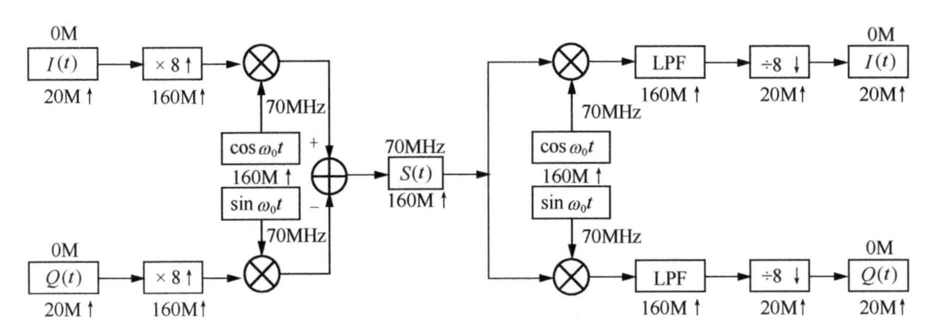


图 10-10 正交调制解调过程中的频率变换

## 10.2 信号的抽取

上节介绍了信号采样频率变换的原因。本节分析降低信号采样频率的实现方法——抽取。

设有余弦信号 $s(t)$，频率为 10MHz，采样频率为 160MHz。采样后得到离散数字信号 $s(n)$，每个周期包含 16 个采样点，如图 10-11 所示。

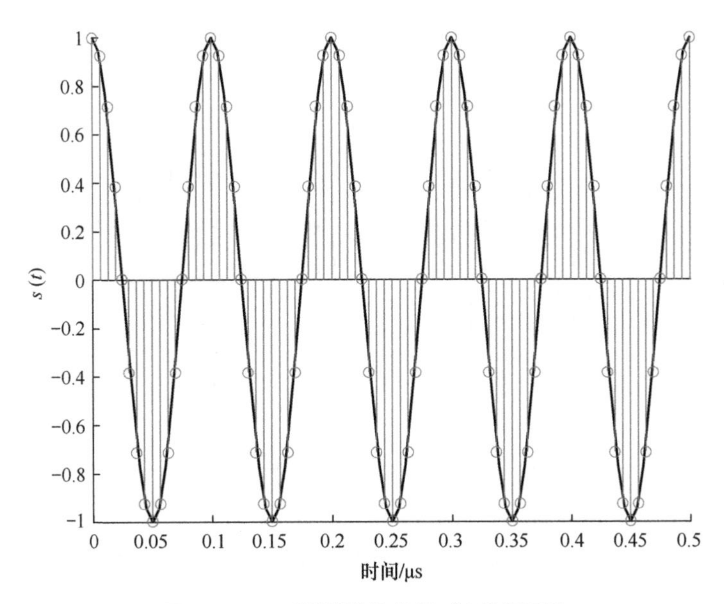


图 10-11 对模拟连续信号 $s(t)$ 进行采样

如果采样频率从 160MHz 降低至 80MHz，每个周期包含的采样点减少为 8 个。该如何实现？

假设对$s(n)$信号进行2倍抽取，即每隔一个点取一个点，可以得到信号$s_{d2}(n)$，如图10-12所示。

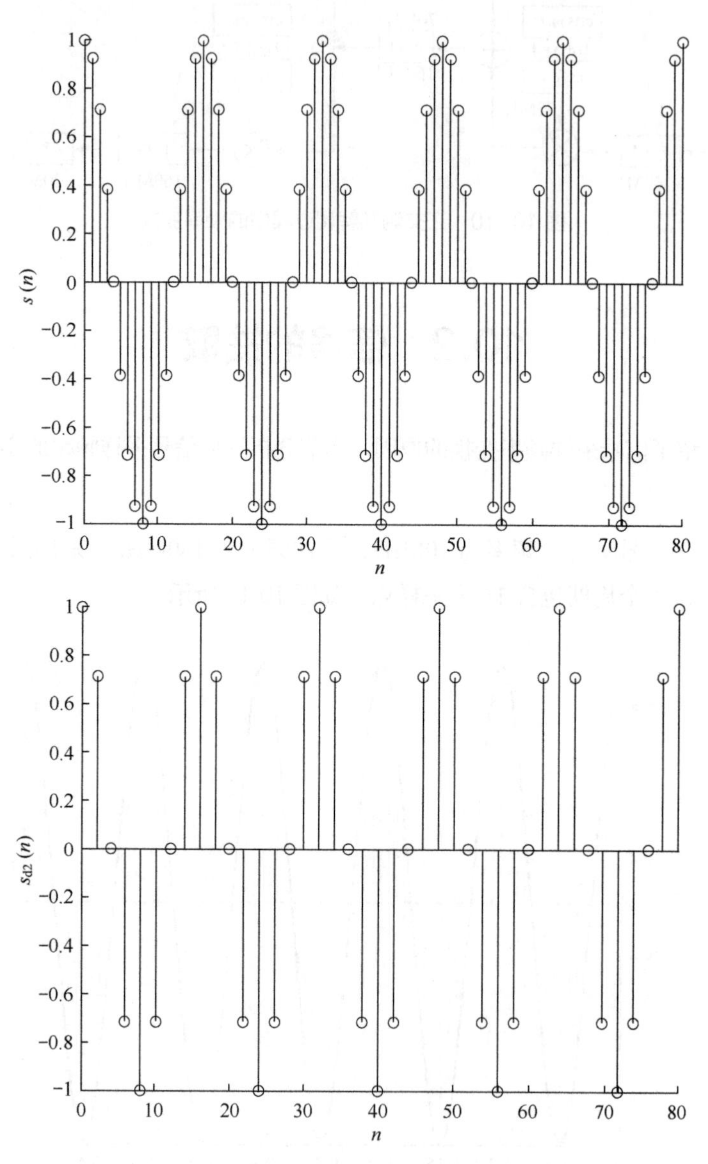


图 10−12　对$s(n)$信号进行2倍抽取得到信号$s_{d2}(n)$

那么，对信号进行$n$倍抽取是否仅需要每隔$n$个采样点取一个数据呢？

从频域分析，对模拟连续信号$s(t)$进行采样得到$s(n)$，其频谱变换如图10-13所示。

信号$s_{d2}(n)$是对信号$s(n)$进行 2 倍抽取得到的，相当于使用 80MHz 采样频率对模拟连续信号$s(t)$进行采样，其时域波形如图 10-14 所示。

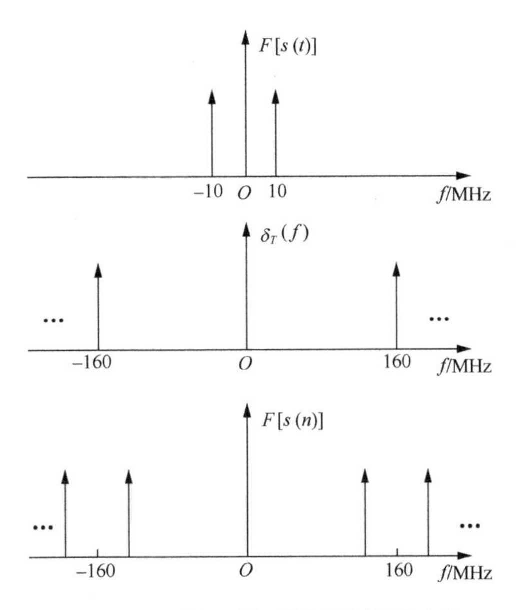


图 10−13　信号$s(t)$采样过程的频谱变换

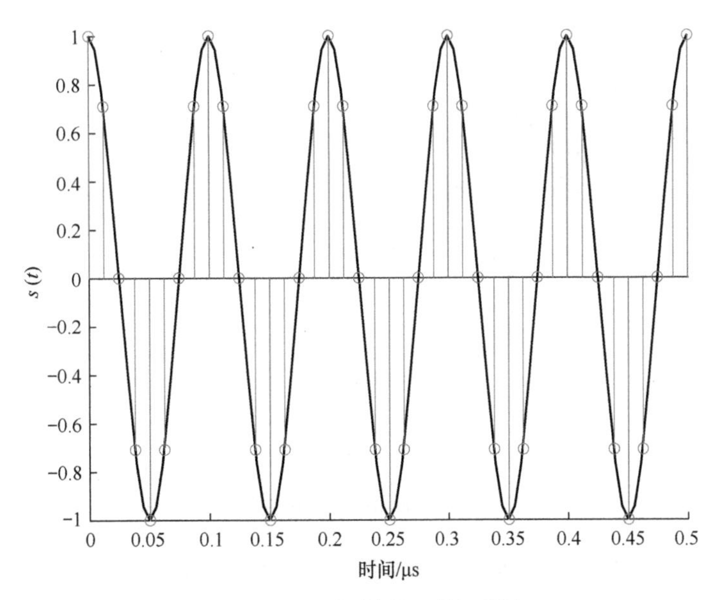


图 10−14　对$s(t)$信号进行采样

采样过程的频谱变换如图 10-15 所示。

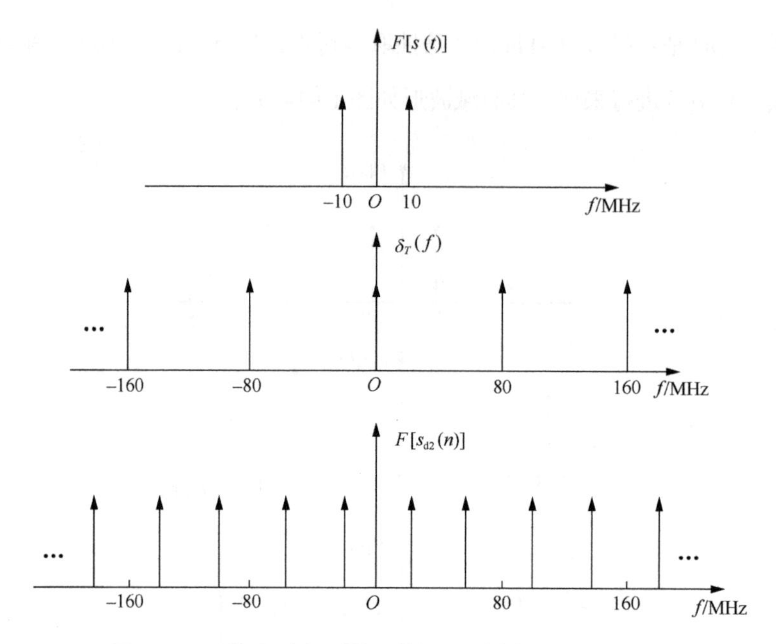


图 10-15　信号$s(t)$采样得到信号$s_{\mathrm{d2}}(n)$的频谱变换过程

对比信号$s(n)$和$s_{\mathrm{d2}}(n)$的时域波形和频域波形，可以看出，信号抽取本质上是采样频率的变换，相当于降低原始模拟信号$s(t)$采样频率，如图 10-16 所示。

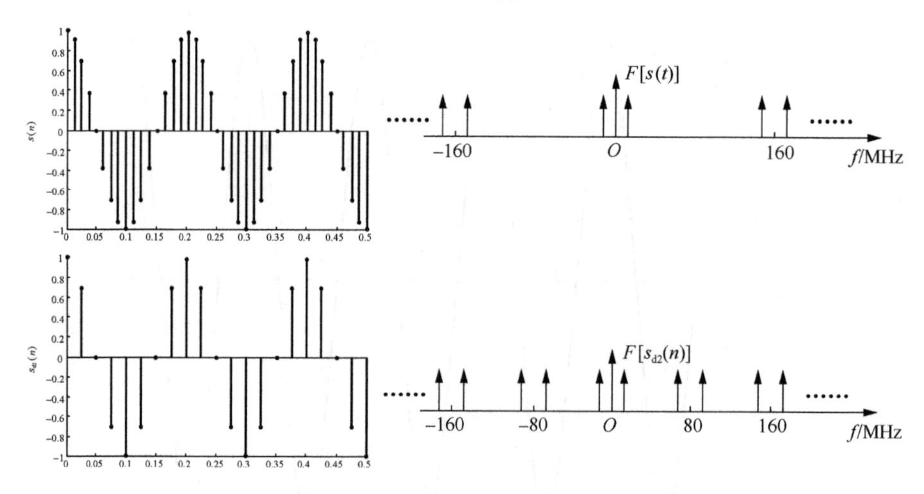


图 10-16　信号$s(n)$和$s_{\mathrm{d2}}(n)$的时域波形和频谱

既然信号抽取的过程本质上是采样频率的变换，所以不能仅仅对信号进行间隔取样。抽取后信号对应的采样频率也需要满足采样定理，否则会发生频谱混叠。

若信号$s(t)$为基带低通信号，对$s(t)$进行采样得到信号$s(n)$，采样频率为$f_{\mathrm{s}}$，

此时$f_s > 2f_H$，频谱不会发生混叠。时域和频谱波形如图 10-17 所示。

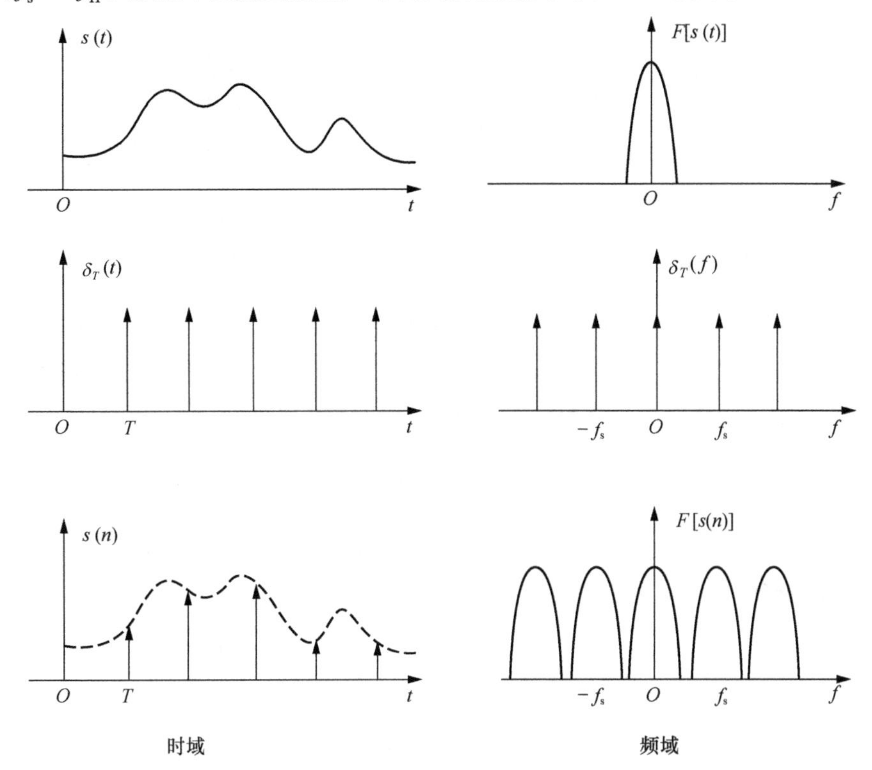


图 10-17　信号$s(t)$采样得到信号$s(n)$的时域和频谱波形

对信号$s(n)$进行2倍抽取得到信号$s_{d2}(n)$，相当于采样频率$f_s$降低为原来的一半，此时$f_s < 2f_H$，频谱发生了混叠。时域和频谱波形如图 10-18 所示。

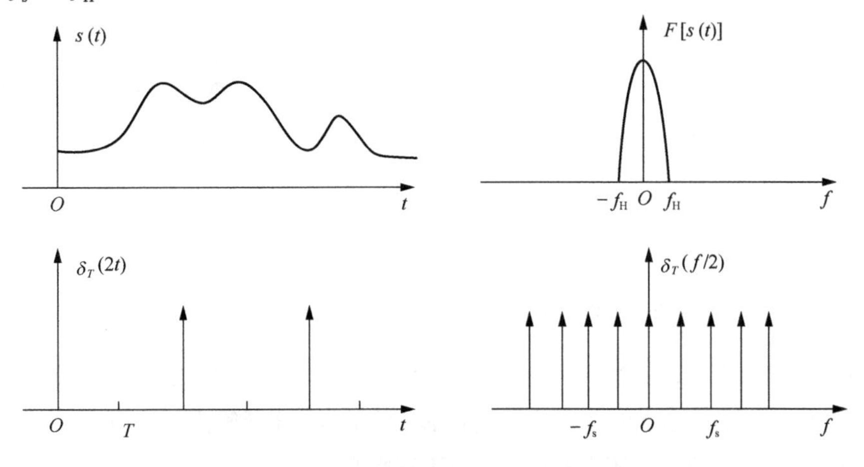


图 10-18　信号$s(t)$采样得到信号$s_{d2}(n)$的时域和频谱波形

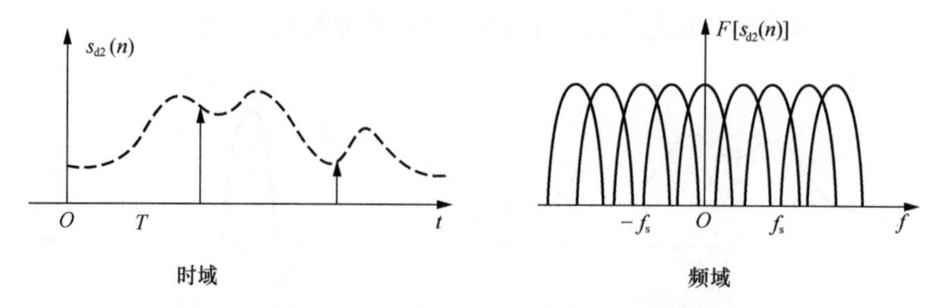


图 10-18 信号 $s(t)$ 采样得到信号 $s_{d2}(n)$ 的时域和频谱波形（续）

如果在对信号抽取时频谱发生混叠，抽取后的信号将不能完整准确地表示或恢复原始信号的特征。为了避免发生混叠，通常会在抽取前先对信号进行低通滤波，以滤除可能导致混叠的高频分量，如图 10-19 所示。

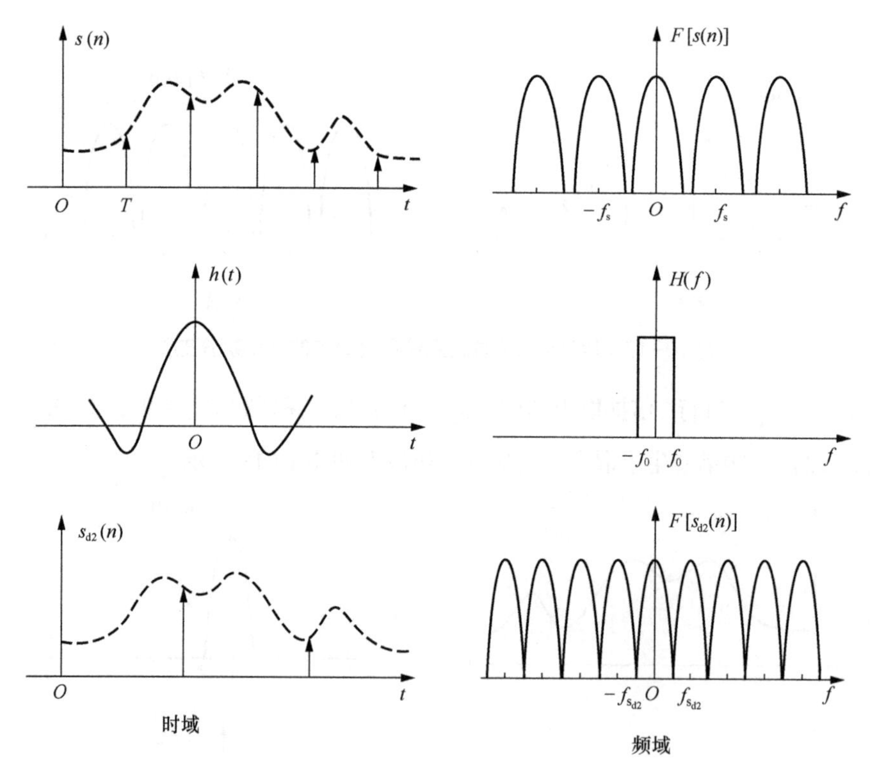


图 10-19 信号 $s(n)$ 经过低通滤波后再进行抽取得到信号 $s_{d2}(n)$

那么，滤除信号的高频部分会对信号产生影响吗？在实际应用中，对于低通信号，通常会预留一定余量作为保护带宽，高频部分的信号为干扰噪声，如图 10-20 所示。如果滤波器设计合理，它不会对信号造成不利影响。

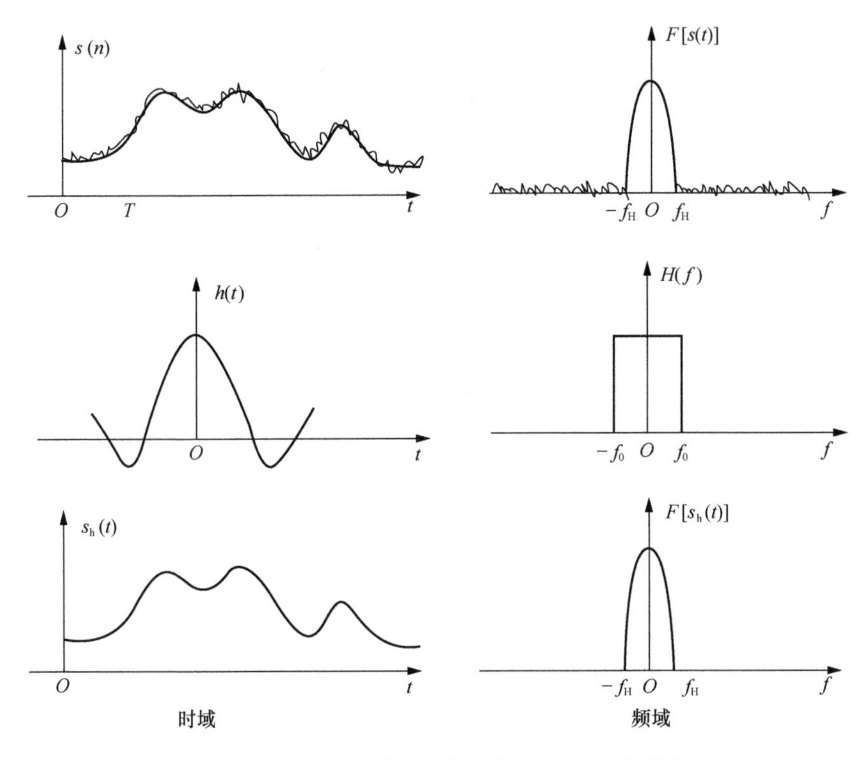


图 10-20 信号 $s(t)$ 经过低通滤波器滤除干扰噪声

所以，在解调和下变频过程中，低通滤波器有以下 2 个作用，如图 10-21 所示。

1. 滤除变频过程中产生的频谱镜像。
2. 滤除带外干扰噪声，防止在抽取过程中发生混叠。

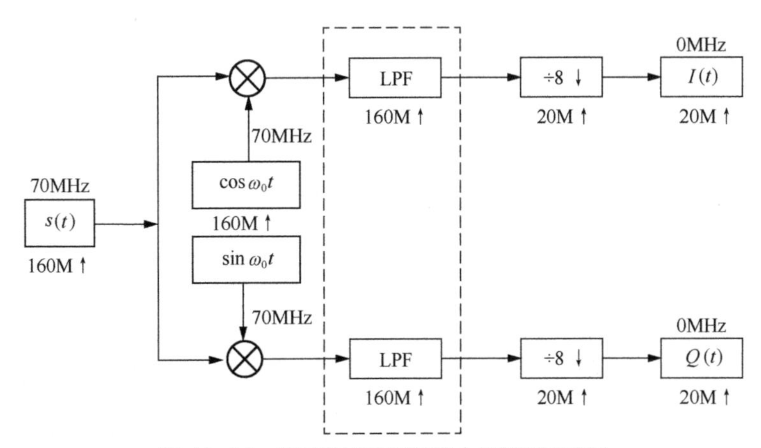


图 10-21 解调和下变频过程中的低通滤波器

# 10.3 信号的插值

在信号调制或上变频过程中需要提高采样频率，对应的处理方式是：插值。

设有余弦信号$s(t)$，频率为10MHz，采样频率为80MHz。采样后得到离散数字信号$s(n)$，每个周期包含8个采样点。如图10-22所示。

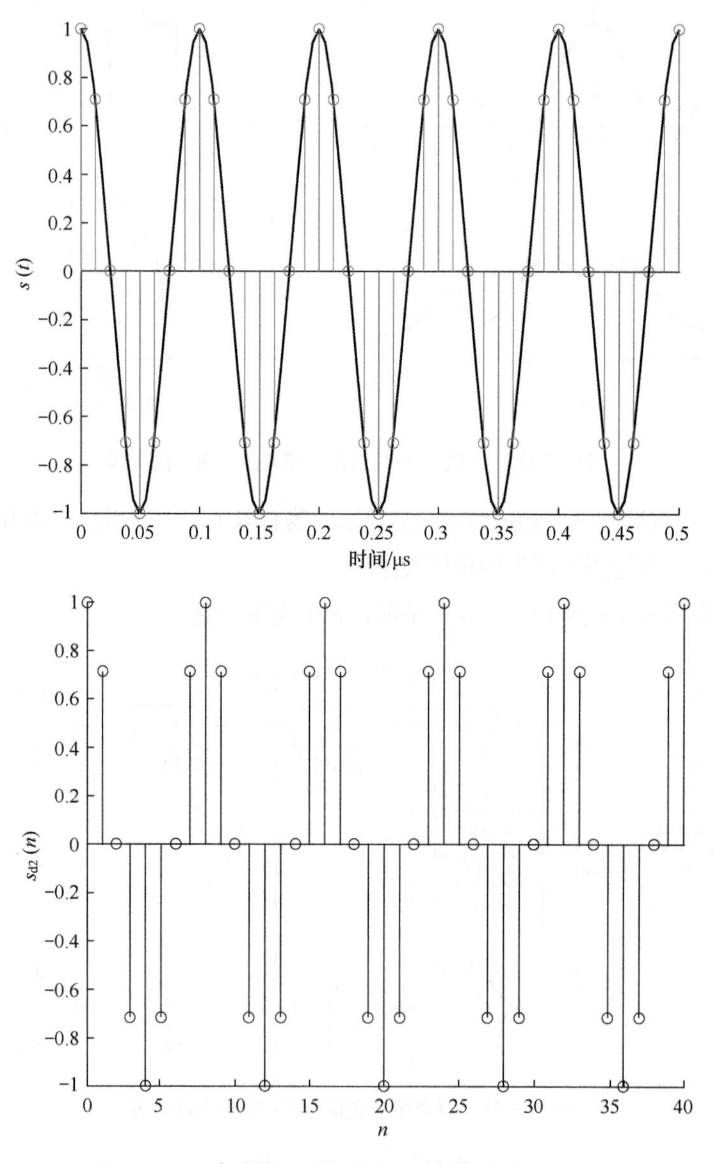


图10-22　余弦信号$s(t)$采样得到离散数字信号$s(n)$

对信号$s(t)$进行采样得到$s(n)$，其频谱变换过程如图 10-23 所示。

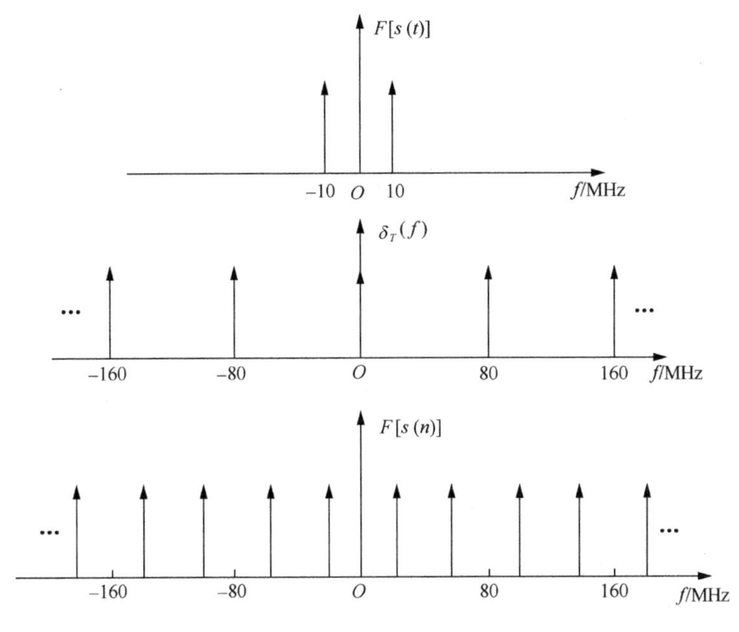


图 10-23 信号$s(t)$采样得到信号$s(n)$的频谱变换过程

若将$s(n)$的采样频率提高 2 倍，变为 160MHz，可以在每 2 个采样点间插入一个数据，用$s_{i2}(n)$表示插值后的信号，如图 10-24 所示。

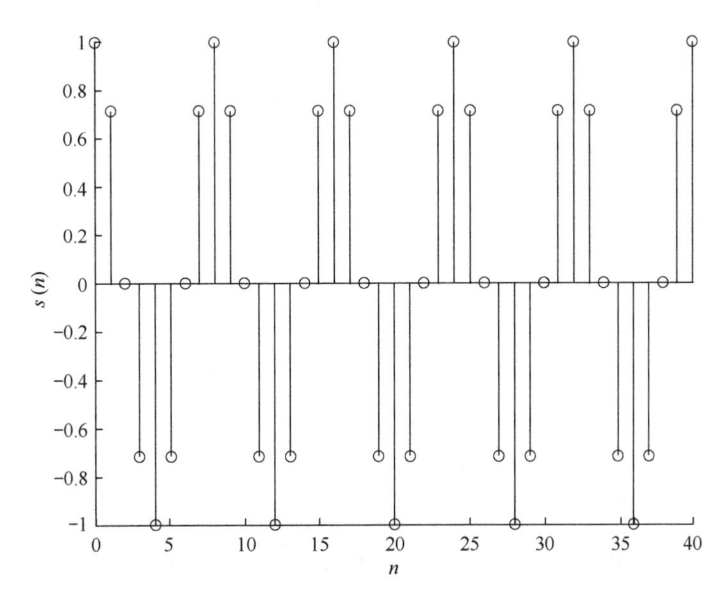


图 10-24 将$s(n)$进行 2 倍插值得到$s_{i2}(n)$

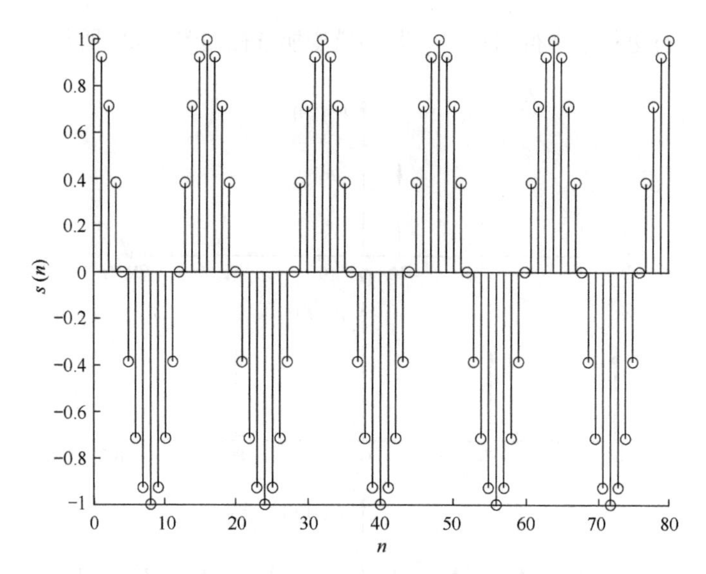


图 10-24 将 $s(n)$ 进行 2 倍插值得到 $s_{i2}(n)$（续）

信号 $s_{i2}(n)$ 可以理解为以 160MHz 的采样频率对原始信号 $s(t)$ 进行采样。其时域波形如图 10-25 所示。

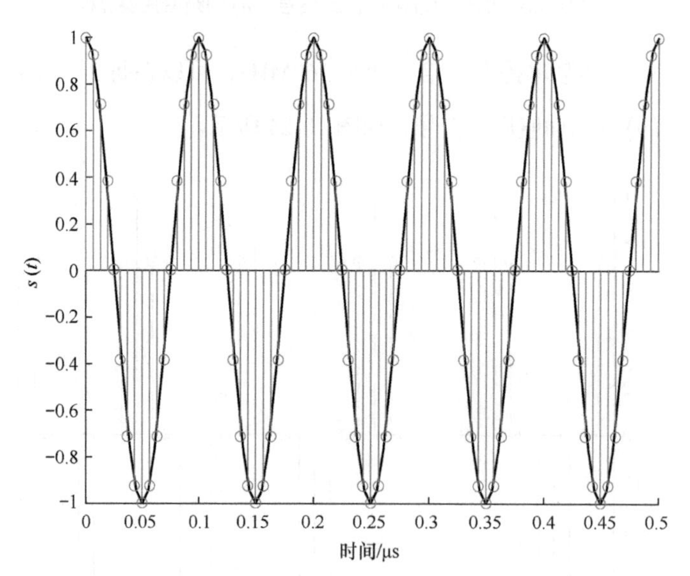


图 10-25 对原始信号 $s(t)$ 进行采样得到信号 $s_{i2}(n)$

采样过程中的频谱变换如图 10-26 所示。

对比信号 $s(n)$ 和 $s_{i2}(n)$ 的时域波形和频域波形，可以看出，信号插值本质上也是采样频率的变换，相当于提高了 $s(t)$ 的采样频率。信号 $s(n)$ 和 $s_{i2}(n)$ 的时域波形和频谱如图 10-27 所示。

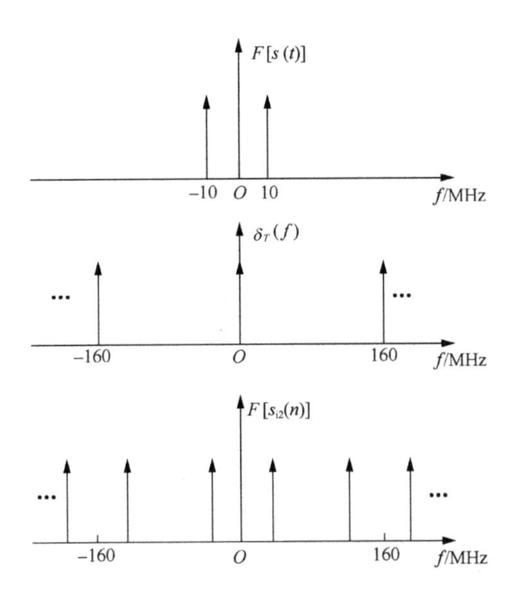


图 10-26 信号 $s(t)$ 采样得到 $s_{i2}(n)$ 的频谱

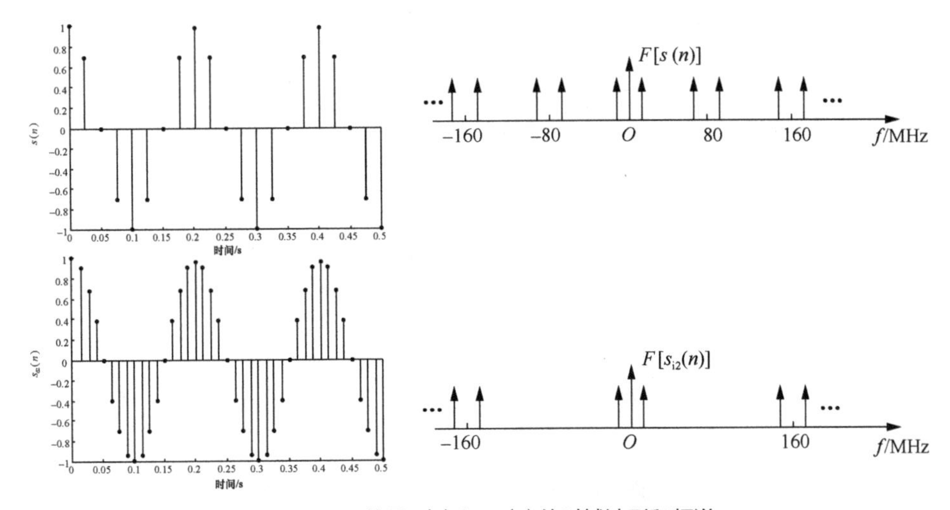


图 10-27 信号 $s(n)$ 和 $s_{i2}(n)$ 的时域波形和频谱

那么，对信号进行 $n$ 倍插值，是否仅需要在 2 个采样点间插入 $n$ 个数据就可以实现呢?

理论上可以实现，但是实际上很难实现，因为需要插入的采样点是未知的。

若信号 $s(t)$ 为基带低通信号，对信号 $s(t)$ 进行采样得到信号 $s(n)$，如图 10-28 所示。

如果想对信号 $s(n)$ 进行 2 倍插值得到 $s_{i2}(n)$，需要补充中间的采样点。但是，

中间的采样点在对$s(t)$进行采样得到$s(n)$时已经被丢弃，因此变为未知数。故无法对信号进行直接插值操作，如图 10-29 所示。

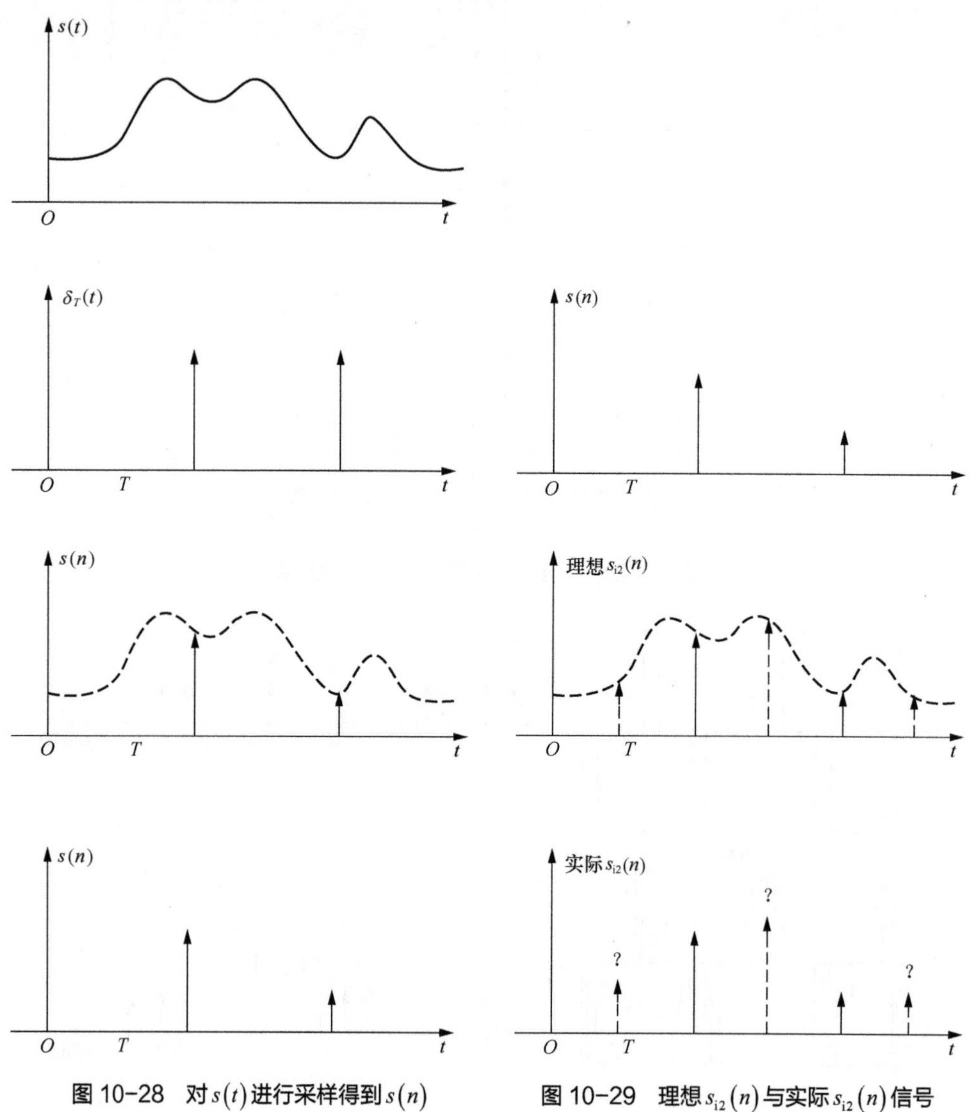


图 10-28 对$s(t)$进行采样得到$s(n)$

图 10-29 理想$s_{i2}(n)$与实际$s_{i2}(n)$信号

为了提高采样频率，需要进行插值操作，但是插值的具体数值是未知的。实际应用中常常采用的方法是插入 0，即对信号进行 $n$ 倍插值，则在 2 个采样点间插入 $n$ 个 0。为什么插入 0 能够达到插值的效果呢？

以基带低通信号$s(t)$采样为例，对信号$s(t)$进行采样得到信号$s(n)$。采样周期为$T$，采样频率为$f_s$，冲激信号为$\delta_T(t)$，周期为$T$。采样过程中的时域和频率波形，如图 10-30 所示。

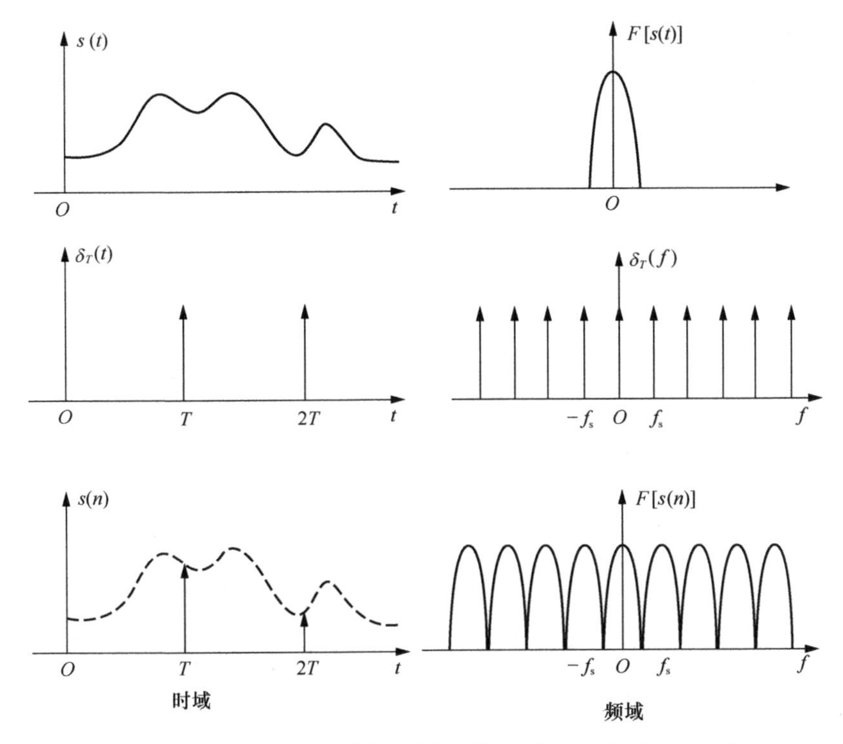


图 10-30 对信号 $s(t)$ 进行采样得到信号 $s(n)$ 的时域和频域波形

若对信号 $s(n)$ 进行插 0 处理，每 2 个采样点中间插入一个 0 值，得到 $s_0(n)$，如图 10-31 所示。

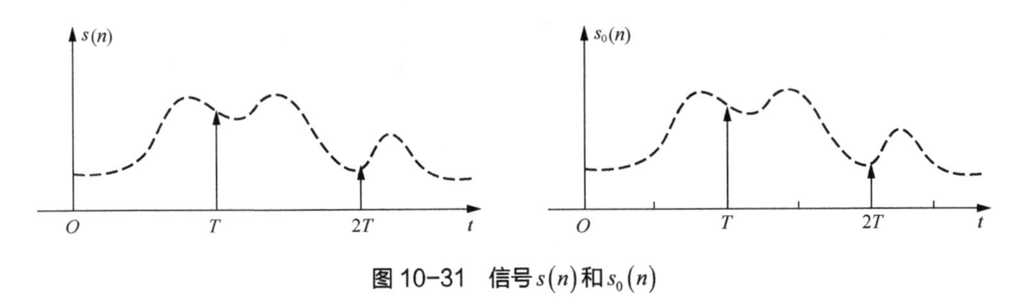


图 10-31 信号 $s(n)$ 和 $s_0(n)$

信号的插值过程，本质上是提高采样频率的过程。那么，如何理解“插 0”呢？

假设信号 $s_0(n)$ 不是通过对信号 $s(n)$ 插 0 获得的，而是直接经 $s(t)$ 采样获得的。则采样周期 $T_0 = T/2$，采样频率 $f_{s_0} = 2f_s$。冲激信号为 $\delta_T(t)$，在每 2 个冲激信号之间插入一个 0 值，所以其周期仍为 T 。如图 10-32 所示。

信号 $s(n)$ 为待插值信号，$s_i(n)$ 为插入理想数值后的信号，$s_0(n)$ 为插入 0 值后的信号。$f_s$、$f_{s_i}$、$f_{s_0}$ 分别为 3 个信号对应的采样频率。对比其时域和频域波形，如

图 10-33 所示。

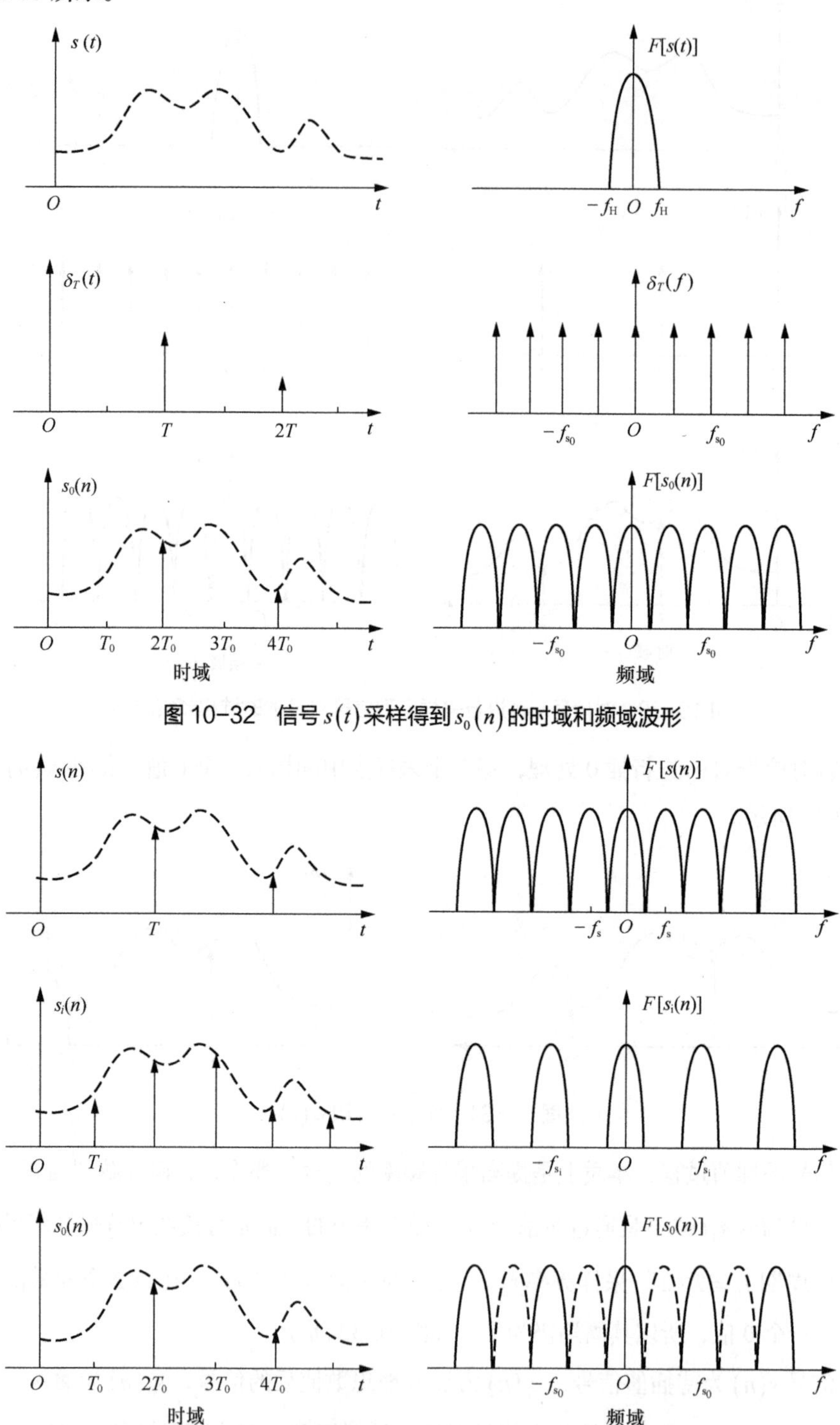


图 10-32　信号 $s(t)$ 采样得到 $s_0(n)$ 的时域和频域波形

图 10-33　插入理想数值和插 0 的时域和频域波形对比

从图 10-33 中可以看出，与插入理想数值相比，插入 0 值后的信号在频域中会有镜像频率产生。因此，将插入 0 值后的信号，通过低通滤波器，滤除镜像频率，即可以达到提高采样频率的效果。如图 10-34 所示。

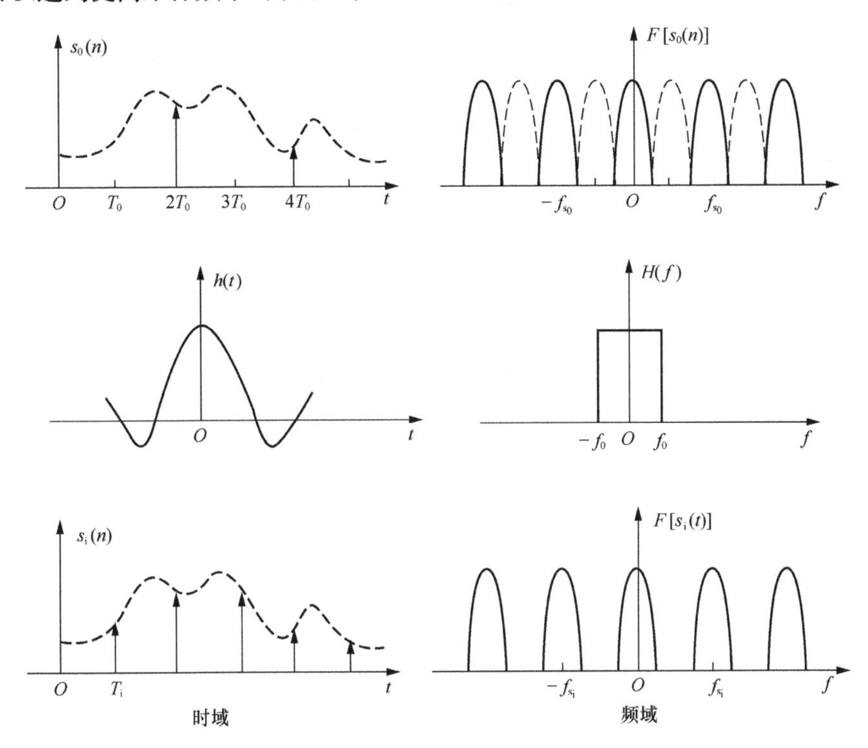


图 10-34 插 0 后经过低通滤波，滤除镜像频率的波形变换

所以，在调制和上变频过程中会增加低通滤波器，以滤除插值产生的镜像频率，如图 10-35 所示。

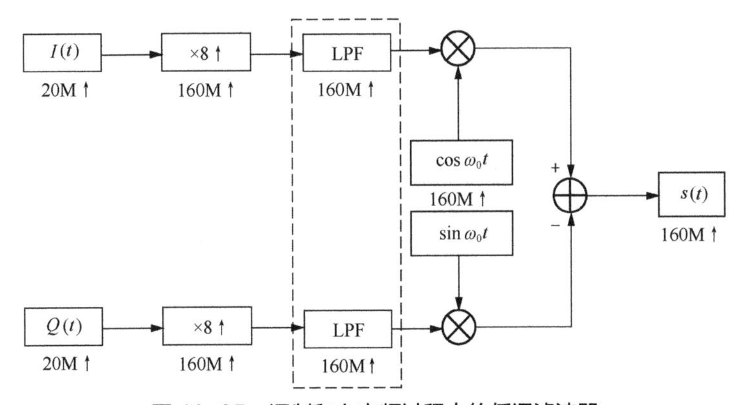


图 10-35 调制和上变频过程中的低通滤波器

# 第11章 离散傅里叶变换

**在前面的章节中，我们介绍了将信号从时域转换到频域的方法，包括针对周期信号的傅里叶级数和针对非周期信号的傅里叶变换。需要注意的是，此前讨论的信号是连续时间信号。本章将介绍如何将离散的数字信号从时域转换到频域。**

# 11.1　离散傅里叶级数

离散傅里叶级数（DFS）是傅里叶级数（FS）的离散化形式。傅里叶级数展开的对象是连续时间的周期信号，而离散傅里叶级数展开对应的是离散时间的周期信号。

## 11.1.1　离散时间周期矩形脉冲信号的频谱

以周期矩形脉冲信号的傅里叶级数展开为例，如果对连续时间的周期矩形脉冲信号$f(t)$进行傅里叶级数展开，可以将信号$f(t)$分解为不同频率的复指数信号之和，如公式（11-1）所示。

$$f(t)=\sum_{k=-\infty}^{\infty}F(k\omega_0)\mathrm{e}^{\mathrm{j}k\omega_0 t} \tag{11-1}$$

信号$f(t)$与不同频率复指数信号的示意图如图 11-1 所示。$F(k\omega_0)$为信号$f(t)$在不同频率的复指数信号方向的投影值，也称作信号$f(t)$的频谱函数，如图 11-2 所示。

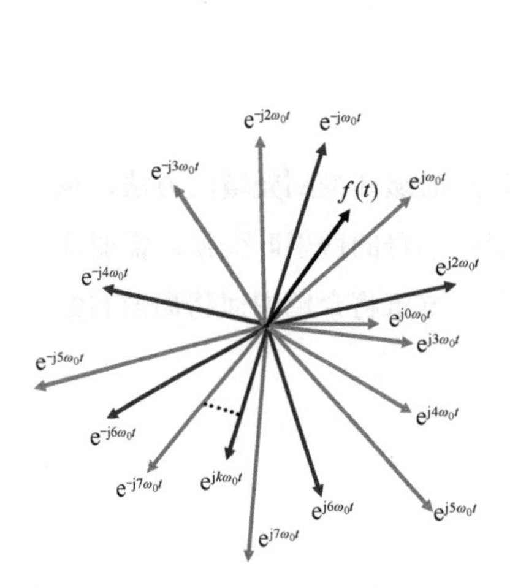

图 11-1　信号$f(t)$与不同频率复指数信号

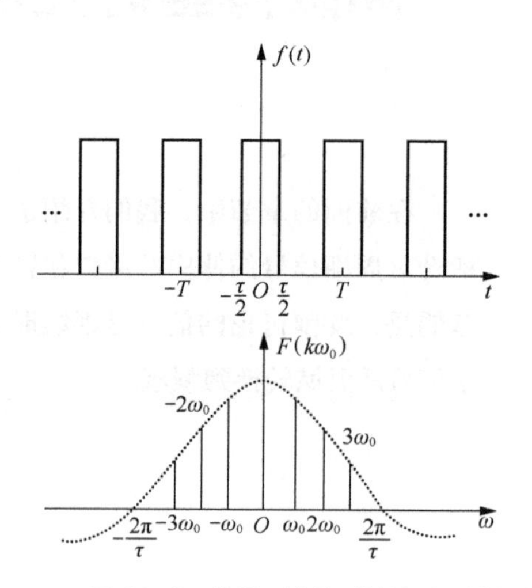

图 11-2　信号$f(t)$的时域波形及其频谱

现对信号$f(t)$进行采样，将其变为离散信号$x(n)$，如图 11-3 所示。

采样可以视为连续信号与冲激信号在时域相乘的过程。根据频域卷积定理，时域相乘对应频域卷积。将信号$f(t)$频谱进行周期拓展，可得离散信号$x(n)$的频谱。

设采样角频率为 $\omega_s$，将信号 $f(t)$ 和 $x(n)$ 的频谱进行对比，如图 11-4 所示。

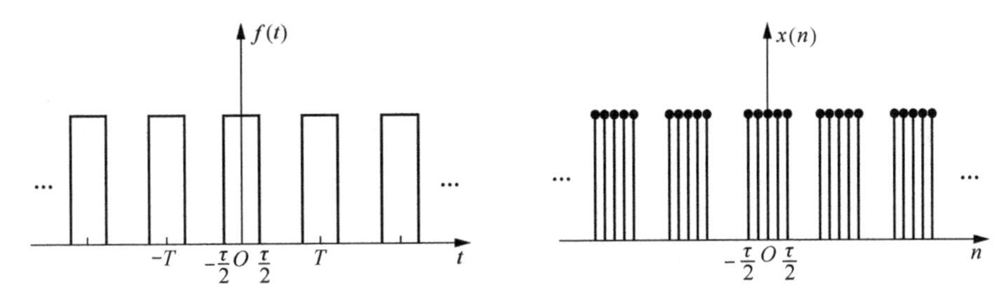


图 11-3 连续时间信号 $f(t)$ 和离散时间信号 $x(n)$

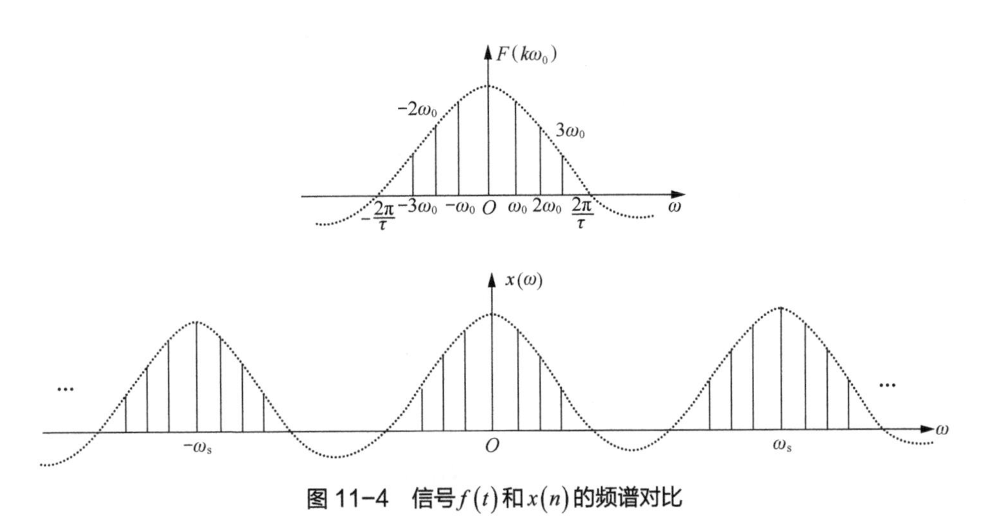


图 11-4 信号 $f(t)$ 和 $x(n)$ 的频谱对比

## 11.1.2 离散复指数信号

连续时间周期信号的傅里叶级数展开，是将信号分解为不同频率的复指数信号。这里的复指数信号是连续时间的复指数信号。

设连续复指数信号为 $e^{j\omega t}$，周期为 $T$，信号频率为 $f$，角频率为 $\omega$，其中 $\omega = 2\pi f = 2\pi / T$。其向量形式及时域波形如图 11-5 所示。

对于离散时间的周期信号，无法分解为连续的复指数信号，而是分解为离散的复指数信号。离散复指数信号可以理解为对连续复指数信号进行采样。

现对连续复指数信号 $e^{j\omega t}$ 进行采样，采样频率为 $f_s$，采样角频率为 $\omega_s$。每个周期采样点数为 $N$，则有 $N = \dfrac{f_s}{f} = \dfrac{\omega_s}{\omega}$。令 $\Omega$ 为采样后离散复指数信号的角频率，则有 $\Omega = \dfrac{2\pi}{N} = 2\pi \dfrac{f}{f_s}$。$n$ 为离散时间索引，与连续时间信号中的 $t$ 对应。得到离散时间复

指数信号 $e^{j\frac{2\pi}{N}n}$，如图 11-6 所示。

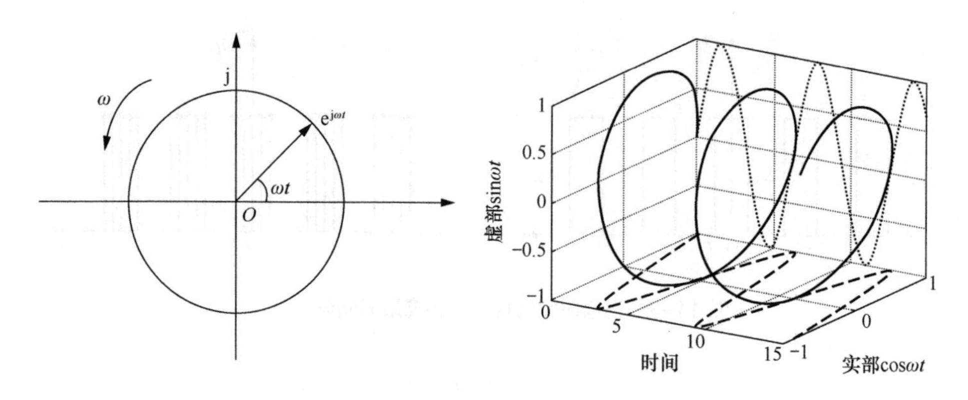


图 11-5　复指数信号 $e^{j\omega t}$ 的向量形式及其时域波形

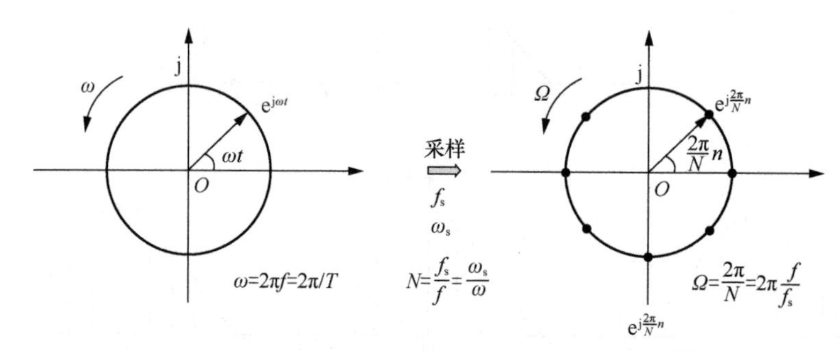


图 11-6　信号 $e^{j\omega t}$ 采样得到离散时间复指数信号 $e^{j\frac{2\pi}{N}n}$

若令 $N=8$，即每个周期包含 8 个采样点，角频率 $\Omega=\frac{2\pi}{N}=\frac{2\pi}{8}=\frac{\pi}{4}$，离散复指数信号为 $e^{j\frac{2\pi}{8}n}$，如图 11-7 所示。

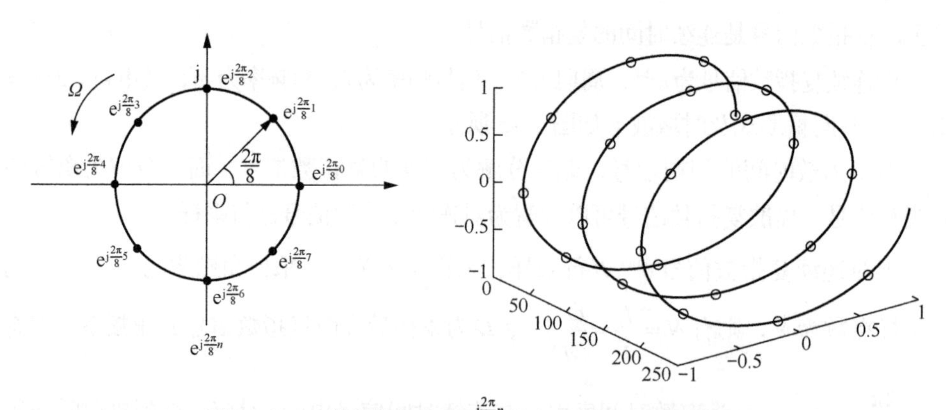


图 11-7　离散复指数信号 $e^{j\frac{2\pi}{8}n}$ 的向量形式及其时域波形

因为离散复指数信号的角频率 $\Omega=\dfrac{2\pi}{N}$，所以当采样频率一定的情况下，$N$的取值越大，表明一个周期内采样点数越多，角频率 $\Omega$越小。$N$不同取值下的离散复指数信号如图 11-8 所示。

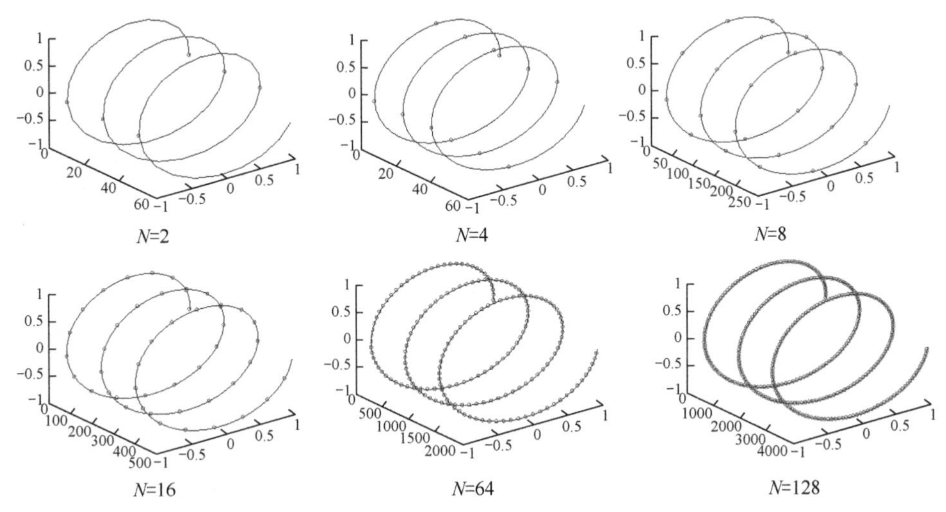


图 11-8　$N$ 不同取值下的离散复指数信号

若$N$为固定值，引入变量$k$，用$\mathrm{e}^{\mathrm{j}k\frac{2\pi}{N}n}$来表示不同角频率的离散复指数信号。例如，令$N=128$，$n=0.127$，$\Omega=k\dfrac{2\pi}{128}$。当$k=0$时，128 个采样点的值均为 1。当$k=1$时，128 个采样点包含 1 个离散复指数的周期。当$k=2$时，128 个采样点包含 2 个离散复指数的周期。同理，$k$的取值越大，角频率Ω越大，包含的采样周期也越多，如图 11-9 所示。

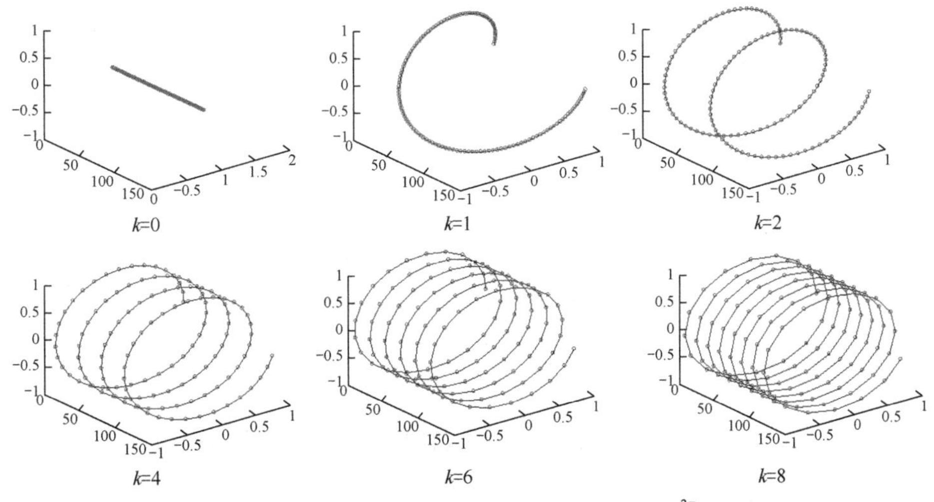


图 11-9　$k$ 不同取值下的离散复指数信号 $\mathrm{e}^{\mathrm{j}k\frac{2\pi}{128}}$

### 11.1.3 离散傅里叶级数及其物理意义

若离散信号 $x(n)$ 的周期为 $N$，则离散周期信号可记为 $\tilde{x}(n)$，其中 $\tilde{x}(n)=\tilde{x}(n+mN)$，$m$ 为任意整数。离散傅里叶级数如公式（11-2）所示。

$$\tilde{X}(k)=\mathrm{DFS}\left[\tilde{x}(n)\right]=\sum_{n=0}^{N-1}\tilde{x}(n)\mathrm{e}^{-\mathrm{j}k\frac{2\pi}{N}n}\left(-\infty<k<+\infty\right) \tag{11-2}$$

公式（11-2）的物理意义为：将离散周期信号 $\tilde{x}(n)$ 分解为不同频率的离散复指数信号 $\mathrm{e}^{\mathrm{j}k\frac{2\pi}{N}n}$。$\tilde{X}(k)$ 为对应不同频率复指数信号的大小，即为 $\tilde{x}(n)$ 在不同频率的离散复指数信号 $\mathrm{e}^{\mathrm{j}k\frac{2\pi}{N}n}$ 上的投影值，也称为信号 $\tilde{x}(n)$ 对应的频谱函数。以离散周期矩形脉冲信号为例，信号 $\tilde{x}(n)$ 的时域和频谱示意图，如图 11-10 所示。

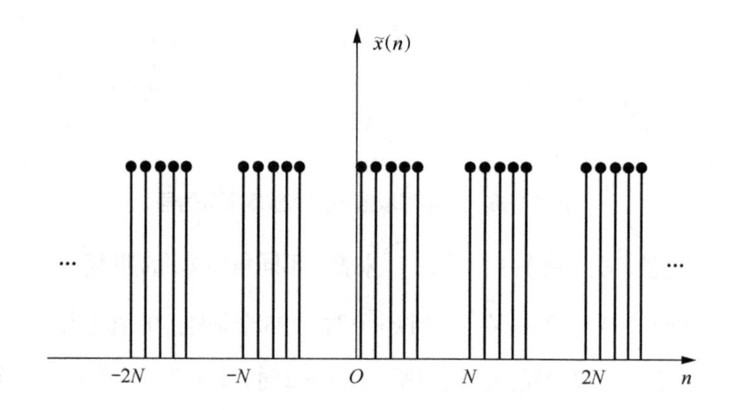


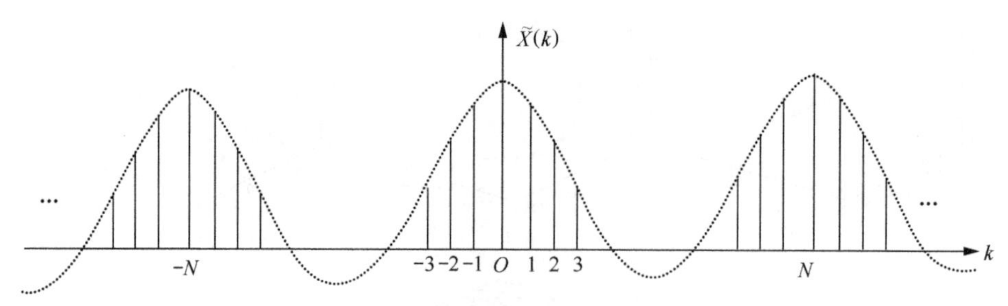


图 11-10 离散周期矩形脉冲信号的时域和频谱

离散傅里叶级数逆变换，如公式（11-3）所示：

$$\tilde{x}(n)=\mathrm{IDFS}\left[\tilde{X}(n)\right]=\frac{1}{N}\sum_{k=0}^{N-1}\tilde{X}(k)\mathrm{e}^{\mathrm{j}k\frac{2\pi}{N}n}\left(-\infty<n<+\infty\right) \tag{11-3}$$

公式（11-3）的物理意义为：离散周期信号 $\tilde{x}(n)$ 可以由不同频率的离散复指数信号 $e^{jk\frac{2\pi}{N}n}$ 合成，$\tilde{X}(k)$ 为对应频率的复指数信号的大小。信号 $\tilde{x}(n)$ 与离散复指数信号 $e^{jk\frac{2\pi}{N}n}$ 的对比示意图如图 11-11 所示。

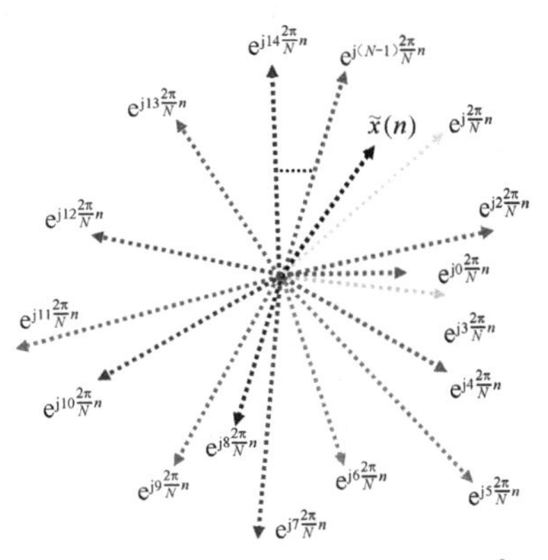

图 11-11　信号 $\tilde{x}(n)$ 与离散复指数信号 $e^{jk\frac{2\pi}{N}n}$ 的对比

## 11.2　离散时间傅里叶变换

离散时间傅里叶变换（DTFT）是非周期信号的傅里叶变换（FT）的离散化形式。非周期信号的傅里叶变换的对象是连续时间的非周期信号，而离散时间傅里叶变换对应的是离散时间的非周期信号。

以非周期矩形脉冲信号 $f(t)$ 为例，对其进行采样。采样角频率为 $\omega_s$，得到离散信号 $x(n)$。根据频域卷积定理，得到离散时间非周期矩形脉冲信号 $x(n)$ 的频谱，如图 11-12 所示。

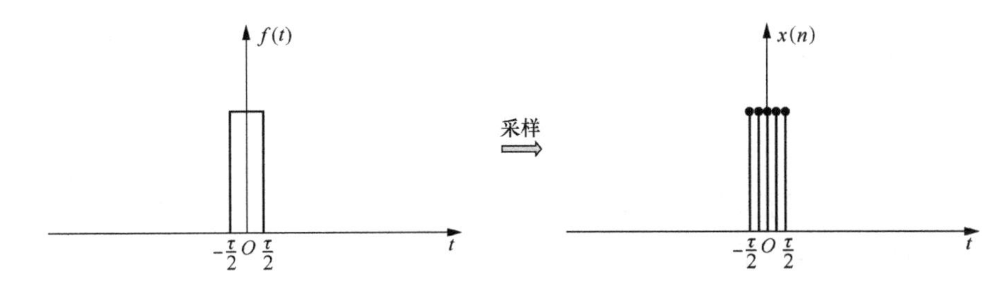


图 11-12　离散时间非周期矩形脉冲信号 $x(n)$ 及频谱

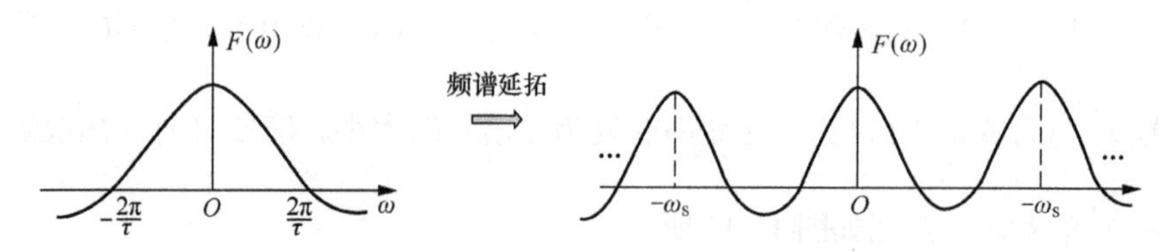


图 11-12 离散时间非周期矩形脉冲信号 $x(n)$ 及频谱（续）

令离散傅里叶级数公式（11-2）中 $N \to \infty$，则 $k\dfrac{2\pi}{N} \to \omega$，得到离散时间傅里叶变换公式如公式（11-4）所示：

$$X(\omega) = \sum_{n=-\infty}^{\infty} x(n)\mathrm{e}^{-\mathrm{j}\omega n} \tag{11-4}$$

令离散傅里叶级数逆变换公式（11-3）中 $N \to \infty$，则 $k\dfrac{2\pi}{N} \to \omega$，$\dfrac{2\pi}{N} \to \mathrm{d}\omega$，得到离散时间傅里叶逆变换公式如公式（11-5）所示：

$$x(n) = \frac{1}{2\pi}\int_{-\pi}^{\pi} X(\omega)\mathrm{e}^{\mathrm{j}\omega n}\mathrm{d}\omega \tag{11-5}$$

公式（11-4）和（11-5）的物理意义为：离散时间非周期信号 $x(n)$ 可以由不同频率的离散复指数信号 $\mathrm{e}^{\mathrm{j}\omega n}$ 合成，$X(\omega)$ 为对应频率的复指数信号的大小。与离散傅里叶级数的区别在于，离散傅里叶级数的频谱是离散的，而离散时间傅里叶变换的频谱是连续的，如图 11-13 所示。

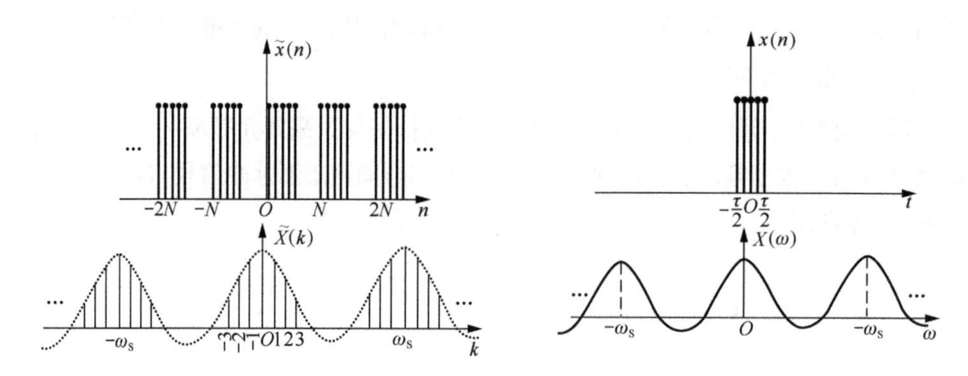


图 11-13 DFS 与 DTFT 时域频谱对比

至此，我们已经介绍了 4 种傅里叶变换 FS、FT、DFS、DTFT。这 4 种傅里叶变换之间的关系如图 11-14 所示。

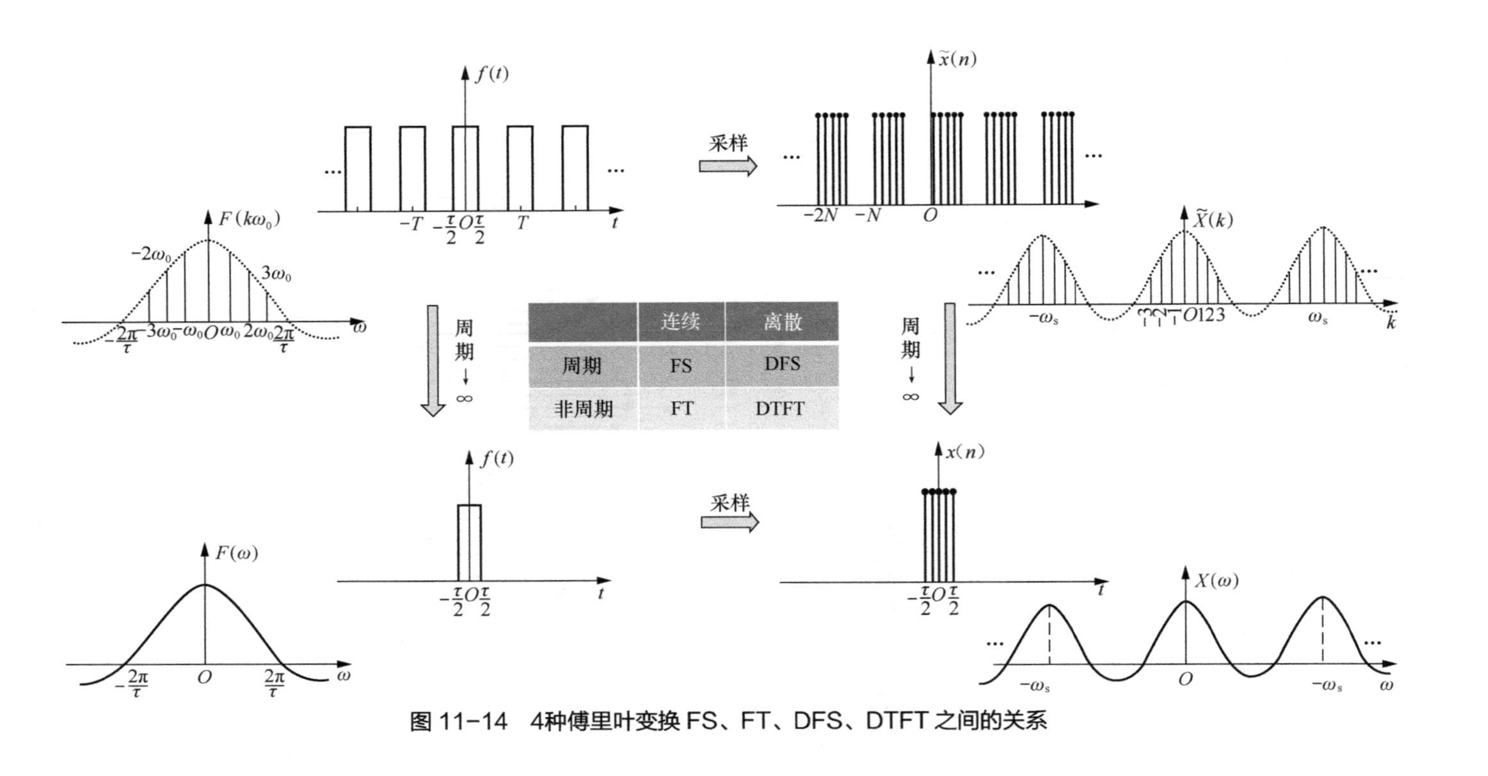


图 11-14 4种傅里叶变换 FS、FT、DFS、DTFT 之间的关系

# 11.3 离散傅里叶变换

在实际应用中，数字信号处理的载体是CPU、GPU、FPGA等数字芯片，它们只能处理离散时间的数字信号。同时，它们对数字信号处理的运算和存储能力是有限的，所以它们只能处理有限长度的数字信号。

在4种傅里叶变换中，傅里叶级数和傅里叶变换处理的信号为连续时间信号，因此不适用于数字系统。离散时间傅里叶变换对应的时域信号是有限长度的离散时间信号，但在频域上是连续且具有周期性的，因此也不适用于数字信号的处理。离散傅里叶级数对应的时域和频域均为离散的，但其时间和频率都是无限长度的，故也不能直接应用到数字信号处理系统中。

## 11.3.1 离散傅里叶变换公式

实际中处理的信号一般为非周期信号。可以先将信号按固定长度截断，进行周期延拓，变为周期信号。例如，现有非周期离散时间信号$s(n)$，取$N$点记作$x(n)$，先将$x(n)$进行周期延拓得到$\tilde{x}(n)$，如图11-15所示。

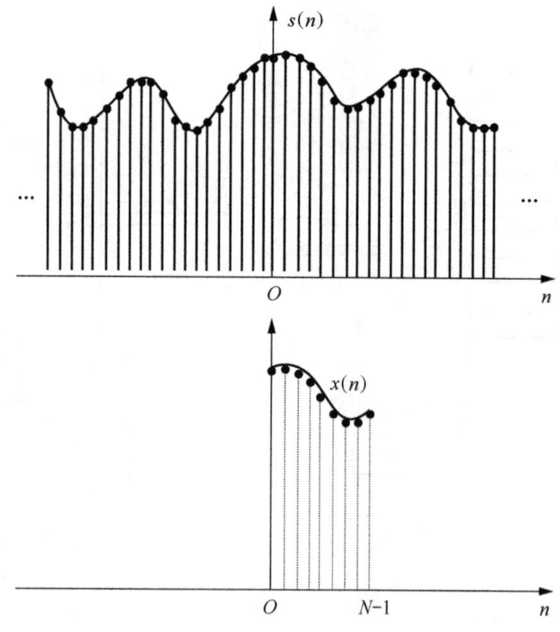


图 11-15　将非周期信号截断变为周期信号

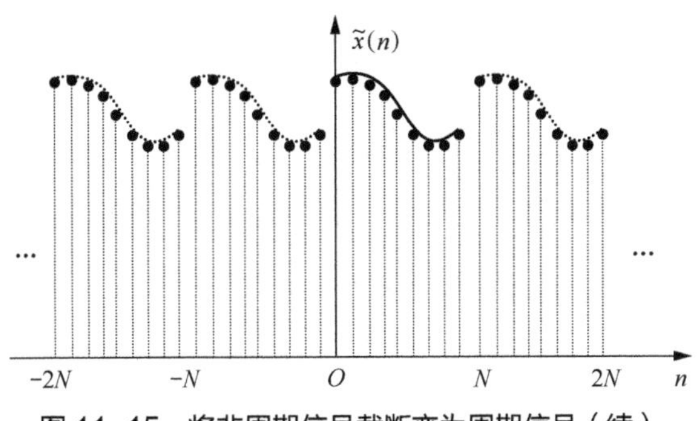


图 11-15　将非周期信号截断变为周期信号（续）

再对得到的周期信号 $\tilde{x}(n)$ 进行离散傅里叶级数变换，变换得到频域结果 $\tilde{X}(k)$。如图 11-16 所示。$\tilde{X}(k)$ 是离散周期性的，只取其中一个周期 $X(k)$ 作为最终频域结果。

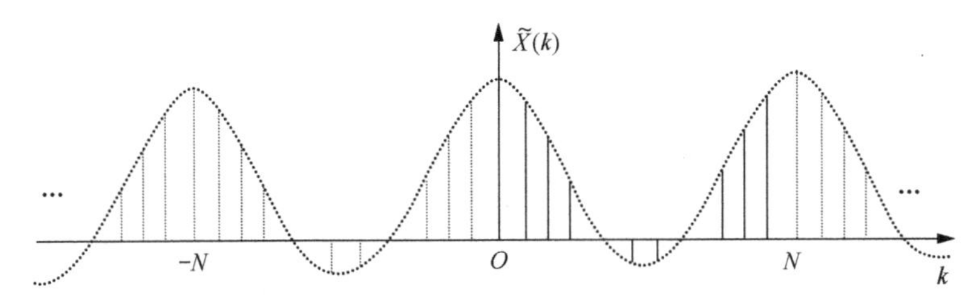


图 11-16　DFS 变换得到频域结果 $\tilde{X}(k)$

以上过程，将信号截断，周期延拓，进行 DFS 变换得到频域结果，取一个周期的频域结果，这个过程称为离散傅里叶变换（DFT)。根据离散傅里叶级数的公式，取 $N$ 个点，得到离散傅里叶变换的公式，如式（11-6）所示：

$$X(k)=\text{DFT}\left[x(n)\right]=\sum_{n=0}^{N-1}x(n)\text{e}^{-\text{j}k\frac{2\pi}{N}n},(0\leqslant k\leqslant N-1) \tag{11-6}$$

同理，根据离散傅里叶级数逆变换（IDFS）的公式，取 $N$ 个点，得到离散傅里叶逆变换（IDFT）的公式，如公式（11-7）所示：

$$x(n)=\text{IDFT}\left[X(k)\right]=\frac{1}{N}\sum_{k=0}^{N-1}X(k)\text{e}^{\text{j}k\frac{2\pi}{N}n},(0\leqslant n\leqslant N-1) \tag{11-7}$$

在 DFT 和 IDFT 中，时域和频域均为有限长度的离散点，所以可以应用在实际的数字信号处理系统中。

## 11.3.2 对离散傅里叶变换的理解

接下来，介绍一下对离散傅里叶变换及其逆变换的理解。

由离散傅里叶变换的公式（11-6）可以看出，$x(n)$和$X(k)$的长度均为$N$个点。可以将DFT理解为一个数字信号处理系统。系统的输入为$x(n)$，输出为$X(k)$。如图11-17所示。

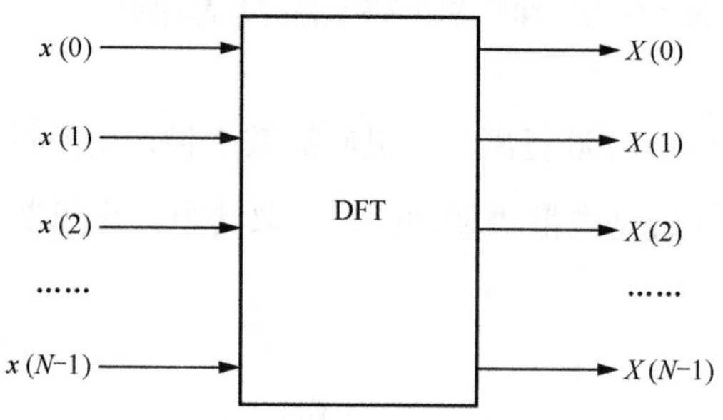


图 11-17 DFT 系统的输入和输出

为了更清晰地展示$x(n)$和$X(k)$的对应关系，将公式（11-6）展开。

$$X(k)=\mathrm{DFT}\left[x(n)\right]=\sum_{n=0}^{N-1}x(n)\mathrm{e}^{-\mathrm{j}k\frac{2\pi}{N}n},(0\leqslant k\leqslant N-1)$$

$$X(0)=\sum_{n=0}^{N-1}x(n)\mathrm{e}^{-\mathrm{j}0\frac{2\pi}{N}n}$$

$$X(1)=\sum_{n=0}^{N-1}x(n)\mathrm{e}^{-\mathrm{j}1\frac{2\pi}{N}n}$$

$$X(2)=\sum_{n=0}^{N-1}x(n)\mathrm{e}^{-\mathrm{j}2\frac{2\pi}{N}n}$$

……

$$X(N-1)=\sum_{n=0}^{N-1}x(n)\mathrm{e}^{-\mathrm{j}(N-1)\frac{2\pi}{N}n}$$

其中$x(n)$为输入信号，$\mathrm{e}^{\mathrm{j}0\frac{2\pi}{N}n}$，$\mathrm{e}^{\mathrm{j}1\frac{2\pi}{N}n}$，$\mathrm{e}^{\mathrm{j}2\frac{2\pi}{N}n}$，…，$\mathrm{e}^{\mathrm{j}(N-1)\frac{2\pi}{N}n}$为不同频率的离散复指数信号，如图11-18所示。

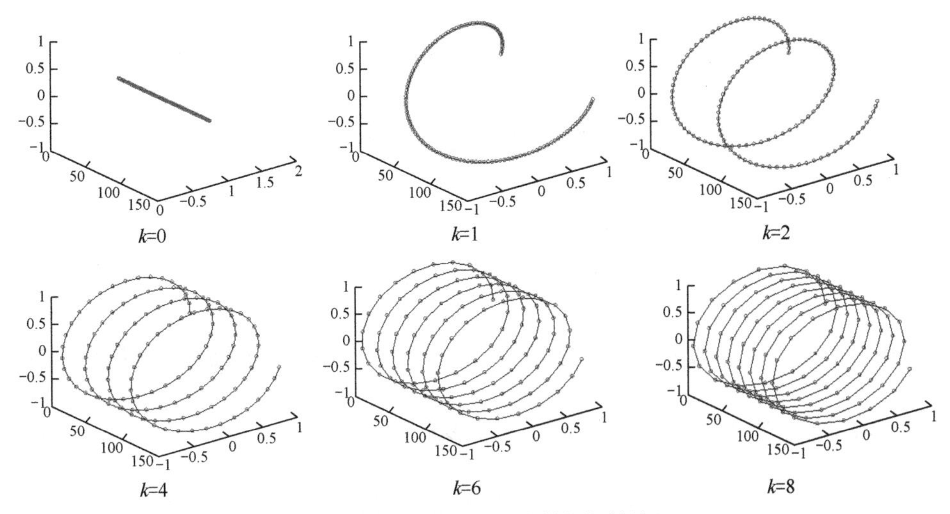


图 11-18 不同频率的离散复指数信号

将信号$x(n)$与$\mathrm{e}^{\mathrm{j}0\frac{2\pi}{N}n}$，$\mathrm{e}^{\mathrm{j}1\frac{2\pi}{N}n}$，$\mathrm{e}^{\mathrm{j}2\frac{2\pi}{N}n}$，…，$\mathrm{e}^{\mathrm{j}(N-1)\frac{2\pi}{N}n}$分别求内积，即将$x(n)$与$\mathrm{e}^{\mathrm{j}0\frac{2\pi}{N}n}$，$\mathrm{e}^{\mathrm{j}1\frac{2\pi}{N}n}$，$\mathrm{e}^{\mathrm{j}2\frac{2\pi}{N}n}$，…，$\mathrm{e}^{\mathrm{j}(N-1)\frac{2\pi}{N}n}$的共轭$\mathrm{e}^{-\mathrm{j}0\frac{2\pi}{N}n}$，$\mathrm{e}^{-\mathrm{j}1\frac{2\pi}{N}n}$，$\mathrm{e}^{-\mathrm{j}2\frac{2\pi}{N}n}$，…，$\mathrm{e}^{-\mathrm{j}(N-1)\frac{2\pi}{N}n}$对应点相乘后求和。若将信号$x(n)$和$\mathrm{e}^{-\mathrm{j}k\frac{2\pi}{N}n}$进一步展开，则有：

$$X(0)=x(0)\mathrm{e}^{-\mathrm{j}0\frac{2\pi}{N}0}+x(1)\mathrm{e}^{-\mathrm{j}0\frac{2\pi}{N}1}+x(2)\mathrm{e}^{-\mathrm{j}0\frac{2\pi}{N}2}+\cdots+x(N-1)\mathrm{e}^{-\mathrm{j}0\frac{2\pi}{N}(N-1)}$$

$$X(1)=x(0)\mathrm{e}^{-\mathrm{j}1\frac{2\pi}{N}0}+x(1)\mathrm{e}^{-\mathrm{j}1\frac{2\pi}{N}1}+x(2)\mathrm{e}^{-\mathrm{j}1\frac{2\pi}{N}2}+\cdots+x(N-1)\mathrm{e}^{-\mathrm{j}1\frac{2\pi}{N}(N-1)}$$

$$X(2)=x(0)\mathrm{e}^{-\mathrm{j}2\frac{2\pi}{N}0}+x(1)\mathrm{e}^{-\mathrm{j}2\frac{2\pi}{N}1}+x(2)\mathrm{e}^{-\mathrm{j}2\frac{2\pi}{N}2}+\cdots+x(N-1)\mathrm{e}^{-\mathrm{j}2\frac{2\pi}{N}(N-1)}$$

……

$$X(N-1)=x(0)\mathrm{e}^{-\mathrm{j}(N-1)\frac{2\pi}{N}0}+x(1)\mathrm{e}^{-\mathrm{j}(N-1)\frac{2\pi}{N}1}+x(2)\mathrm{e}^{-\mathrm{j}(N-1)\frac{2\pi}{N}2}+\cdots+x(N-1)\mathrm{e}^{-\mathrm{j}(N-1)\frac{2\pi}{N}(N-1)}$$

同理，对于离散傅里叶逆变换，可以将其理解为一个具有 IDFS 功能的数字信号处理系统。系统的输入为$X(k)$，输出为$x(n)$。如图 11-19 所示。

X(0) X(1) X(2) … X(N−1) → IDFS → x(0) x(1) x(2) … x(N−1)

图 11-19 IDFS 系统的输入和输出

将公式（11-7）展开：

$$x(n)=\mathrm{IDFT}\left[X(k)\right]=\frac{1}{N}\sum_{k=0}^{N-1}X(k)\mathrm{e}^{\mathrm{j}k\frac{2\pi}{N}n},(0\leqslant n\leqslant N-1)$$

$$x(0)=\frac{1}{N}\sum_{k=0}^{N-1}X(k)\mathrm{e}^{\mathrm{j}k\frac{2\pi}{N}0}$$

$$x(1)=\frac{1}{N}\sum_{k=0}^{N-1}X(k)\mathrm{e}^{\mathrm{j}k\frac{2\pi}{N}1}$$

$$x(2)=\frac{1}{N}\sum_{k=0}^{N-1}X(k)\mathrm{e}^{\mathrm{j}k\frac{2\pi}{N}2}$$

……

$$x(N-1)=\frac{1}{N}\sum_{k=0}^{N-1}X(k)\mathrm{e}^{\mathrm{j}k\frac{2\pi}{N}(N-1)}$$

其中$X(k)$为离散傅里叶变换结果，即信号$x(n)$分解为不同频率的离散复指数信号对应的取值。将$X(k)$与对应频率的离散复指数信号$\mathrm{e}^{\mathrm{j}k\frac{2\pi}{N}n}$相乘求和，可以得到时域信号$x(n)$。例如，将$X(k)$与对应频率的离散复指数信号$\mathrm{e}^{\mathrm{j}k\frac{2\pi}{N}n}$相乘后，得到$N$个新的复指数信号，取每个复指数信号的第 1 个点求和，即得到$x(0)$。

$$x(0)=\frac{1}{N}[X(0)\mathrm{e}^{\mathrm{j}0\frac{2\pi}{N}0}+X(1)\mathrm{e}^{\mathrm{j}1\frac{2\pi}{N}0}+X(2)\mathrm{e}^{\mathrm{j}2\frac{2\pi}{N}0}+\cdots+X(N-1)\mathrm{e}^{\mathrm{j}(N-1)\frac{2\pi}{N}0}]$$

$$x(1)=\frac{1}{N}[X(0)\mathrm{e}^{\mathrm{j}0\frac{2\pi}{N}1}+X(1)\mathrm{e}^{\mathrm{j}1\frac{2\pi}{N}1}+X(2)\mathrm{e}^{\mathrm{j}2\frac{2\pi}{N}1}+\cdots+X(N-1)\mathrm{e}^{\mathrm{j}(N-1)\frac{2\pi}{N}1}]$$

$$x(2)=\frac{1}{N}[X(0)\mathrm{e}^{\mathrm{j}0\frac{2\pi}{N}2}+X(1)\mathrm{e}^{\mathrm{j}1\frac{2\pi}{N}3}+X(2)\mathrm{e}^{\mathrm{j}2\frac{2\pi}{N}2}+\cdots+X(N-1)\mathrm{e}^{\mathrm{j}(N-1)\frac{2\pi}{N}2}]$$

……

$$x(N-1)=\frac{1}{N}[X(0)\mathrm{e}^{\mathrm{j}0\frac{2\pi}{N}(N-1)}+X(1)\mathrm{e}^{\mathrm{j}1\frac{2\pi}{N}(N-1)}+X(2)\mathrm{e}^{\mathrm{j}2\frac{2\pi}{N}(N-1)}+\cdots+X(N-1)\mathrm{e}^{\mathrm{j}(N-1)\frac{2\pi}{N}(N-1)}]$$

# 第12章 快速傅里叶变换

**前面的章节介绍了几种傅里叶变换的关系以及如何将离散的数字信号从时域变换到频域。本章将介绍在实际应用中，数字信号时频域转换的常用方法：快速傅里叶变换（FFT）。**

# 12.1 旋转矢量的表示方法及性质

快速傅里叶变换本质上与离散傅里叶变换一致，只是在计算效率上进行了优化。为了更好地理解从 DFT 到 FFT 的优化过程，我们先介绍一下旋转矢量。

## 12.1.1 旋转矢量的表示方法

前面章节介绍过复指数信号，其物理意义是一个旋转的向量，这个旋转的向量也被称作旋转矢量。例如，连续时间的复指数信号可以表示为 $e^{j\omega t}$，$e^{j\omega t}$ 是一个角频率为 $\omega$，模值为 1，沿逆时针方向旋转的向量，可以称作旋转向量或者旋转矢量，如图 12-1 所示。

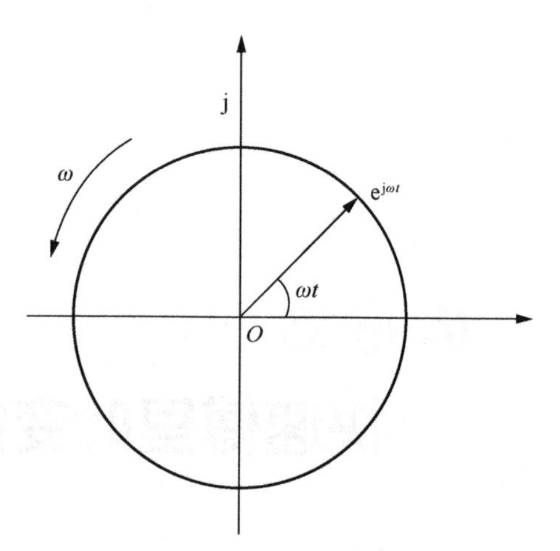


图 12-1 连续旋转矢量 $e^{j\omega t}$

如果是离散时间复指数信号，它同样也可以称作旋转矢量。例如，离散复指数信号 $e^{j\Omega n}$，旋转角频率为 $\Omega=\dfrac{2\pi}{N}$，模值为 1，沿逆时针方向旋转，如图 12-2 所示。

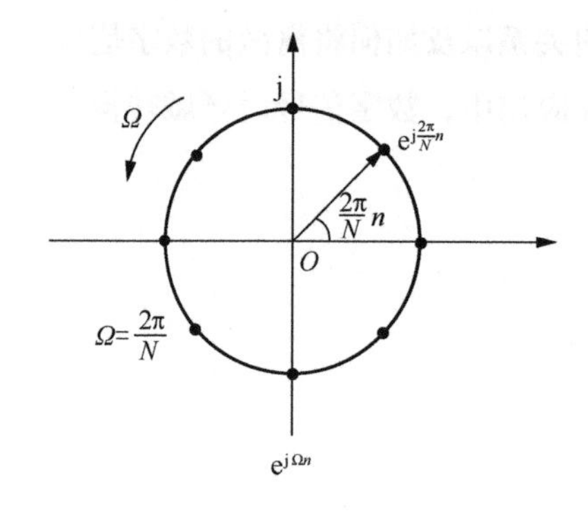


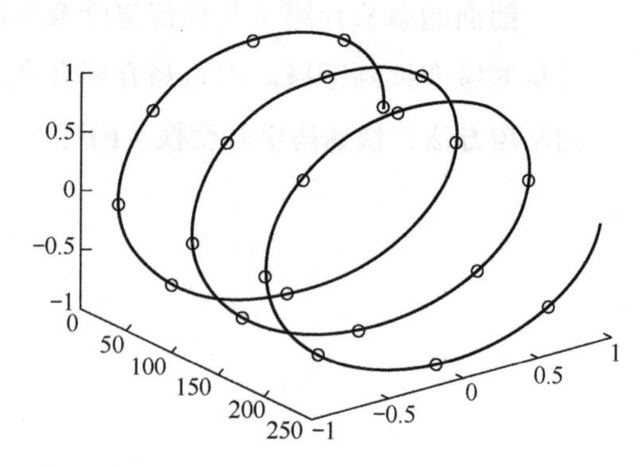


图 12-2 离散旋转矢量 $e^{j\Omega n}$

若旋转矢量为 $e^{-j\frac{2\pi}{N}n}$，则旋转方向为顺时针方向。此时旋转矢量可以用符号 $W_N^{kn}$ 表示，即 $W_N^{kn}=e^{-jk\frac{2\pi}{N}n}$。其中，$W_N=e^{-j\frac{2\pi}{N}}$ 称为旋转因子。如图 12-3 所示。

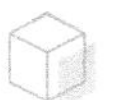

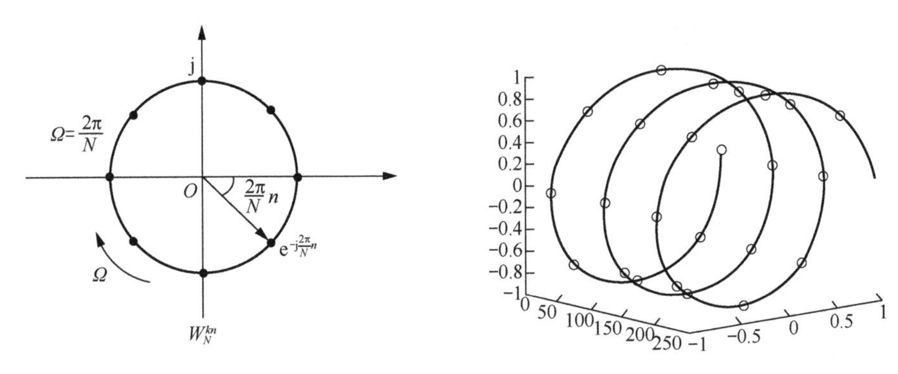


图 12-3　旋转矢量 $W_N^{kn}$

因为 $W_N^{kn}=e^{-jk\frac{2\pi}{N}n}$，可得 $W_N^{-kn}=e^{jk\frac{2\pi}{N}n}$。即有：

$$W_N=e^{-j\frac{2\pi}{N}}$$

$$W_N^{kn}=e^{-jk\frac{2\pi}{N}n}$$

$$W_N^{-kn}=e^{jk\frac{2\pi}{N}n}$$

为了得到离散傅里叶变换的简化形式，将 $W_N^{kn}=e^{-jk\frac{2\pi}{N}n}$ 带入离散傅里叶变换，则有：

$$X(k)=\mathrm{DFT}\left[x(n)\right]=\sum_{n=0}^{N-1}x(n)e^{-jk\frac{2\pi}{N}n},(0\leqslant k\leqslant N-1)$$

$$=\sum_{n=0}^{N-1}x(n)W_N^{kn}$$

若展开，则有：

$$X(0)=\sum_{n=0}^{N-1}x(n)W_N^{0\cdot n}=x(0)W_N^{0\cdot 0}+x(1)W_N^{0\cdot 1}+x(2)W_N^{0\cdot 2}+\cdots+x(N-1)W_N^{0\cdot(N-1)}$$

$$X(1)=\sum_{n=0}^{N-1}x(n)W_N^{1\cdot n}=x(0)W_N^{1\cdot 0}+x(1)W_N^{1\cdot 1}+x(2)W_N^{1\cdot 2}+\cdots+x(N-1)W_N^{1\cdot(N-1)}$$

$$X(2)=\sum_{n=0}^{N-1}x(n)W_N^{2\cdot n}=x(0)W_N^{2\cdot 0}+x(1)W_N^{2\cdot 1}+x(2)W_N^{2\cdot 2}+\cdots+x(N-1)W_N^{2\cdot(N-1)}$$

……

$$X(N-1)=\sum_{n=0}^{N-1}x(n)W_N^{(N-1)\cdot n}=x(0)W_N^{(N-1)\cdot 0}+x(1)W_N^{(N-1)\cdot 1}+x(2)W_N^{(N-1)\cdot 2}+\cdots$$
$$+x(N-1)W_N^{(N-1)\cdot(N-1)}$$

同理，将式 $W_N^{-kn}=e^{jk\frac{2\pi}{N}n}$ 带入离散傅里叶逆变换（IDFT），则有：

$$x(n)=\mathrm{IDFT}\left[X(k)\right]=\frac{1}{N}\sum_{k=0}^{N-1}X(k)e^{jk\frac{2\pi}{N}n},(0\leqslant n\leqslant N-1)=\frac{1}{N}\sum_{k=0}^{N-1}X(k)W_N^{-kn}$$

### 12.1.2　旋转矢量的性质

旋转矢量的常用性质有周期性、对称性、可约性。

1. 周期性

旋转矢量的周期性可以表示为：

$$W_N^{kn} = W_N^{k(N+n)} = W_N^{(N+k)n}$$

证明如下：

因为

$$W_N^{kn} = \mathrm{e}^{-\mathrm{j}k\frac{2\pi}{N}n}$$

而

$$\begin{aligned} W_N^{k(N+n)} &= W_N^{kN} \cdot W_N^{kn} \\ &= \mathrm{e}^{-\mathrm{j}k\frac{2\pi}{N}N} \cdot \mathrm{e}^{-\mathrm{j}k\frac{2\pi}{N}n} \\ &= \mathrm{e}^{-\mathrm{j}k2\pi} \cdot \mathrm{e}^{-\mathrm{j}k\frac{2\pi}{N}n} \\ &= 1 \cdot \mathrm{e}^{-\mathrm{j}k\frac{2\pi}{N}n} \end{aligned}$$

$$W_N^{(N+k)n} = W_N^{Nn} \cdot W_N^{kn} = 1 \cdot \mathrm{e}^{-\mathrm{j}k\frac{2\pi}{N}n}$$

所以

$$W_N^{kn} = W_N^{k(N+n)} = W_N^{(N+k)n}$$

其中 $W_N^{kn} = W_N^{k(N+n)}$ 的物理意义：旋转矢量上每个点的取值是周期性的，在 $n$ 点的取值与继续旋转一周 $N+n$ 点的取值相同，如图 12-4 所示。

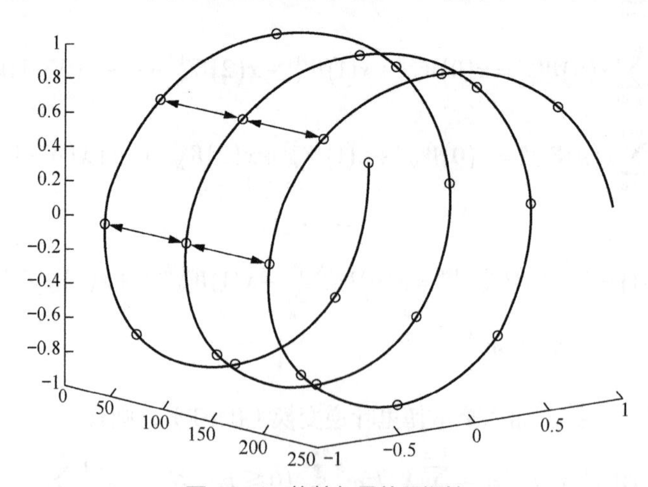


图 12-4　旋转矢量的周期性

其中 $W_N^{kn}=W_N^{(N+k)n}$ 的物理意义为：旋转矢量的旋转频率是周期性的，旋转角频率 $\Omega=\frac{2\pi}{N}$ 时，与旋转角频率为 $N\Omega$ 的旋转矢量取值相同。

2. 对称性

旋转矢量的对称性可以表示为：

$$\left(W_N^{kn}\right)^*=W_N^{-kn}=W_N^{k(N-n)}=W_N^{(N-k)n}$$

其中 $\left(W_N^{kn}\right)^*$ 为 $W_N^{kn}$ 的共轭。

证明如下：

$$\left(W_N^{kn}\right)^*=\left(\mathrm{e}^{-\mathrm{j}k\frac{2\pi}{N}n}\right)^*=\mathrm{e}^{\mathrm{j}k\frac{2\pi}{N}n}=W_N^{-kn}$$

$$\begin{aligned}W_N^{k(N-n)}&=W_N^{kN}\cdot W_N^{-kn}\\&=\mathrm{e}^{-\mathrm{j}k\frac{2\pi}{N}N}\cdot\mathrm{e}^{\mathrm{j}k\frac{2\pi}{N}n}\\&=\mathrm{e}^{-\mathrm{j}k2\pi}\cdot\mathrm{e}^{\mathrm{j}k\frac{2\pi}{N}n}\\&=1\cdot\mathrm{e}^{\mathrm{j}k\frac{2\pi}{N}n}\end{aligned}$$

$$\begin{aligned}W_N^{(N-k)n}&=W_N^{Nn}\cdot W_N^{-kn}\\&=1\cdot\mathrm{e}^{\mathrm{j}k\frac{2\pi}{N}n}\end{aligned}$$

3. 可约性

旋转矢量的可约性可以表示为：

$$W_N^{kn}=W_{Nm}^{knm}=W_{N/m}^{kn/m}$$

证明如下：

$$W_{Nm}^{knm}=\mathrm{e}^{-\mathrm{j}k\frac{2\pi nm}{Nm}}=W_N^{kn}$$

$$W_{N/m}^{kn/m}=\mathrm{e}^{-\mathrm{j}k\frac{2\pi nm}{Nm}}=W_N^{kn}$$

此外，旋转矢量有些常用的特殊值，列举如下：

$$W_N^0=\mathrm{e}^0=1$$

$$W_N^{N/2}=\mathrm{e}^{-\mathrm{j}\frac{2\pi}{N}\cdot\frac{N}{2}}=\mathrm{e}^{-\mathrm{j}\pi}=-1$$

$$W_N^{(k+N/2)}=W_N^k\cdot W_N^{N/2}=-W_N^k$$

# 12.2 快速傅里叶变换

尽管离散傅里叶变换能够实现数字信号的时频域变换，但在实际应用中，通常不采用这种方法。原因在于实际应用中更倾向于选择计算量小、速度快且存储量少的方法。快速傅里叶变换（FFT）则是一种通过优化离散傅里叶变换来提高计算效率的技术。接下来，我们将介绍如何通过优化傅里叶变换来实现快速傅里叶变换。

## 12.2.1 从 DFT 到 FFT

将离散傅里叶变换公式展开：

$$X(k)=\mathrm{DFT}\left[x(n)\right]=\sum_{n=0}^{N-1}x(n)\mathrm{e}^{-\mathrm{j}k\frac{2\pi}{N}n},\ (0\leqslant k\leqslant N-1)$$

$$X(0)=x(0)\mathrm{e}^{-\mathrm{j}0\frac{2\pi}{N}0}+x(1)\mathrm{e}^{-\mathrm{j}0\frac{2\pi}{N}1}+x(2)\mathrm{e}^{-\mathrm{j}0\frac{2\pi}{N}2}+\cdots+x(N-1)\mathrm{e}^{-\mathrm{j}0\frac{2\pi}{N}(N-1)}$$

$$X(1)=x(0)\mathrm{e}^{-\mathrm{j}1\frac{2\pi}{N}0}+x(1)\mathrm{e}^{-\mathrm{j}1\frac{2\pi}{N}1}+x(2)\mathrm{e}^{-\mathrm{j}1\frac{2\pi}{N}2}+\cdots+x(N-1)\mathrm{e}^{-\mathrm{j}1\frac{2\pi}{N}(N-1)}$$

$$X(2)=x(0)\mathrm{e}^{-\mathrm{j}2\frac{2\pi}{N}0}+x(1)\mathrm{e}^{-\mathrm{j}2\frac{2\pi}{N}1}+x(2)\mathrm{e}^{-\mathrm{j}2\frac{2\pi}{N}2}+\cdots+x(N-1)\mathrm{e}^{-\mathrm{j}2\frac{2\pi}{N}(N-1)}$$

……

$$X(N-1)=x(0)\mathrm{e}^{-\mathrm{j}(N-1)\frac{2\pi}{N}0}+x(1)\mathrm{e}^{-\mathrm{j}(N-1)\frac{2\pi}{N}1}+x(2)\mathrm{e}^{-\mathrm{j}(N-1)\frac{2\pi}{N}2}+\cdots+x(N-1)\mathrm{e}^{-\mathrm{j}(N-1)\frac{2\pi}{N}(N-1)}$$

$N$ 点的 DFT 需要 $N(N-1)$ 次加法运算。因为复指数信号为复数，所以还需要 $N^2$ 次复数乘法运算。若 $x(n)$ 为实数，每个复数乘法包括 2 个实数乘法和 1 个加法。

将 $W_N^{kn}=\mathrm{e}^{-\mathrm{j}k\frac{2\pi}{N}n}$ 带入离散傅里叶变换公式并展开，则有：

$$X(k)=\mathrm{DFT}\left[x(n)\right]=\sum_{n=0}^{N-1}x(n)\mathrm{e}^{-\mathrm{j}k\frac{2\pi}{N}n},\ (0\leqslant k\leqslant N-1)=\sum_{n=0}^{N-1}x(n)W_N^{kn}$$

$$X(0)=\sum_{n=0}^{N-1}x(n)W_N^{0\cdot n}=x(0)W_N^{0\cdot 0}+x(1)W_N^{0\cdot 1}+x(2)W_N^{0\cdot 2}+\cdots+x(N-1)W_N^{0\cdot(N-1)}$$

$$X(1)=\sum_{n=0}^{N-1}x(n)W_N^{1\cdot n}=x(0)W_N^{1\cdot 0}+x(1)W_N^{1\cdot 1}+x(2)W_N^{1\cdot 2}+\cdots+x(N-1)W_N^{1\cdot(N-1)}$$

$$X(2)=\sum_{n=0}^{N-1}x(n)W_N^{2\cdot n}=x(0)W_N^{2\cdot 0}+x(1)W_N^{2\cdot 1}+x(2)W_N^{2\cdot 2}+\cdots+x(N-1)W_N^{2\cdot(N-1)}$$

……

$$X(N-1)=\sum_{n=0}^{N-1}x(n)W_N^{(N-1)\cdot n}$$

$$= x(0)W_N^{(N-1)\cdot 0} + x(1)W_N^{(N-1)\cdot 1} + x(2)W_N^{(N-1)\cdot 2} + \cdots + x(N-1)W_N^{(N-1)\cdot(N-1)}$$

将 $n$ 按奇偶分开，用 $r$ 表示序号，则有：

$$X(k) = \mathrm{DFT}\left[x(n)\right] = \sum_{n=0}^{N-1} x(n)W_N^{kn} = \underbrace{\sum_{r=0}^{N/2-1} x(2r)W_N^{k\cdot 2r}}_{n\text{为偶数}} + \underbrace{\sum_{r=0}^{N/2-1} x(2r+1)W_N^{k\cdot(2r+1)}}_{n\text{为奇数}}$$

$(0 \leqslant r \leqslant N/2-1)$

$$X(0) = \sum_{n=0}^{N-1} x(n)W_N^{0\cdot n}$$
$$= x(0)W_N^{0\cdot 0} + x(2)W_N^{0\cdot 2} + \ldots + x(2r)W_N^{0\cdot 2r} + x(1)W_N^{0\cdot 1} + x(3)W_N^{0\cdot 3} + \cdots + x(2r+1)W_N^{0\cdot(2r+1)}$$

$$X(1) = \sum_{n=0}^{N-1} x(n)W_N^{1\cdot n}$$
$$= x(0)W_N^{1\cdot 0} + x(2)W_N^{1\cdot 2} + \cdots + x(2r)W_N^{1\cdot 2r} + x(1)W_N^{1\cdot 1} + x(3)W_N^{1\cdot 3} + \cdots + x(2r+1)W_N^{1\cdot(2r+1)}$$

$$X(2) = \sum_{n=0}^{N-1} x(n)W_N^{2\cdot n}$$
$$= x(0)W_N^{2\cdot 0} + x(2)W_N^{2\cdot 2} + \cdots + x(2r)W_N^{2\cdot 2r} + x(1)W_N^{2\cdot 1} + x(3)W_N^{2\cdot 3} + \cdots + x(2r+1)W_N^{2\cdot(2r+1)}$$

……

$$X(N-1) = \sum_{n=0}^{N-1} x(n)W_N^{(N-1)\cdot n}$$
$$= x(0)W_N^{(N-1)\cdot 0} + \cdots + x(2r)W_N^{(N-1)\cdot 2r} + x(1)W_N^{(N-1)\cdot 1} + \cdots + x(2r+1)W_N^{(N-1)\cdot(2r+1)}$$

继续将序列 $x(n)$ 按 $n$ 的奇偶分成两个新的序列 $x_1(r)$，$x_2(r)$：

$$\begin{cases} x_1(r) = x(2r) \\ x_2(r) = x(2r+1) \end{cases}, (0 \leqslant r \leqslant N/2-1)$$

则有：

$$X(k) = \mathrm{DFT}\left[x(n)\right] = \sum_{n=0}^{N-1} x(n)W_N^{kn}, (0 \leqslant k \leqslant N-1)$$
$$= \sum_{r=0}^{N/2-1} x(2r)W_N^{k\cdot 2r} + \sum_{r=0}^{N/2-1} x(2r+1)W_N^{k\cdot(2r+1)}$$
$$= \sum_{r=0}^{N/2-1} x_1(r)W_N^{k\cdot 2r} + W_N^k \sum_{r=0}^{N/2-1} x_2(r)W_N^{k\cdot 2r}$$

根据旋转矢量的可约性：

$$W_N^{kn} = W_{N/m}^{kn/m} = \mathrm{e}^{-\mathrm{j}k\frac{2\pi nm}{Nm}}$$

得到：

$$W_N^{k\cdot 2r} = W_{N/2}^{k\cdot 2r/2} = W_{N/2}^{kr}$$

所以：

$$
\begin{aligned}
X(k) &= \sum_{r=0}^{N/2-1} x_1(r) W_N^{k\cdot 2r} + W_N^k \sum_{r=0}^{N/2-1} x_2(r) W_N^{k\cdot 2r} \\
&= \sum_{r=0}^{N/2-1} x_1(r) W_{N/2}^{kr} + W_N^k \sum_{r=0}^{N/2-1} x_2(r) W_{N/2}^{kr}
\end{aligned}
$$

当 $0 \leqslant k \leqslant N/2-1$ 时，$\sum_{r=0}^{N/2-1} x_1(r) W_{N/2}^{kr}$ 和 $\sum_{r=0}^{N/2-1} x_2(r) W_{N/2}^{kr}$ 均为 $N/2$ 点的 DFT，分别用 $X_1(k)$、$X_2(k)$ 表示。则有：

$$
X_1(k) = \sum_{r=0}^{N/2-1} x_1(r) W_{N/2}^{kr}
$$

$$
X_2(k) = \sum_{r=0}^{N/2-1} x_2(r) W_{N/2}^{kr}
$$

$$
X(k) = X_1(k) + W_N^k X_2(k), 0 \leqslant k \leqslant N/2-1
$$

根据旋转矢量的周期性，则有：

$$
X_1\left(\frac{N}{2}+k\right) = \sum_{r=0}^{N/2-1} x_1(r) W_{N/2}^{(N/2+k)r} = \sum_{r=0}^{N/2-1} x_1(r) W_{N/2}^{kr} = X_1(k)
$$

同理：

$$
X_2\left(\frac{N}{2}+k\right) = X_2(k)
$$

又因为：

$$
W_N^{N/2+k} = W_N^{N/2} W_N^k = -W_N^k
$$

所以：

$$
X\left(\frac{N}{2}+k\right) = X_1(k) - W_N^k X_2(k), 0 \leqslant k \leqslant N/2-1
$$

即：

$$
\begin{aligned}
X(k) &= \mathrm{DFT}[x(n)] = \sum_{n=0}^{N-1} x(n) W_N^{kn}, (0 \leqslant k \leqslant N-1) \\
&= \begin{cases} X(k) = X_1(k) + W_N^k X_2(k) \\ X\left(\frac{N}{2}+k\right) = X_1(k) - W_N^k X_2(k) \end{cases}, (0 \leqslant k \leqslant N/2-1)
\end{aligned}
$$

以上推导过程表明：一个 $N$ 点的 DFT 可以拆分成 2 个 $N/2$ 点的 DFT 的形式。其意义在于 DFT 中乘法运算的次数为 $N^2$。减小 DFT 的点数，将大大减少乘法运算的次数。这就是 FFT 的算法原理。

以 8 点 DFT 拆分为 2 个 4 点 DFT 为例，先按 DFT 公式展开：

$$X(0)=x(0)W_8^{0\cdot 0}+x(1)W_8^{0\cdot 1}+x(2)W_8^{0\cdot 2}+x(3)W_8^{0\cdot 3}+x(4)W_8^{0\cdot 4}+x(5)W_8^{0\cdot 5}+x(6)W_8^{0\cdot 6}+x(7)W_8^{0\cdot 7}$$

$$X(1)=x(0)W_8^{1\cdot 0}+x(1)W_8^{1\cdot 1}+x(2)W_8^{1\cdot 2}+x(3)W_8^{1\cdot 3}+x(4)W_8^{1\cdot 4}+x(5)W_8^{1\cdot 5}+x(6)W_8^{1\cdot 6}+x(7)W_8^{1\cdot 7}$$

$$X(2)=x(0)W_8^{2\cdot 0}+x(1)W_8^{2\cdot 1}+x(2)W_8^{2\cdot 2}+x(3)W_8^{2\cdot 3}+x(4)W_8^{2\cdot 4}+x(5)W_8^{2\cdot 5}+x(6)W_8^{2\cdot 6}+x(7)W_8^{2\cdot 7}$$

$$X(3)=x(0)W_8^{3\cdot 0}+x(1)W_8^{3\cdot 1}+x(2)W_8^{3\cdot 2}+x(3)W_8^{3\cdot 3}+x(4)W_8^{3\cdot 4}+x(5)W_8^{3\cdot 5}+x(6)W_8^{3\cdot 6}+x(7)W_8^{3\cdot 7}$$

$$X(4)=x(0)W_8^{4\cdot 0}+x(1)W_8^{4\cdot 1}+x(2)W_8^{4\cdot 2}+x(3)W_8^{4\cdot 3}+x(4)W_8^{4\cdot 4}+x(5)W_8^{4\cdot 5}+x(6)W_8^{4\cdot 6}+x(7)W_8^{4\cdot 7}$$

$$X(5)=x(0)W_8^{5\cdot 0}+x(1)W_8^{5\cdot 1}+x(2)W_8^{5\cdot 2}+x(3)W_8^{5\cdot 3}+x(4)W_8^{5\cdot 4}+x(5)W_8^{5\cdot 5}+x(6)W_8^{5\cdot 6}+x(7)W_8^{5\cdot 7}$$

$$X(6)=x(0)W_8^{6\cdot 0}+x(1)W_8^{6\cdot 1}+x(2)W_8^{6\cdot 2}+x(3)W_8^{6\cdot 3}+x(4)W_8^{6\cdot 4}+x(5)W_8^{6\cdot 5}+x(6)W_8^{6\cdot 6}+x(7)W_8^{6\cdot 7}$$

$$X(7)=x(0)W_8^{7\cdot 0}+x(1)W_8^{7\cdot 1}+x(2)W_8^{7\cdot 2}+x(3)W_8^{7\cdot 3}+x(4)W_8^{7\cdot 4}+x(5)W_8^{7\cdot 5}+x(6)W_8^{7\cdot 6}+x(7)W_8^{7\cdot 7}$$

然后，将展开后的运算按 $x(n)$ 中 $n$ 的奇偶分开：

$$X(0)=\left[x(0)W_8^{0\cdot 0}+x(2)W_8^{0\cdot 2}+x(4)W_8^{0\cdot 4}+x(6)W_8^{0\cdot 6}\right]+\left[x(1)W_8^{0\cdot 1}+x(3)W_8^{0\cdot 3}+x(5)W_8^{0\cdot 5}+x(7)W_8^{0\cdot 7}\right]$$

$$X(1)=\left[x(0)W_8^{1\cdot 0}+x(2)W_8^{1\cdot 2}+x(4)W_8^{1\cdot 4}+x(6)W_8^{1\cdot 6}\right]+\left[x(1)W_8^{1\cdot 1}+x(3)W_8^{1\cdot 3}+x(5)W_8^{1\cdot 5}+x(7)W_8^{1\cdot 7}\right]$$

$$X(2)=\left[x(0)W_8^{2\cdot 0}+x(2)W_8^{2\cdot 2}+x(4)W_8^{2\cdot 4}+x(6)W_8^{2\cdot 6}\right]+\left[x(1)W_8^{2\cdot 1}+x(3)W_8^{2\cdot 3}+x(5)W_8^{2\cdot 5}+x(7)W_8^{2\cdot 7}\right]$$

$$X(3)=\left[x(0)W_8^{3\cdot 0}+x(2)W_8^{3\cdot 2}+x(4)W_8^{3\cdot 4}+x(6)W_8^{3\cdot 6}\right]+\left[x(1)W_8^{3\cdot 1}+x(3)W_8^{3\cdot 3}+x(5)W_8^{3\cdot 5}+x(7)W_8^{3\cdot 7}\right]$$

$$X(4)=\left[x(0)W_8^{4\cdot 0}+x(2)W_8^{4\cdot 2}+x(4)W_8^{4\cdot 4}+x(6)W_8^{4\cdot 6}\right]+\left[x(1)W_8^{4\cdot 1}+x(3)W_8^{4\cdot 3}+x(5)W_8^{4\cdot 5}+x(7)W_8^{4\cdot 7}\right]$$

$$X(5)=\left[x(0)W_8^{5\cdot 0}+x(2)W_8^{5\cdot 2}+x(4)W_8^{5\cdot 4}+x(6)W_8^{5\cdot 6}\right]+\left[x(1)W_8^{5\cdot 1}+x(3)W_8^{5\cdot 3}+x(5)W_8^{5\cdot 5}+x(7)W_8^{5\cdot 7}\right]$$

$$X(6)=\left[x(0)W_8^{6\cdot 0}+x(2)W_8^{6\cdot 2}+x(4)W_8^{6\cdot 4}+x(6)W_8^{6\cdot 6}\right]+\left[x(1)W_8^{6\cdot 1}+x(3)W_8^{6\cdot 3}+x(5)W_8^{6\cdot 5}+x(7)W_8^{6\cdot 7}\right]$$

$$X(7)=\left[x(0)W_8^{7\cdot 0}+x(2)W_8^{7\cdot 2}+x(4)W_8^{7\cdot 4}+x(6)W_8^{7\cdot 6}\right]+\left[x(1)W_8^{7\cdot 1}+x(3)W_8^{7\cdot 3}+x(5)W_8^{7\cdot 5}+x(7)W_8^{7\cdot 7}\right]$$

将 $x(n)$ 按 $n$ 的奇偶表示为2个新的序列 $x_1(r)$、$x_2(r)$，并根据旋转矢量的可约性，得：

$$X(0)=\left[x_1(0)W_4^{0\cdot 0}+x_1(1)W_4^{0\cdot 1}+x_1(2)W_4^{0\cdot 2}+x_1(3)W_4^{0\cdot 3}\right]+W_8^0\left[x_2(0)W_4^{0\cdot 0}+x_2(1)W_4^{0\cdot 1}+x_2(2)W_4^{0\cdot 2}+x_2(3)W_4^{0\cdot 3}\right]$$

$$X(1)=\left[x_1(0)W_4^{1\cdot 0}+x_1(1)W_4^{1\cdot 1}+x_1(2)W_4^{1\cdot 2}+x_1(3)W_4^{1\cdot 3}\right]+W_8^1\left[x_2(0)W_4^{1\cdot 0}+x_2(1)W_4^{1\cdot 1}+x_2(2)W_4^{1\cdot 2}+x_2(3)W_4^{1\cdot 3}\right]$$

$$X(2)=\left[x_1(0)W_4^{2\cdot 0}+x_1(1)W_4^{2\cdot 1}+x_1(2)W_4^{2\cdot 2}+x_1(3)W_4^{2\cdot 3}\right]+W_8^2\left[x_2(0)W_4^{2\cdot 0}+x_2(1)W_4^{2\cdot 1}+x_2(2)W_4^{2\cdot 2}+x_2(3)W_4^{2\cdot 3}\right]$$

$$X(3)=\left[x_1(0)W_4^{3\cdot 0}+x_1(1)W_4^{3\cdot 1}+x_1(2)W_4^{3\cdot 2}+x_1(3)W_4^{3\cdot 3}\right]+W_8^3\left[x_2(0)W_4^{3\cdot 0}+x_2(1)W_4^{3\cdot 1}+x_2(2)W_4^{3\cdot 2}+x_2(3)W_4^{3\cdot 3}\right]$$

$$X(4)=\left[x_1(0)W_4^{4\cdot 0}+x_1(1)W_4^{4\cdot 1}+x_1(2)W_4^{4\cdot 2}+x_1(3)W_4^{4\cdot 3}\right]+W_8^4\left[x_2(0)W_4^{4\cdot 0}+x_2(1)W_4^{4\cdot 1}+x_2(2)W_4^{4\cdot 2}+x_2(3)W_4^{4\cdot 3}\right]$$

$$X(5)=\left[x_1(0)W_4^{5\cdot0}+x_1(1)W_4^{5\cdot1}+x_1(2)W_4^{5\cdot2}+x_1(3)W_4^{5\cdot3}\right]+W_8^5\left[x_2(0)W_4^{5\cdot0}+x_2(1)W_4^{5\cdot1}+x_2(2)W_4^{5\cdot2}+x_2(3)W_4^{5\cdot3}\right]$$

$$X(6)=\left[x_1(0)W_4^{6\cdot0}+x_1(1)W_4^{6\cdot1}+x_1(2)W_4^{6\cdot2}+x_1(3)W_4^{6\cdot3}\right]+W_8^6\left[x_2(0)W_4^{6\cdot0}+x_2(1)W_4^{6\cdot1}+x_2(2)W_4^{6\cdot2}+x_2(3)W_4^{6\cdot3}\right]$$

$$X(7)=\left[x_1(0)W_4^{7\cdot0}+x_1(1)W_4^{7\cdot1}+x_1(2)W_4^{7\cdot2}+x_1(3)W_4^{7\cdot3}\right]+W_8^7\left[x_2(0)W_4^{7\cdot0}+x_2(1)W_4^{7\cdot1}+x_2(2)W_4^{7\cdot2}+x_2(3)W_4^{7\cdot3}\right]$$

令：

$$X_1(0)=x_1(0)W_4^{0\cdot0}+x_1(1)W_4^{0\cdot1}+x_1(2)W_4^{0\cdot2}+x_1(3)W_4^{0\cdot3}$$
$$X_1(1)=x_1(0)W_4^{1\cdot0}+x_1(1)W_4^{1\cdot1}+x_1(2)W_4^{1\cdot2}+x_1(3)W_4^{1\cdot3}$$
$$X_1(2)=x_1(0)W_4^{2\cdot0}+x_1(1)W_4^{2\cdot1}+x_1(2)W_4^{2\cdot2}+x_1(3)W_4^{2\cdot3}$$
$$X_1(3)=x_1(0)W_4^{3\cdot0}+x_1(1)W_4^{3\cdot1}+x_1(2)W_4^{3\cdot2}+x_1(3)W_4^{3\cdot3}$$

即$X_1(0)$、$X_1(1)$、$X_1(2)$、$X_1(3)$为$x_1(0)$、$x_1(1)$、$x_1(2)$、$x_1(3)$对应的 4 点 DFT。同理，令$X_2(0)$、$X_2(1)$、$X_2(2)$、$X_2(3)$为$x_2(0)$、$x_2(1)$、$x_2(2)$、$x_2(3)$对应的 4 点 DFT：

$$X_2(0)=x_2(0)W_4^{0\cdot0}+x_2(1)W_4^{0\cdot1}+x_2(2)W_4^{0\cdot2}+x_2(3)W_4^{0\cdot3}$$
$$X_2(1)=x_2(0)W_4^{1\cdot0}+x_2(1)W_4^{1\cdot1}+x_2(2)W_4^{1\cdot2}+x_2(3)W_4^{1\cdot3}$$
$$X_2(2)=x_2(0)W_4^{2\cdot0}+x_2(1)W_4^{2\cdot1}+x_2(2)W_4^{2\cdot2}+x_2(3)W_4^{2\cdot3}$$
$$X_2(3)=x_2(0)W_4^{3\cdot0}+x_2(1)W_4^{3\cdot1}+x_2(2)W_4^{3\cdot2}+x_2(3)W_4^{3\cdot3}$$

则前 4 点 DFT 的$X(0)$、$X(1)$、$X(2)$、$X(3)$可以表示为：

$$X(0)=X_1(0)+W_8^0\left[X_2(0)\right]$$
$$X(1)=X_1(1)+W_8^1\left[X_2(1)\right]$$
$$X(2)=X_1(2)+W_8^2\left[X_2(2)\right]$$
$$X(3)=X_1(3)+W_8^3\left[X_2(3)\right]$$

根据旋转矢量的周期性和特殊值，后 4 点 DFT 的$X(4)$、$X(5)$、$X(6)$、$X(7)$可以表示为：

$$X(4)=X_1(0)-W_8^0\left[X_2(0)\right]$$
$$X(5)=X_1(1)-W_8^1\left[X_2(1)\right]$$
$$X(6)=X_1(2)-W_8^2[X_2(2)]$$
$$X(7)=X_1(3)-W_8^3\left[X_2(3)\right]$$

因此，8 点 DFT 可以先拆分为求 2 个 4 点 DFT，然后再用 4 点 DFT 的结果进行运算。8 点 DFT 拆分前需要 56 个加法和 64 个复数乘法。拆分成 2 个 4 点 DFT 的运算形式后，只需要 32 个加减法和 36 个复数乘法，这大大减少了运算量。

## 12.2.2 时间抽取 FFT 算法

上节介绍了将序列 $x(n)$ 进行分组，从而减少 DFT 运算点数的方法，称作按时间抽取的 FFT 算法。可以表示为：

$$X(k)=\mathrm{DFT}\left[x(n)\right]=\sum_{n=0}^{N-1}x(n)W_N^{kn}\quad(0\leqslant k\leqslant N-1)$$

$$=\begin{cases}X(k)=X_1(k)+W_N^kX_2(k)\\ X\left(\dfrac{N}{2}+k\right)=X_1(k)-W_N^kX_2(k)\end{cases}(0\leqslant k\leqslant N/2-1)$$

上式还可以用信号流图表示，因为形似蝴蝶，所以又称作蝶形图，如图 12-5 所示：

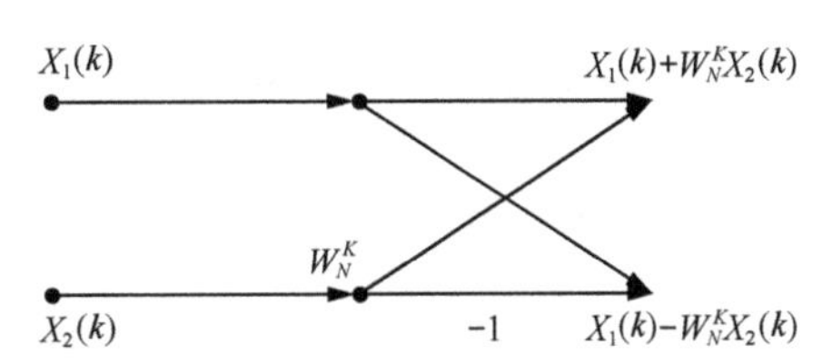


图 12-5　按时间抽取的 FFT 算法的蝶形图

设序列 $x(n)$ 的长度为 $N$，且 $N$ 为 2 的幂次方。若将 $N$ 点 DFT 拆分为 $\dfrac{N}{4}$ 点 DFT，则称为基 4 时间抽取 FFT 算法。以 $N=8$ 为例，用蝶形图表示，如图 12-6 所示。

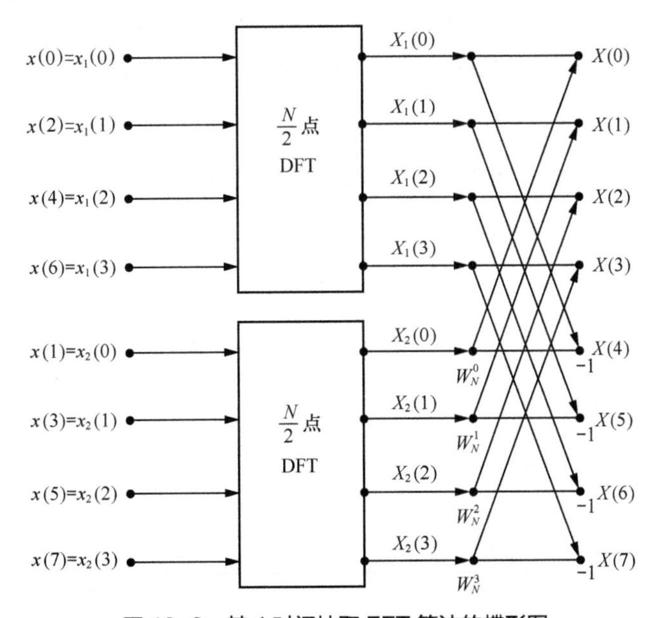


图 12-6　基 4 时间抽取 FFT 算法的蝶形图

若想进一步减少计算量，可以继续将 4 点 DFT 变为 2 点 DFT，称为基 2 时间抽取 FFT 算法。以 $N=8$ 为例，用蝶形图表示如图 12-7 所示。

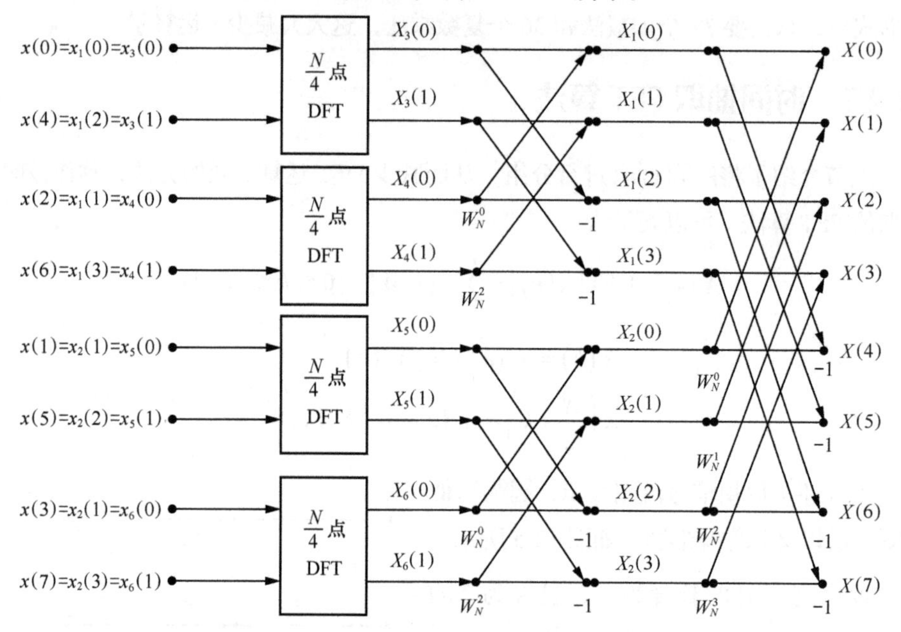


图 12-7　基 2 时间抽取 FFT 算法的蝶形图

## 12.2.3　频率抽取 FFT 算法

按时间抽取的 FFT 算法是对输入序列 $x(n)$ 进行分组排序。还有一种 FFT 算法，该算法可以保持输入序列的顺序，但需要将输出结果进行重写排序，称作按频率抽取的 FFT 算法。可以表示为：

$$X(k)=\mathrm{DFT}\left[x(n)\right]=\sum_{n=0}^{N-1}x(n)W_N^{kn}\left(0\leqslant k\leqslant N-1\right)$$

$$\begin{cases}x_1(n)=x(n)+x\left(\dfrac{N}{2}+n\right)\\ x_2(n)=\left[x(n)-x\left(\dfrac{N}{2}+n\right)\right]W_N^n\end{cases}$$

用信号流图表示，如图 12-8 所示。

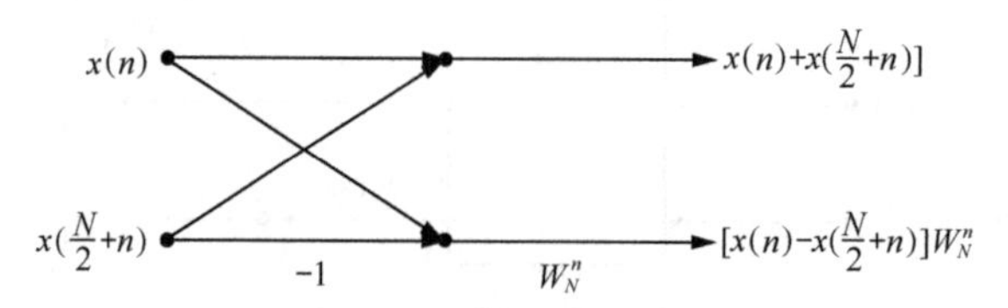


图 12-8　按频率抽取的 FFT 算法的蝶形图

以 $N$=8 为例，用蝶形图表示按基 2 频率抽取的 FFT 算法，如图 12-9 所示。

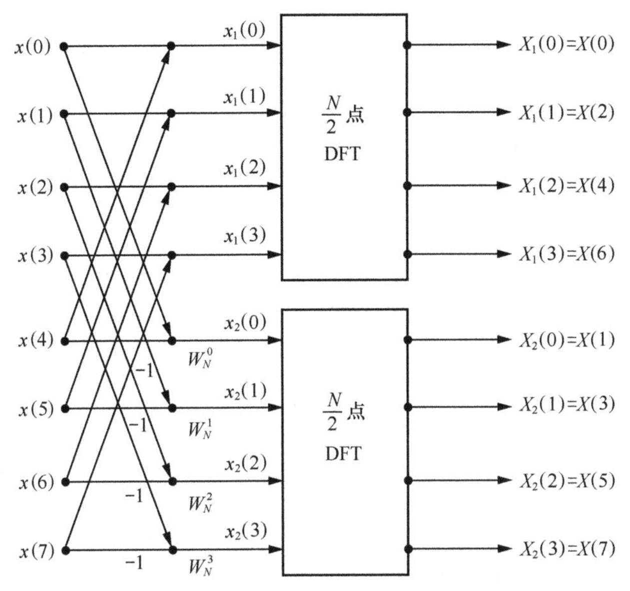


图 12-9 基 2 频率抽取的 FFT 算法的蝶形图

# 12.3 傅里叶变换的应用

为了更直观地理解 DFT 和 FFT 的过程和应用方法，接下来，我们以 DFT 和 FFT 的应用实例进行分析讲解。

## 12.3.1 DFT 的应用举例

已知连续时间的模拟余弦信号 $x(t)$，频率 $f$ = 1MHz。用采样频率 $f_s$ = 8MHz 进行采样后，得到离散时间的数字信号为 $x(n)$，如图 12-10 所示。求 $x(n)$ 的离散傅里叶变换 $X(k)$ 。

对于模拟余弦信号 $x(t)$，令 $\omega$ 为模拟角频率，则可以表示为：

$$x(t)=\cos 2\pi ft=\cos\omega t$$

对于数字信号 $x(n)$，令 $\Omega$ 为数字角频率，则有：

$$N=\frac{f_s}{f}=8$$

$$\Omega=\frac{2\pi}{N}=2\pi\frac{f}{f_s}=\frac{2\pi}{8}$$

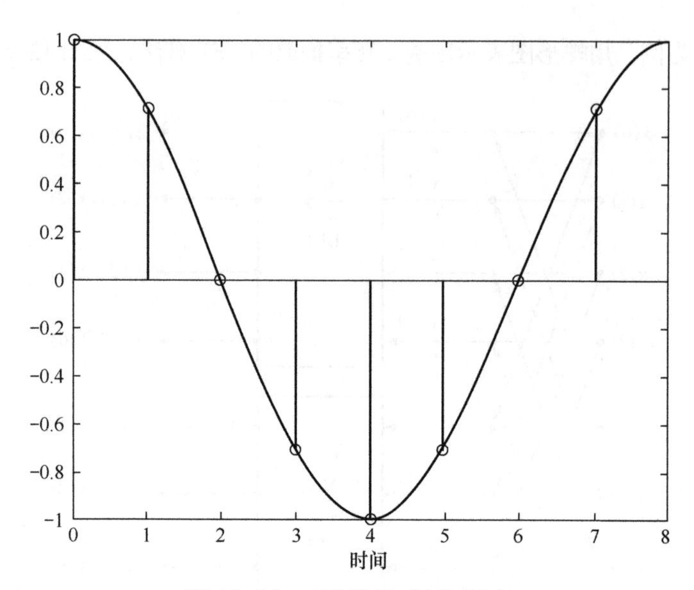


图 12-10 余弦信号 $x(t)$ 和 $x(n)$

$$
\begin{aligned}
x(n) &= \cos \Omega n = \cos \frac{2\pi}{N} n \left(0 \leqslant n \leqslant N-1\right) \\
&= \cos \frac{2\pi}{8} n \\
&= \left[x(0)\ x(1)\ x(2)\ x(3)\ x(4)\ x(5)\ x(6)\ x(7)\right] \\
&= \left[\cos\frac{2\pi}{8}\cdot 0\ \cos\frac{2\pi}{8}\cdot 1\ \cos\frac{2\pi}{8}\cdot 2\ \cos\frac{2\pi}{8}\cdot 3\ \cos\frac{2\pi}{8}\cdot 4\ \cos\frac{2\pi}{8}\cdot 5\ \cos\frac{2\pi}{8}\cdot 6\ \cos\frac{2\pi}{8}\cdot 7\right] \\
&= \left[1\ \ \frac{\sqrt{2}}{2}\ \ 0\ -\frac{\sqrt{2}}{2}\ \ -1\ -\frac{\sqrt{2}}{2}\ \ 0\ \ \frac{\sqrt{2}}{2}\right]
\end{aligned}
$$

现在已经获得了信号 $x(n)$ 中每个点的取值，接下来求其离散傅里叶变换 $X(k)$。根据 DFT 公式：

$$
X(k) = \mathrm{DFT}\left[x(n)\right] = \sum_{n=0}^{N-1} x(n) W_N^{kn} = \sum_{n=0}^{N-1} x(n) \mathrm{e}^{-\mathrm{j}k\frac{2\pi}{N}n}, \left(0 \leqslant k \leqslant N-1\right)
$$

可得：

$$X(0) = x(0)W_8^{0\cdot 0} + x(1)W_8^{0\cdot 1} + x(2)W_8^{0\cdot 2} + x(3)W_8^{0\cdot 3} + x(4)W_8^{0\cdot 4} + x(5)W_8^{0\cdot 5} + x(6)W_8^{0\cdot 6} + x(7)W_8^{0\cdot 7}$$

$$X(1) = x(0)W_8^{1\cdot 0} + x(1)W_8^{1\cdot 1} + x(2)W_8^{1\cdot 2} + x(3)W_8^{1\cdot 3} + x(4)W_8^{1\cdot 4} + x(5)W_8^{1\cdot 5} + x(6)W_8^{1\cdot 6} + x(7)W_8^{1\cdot 7}$$

$$X(2) = x(0)W_8^{2\cdot 0} + x(1)W_8^{2\cdot 1} + x(2)W_8^{2\cdot 2} + x(3)W_8^{2\cdot 3} + x(4)W_8^{2\cdot 4} + x(5)W_8^{2\cdot 5} + x(6)W_8^{2\cdot 6} + x(7)W_8^{2\cdot 7}$$

$$X(3) = x(0)W_8^{3\cdot 0} + x(1)W_8^{3\cdot 1} + x(2)W_8^{3\cdot 2} + x(3)W_8^{3\cdot 3} + x(4)W_8^{3\cdot 4} + x(5)W_8^{3\cdot 5} + x(6)W_8^{3\cdot 6} + x(7)W_8^{3\cdot 7}$$

$$X(4) = x(0)W_8^{4\cdot 0} + x(1)W_8^{4\cdot 1} + x(2)W_8^{4\cdot 2} + x(3)W_8^{4\cdot 3} + x(4)W_8^{4\cdot 4} + x(5)W_8^{4\cdot 5} + x(6)W_8^{4\cdot 6} + x(7)W_8^{4\cdot 7}$$

$$X(5) = x(0)W_8^{5\cdot 0} + x(1)W_8^{5\cdot 1} + x(2)W_8^{5\cdot 2} + x(3)W_8^{5\cdot 3} + x(4)W_8^{5\cdot 4} + x(5)W_8^{5\cdot 5} + x(6)W_8^{5\cdot 6} + x(7)W_8^{5\cdot 7}$$

$$X(6)=x(0)W_8^{6\cdot0}+x(1)W_8^{6\cdot1}+x(2)W_8^{6\cdot2}+x(3)W_8^{6\cdot3}+x(4)W_8^{6\cdot4}+x(5)W_8^{6\cdot5}+x(6)W_8^{6\cdot6}+x(7)W_8^{6\cdot7}$$

$$X(7)=x(0)W_8^{7\cdot0}+x(1)W_8^{7\cdot1}+x(2)W_8^{7\cdot2}+x(3)W_8^{7\cdot3}+x(4)W_8^{7\cdot4}+x(5)W_8^{7\cdot5}+x(6)W_8^{7\cdot6}+x(7)W_8^{7\cdot7}$$

将其变换为矩阵相乘的形式：

$$\begin{bmatrix}X(0)\ X(1)\ X(2)\ X(3)\ X(4)\ X(5)\ X(6)\ X(7)\end{bmatrix}$$

$$=\begin{bmatrix}x(0)\ x(1)\ x(2)\ x(3)\ x(4)\ x(5)\ x(6)\ x(7)\end{bmatrix}\begin{bmatrix}
W_8^{0\cdot0} & W_8^{1\cdot0} & W_8^{2\cdot0} & W_8^{3\cdot0} & W_8^{4\cdot0} & W_8^{5\cdot0} & W_8^{6\cdot0} & W_8^{7\cdot0} \\
W_8^{0\cdot1} & W_8^{1\cdot1} & W_8^{2\cdot1} & W_8^{3\cdot1} & W_8^{4\cdot1} & W_8^{5\cdot1} & W_8^{6\cdot1} & W_8^{7\cdot1} \\
W_8^{0\cdot2} & W_8^{1\cdot2} & W_8^{2\cdot2} & W_8^{3\cdot2} & W_8^{4\cdot2} & W_8^{5\cdot2} & W_8^{6\cdot2} & W_8^{7\cdot2} \\
W_8^{0\cdot3} & W_8^{1\cdot3} & W_8^{2\cdot3} & W_8^{3\cdot3} & W_8^{4\cdot3} & W_8^{5\cdot3} & W_8^{6\cdot3} & W_8^{7\cdot3} \\
W_8^{0\cdot4} & W_8^{1\cdot4} & W_8^{2\cdot4} & W_8^{3\cdot4} & W_8^{4\cdot4} & W_8^{5\cdot4} & W_8^{6\cdot4} & W_8^{7\cdot4} \\
W_8^{0\cdot5} & W_8^{1\cdot5} & W_8^{2\cdot5} & W_8^{3\cdot5} & W_8^{4\cdot5} & W_8^{5\cdot5} & W_8^{6\cdot5} & W_8^{7\cdot5} \\
W_8^{0\cdot6} & W_8^{1\cdot6} & W_8^{2\cdot6} & W_8^{3\cdot6} & W_8^{4\cdot6} & W_8^{5\cdot6} & W_8^{6\cdot6} & W_8^{7\cdot6} \\
W_8^{0\cdot7} & W_8^{1\cdot7} & W_8^{2\cdot7} & W_8^{3\cdot7} & W_8^{4\cdot7} & W_8^{5\cdot7} & W_8^{6\cdot7} & W_8^{7\cdot7}
\end{bmatrix}$$

$$=\begin{bmatrix}x(0)\ x(1)\ x(2)\ x(3)\ x(4)\ x(5)\ x(6)\ x(7)\end{bmatrix}$$

$$\begin{bmatrix}
e^{-j0\frac{2\pi}{8}0} & e^{-j1\frac{2\pi}{8}0} & e^{-j2\frac{2\pi}{8}0} & e^{-j3\frac{2\pi}{8}0} & e^{-j4\frac{2\pi}{8}0} & e^{-j5\frac{2\pi}{8}0} & e^{-j6\frac{2\pi}{8}0} & e^{-j7\frac{2\pi}{8}0} \\
e^{-j0\frac{2\pi}{8}1} & e^{-j1\frac{2\pi}{8}1} & e^{-j2\frac{2\pi}{8}1} & e^{-j3\frac{2\pi}{8}1} & e^{-j4\frac{2\pi}{8}1} & e^{-j5\frac{2\pi}{8}1} & e^{-j6\frac{2\pi}{8}1} & e^{-j7\frac{2\pi}{8}1} \\
e^{-j0\frac{2\pi}{8}2} & e^{-j1\frac{2\pi}{8}2} & e^{-j2\frac{2\pi}{8}2} & e^{-j3\frac{2\pi}{8}2} & e^{-j4\frac{2\pi}{8}2} & e^{-j5\frac{2\pi}{8}2} & e^{-j6\frac{2\pi}{8}2} & e^{-j7\frac{2\pi}{8}2} \\
e^{-j0\frac{2\pi}{8}3} & e^{-j1\frac{2\pi}{8}3} & e^{-j2\frac{2\pi}{8}3} & e^{-j3\frac{2\pi}{8}3} & e^{-j4\frac{2\pi}{8}3} & e^{-j5\frac{2\pi}{8}3} & e^{-j6\frac{2\pi}{8}3} & e^{-j7\frac{2\pi}{8}3} \\
e^{-j0\frac{2\pi}{8}4} & e^{-j1\frac{2\pi}{8}4} & e^{-j2\frac{2\pi}{8}4} & e^{-j3\frac{2\pi}{8}4} & e^{-j4\frac{2\pi}{8}4} & e^{-j5\frac{2\pi}{8}4} & e^{-j6\frac{2\pi}{8}4} & e^{-j7\frac{2\pi}{8}4} \\
e^{-j0\frac{2\pi}{8}5} & e^{-j1\frac{2\pi}{8}5} & e^{-j2\frac{2\pi}{8}5} & e^{-j3\frac{2\pi}{8}5} & e^{-j4\frac{2\pi}{8}5} & e^{-j5\frac{2\pi}{8}5} & e^{-j6\frac{2\pi}{8}5} & e^{-j7\frac{2\pi}{8}5} \\
e^{-j0\frac{2\pi}{8}6} & e^{-j1\frac{2\pi}{8}6} & e^{-j2\frac{2\pi}{8}6} & e^{-j3\frac{2\pi}{8}6} & e^{-j4\frac{2\pi}{8}6} & e^{-j5\frac{2\pi}{8}6} & e^{-j6\frac{2\pi}{8}6} & e^{-j7\frac{2\pi}{8}6} \\
e^{-j0\frac{2\pi}{8}7} & e^{-j1\frac{2\pi}{8}7} & e^{-j2\frac{2\pi}{8}7} & e^{-j3\frac{2\pi}{8}7} & e^{-j4\frac{2\pi}{8}7} & e^{-j5\frac{2\pi}{8}7} & e^{-j6\frac{2\pi}{8}7} & e^{-j7\frac{2\pi}{8}7}
\end{bmatrix}$$

接下来求旋转矢量的值，$N=8$ 的旋转矢量如图 12-11 所示。

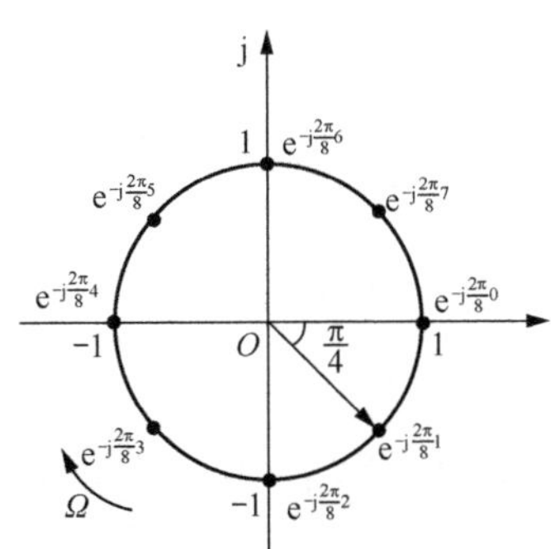


图 12-11　$N=8$ 的旋转矢量

根据欧拉公式可以求得旋转矢量中每个点的值。例如：

$$e^{-j\frac{2\pi}{8}1}=\cos\frac{\pi}{4}-j\sin\frac{\pi}{4}=\frac{\sqrt{2}}{2}-j\frac{\sqrt{2}}{2}=0.7071-0.7071j$$

同理，可求出旋转矢量中其余点的值，得到：

$$\begin{aligned}&\left[X(0)\ X(1)\ X(2)\ X(3)\ X(4)\ X(5)\ X(6)\ X(7)\right]\\&=\left[x(0)\ x(1)\ x(2)\ x(3)\ x(4)\ x(5)\ x(6)\ x(7)\right]\\&\begin{bmatrix}1&1&1&1&1&1&1&1\\1&\frac{\sqrt{2}}{2}-\frac{\sqrt{2}}{2}j&-j&-\frac{\sqrt{2}}{2}-\frac{\sqrt{2}}{2}j&-1&-\frac{\sqrt{2}}{2}+\frac{\sqrt{2}}{2}j&j&\frac{\sqrt{2}}{2}+\frac{\sqrt{2}}{2}j\\1&-j&-1&j&1&-j&-1&j\\1&-\frac{\sqrt{2}}{2}-\frac{\sqrt{2}}{2}j&j&\frac{\sqrt{2}}{2}-\frac{\sqrt{2}}{2}j&-1&\frac{\sqrt{2}}{2}+\frac{\sqrt{2}}{2}j&-j&-\frac{\sqrt{2}}{2}+\frac{\sqrt{2}}{2}j\\1&-1&1&-1&1&-1&1&-1\\1&-\frac{\sqrt{2}}{2}+\frac{\sqrt{2}}{2}j&-j&\frac{\sqrt{2}}{2}+\frac{\sqrt{2}}{2}j&-1&\frac{\sqrt{2}}{2}-\frac{\sqrt{2}}{2}j&j&-\frac{\sqrt{2}}{2}-\frac{\sqrt{2}}{2}j\\1&j&-1&-j&1&j&-1&-j\\1&\frac{\sqrt{2}}{2}+\frac{\sqrt{2}}{2}j&j&-\frac{\sqrt{2}}{2}+\frac{\sqrt{2}}{2}j&-1&-\frac{\sqrt{2}}{2}-\frac{\sqrt{2}}{2}j&-j&\frac{\sqrt{2}}{2}-\frac{\sqrt{2}}{2}j\end{bmatrix}\end{aligned}$$

带入$x(n)$的取值，则有：

$$\begin{aligned}&\left[X(0)\ X(1)\ X(2)\ X(3)\ X(4)\ X(5)\ X(6)\ X(7)\right]\\&=\left[1\ \ \frac{\sqrt{2}}{2}\ \ 0\ \ -\frac{\sqrt{2}}{2}\ \ -1\ \ -\frac{\sqrt{2}}{2}\ \ 0\ \ \frac{\sqrt{2}}{2}\right]\\&\begin{bmatrix}1&1&1&1&1&1&1&1\\1&\frac{\sqrt{2}}{2}-\frac{\sqrt{2}}{2}j&-j&-\frac{\sqrt{2}}{2}-\frac{\sqrt{2}}{2}j&-1&-\frac{\sqrt{2}}{2}+\frac{\sqrt{2}}{2}j&j&\frac{\sqrt{2}}{2}+\frac{\sqrt{2}}{2}j\\1&-j&-1&j&1&-j&-1&j\\1&-\frac{\sqrt{2}}{2}-\frac{\sqrt{2}}{2}j&j&\frac{\sqrt{2}}{2}-\frac{\sqrt{2}}{2}j&-1&\frac{\sqrt{2}}{2}+\frac{\sqrt{2}}{2}j&-j&-\frac{\sqrt{2}}{2}+\frac{\sqrt{2}}{2}j\\1&-1&1&-1&1&-1&1&-1\\1&-\frac{\sqrt{2}}{2}+\frac{\sqrt{2}}{2}j&-j&\frac{\sqrt{2}}{2}+\frac{\sqrt{2}}{2}j&-1&\frac{\sqrt{2}}{2}-\frac{\sqrt{2}}{2}j&j&-\frac{\sqrt{2}}{2}-\frac{\sqrt{2}}{2}j\\1&j&-1&-j&1&j&-1&-j\\1&\frac{\sqrt{2}}{2}+\frac{\sqrt{2}}{2}j&j&-\frac{\sqrt{2}}{2}+\frac{\sqrt{2}}{2}j&-1&-\frac{\sqrt{2}}{2}-\frac{\sqrt{2}}{2}j&-j&\frac{\sqrt{2}}{2}-\frac{\sqrt{2}}{2}j\end{bmatrix}\\&=\left[0\ \ 4\ \ 0\ \ 0\ \ 0\ \ 0\ \ 0\ \ 4\right]\end{aligned}$$

将 DFT 结果用图形表示，如图 12-12 所示。

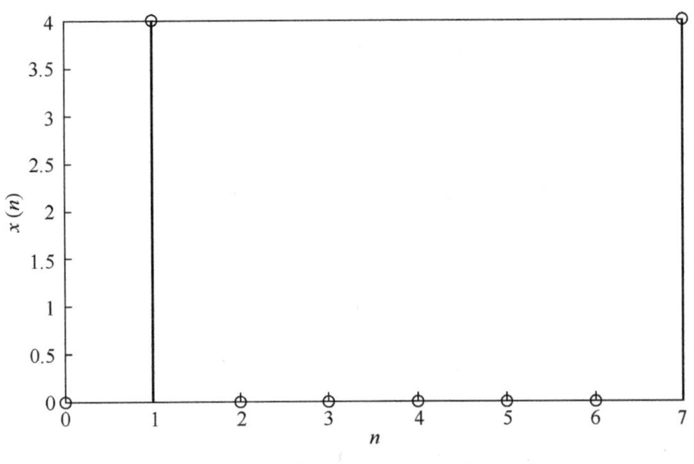


图 12-12　余弦信号 $x(n)$ 的 DFT 结果

图 12-12 中横坐标所表示的频率，即为余弦信号 $x(n)$ 经 DFT 变换后的频率。横坐标刻度为 $0 \sim 7$，单位为 $\frac{f_s}{N} = 1\text{MHz}$。图 12-12 中横坐标 1MHz 位置对应的纵坐标取值为 4，表示信号的频率为 1MHz，幅值为 4。横坐标 7MHz 位置对应的纵坐标取值也为 4，此处为傅里叶变换展开成复指数形式后产生的频率镜像。由于傅里叶变换频谱是周期性的，我们可以通过调整坐标轴的方式使频率以 0 为中心对称显示，如图 12-13 所示。

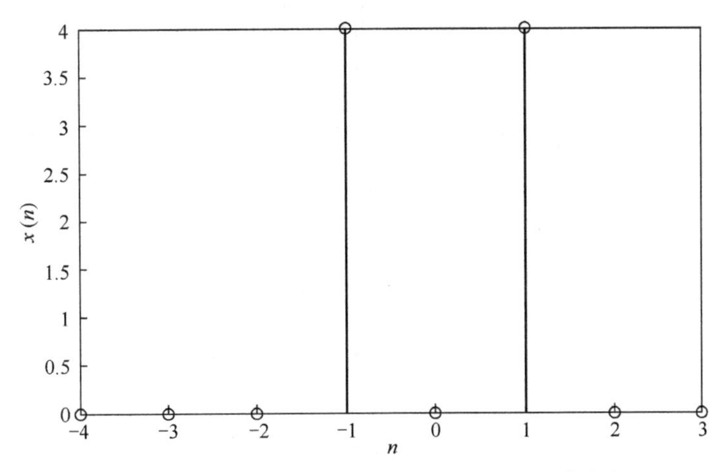


图 12-13　余弦信号 $x(n)$ 的 DFT 结果，以 0 为中心

## 12.3.2 FFT 的应用举例

若对上例中 $x(n)$ 采用基 4 时间抽取法求 FFT，则过程如下。

已知：

$$x(n)=\left[1 \quad \frac{\sqrt{2}}{2} \quad 0 \; -\frac{\sqrt{2}}{2} \quad -1 \; -\frac{\sqrt{2}}{2} \quad 0 \quad \frac{\sqrt{2}}{2}\right]$$

将 $x(n)$ 按 $n$ 的序列奇偶分开，用 $x_1(r)$ 和 $x_2(r)$ 表示：

$$x_1(r)=[1 \quad 0 \; -1 \quad 0]$$

$$x_2(r)=\left[\frac{\sqrt{2}}{2} \; -\frac{\sqrt{2}}{2} \; -\frac{\sqrt{2}}{2} \quad \frac{\sqrt{2}}{2}\right]$$

分别对 $x_1(r)$ 和 $x_2(r)$ 求 4 点 DFT，用 $X_1(k)$ 和 $X_2(k)$ 表示：

$$X_1(k)=[1 \quad 0 \quad -1 \quad 0]\begin{bmatrix} e^{-j0\frac{2\pi}{4}0} & e^{-j1\frac{2\pi}{4}0} & e^{-j2\frac{2\pi}{4}0} & e^{-j3\frac{2\pi}{4}0} \\ e^{-j0\frac{2\pi}{4}1} & e^{-j1\frac{2\pi}{4}1} & e^{-j2\frac{2\pi}{4}1} & e^{-j3\frac{2\pi}{4}1} \\ e^{-j0\frac{2\pi}{4}2} & e^{-j1\frac{2\pi}{4}2} & e^{-j2\frac{2\pi}{4}2} & e^{-j3\frac{2\pi}{4}2} \\ e^{-j0\frac{2\pi}{4}3} & e^{-j1\frac{2\pi}{4}3} & e^{-j2\frac{2\pi}{4}3} & e^{-j3\frac{2\pi}{4}3} \end{bmatrix}$$

$$X_2(k)=\left[\frac{\sqrt{2}}{2} \quad -\frac{\sqrt{2}}{2} \quad -\frac{\sqrt{2}}{2} \quad \frac{\sqrt{2}}{2}\right]\begin{bmatrix} e^{-j0\frac{2\pi}{4}0} & e^{-j1\frac{2\pi}{4}0} & e^{-j2\frac{2\pi}{4}0} & e^{-j3\frac{2\pi}{4}0} \\ e^{-j0\frac{2\pi}{4}1} & e^{-j1\frac{2\pi}{4}1} & e^{-j2\frac{2\pi}{4}1} & e^{-j3\frac{2\pi}{4}1} \\ e^{-j0\frac{2\pi}{4}2} & e^{-j1\frac{2\pi}{4}2} & e^{-j2\frac{2\pi}{4}2} & e^{-j3\frac{2\pi}{4}2} \\ e^{-j0\frac{2\pi}{4}3} & e^{-j1\frac{2\pi}{4}3} & e^{-j2\frac{2\pi}{4}3} & e^{-j3\frac{2\pi}{4}3} \end{bmatrix}$$

4 点 DFT 对应的旋转矢量，如图 12-14 所示。

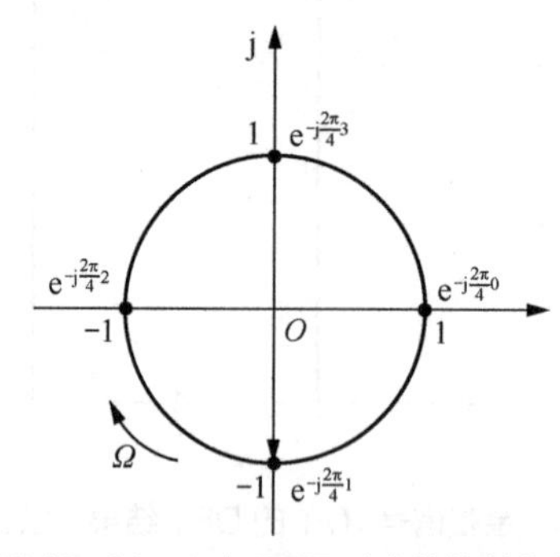


图 12-14　4 点 DFT 对应的旋转矢量

通过欧拉公式，可得：

$$
\begin{bmatrix}
e^{-j0\frac{2\pi}{4}0} & e^{-j1\frac{2\pi}{4}0} & e^{-j2\frac{2\pi}{4}0} & e^{-j3\frac{2\pi}{4}0} \\
e^{-j0\frac{2\pi}{4}1} & e^{-j1\frac{2\pi}{4}1} & e^{-j2\frac{2\pi}{4}1} & e^{-j3\frac{2\pi}{4}1} \\
e^{-j0\frac{2\pi}{4}2} & e^{-j1\frac{2\pi}{4}2} & e^{-j2\frac{2\pi}{4}2} & e^{-j3\frac{2\pi}{4}2} \\
e^{-j0\frac{2\pi}{4}3} & e^{-j1\frac{2\pi}{4}3} & e^{-j2\frac{2\pi}{4}3} & e^{-j3\frac{2\pi}{4}3}
\end{bmatrix}
=
\begin{bmatrix}
1 & 1 & 1 & 1 \\
1 & -j & -1 & j \\
1 & -1 & 1 & -1 \\
1 & j & -1 & -j
\end{bmatrix}
$$

所以：

$$
\begin{aligned}
X_1(k) &= \begin{bmatrix} 1 & 0 & -1 & 0 \end{bmatrix}
\begin{bmatrix}
1 & 1 & 1 & 1 \\
1 & -j & -1 & j \\
1 & -1 & 1 & -1 \\
1 & j & -1 & -j
\end{bmatrix} \\
&= \begin{bmatrix} 0 & 2 & 0 & 2 \end{bmatrix}
\end{aligned}
$$

$$
\begin{aligned}
X_2(k) &= \begin{bmatrix} \frac{\sqrt{2}}{2} & -\frac{\sqrt{2}}{2} & -\frac{\sqrt{2}}{2} & \frac{\sqrt{2}}{2} \end{bmatrix}
\begin{bmatrix}
1 & 1 & 1 & 1 \\
1 & -j & -1 & j \\
1 & -1 & 1 & -1 \\
1 & j & -1 & -j
\end{bmatrix} \\
&= \begin{bmatrix} 0 & \sqrt{2}+\sqrt{2}j & 0 & \sqrt{2}-\sqrt{2}j \end{bmatrix}
\end{aligned}
$$

根据时间抽取 FFT 算法的计算公式：

$$
\begin{cases}
X(k) = X_1(k) + W_N^k X_2(k) \\
X\left(\dfrac{N}{2}+k\right) = X_1(k) - W_N^k X_2(k)
\end{cases}
(0 \leqslant k \leqslant N/2-1)
$$

当 $N=8$ 时，求 $W_N^k$ 和 $W_N^k X_2(k)$，注意 $W_N^k X_2(k)$ 为对应元素相乘：

$$
\begin{aligned}
W_N^k &= \begin{bmatrix} e^{-j\frac{2\pi}{8}0} & e^{-j\frac{2\pi}{8}1} & e^{-j\frac{2\pi}{8}2} & e^{-j\frac{2\pi}{8}3} \end{bmatrix} \\
&= \begin{bmatrix} 1 & \frac{\sqrt{2}}{2}-\frac{\sqrt{2}}{2}j & -j & -\frac{\sqrt{2}}{2}-\frac{\sqrt{2}}{2}j \end{bmatrix}
\end{aligned}
$$

$$
\begin{aligned}
W_N^k X_2(k) &= W_N^k \times X_2(k) \\
&= \begin{bmatrix} 1 & \frac{\sqrt{2}}{2}-\frac{\sqrt{2}}{2}j & -j & -\frac{\sqrt{2}}{2}-\frac{\sqrt{2}}{2}j \end{bmatrix} \times \begin{bmatrix} 0 & \sqrt{2}+\sqrt{2}j & 0 & \sqrt{2}-\sqrt{2}j \end{bmatrix} \\
&= \begin{bmatrix} 1\times 0 & \left(\frac{\sqrt{2}}{2}-\frac{\sqrt{2}}{2}j\right)\times\left(\sqrt{2}-\sqrt{2}j\right) & -j\times 0 & \left(-\frac{\sqrt{2}}{2}-\frac{\sqrt{2}}{2}j\right)\times\left(\sqrt{2}-\sqrt{2}j\right) \end{bmatrix} \\
&= \begin{bmatrix} 0 & 2 & 0 & -2 \end{bmatrix}
\end{aligned}
$$

所以有：

$$\begin{aligned}\left[X(0)\ X(1)\ X(2)\ X(3)\right] &= X_1(k)+W_N^k X_2(k)\\ &=\left[0\quad 2\quad 0\quad 2\right]+\left[0\quad 2\quad 0\quad -2\right]\\ &=\left[0\quad 4\quad 0\quad 0\right]\end{aligned}$$

$$\begin{aligned}\left[X(4)\ X(5)\ X(6)\ X(7)\right] &= X_1(k)-W_N^k X_2(k)\\ &=\left[0\quad 2\quad 0\quad 2\right]-\left[0\quad 2\quad 0\quad -2\right]\\ &=\left[0\quad 0\quad 0\quad 4\right]\end{aligned}$$

$x(n)$采用基 4 时间抽取法求 FFT 结果为：

$$\begin{aligned}&\left[X(0)\ X(1)\ X(2)\ X(3)\ X(4)\ X(5)\ X(6)\ X(7)\right]\\ =&\left[0\quad 4\quad 0\quad 0\quad 0\quad 0\quad 0\quad 4\right]\end{aligned}$$

可以看出，无论是采样 DFT 还是 FFT，结果相同。

# 第 13 章 拉普拉斯变换与 z 变换

前面的章节介绍了连续时间信号和离散时间信号从时域变换到频域的方法：傅里叶变换。然而，并非所有信号都能直接进行傅里叶变换。本章将介绍对于那些不能直接进行傅里叶变换的信号，如何将其从时域转换到频域。

# 13.1 拉普拉斯变换

对于连续时间的周期信号，可以用傅里叶级数展开进行频率分析，如式（13-1）所示。

$$F(k\omega_0)=\frac{1}{T}\int_{-T/2}^{T/2}f(t)\mathrm{e}^{-\mathrm{j}k\omega_0 t}\mathrm{d}t \tag{13-1}$$

但并非所有连续时间的周期信号都能用式（13-1）求得，它们需要满足狄利克雷条件：

1. 在一个周期内，$f(t)$只有有限个第一类间断点。
2. 在一个周期内，$f(t)$只有有限个极大值和极小值。
3. 在一个周期内，$f(t)$绝对可积。

对于连续时间的非周期信号，我们可以用傅里叶变换进行频率分析，如式（13-2）所示。

$$F(\omega)=\int_{-\infty}^{\infty}f(t)\mathrm{e}^{-\mathrm{j}\omega t}\mathrm{d}t \tag{13-2}$$

同样，并非所有连续时间的非周期信号都能用式（13-2）求得，要想利用该公式需要满足1个条件：$f(t)$绝对可积，即

$$\int_{-\infty}^{\infty}|f(x)|\mathrm{d}t<\infty$$

例如，若$y=f(x)=x^2$为二次函数，如图13-1所示。$f(x)$绝对值的积分是无穷大的，不满足绝对可积的条件。

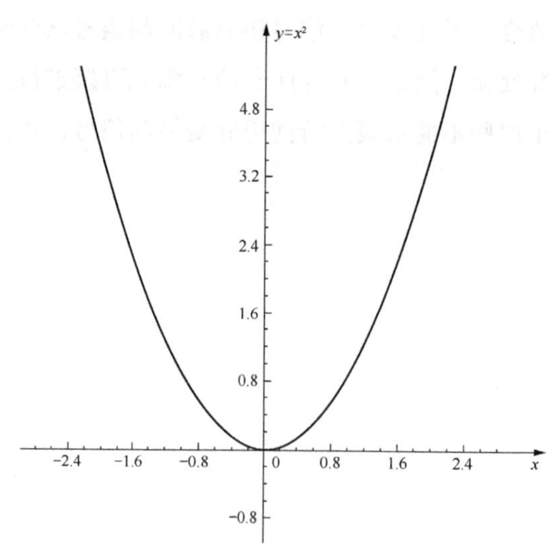


图13-1　二次函数$y=f(x)=x^2$

有没有办法，将$f(x)$变得绝对可积呢？

现引入 e 指数函数，若$y=\mathrm{e}^{x}$，该函数为单调递增函数，如图 13-2 所示。

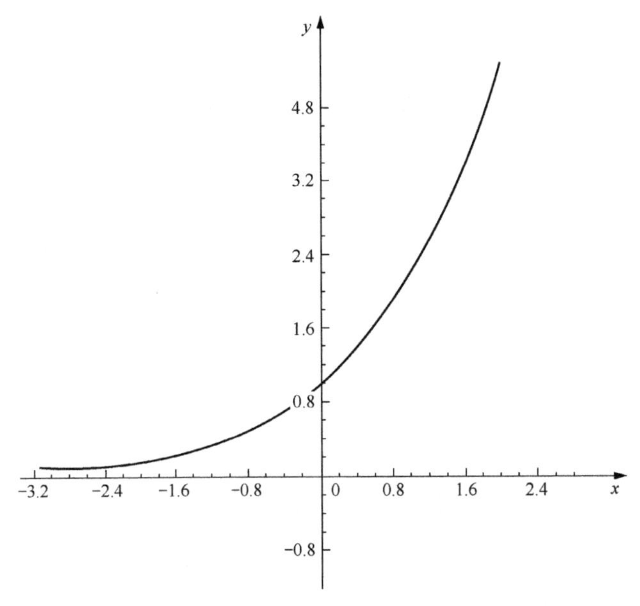


图 13-2　e 指数函数$y=\mathrm{e}^{x}$

若$y=\mathrm{e}^{-x}$，该函数则为单调递减函数，如图 13-3 所示。

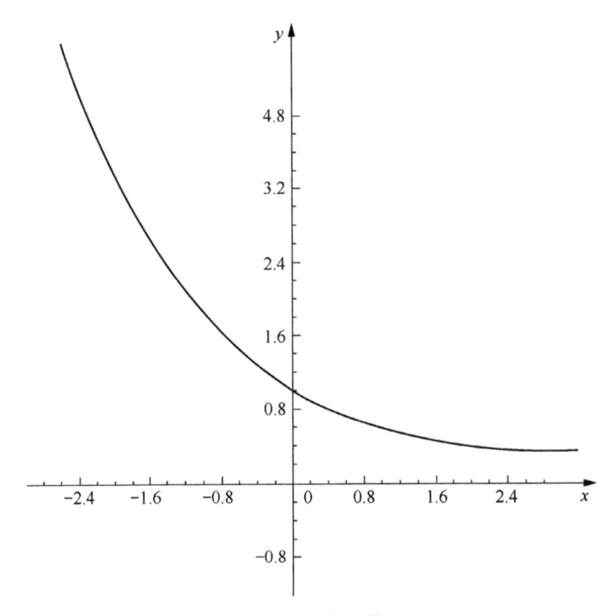


图 13-3　e 指数函数$y=\mathrm{e}^{-x}$

令$y=f(x)\mathrm{e}^{-x}=x^2\mathrm{e}^{-x}$，当$x\to+\infty$时，$y$不再单调递增，而是趋于0，如图13-4所示。

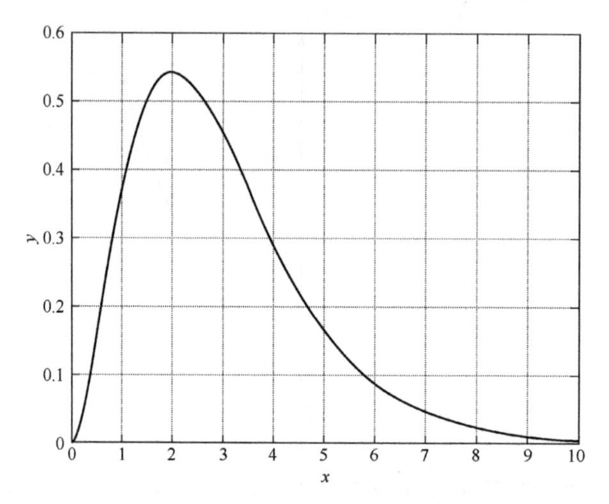


图 13-4　函数$y=f(x)\mathrm{e}^{-x}=x^2\mathrm{e}^{-x}$

此时，$y=f(x)\mathrm{e}^{-x}=x^2\mathrm{e}^{-x}$，在$x\in[0,+\infty)$时是绝对可积的。

虽然$\mathrm{e}^{-x}$能将$x^2$变得绝对可积，但这并不适用于所有的函数$f(t)$。有些函数增长速度更快，比如$\mathrm{e}^{2x}$。为了解决这个问题，我们引入衰减因子$\mathrm{e}^{-\sigma x}$，其中$\sigma$为常数，即$\sigma\in R$。对于不能直接进行傅里叶变换的函数$f(t)$，我们将其与$\mathrm{e}^{-\sigma x}$相乘后再进行变换。将$\mathrm{e}^{-\sigma x}$代入式（13-2）中：

$$\begin{aligned}F(\omega)&=\int_{-\infty}^{\infty}f(t)\mathrm{e}^{-\sigma t}\mathrm{e}^{-\mathrm{j}\omega t}\mathrm{d}t\\&=\int_{-\infty}^{\infty}f(t)\mathrm{e}^{-(\sigma+\mathrm{j}\omega)t}\mathrm{d}t\end{aligned}$$

令$s=\sigma+\mathrm{j}\omega$，将$\omega$替换为$s$，则有：

$$F(s)=\int_{-\infty}^{\infty}f(t)\mathrm{e}^{-st}\mathrm{d}t \tag{13-3}$$

式（13-3）称为拉普拉斯变换。

同理，将$\mathrm{e}^{\sigma t}$代入非周期信号的傅里叶逆变换公式，则有：

$$f(t)=\frac{1}{2\pi}\int_{-\infty}^{\infty}F(\omega)\mathrm{e}^{\sigma t}\mathrm{e}^{\mathrm{j}\omega t}\mathrm{d}\omega$$

将$\omega$替换为$s$，则有：

$$f(t)=\frac{1}{2\pi\mathrm{j}}\int_{\sigma-j\infty}^{\sigma+j\infty}F(s)\mathrm{e}^{st}\mathrm{d}s \tag{13-4}$$

式（13-4）称为拉普拉斯逆变换。

拉普拉斯变换可以理解为，通过将不满足绝对可积条件的函数$f(t)$乘以一个适

当的衰减因子 $e^{-\sigma t}$，使得 $f(t)e^{-\sigma t}$ 满足绝对可积的条件。

另外，还有一种理解方式，将 $e^{-\sigma t}e^{-j\omega t}$ 看作是一个整体。$e^{j\omega t}$ 表示的是沿单位圆旋转的矢量，而 $e^{\sigma t}e^{j\omega t}$ 表示的是模值越来越大的旋转向量。如图 13-5 所示。

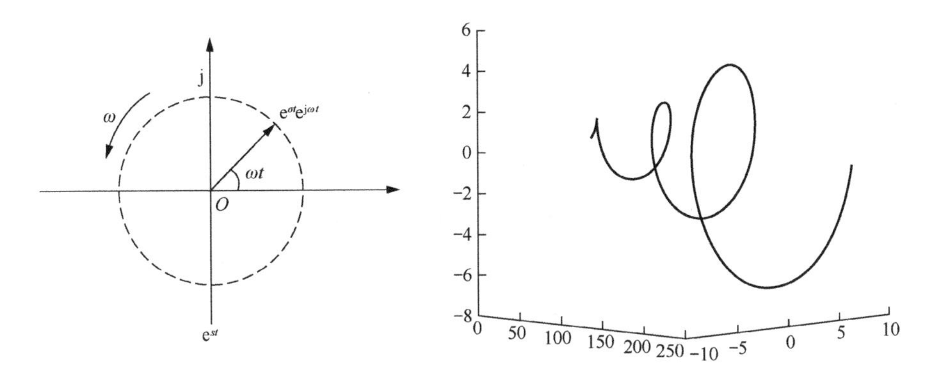


图 13-5 函数 $e^{st}=e^{\sigma t}e^{j\omega t}$ 的向量表示及时域波形

满足条件的 $f(t)$ 可以通过傅里叶变换分解为不同频率的复指数 $e^{j\omega t}$，而不满足条件的 $f(t)$ 可以通过拉普拉斯变换分解为模值不断增大的 $e^{\sigma t}e^{j\omega t}$。

想要 $f(t)e^{-\sigma t}$ 满足绝对可积的条件，需要找到合适的衰减因子 $e^{-\sigma t}$。当 $\sigma$ 越大时，衰减的倍数也越大。例如，$F(\omega)$ 为信号 $f(t)$ 经傅里叶变换后得到的频谱函数，当 $\sigma$ 取不同值时，$F(\omega)$ 的变化示意图，如图 13-6 所示。

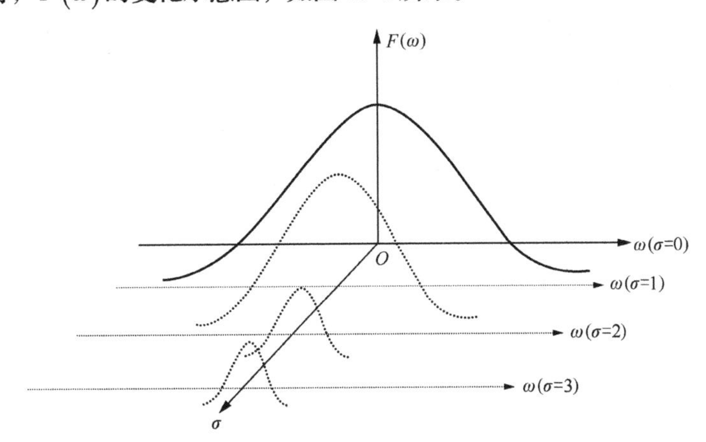


图 13-6 当 $\sigma$ 取不同值时，$F(\omega)$ 的变化示意

由于实际中的信号为因果信号，即它们只在 $t\geqslant 0$ 时有值。令 $\alpha$ 为实数，若 $\sigma=\alpha$ 时，$f(t)e^{-\sigma t}$ 满足绝对可积的条件，则 $\sigma\geqslant\alpha$ 也能使得 $f(t)e^{-\sigma t}$ 满足该条件。因为 $s=\sigma+j\omega$，所以对 $s$ 取实部为 $\mathrm{Re}[s]=\sigma$。当 $\mathrm{Re}[s]=\sigma\geqslant\alpha$ 时，则称为拉普拉斯变换 $F(s)$ 的收敛域。例如，当 $\alpha$ 取值分别为 1、2、3 时，拉普拉斯变换 $F(s)$ 的收敛域分

别为直线 1、2、3 右侧区域，如图 13-7 所示。

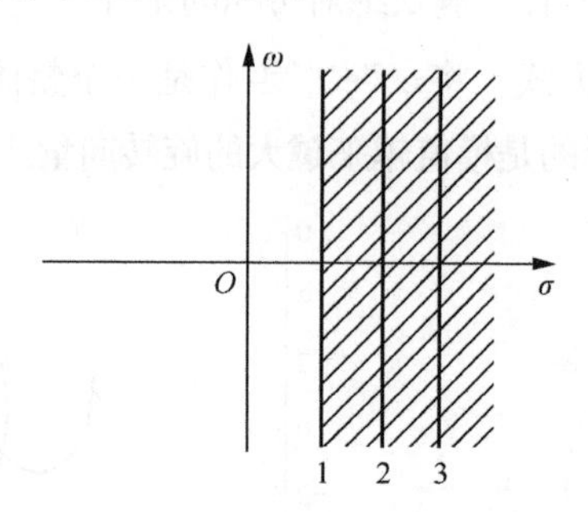


图 13-7　拉普拉斯变换$F(s)$的收敛域

## 13.2　z 变换

对于连续时间非周期信号，需要满足特定条件才能进行傅里叶变换。如果不满足这些条件，可以尝试使用拉普拉斯变换。与连续时间非周期信号类似，并非所有的离散时间非周期信号都能进行离散时间傅里叶变换，若想进行该变换则需要满足一个条件：信号绝对可和，即

$$\sum_{n=-\infty}^{\infty}\left|x(n)\right|<\infty \text{ }, n=0,\pm1,\pm2,\cdots$$

举个反例，设离散时间信号$y=x(n)=n^2$，如图 13-8 所示。$x(n)$绝对值的求和是无穷大的，不满足上述条件。

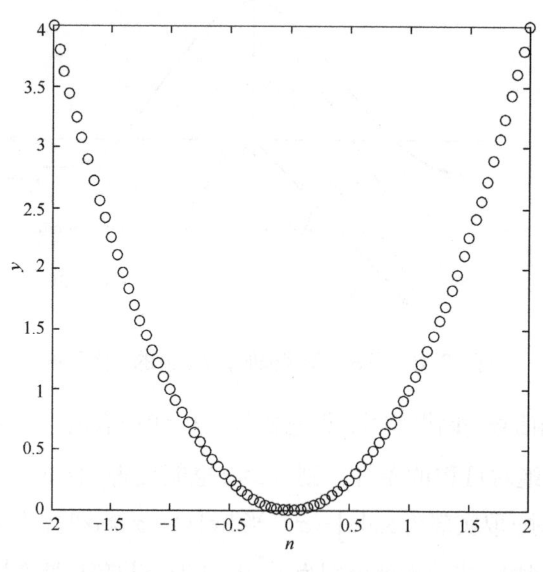


图 13-8　信号$y=x(n)=n^2$

与拉普拉斯变换类似，现引入离散 e 指数函数$y=\mathrm{e}^{-n}$，该函数为单调递增减函数，如图 13-9 所示。

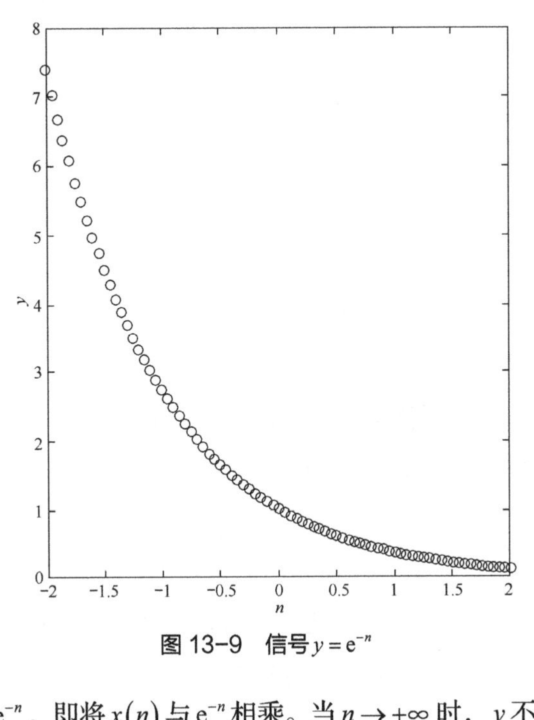


图 13-9 信号$y=\mathrm{e}^{-n}$

令$y=x(n)\mathrm{e}^{-n}=n^2\mathrm{e}^{-n}$，即将$x(n)$与$\mathrm{e}^{-n}$相乘。当$n\to+\infty$时，$y$不再单调递增，而是趋于 0，如图 13-10 所示。当$n\geqslant 0$时，$y=x(n)\mathrm{e}^{-n}=n^2\mathrm{e}^{-n}$是绝对可和的。

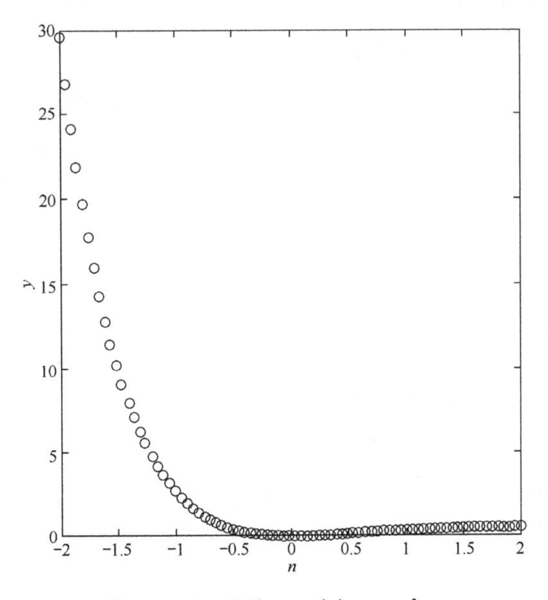


图 13-10 函数$y=x(n)\mathrm{e}^{-n}=n^2\mathrm{e}^{-n}$

为了适应更多的离散信号，引入衰减因子$\mathrm{e}^{-\sigma n}$，其中$\sigma$为常数，即$\sigma \in R$。对于不能直接进行离散时间傅里叶变换的信号$x(n)$，将其与$\mathrm{e}^{-\sigma n}$相乘后再进行变换。将$\mathrm{e}^{-\sigma n}$代入离散时间傅里叶变换公式中：

$$X(\omega)=\sum_{n=-\infty}^{\infty} x(n)\mathrm{e}^{-\sigma n}\mathrm{e}^{-\mathrm{j}\omega n}$$
$$=\sum_{n=-\infty}^{\infty} x(n)\mathrm{e}^{-n(\sigma+\mathrm{j}\omega)}$$

令$z=\mathrm{e}^{(\sigma+\mathrm{j}\omega)}$，$z^{-n}=\mathrm{e}^{-n(\sigma+\mathrm{j}\omega)}$，将$\omega$替换为$z$，则有：

$$X(z)=\sum_{n=-\infty}^{\infty} x(n)z^{-n} \tag{13-5}$$

式（13-5）称为z变换。

同理，将$\mathrm{e}^{\sigma n}$代入离散时间傅里叶逆变换公式，则有：

$$x(n)=\frac{1}{2\pi}\int_{-\pi}^{\pi} X(\omega)\mathrm{e}^{\sigma n}\mathrm{e}^{\mathrm{j}\omega n}\mathrm{d}\omega$$
$$=\frac{1}{2\pi}\int_{-\pi}^{\pi} X(\omega)\mathrm{e}^{n(\sigma+\mathrm{j}\omega)}\mathrm{d}\omega$$

令$z=\mathrm{e}^{(\sigma+\mathrm{j}\omega)}$，$z^{n}=\mathrm{e}^{n(\sigma+\mathrm{j}\omega)}$，将$\omega$替换为$z$，并改变积分变量，则有：

$$x(n)=\frac{1}{2\pi \mathrm{j}}\oint X(z)z^{n-1}\mathrm{d}z \tag{13-6}$$

式（13-6）称为逆z变换。其中，$\oint X(z)z^{n-1}\mathrm{d}z$为围线积分运算，此处不再进行详细讲解。

z变换可以理解为将不满足绝对可和的离散时间信号$x(n)$，乘以合适的衰减因子$\mathrm{e}^{-\sigma n}$，使得$x(n)\mathrm{e}^{-\sigma n}$满足绝对可和的条件。

另一种理解方式是将$\mathrm{e}^{\sigma n}\mathrm{e}^{\mathrm{j}\omega n}=\mathrm{e}^{n(\sigma+\mathrm{j}\omega)}=z^{n}$看作是一个整体。$\mathrm{e}^{\mathrm{j}\omega n}$表示的是沿单位圆逆时针方向的离散旋转向量，而$\mathrm{e}^{\sigma n}\mathrm{e}^{\mathrm{j}\omega n}$表示的是模值越来越大的离散旋转向量。如图13-11所示。

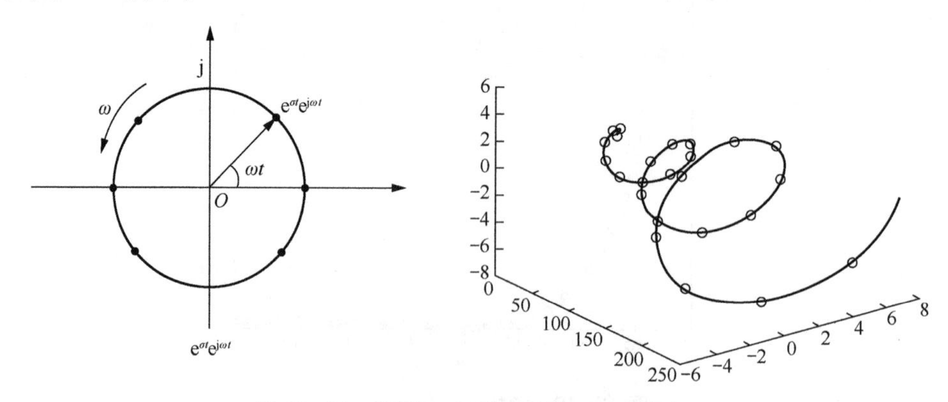


图13-11　函数$\mathrm{e}^{\sigma n}\mathrm{e}^{\mathrm{j}\omega n}$的向量表示及时域波形

与拉普拉斯变换类似，z 变换也有收敛域的概念，只有适当的 $\sigma$ 才能使信号满足 z 变换条件。接下来我们将介绍，如何理解 z 变换的收敛域。

复指数信号 $e^{j\omega t}$ 可以理解为旋转的向量，角频率 $\omega = 2\pi f = 2\pi / T$，$\omega t$ 表示向量旋转的角度。如图 13-12 所示。

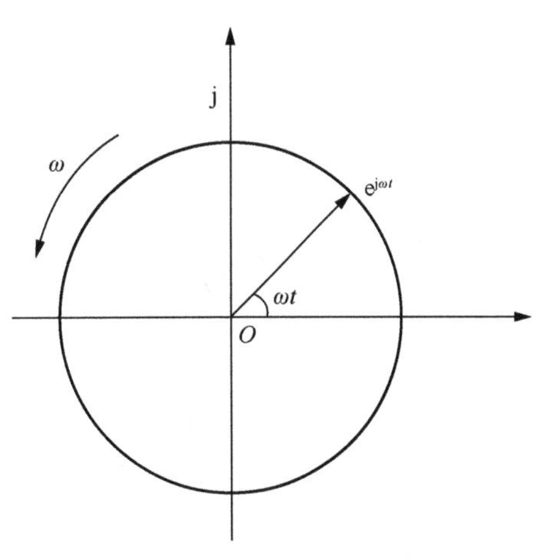

图 13-12 复指数信号 $e^{j\omega t}$

现引入复指数函数 $e^{j\omega}$，$e^{j\omega} = \cos\omega + j\sin\omega$，其中

$$\omega = 2\pi \frac{f}{f_s}$$

此时，$\omega$ 被称为归一化频率，其单位为弧度。如果将复指数函数 $e^{j\omega}$ 看作旋转向量，则其旋转方向为逆时针方向，旋转半径为 1，如图 13-13 所示。

当 $\sigma > 0$ 时，$z = e^{\sigma}e^{j\omega}$ 为旋转半径为 $e^{\sigma}$ 的旋转向量，如图 13-14 所示。

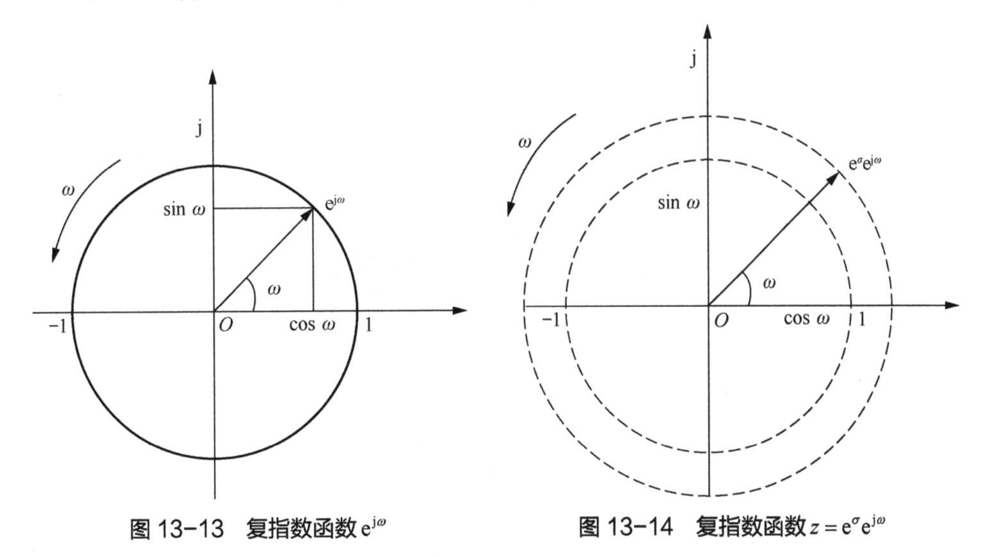

图 13-13 复指数函数 $e^{j\omega}$　　图 13-14 复指数函数 $z = e^{\sigma}e^{j\omega}$

当 $\sigma$ 取不同值时，$e^{\sigma}e^{j\omega}$ 的旋转半径也会不同。当 $\sigma > a$ 时，z 变换的收敛域为半径为 $|a|$ 的圆外区域。如图 13-15 所示。

当 $\sigma < a$ 时，z 变换的收敛域为半径为 $|a|$ 的圆内区域。如图 13-16 所示。

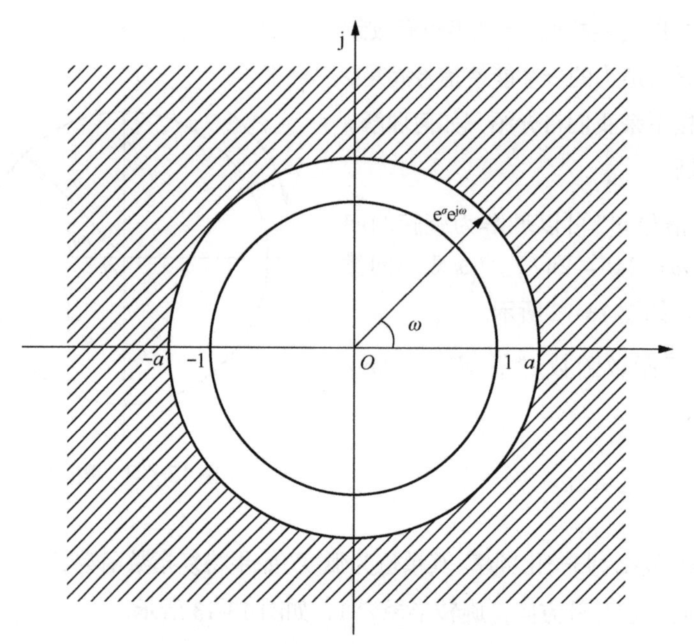


图 13-15　当 $\sigma > a$ 时，z 变换的收敛域

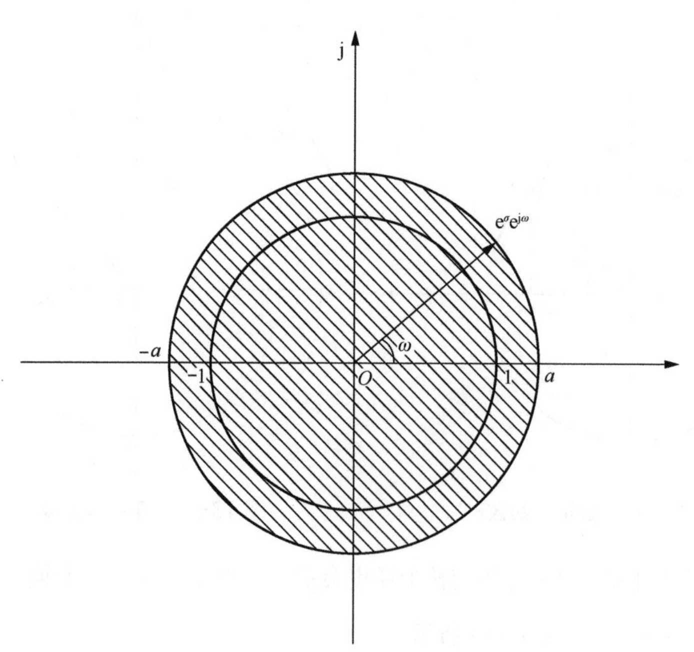


图 13-16　当 $\sigma < a$ 时，z 变换的收敛域

当 $\sigma$ 取值为某一区间时，z 变换的收敛域为环状。例如，$a < \sigma < b$ 时，如图 13-17 所示。

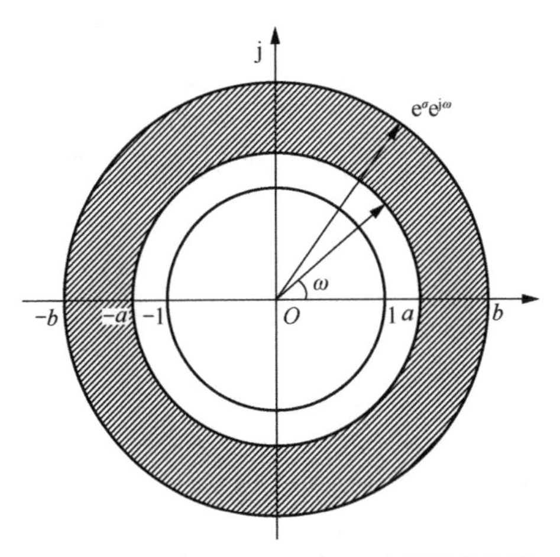


图 13-17 当 $a<\sigma<b$ 时，z 变换的收敛域

对比拉普拉斯变换和 z 变换的收敛域，如图 13-18 所示。

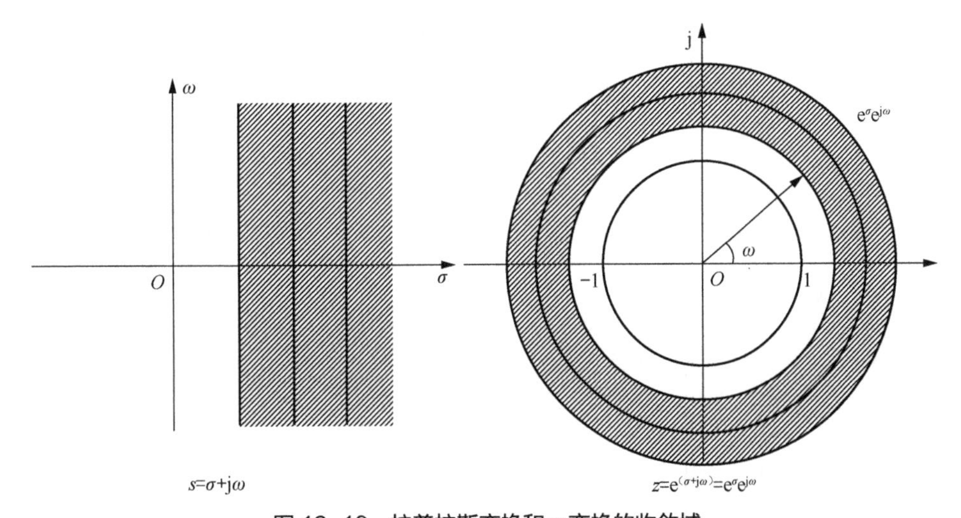


图 13-18 拉普拉斯变换和 z 变换的收敛域

# 13.3 z 变换的性质和应用

## 13.3.1 z 变换的延迟特性

z 变换的一个重要性质是延迟特性：若 $x(n)$ 对应的 z 变换为 $X(z)$，则 $x(n-m)$

对应的 z 变换为$X(z)z^{-m}$。其中，$n$，$m$ 均为非负整数。

证明如下：

将$x(n-m)$带入 z 变换公式（13-5），并令$n$的取值范围为$[m,+\infty)$

$$\sum_{n=m}^{\infty}x(n-m)z^{-n}$$

令$k=n-m$，则有：

$$\sum_{k=0}^{\infty}x(k)z^{-(k+m)}$$

再将$k$替换为$n$，则有：

$$\sum_{n=0}^{\infty}x(n)z^{-n}z^{-m}=X(z)z^{-m}$$

即$x(n-m)$对应的 z 变换为$X(z)z^{-m}$。

例如，设序列$x(n)=[2\ 3\ 2\ 1]$，如图 13-19 所示。

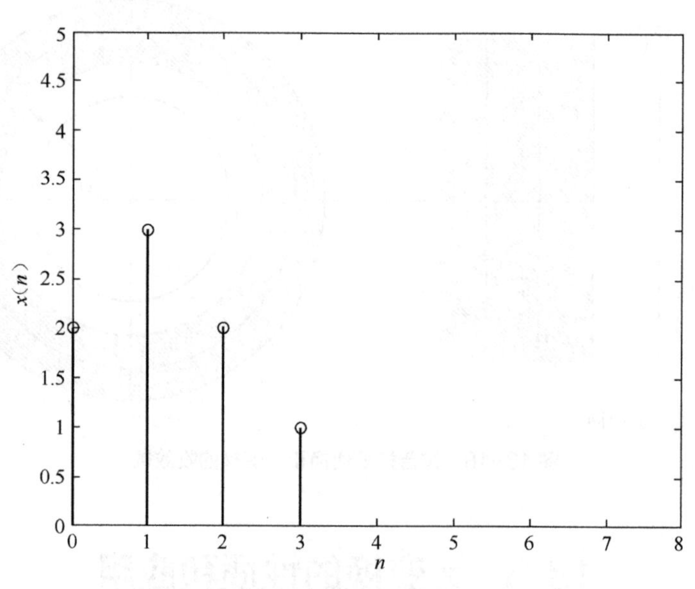


图 13-19　序列$x(n)=[2\ 3\ 2\ 1]$

则$x(n)$的 z 变换为：

$$X(z)=2z^{-0}+3z^{-1}+2z^{-2}+1z^{-3}$$

若令$m=2$，则$x(n-m)=[0\ 0\ 2\ 3\ 2\ 1]$，如图 13-20 所示。

则 $x(n-m)$ 的 z 变换为：

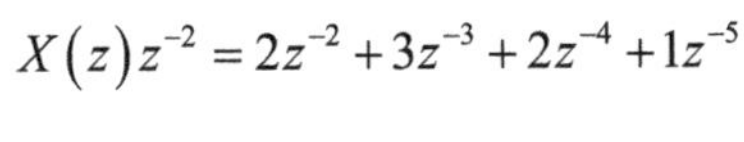

$$X(z)z^{-2}=2z^{-2}+3z^{-3}+2z^{-4}+1z^{-5}$$

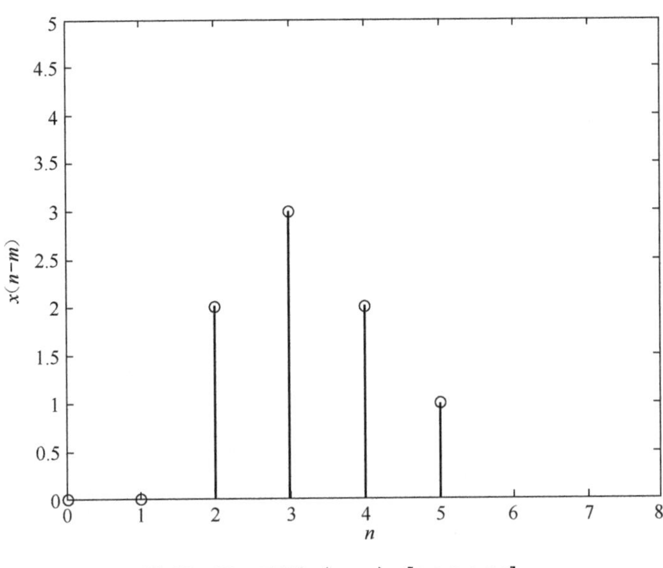


图 13-20　序列 $x(n-m)=[0\ 0\ 2\ 3\ 2\ 1]$

## 13.3.2　离散系统的单位脉冲响应

在第 6 章中，我们以连续时间信号为例，介绍了冲激函数 $\delta(t)$ 和冲激响应 $h(t)$。对于离散时间的数字信号系统，也可以用类似的方法进行分析。在离散时间系统中，当激励为单位序列 $\delta(n)$ 时，系统的零状态响应称为单位脉冲响应，用 $h(n)$ 表示，如图 13-21 所示。其中：

$$\delta(n)=\begin{cases}1,\ n=0\\0,\ n=1,2,3\cdots\end{cases}$$

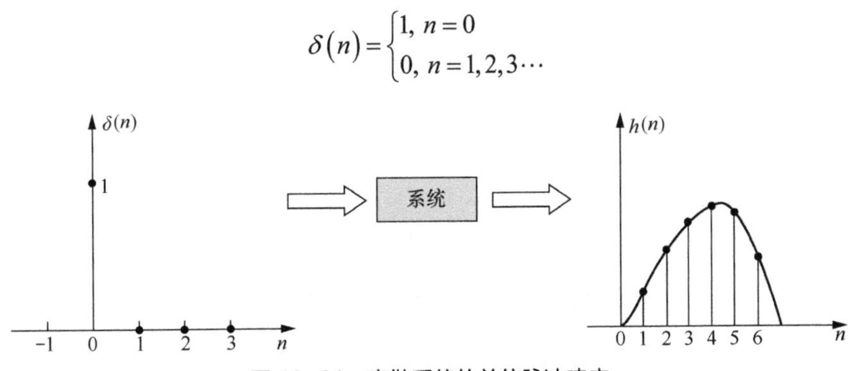


图 13-21　离散系统的单位脉冲响应

如果对单位脉冲响应$h(n)$求傅里叶变换，则可得到系统的频域特性$H(\omega)$。输入信号与单位脉冲响应$h(n)$在时域做卷积，相当于在频域与频率响应$H(\omega)$做乘积。

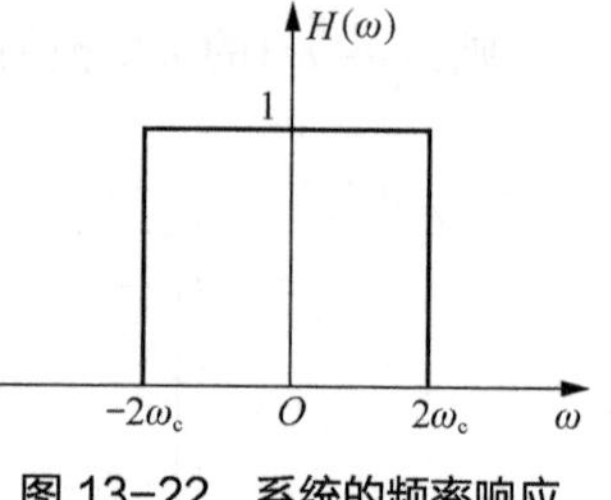


图 13-22　系统的频率响应$H(\omega)$

例如，设系统的频率响应为$H(\omega)$，其中

$$H(\omega)=\begin{cases}1, & -2\omega_c \leqslant \omega \leqslant 2\omega_c \\ 0, & \text{其他}\end{cases}$$

系统的频率响应$H(\omega)$如图 13-22 所示。

若有离散数字信号$x(n)$，且$x(n)$的傅里叶变换为$X(\omega)$，则时域和频域波形如图 13-23 所示。

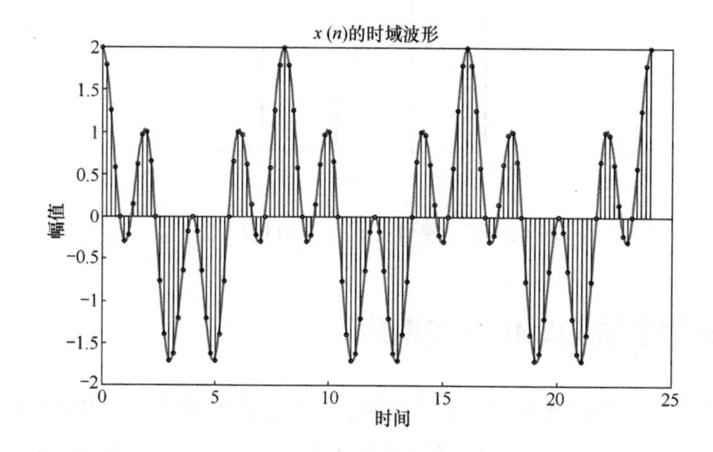


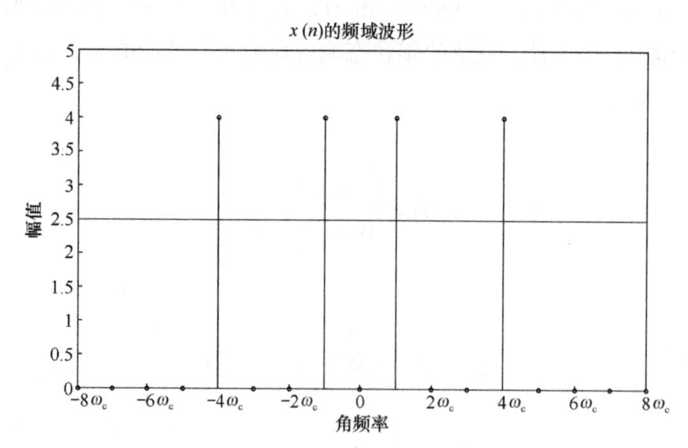


图 13-23　信号$x(n)$的时域和频域波形

将信号$x(n)$输入系统，使其在时域与单位脉冲响应$h(n)$做卷积，得到$y(n)$输出

系统。如图 13-24 所示。

则$y(n)$的傅里叶变换$Y(\omega)$，为$X(\omega)$和$H(\omega)$的乘积。如图 13-25 所示。

从图 13-25 中可以看出，因为$H(\omega)$只在 $-2\omega_c \leqslant \omega \leqslant 2\omega_c$ 的频率范围内取值为 1，其余为 0。所以当$X(\omega)$与$H(\omega)$相乘后，$X(\omega)$只保留了 $-2\omega_c \leqslant \omega \leqslant 2\omega_c$ 范围内的频率。该系统可以视为一个理想的低通数字滤波器，该滤波器的输入为$x(n)$，输出为$y(n)$，输出信号的频谱为$Y(\omega)$。

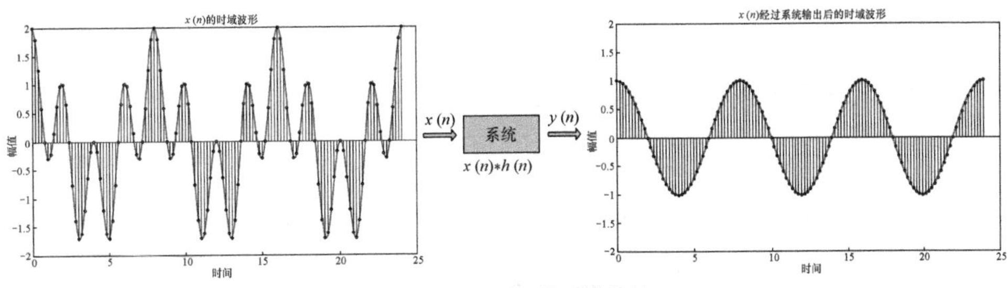


图 13-24 系统的时域特性

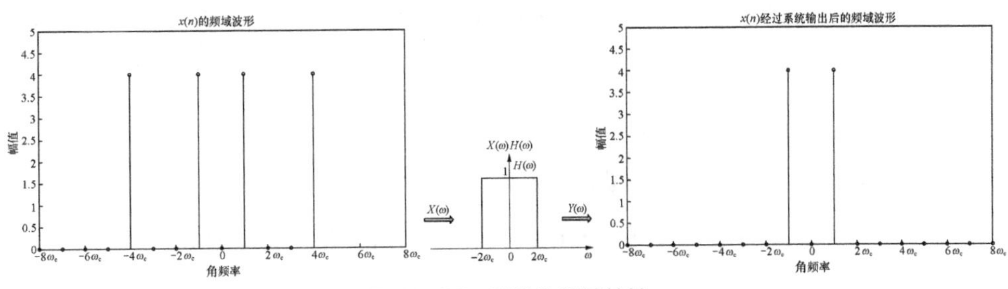


图 13-25 系统的频域特性

## 13.3.3 离散系统的表示方法

若离散数字系统的输入为$x(n)$，单位脉冲响应为$h(n)$，$x(n)$与$h(n)$做卷积，输出为$y(n)$，即$y(n)=x(n)*h(n)$，则时域系统框图如图 13-26 所示。

令$x(n)$、$h(n)$和$y(n)$对应的傅里叶变换分别为$X(\omega)$、$H(\omega)$和$Y(\omega)$，其中$Y(\omega)$为$X(\omega)$与$H(\omega)$的乘积，即$Y(\omega)=X(\omega)H(\omega)$，则频域系统框图如图 13-27 所示。

图 13-26 时域系统框图$y(n)=x(n)*h(n)$　　图 13-27 频域系统框图$Y(\omega)=X(\omega)H(\omega)$

其中

$$H(\omega)=\frac{Y(\omega)}{X(\omega)}=\sum_{n=-\infty}^{\infty}h(n)\mathrm{e}^{-\mathrm{j}\omega n} \tag{13-7}$$

式（13-7）称为系统的频率响应，表示系统的频率特性。

根据 z 变换，

$$z=\mathrm{e}^{(\sigma+\mathrm{j}\omega)}$$

当 $\sigma=0$ 时，$z=\mathrm{e}^{\mathrm{j}\omega}$，带入式（13-7），则有

$$\sum_{n=-\infty}^{\infty}h(n)\mathrm{e}^{-\mathrm{j}\omega n}=\sum_{n=-\infty}^{\infty}h(n)z^{-n}$$

将函数变量由 $\omega$ 变为 $z$，则有

$$H(z)=\frac{Y(z)}{X(z)}=\sum_{n=-\infty}^{\infty}h(n)z^{-n} \tag{13-8}$$

式（13-8）称为 z 域系统函数或传递函数，系统框图如图 13-28 所示。

当 $\sigma=0$ 时，$z=\mathrm{e}^{\mathrm{j}\omega}$，若分析 z 变换系统函数的频域特性，可将变量 $z$ 变为 $\mathrm{e}^{\mathrm{j}\omega}$，则可以表示为

$$H(z)=H\left(\mathrm{e}^{\mathrm{j}\omega}\right)$$

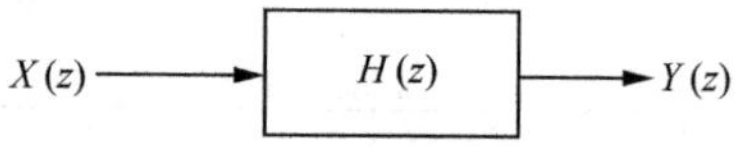

$X(z)$ → $H(z)$ → $Y(z)$

图 13-28　z 域系统框图

$Y(z)=X(z)H(z)$

$H\left(\mathrm{e}^{\mathrm{j}\omega}\right)$ 为系统的频率响应，其模值 $\left|H\left(\mathrm{e}^{\mathrm{j}\omega}\right)\right|$ 为系统的幅频响应，旋转向量与横轴的夹角 $\angle H\left(\mathrm{e}^{\mathrm{j}\omega}\right)$ 称为系统的相频响应。

例如，$x(n)$ 为数字信号组成的离散序列 $[2\ 3\ 2\ 1]$，如图 13-29 所示。

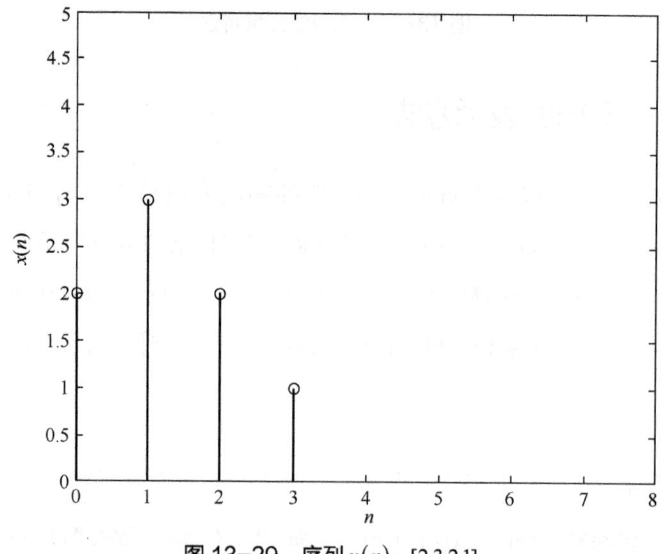


图 13-29　序列 $x(n)=[2\ 3\ 2\ 1]$

将$x(n)$输入系统，系统框图如图 13-30 所示。

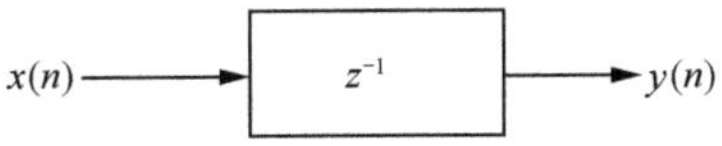

$x(n)$ → $z^{-1}$ → $y(n)$

图 13-30　系统框图

根据 z 变换的延迟特性，则有：

$$y(n)=x(n-1)$$

令单位脉冲响应为$h(n)$，则有：

$$y(n)=x(n)*h(n)=x(n-1)$$

系统输出$y(n)$的时域波形如图 13-31 所示。

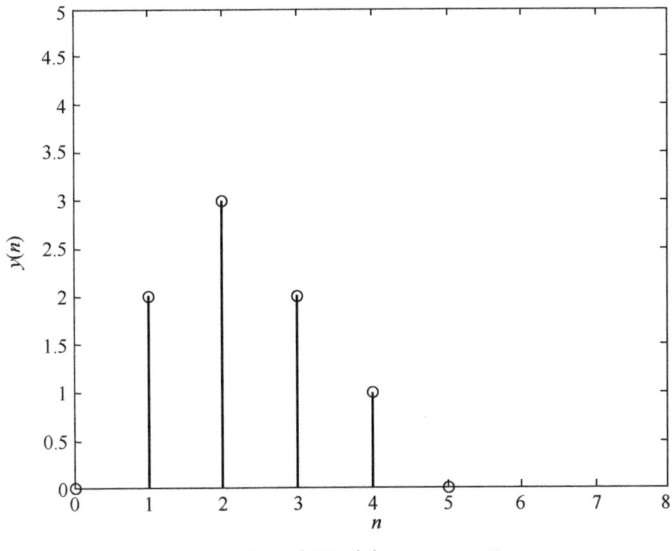


图 13-31　序列$y(n)=[0\ 2\ 3\ 2\ 1\ 0]$

若将该系统用 z 域进行表示，则有

$$Y(z)=X(z)H(z)$$

$$H(z)=\frac{Y(z)}{X(z)}$$

$$H(z)=\sum_{n=-\infty}^{\infty}h(n)\mathrm{e}^{-\mathrm{j}\omega n}=\sum_{n=-\infty}^{\infty}h(n)z^{-n}=z^{-1}$$

若分析该系统的频域特性，因为$z^{-1}=\mathrm{e}^{-\mathrm{j}\omega}$，将变量$z$变为$\mathrm{e}^{\mathrm{j}\omega}$，则有

$$H(z)=H\left(\mathrm{e}^{\mathrm{j}\omega}\right)=\mathrm{e}^{-\mathrm{j}\omega}$$

$e^{-j\omega}$可以表示为一个逆时针旋转向量，如图 13-32 所示。

旋转向量的模值为单位圆的半径，所以：

$$\left|H\left(e^{j\omega}\right)\right|=\left|e^{-j\omega}\right|=1$$

系统的幅频响应如图 13-33 所示。

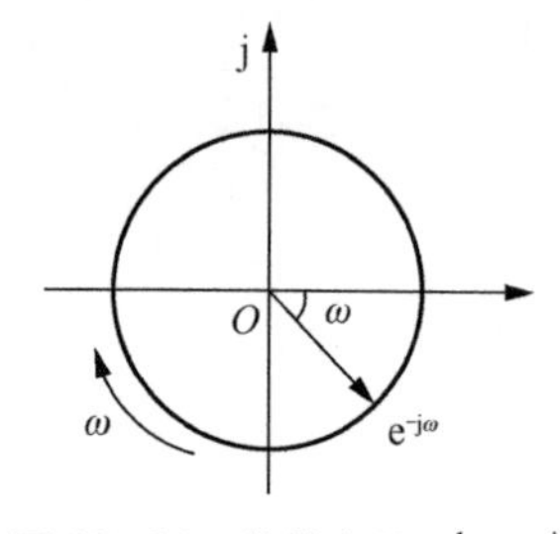


图 13-32　旋转向量$z^{-1}=e^{-j\omega}$

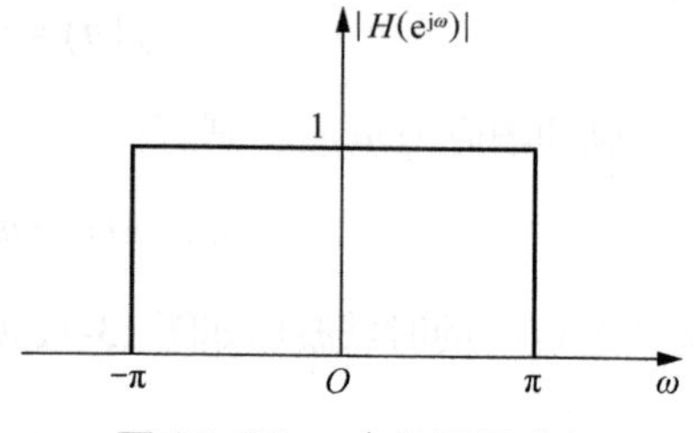


图 13-33　$e^{-j\omega}$的幅频响应

系统的相频响应$\angle H\left(e^{j\omega}\right)$，即旋转向量与横轴的夹角，可以将其看作一个自变量为$\omega$的角度函数$\varphi(\omega)$。

$$\varphi(\omega)=\angle H\left(e^{j\omega}\right)=-\omega$$

系统的相频响应为一条直线，如图 13-34 所示。

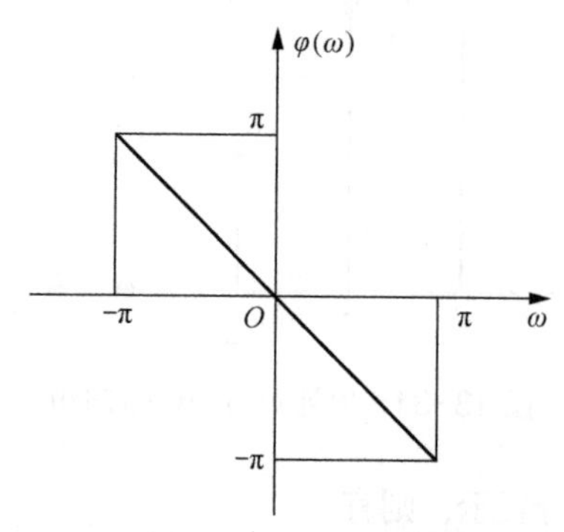


图 13-34　$e^{-j\omega}$的相频响应

# 第 14 章 数字滤波器

采样定理是连接模拟信号到数字信号的桥梁，离散傅里叶变换对数字信号进行频域分析，卷积定理揭示了信号运算的规律，而z变换是分析数字信号系统的工具。本章将介绍数字信号处理中的一种常用方法：数字滤波器。

## 14.1 数字系统的频率响应

设有一个离散系统，其系统框图如图 14-1 所示。

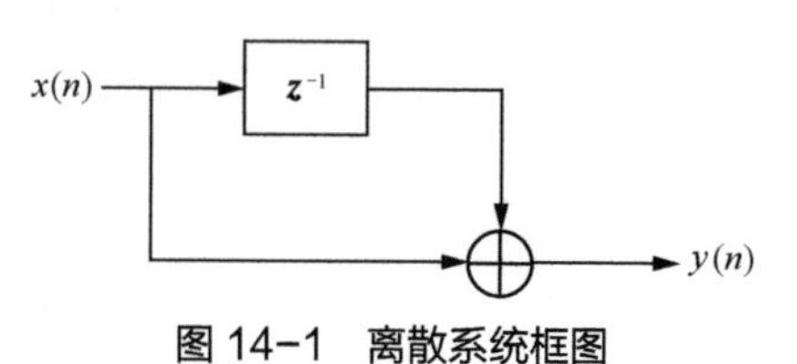

图 14-1 离散系统框图

输入为$x(n)$，输出为$y(n)$。$x(n)$与$x(n)$延迟后的值求和，结果为$y(n)$。在时域中，这个过程可以用差分方程表示为：

$$y(n)=x(n)+x(n-1)$$

设$h(n)$为系统的单位脉冲响应，系统还可以表示为$x(n)$与$h(n)$做卷积运算的形式：

$$y(n)=x(n)*h(n)$$

其中

$$h(n)=\left[h(0)\ \ h(1)\right]=[11]$$

若令输入信号

$$x(n)=\left[x(0)\ \ x(1)\right]=[10]$$

如图 14-2 所示。

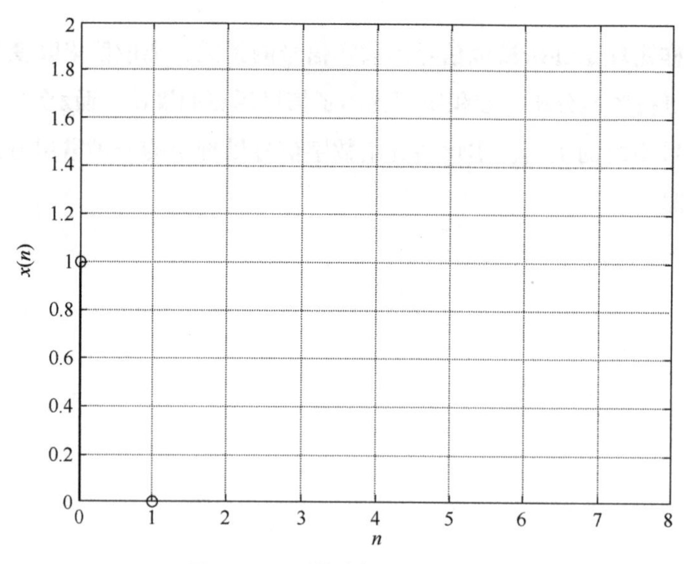

图 14-2 系统的输入信号$x(n)$

则系统的输出为：

$$y(n)=\left[y(0)\ \ y(1)\right]=[11]$$

如图 14-3 所示。

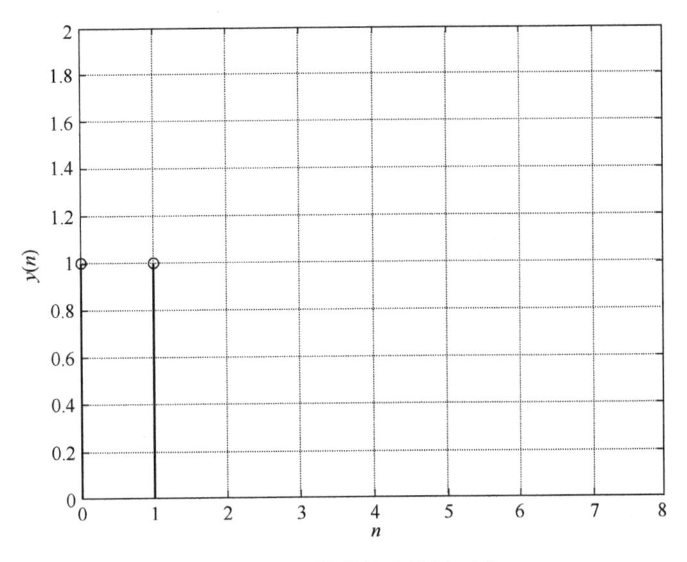


图 14-3　系统的输出信号 $y(n)$

从上述过程可以看出，当从 $x(n)$ 输入一个数值为 1 的采样点时，系统会输出 2 个相同数值的采样点。

以上是在时域对系统进行分析，若想分析其频域特性，则需要借助系统的频率响应。接下来介绍 3 种频率响应的分析方法。

### 14.1.1　频率响应 - 绘图法

在上面例子中，系统的频域函数可以表示为：

$$H(z)=\sum_{n=-\infty}^{\infty}h(n)z^{-n}=h(0)z^{-0}+h(1)z^{-1}=1+z^{-1} \tag{14-1}$$

若分析其频谱特性，可将变量 $z$ 变为 $\mathrm{e}^{\mathrm{j}\omega}$，则有：

$$H(z)=H\left(\mathrm{e}^{\mathrm{j}\omega}\right)=\left|H\left(\mathrm{e}^{\mathrm{j}\omega}\right)\right|\angle H\left(\mathrm{e}^{\mathrm{j}\omega}\right)=1+\mathrm{e}^{-\mathrm{j}\omega} \tag{14-2}$$

与 $\mathrm{e}^{-\mathrm{j}\omega}$ 类似，$1+\mathrm{e}^{-\mathrm{j}\omega}$ 可以理解为一个沿顺时针方向旋转的向量，旋转向量的原点为 0。与 $\mathrm{e}^{-\mathrm{j}\omega}$ 不同的是，$1+\mathrm{e}^{-\mathrm{j}\omega}$ 的旋转轨迹不再是一个以原点为圆心的单位圆，其圆心位置为 1，与横轴的夹角为 $\varphi(\omega)$。如图 14-4 所示。

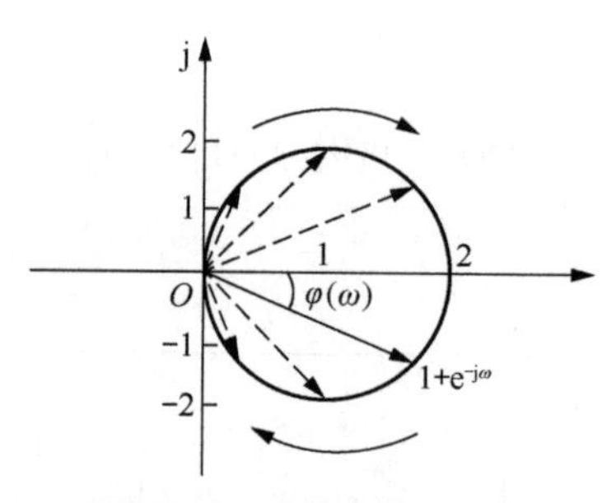


图 14-4 旋转向量 $1+e^{-j\omega}$

将 $1+e^{-j\omega}$ 沿顺时针方向旋转一周，旋转向量的模值为系统的幅值响应，与横轴的夹角为系统的频率响应。若仅是定性分析，可以只取几个关键点进行绘图。

## 14.1.2 频率响应 - 公式法

若要定量分析系统的幅频响应和相频响应，可以将式（14-2）变换为

$$
\begin{aligned}
H(z)=H\left(e^{j\omega}\right)&=\left|H\left(e^{j\omega}\right)\right|\angle H\left(e^{j\omega}\right)\\
&=1+e^{-j\omega}\\
&=e^{-j\frac{\omega}{2}}\left(e^{j\frac{\omega}{2}}+e^{-j\frac{\omega}{2}}\right)\\
&=2e^{-j\frac{\omega}{2}}\cos\left(\frac{\omega}{2}\right)
\end{aligned}
$$

其中，$e^{-j\frac{\omega}{2}}$ 是模值为 1 的旋转向量，所以 $\left|2\cos\left(\frac{\omega}{2}\right)\right|$ 即为 $H\left(e^{j\omega}\right)$ 的幅频响应

$$
\left|H\left(e^{j\omega}\right)\right|=\left|2e^{-j\frac{\omega}{2}}\cos\left(\frac{\omega}{2}\right)\right|=\left|2\cos\left(\frac{\omega}{2}\right)\right|
$$

系统的幅频响应如图 14-5 所示。

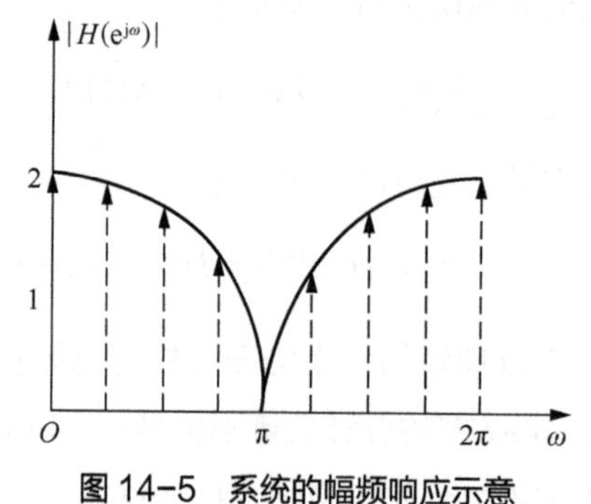


图 14-5 系统的幅频响应示意

系统的相频响应为旋转向量 $e^{-j\frac{\omega}{2}}$ 与横轴的夹角，则有

$$\varphi(\omega)=\angle H\left(e^{j\omega}\right)=-\frac{\omega}{2}$$

如图 14-6 所示。

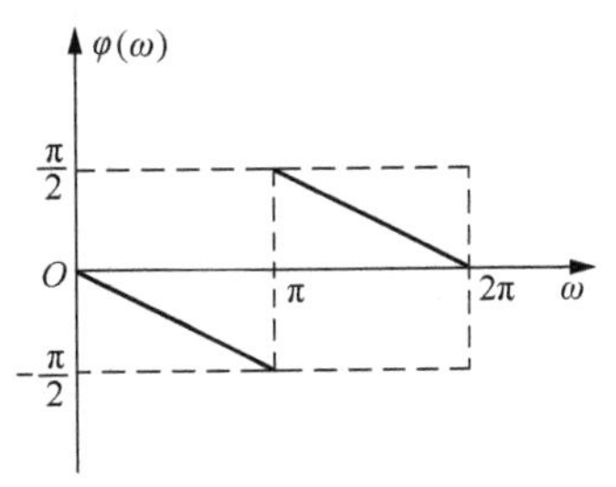


图 14-6 系统的相频响应示意

离散时间傅里叶变换具有周期性，所以图 14-5 和图 14-6 可以表示为图 14-7 和图 14-8 的形式。

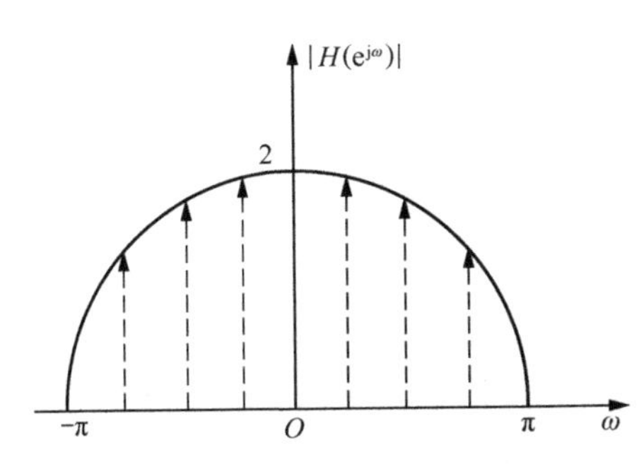


图 14-7 系统在 $[-\pi,\pi]$ 周期的幅频响应示意

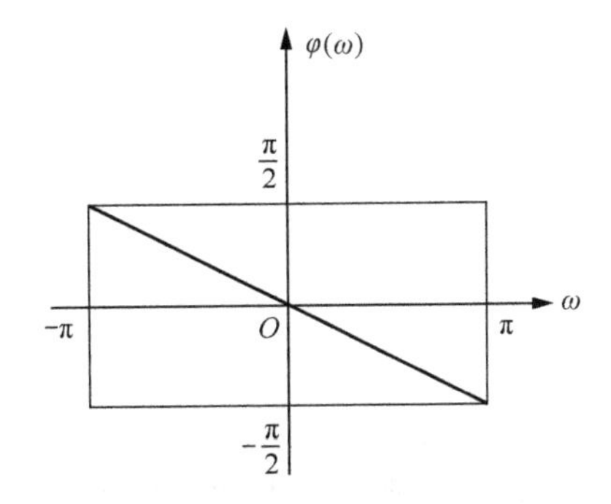


图 14-8 系统在 $[-\pi,\pi]$ 周期的相频响应示意

### 14.1.3 频率响应 - 零极点法

对于复杂的系统，还可以通过分析系统零点和极点来分析系统的幅频响应和相频响应。

零点是指使系统函数 $H(z)$ 等于零的复数点 $z$，用○表示。

极点是指使系统函数 $H(z)$ 趋于无穷大的复数点 $z$，用×表示。

$$幅度值=\frac{e^{j\omega}到零点的距离}{e^{j\omega}到极点的距离}$$

$$相位值=e^{j\omega}到零点的距离-e^{j\omega}到极点的距离$$

以式 $(14-1)$ 为例，对其进行变换得：

$$H(z)=1+z^{-1}$$

$$H(z)=\frac{1+z}{z}$$

当 $z=-1$ 时，分子为 0，$H(z)=0$，为系统的零点。

当 $z=0$ 时，分母为 0，$H(z)$ 趋于无穷大，为系统的极点。由于极点位置为原点，所以其到极点的距离为常量 1，即不会对幅度值产生影响。

系统零点和极点的位置如图 14-9 所示。

当 $\omega=0$ 时，$e^{j\omega}$到零点的距离为 2，$e^{j\omega}$到极点的距离为 1。如图 14-10 所示。

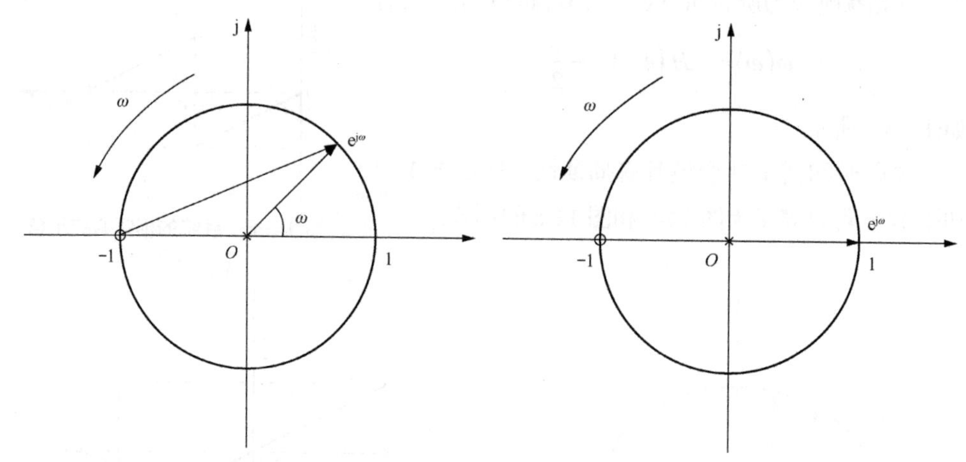


图 14-9　系统零点和极点的位置　　图 14-10　当 $\omega=0$ 时，$e^{j\omega}$到零点和极点的距离

当 $\omega=\pi$ 时，$e^{j\omega}$到零点的距离为 0，$e^{j\omega}$到极点的距离为 1。如图 14-11 所示。
可以定性地绘制出系统的幅频特性，如图 14-12 所示。

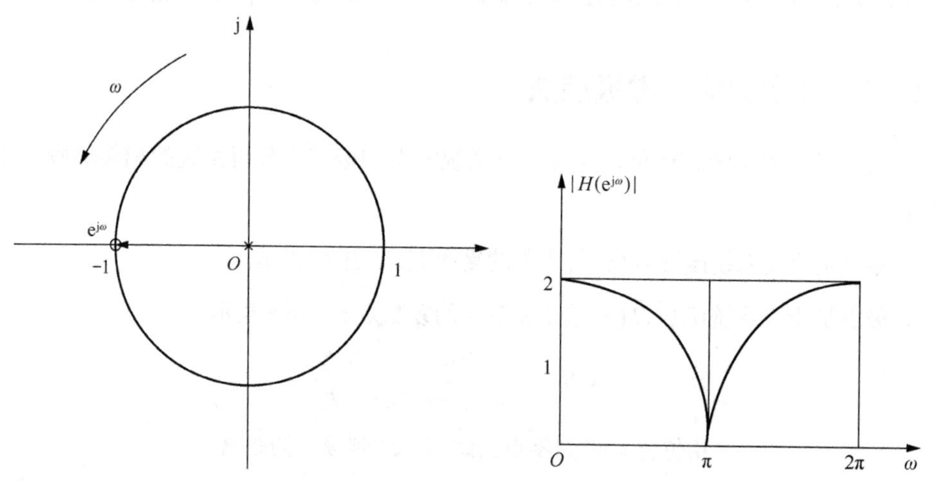


图 14-11　当 $\omega=\pi$ 时，$e^{j\omega}$到零点和极点的距离　　图 14-12　零极点法画系统的幅频响应

同理，可以绘制出系统的相频响应。

## 14.2　数字滤波器原理

数字滤波器是一种处理离散时间信号的系统或方法。它通过对输入信号进行特定的运算，达到改变信号频率特性的目的。

## 14.2.1 数字滤波器举例

通过观察系统函数$H(z)=1+z^{-1}$对应的幅频响应，可以看出系统对高频信号的衰减远大于低频信号，因此该系统可以看作是一个简单的数字低通滤波器。

举个例子，信号$x_1(n)=\cos\left(2\pi\dfrac{f_1}{f_s}n\right)$，其中信号$x_1(n)$的频率 $f_1=1\text{MHz}$，采样速率 $f_s=10\text{MHz}$ 。信号 $x_2(n)=\cos\left(2\pi\dfrac{f_2}{f_s}n\right)$，其中信号$x_2(n)$的频率 $f_2=4\text{MHz}$，采样速率$f_s=10\text{MHz}$。且$x(n)=x_1(n)+x_2(n)$，则信号$x_1(n)$、$x_2(n)$、$x(n)$的时域波形，如图 14-13 所示。

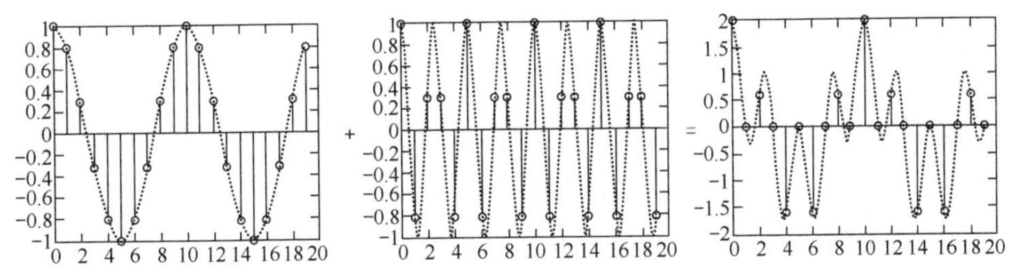

图 14-13 信号$x_1(n)$、$x_2(n)$、$x(n)$的时域波形

令信号$x_1(n)$、$x_2(n)$、$x(n)$的傅里叶变换分别为$X_1(n)$、$X_2(n)$、$X(n)$，其频谱如图 14-14 所示。

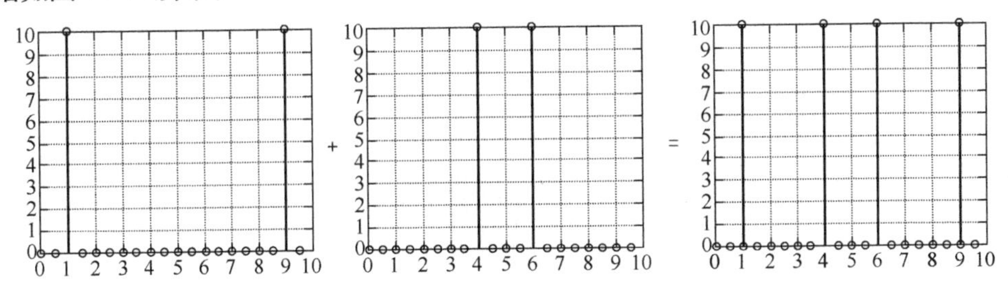

图 14-14 信号$x_1(n)$、$x_2(n)$、$x(n)$的频谱

现将$x(n)$经过系统$H(z)=1+z^{-1}$后，输出为$y(n)$，如图 14-15 所示。

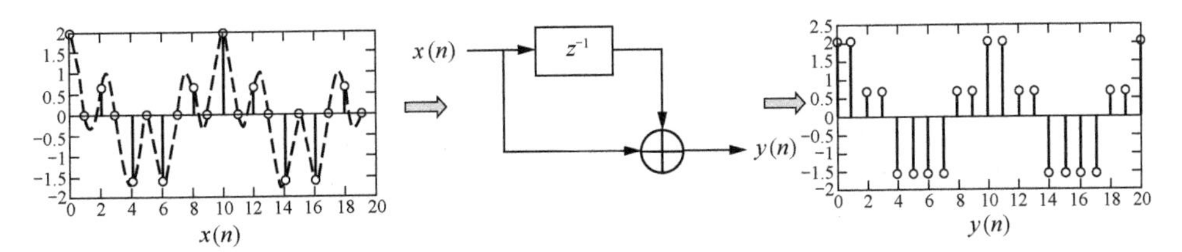


图 14-15 $x(n)$经过系统的时域变换

在频域中，可以通过$X(n)$与系统的频率响应$|H(e^{j\omega})|$相乘，得到$y(n)$的傅里叶变换$Y(n)$。如图 14-16 所示。

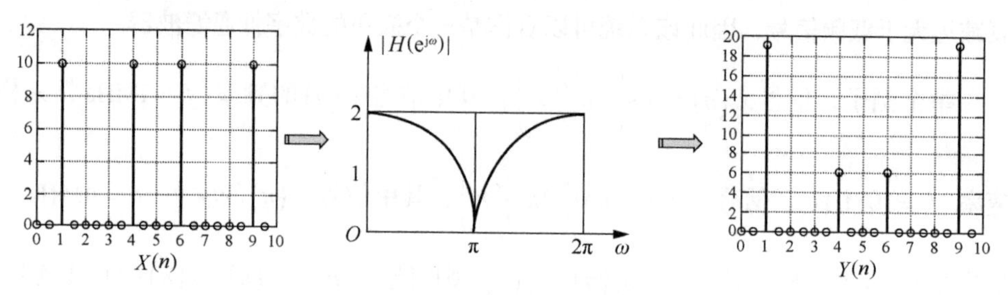


图 14-16　$x(n)$经过系统的频域变换

## 14.2.2　数字滤波器分析

对于数字滤波器，输入信号$x(n)$在时域与单位脉冲响应$h(n)$进行卷积运算，得到输出信号$y(n)$。根据时域卷积定理：时域卷积对应频域相乘。因此在频域中，$X(n)$与系统的频率响应$H(e^{j\omega})$相乘。

根据傅里叶变换，信号可以分解为不同频率的复指数信号。如图 14-17 所示。

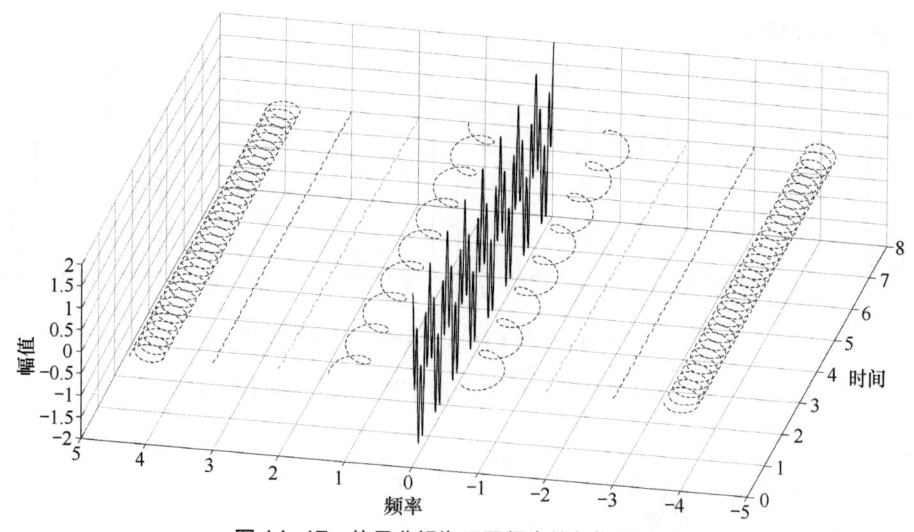


图 14-17　信号分解为不同频率的复指数信号

数字滤波器的作用是对不同频率的复指数信号进行幅值和相位的改变。以复指数信号 $e^{j\omega n}$ 为例，经过数字滤波器系统如图 14-18 所示。

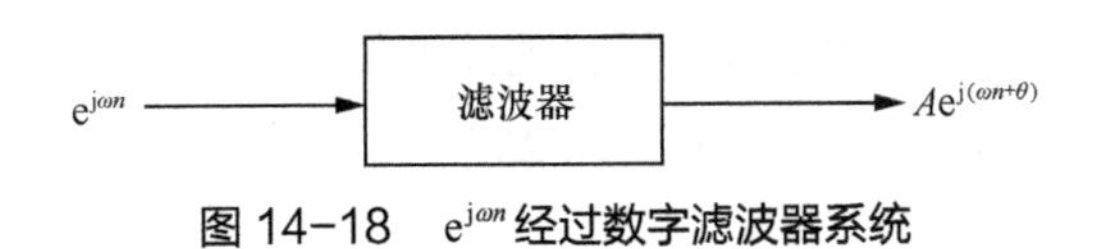


图 14-18 $e^{j\omega n}$ 经过数字滤波器系统

则系统函数可以表示为：

$$H(z)=\frac{Ae^{j(\omega n+\theta)}}{e^{j\omega n}}=Ae^{j\theta}$$

若输入为不同频率的复指数信号，那么系统函数可以表示为：

$$H(z)=A(\omega)e^{j\varphi(\omega)}$$

又因为

$$H(z)=\left|H\left(e^{j\omega}\right)\right|\angle H\left(e^{j\omega}\right)$$

所以 $A(\omega)$ 可以看作系统的幅频响应，即对于不同频率的输入信号的增益或衰减，如图 14-19 所示。

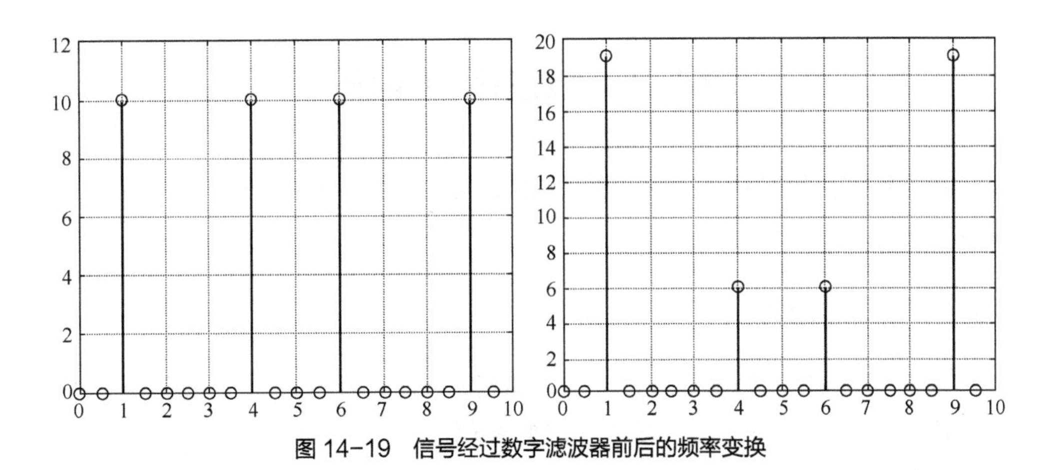

图 14-19 信号经过数字滤波器前后的频率变换

同理，$\varphi(\omega)$ 表示不同频率的输入信号相位的改变。

### 14.2.3 数字滤波器的类型

根据数字滤波器对频带的选择，常见的滤波器可以分为：低通滤波器、高通滤波器、带通滤波器和带阻滤波器。如图 14-20 所示。

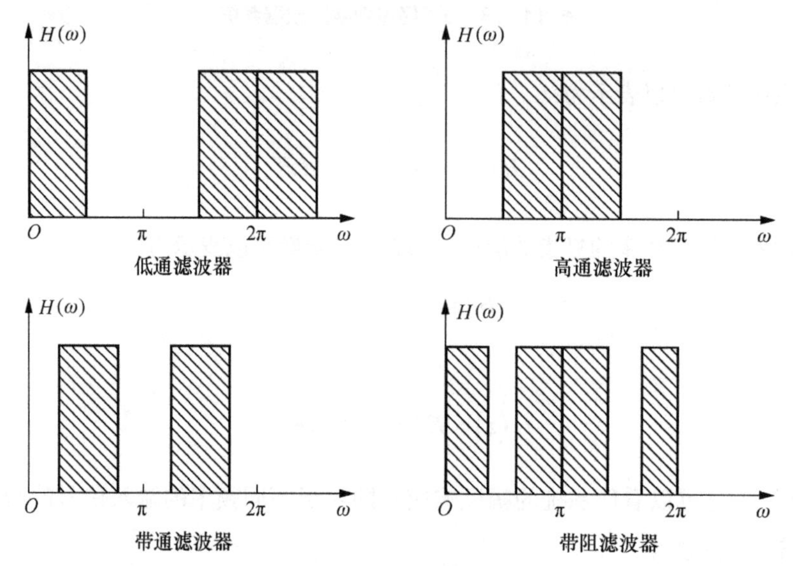


图 14-20　数字滤波器的常见类型

## 14.3 线性相位系统

在很多数字滤波器的设计中，线性相位也是系统要求特性之一，下面我们将介绍线性相位。

### 14.3.1 线性相位

频率响应包含幅频响应和相频响应。相频响应表示系统输出信号与输入信号之间相位差随频率变化的关系。线性相位指系统输出信号与输入信号之间相位差随频率变换呈线性关系。

因为$H(z)=\left|H\left(\mathrm{e}^{\mathrm{j}\omega}\right)\right|\angle H\left(\mathrm{e}^{\mathrm{j}\omega}\right)$，令$\varphi(\omega)=\angle H\left(\mathrm{e}^{\mathrm{j}\omega}\right)$。如果系统为线性相位系统，则有

$$\varphi(\omega)=k\omega+\theta$$

其中$k\omega$表示输入信号的不同频率，$\theta$表示角度常量。

例如，现有一个线性相位系统，其系统函数为 $H(z)$，当输入信号为 $\cos(\omega t)$，输出为 $\cos\left(\omega t-\dfrac{\pi}{2}\right)$，则系统对频率为 $\omega$ 的信号的相位延迟为 $\dfrac{\pi}{2}$。如图 14-21 所示。

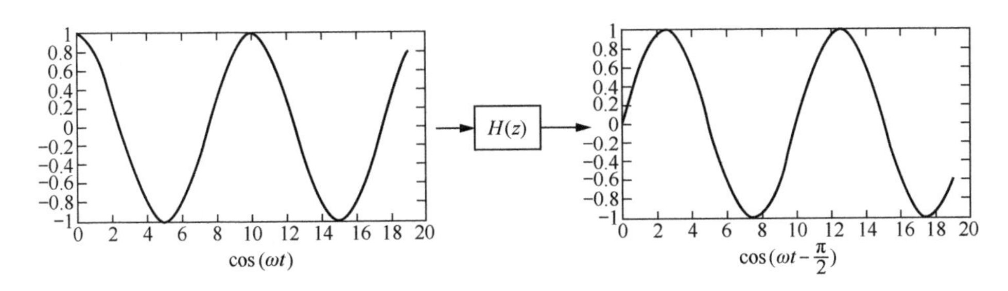


图 14-21　频率为 $\omega$ 的信号的相位延迟为 $\dfrac{\pi}{2}$

当输入信号为 $\cos(2\omega t)$，输出为 $\cos(2\omega t-\pi)$，则系统对频率为 $2\omega$ 的信号的相位延迟为 $\pi$。如图 14-22 所示。

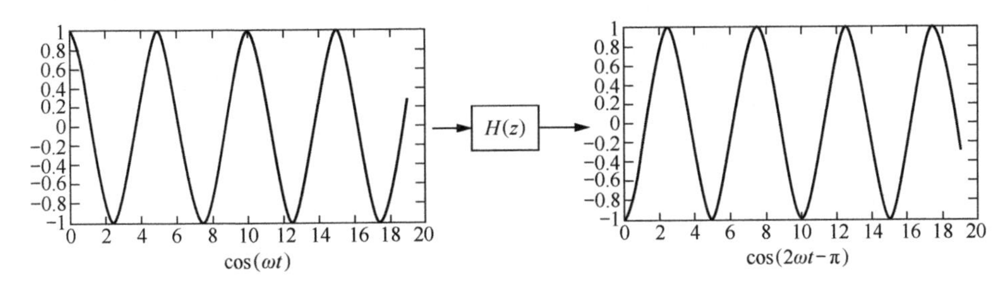


图 14-22　频率为 $2\omega$ 的信号的相位延迟为 $\pi$

当输入信号为 $\cos(\omega t)+\cos(2\omega t)$ 时，输出为 $\cos\left(\omega t-\dfrac{\pi}{2}\right)+\cos(2\omega t-\pi)$，则系统对该信号的相位延迟如图 14-23 所示。

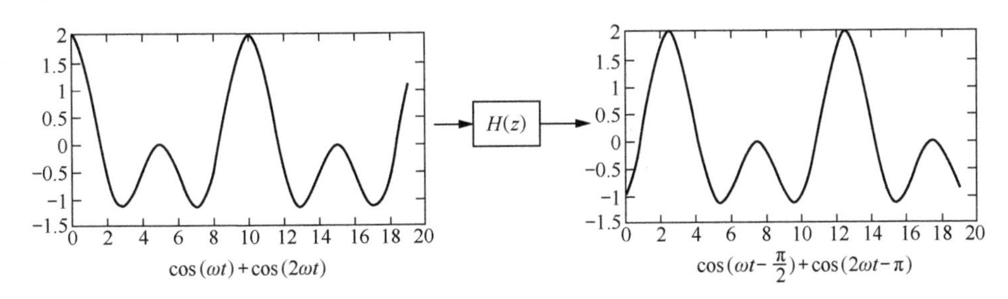


图 14-23　系统对信号 $\cos(\omega t)+\cos(2\omega t)$ 的相位延迟

在上面的例子中，$H(z)$ 为线性相位系统，输出的信号中的所有频率分量均与输入信号中对应的频率分量呈线性关系，且 $\varphi(\omega)=-\dfrac{1}{2}\omega$，如图 14-24 所示。

线性相位的主要优点在于其能够保证信号的无失真传输、恒定的群延迟，以及较高的实现效率和保真度。正因如此，线性相位滤波器广泛应用于通信系统、音频处理、雷达信号处理和图像处理等领域。

若系统为非线性相位，则输出信号中的频率分量与输入信号中对应的频率分量呈非线性关系。例如，某非线性系统对所有频率信号延迟均为$\frac{\pi}{2}$，如图 14-25 所示。

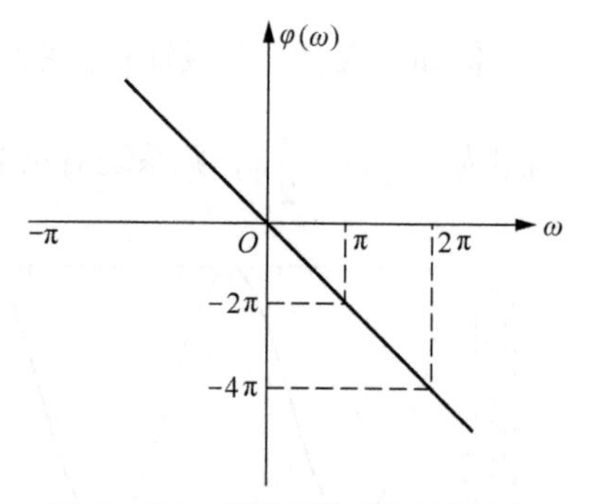


图 14-24　线性相位系统的频率与相位延迟的关系

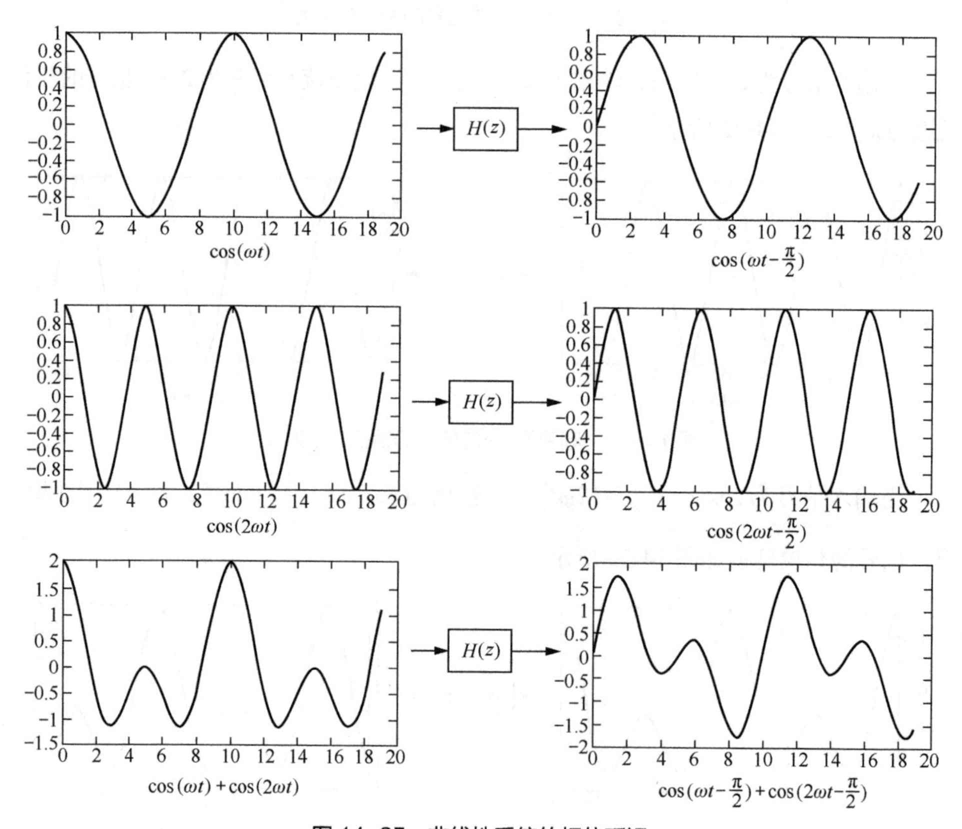


图 14-25　非线性系统的相位延迟

从图 14-25 中可以看出，$\cos\left(\omega t-\frac{\pi}{2}\right)+\cos\left(2\omega t-\frac{\pi}{2}\right)$不仅是对$\cos(\omega t)+\cos(2\omega t)$在时域上的延迟，而且其输出信号已经失真。

## 14.3.2 线性相位系统举例

线性相位系统有诸多优点，接下来介绍如何设计一个线性相位系统。

例如，现有一系统，其差分方程为：

$$y(n)=x(n)*h(n)=x(n)h(0)+x(n-1)h(1)+x(n-2)h(2)$$

系统函数为：

$$H(z)=\sum_{n=-\infty}^{\infty}h(n)z^{-n}=h(0)+h(1)z^{-1}+h(2)z^{-2}$$

系统框图如图 14-26 所示。

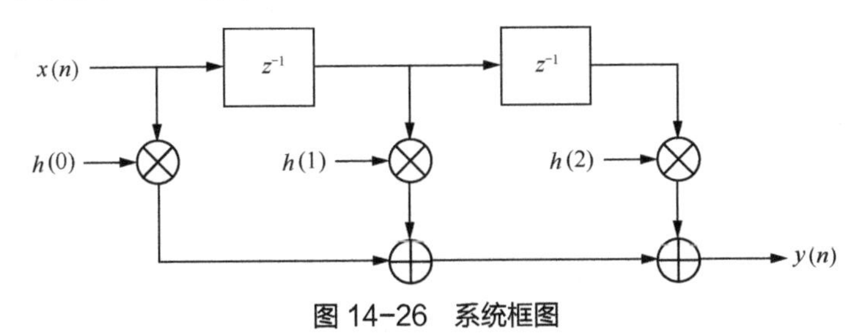


图 14-26 系统框图

若令 $h(0)=0.5$ 、 $h(1)=1$ 、 $h(2)=0.5$ ，系统框图如图 14-27 所示。

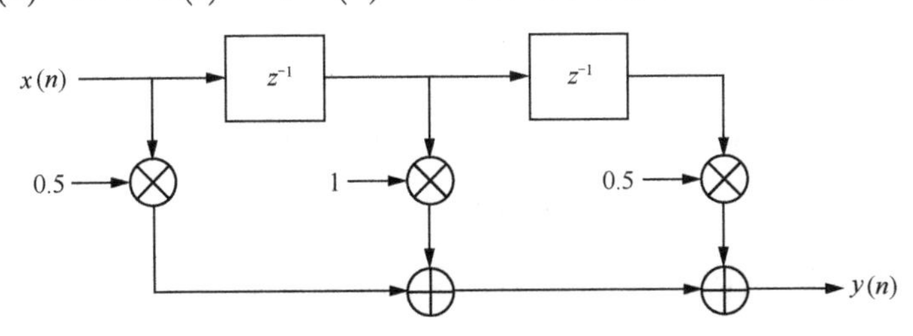


图 14-27 $h(0)=0.5$ 、 $h(1)=1$ 、 $h(2)=0.5$ 的系统框图

则有：

$$y(n)=x(n)*h(n)=0.5x(n)+x(n-1)+0.5x(n-2)$$

$$H(z)=\sum_{n=-\infty}^{\infty}h(n)z^{-n}=0.5+z^{-1}+0.5z^{-2}$$

系统的频率响应可以表示为：

$$\begin{aligned}H(\mathrm{e}^{\mathrm{j}\omega})&=0.5+\mathrm{e}^{-\mathrm{j}\omega}+0.5\mathrm{e}^{-2\mathrm{j}\omega}\\&=\mathrm{e}^{-\mathrm{j}\omega}(0.5\mathrm{e}^{\mathrm{j}\omega}+1+0.5\mathrm{e}^{-\mathrm{j}\omega})\\&=\mathrm{e}^{-\mathrm{j}\omega}(1+\cos\omega)\end{aligned}$$

幅频特性可以表示为：

$$\left|H\left(\mathrm{e}^{\mathrm{j}\omega}\right)\right|=\left|1+\cos\omega\right|$$

如图 14-28 所示。

相频特性可以表示为：

$$\varphi(\omega)=\angle H\left(\mathrm{e}^{\mathrm{j}\omega}\right)=-\omega$$

如图 14-29 所示。

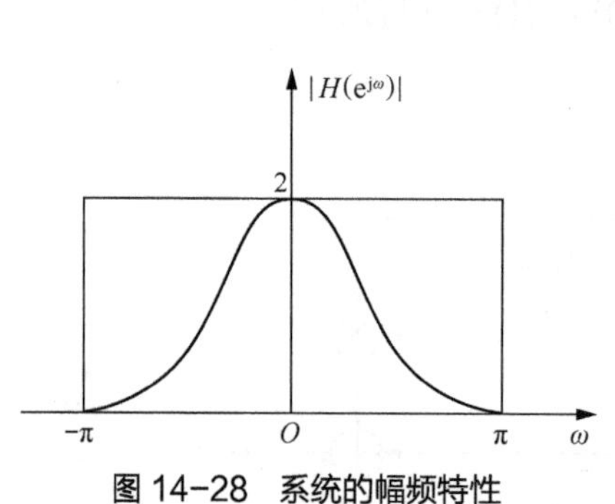


图 14-28　系统的幅频特性

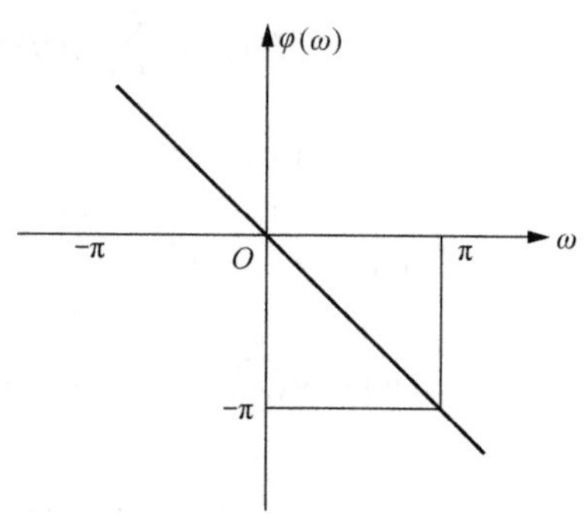


图 14-29　系统的相频特性

从系统的频率响应可以看出，如果冲激响应的系数是对称的，那么可以根据欧拉公式将对称系数的 2 个复指数分量合并成一个余弦函数。余弦函数是实函数，不会对相频响应产生影响。

例如，在上例中，系数为 $[0.5\quad 1\quad 0.5]$，根据欧拉公式有：

$$0.5\mathrm{e}^{\mathrm{j}\omega}+0.5\mathrm{e}^{-\mathrm{j}\omega}=\cos\omega$$

而 $1+\cos\omega$ 为实函数，不会影响 $\mathrm{e}^{-\mathrm{j}\omega}(1+\cos\omega)$ 的相位特性。

## 14.4　FIR 滤波器

FIR 滤波器，是数字信号处理中常用的滤波器。

FIR 滤波器的优点有：

1. 稳定性好。

2. 容易实现线性相位。

稳定性好指的是 FIR 滤波器的输出只与输入有关系，且没有从输出到输入的反馈。这意味着它的冲激响应是有限长度的，会在有限时间内完全消失。上节例子中介绍的线性系统 $H(z)=h(0)+h(1)z^{-1}+h(2)z^{-2}$，输出只与输入有关，也是一个有限长冲激响应滤波器。

FIR 滤波器容易实现线性相位，是指当滤波器的冲激响应 $h(n)$ 中序列值呈中心对称时，满足线性系统的要求。例如，当 $h(0)=0.5$、$h(1)=1$、$h(2)=0.5$ 时，构成一个线性相位系统。

FIR 滤波器中延迟单元 $z^{-1}$ 的个数称为滤波器的阶数。滤波器冲激响应的序列值称为滤波器系数，滤波器系数的个数即为滤波器的抽头数。若 FIR 滤波器的阶数为 $M$，则抽头数为 $M$+1。如图 14-30 所示。

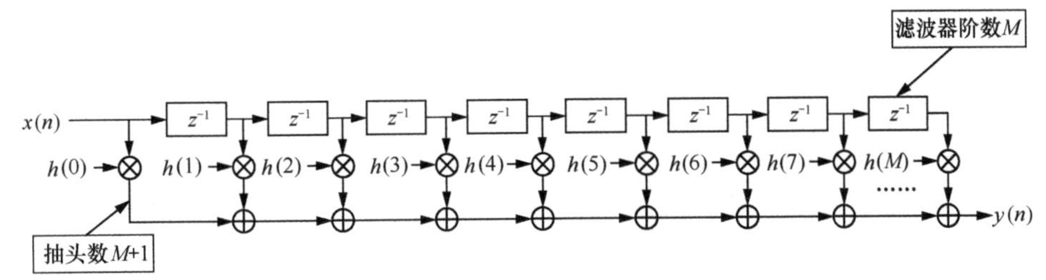


图 14-30　$M$ 阶 FIR 滤波器

差分方程表示为：

$$y(n)=x(n)*h(n)=x(n)h(0)+x(n-1)h(1)+x(n-2)h(2)+\cdots+x(0)h(M)$$

系统函数表示为：

$$H(z)=\sum_{n=0}^{M}h(n)z^{-n}=h(0)+h(1)z^{-1}+h(2)z^{-2}+\cdots+h(M)z^{-M}$$

设计 FIR 滤波器的过程需要确定滤波的系数。窗函数法是设计 FIR 滤波器的常用方法。该过程可以分为 2 个步骤。

1. 计算理想滤波器的单位冲激响应。

2. 利用窗函数将理想滤波器的单位冲激响应截断为有限点数。

实际应用中，滤波器的设计通常需要借助工具完成，比如 MATLAB 就是常用的设计工具之一。下面以设计 FIR 低通滤波器为例，介绍一下设计流程。

例如，设计一个 8 阶 FIR 滤波器，采样频率 $F_s=10\text{MHz}$，通带截止频率 $F_{pass}=1\text{MHz}$，阻带截止频率 $F_{stop}=3\text{MHz}$。

根据要求可确定 8 阶 FIR 滤波器的系统框图，如图 14-31 所示。

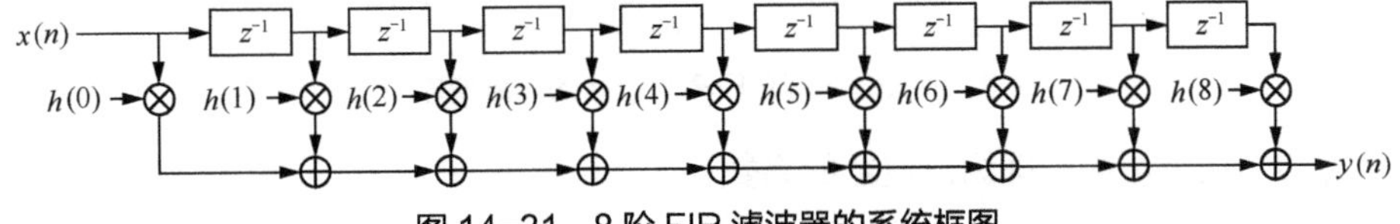


图 14-31　8 阶 FIR 滤波器的系统框图

差分方程为：

$$y(n)=x(n)*h(n)=x(n)h(0)+x(n-1)h(1)+x(n-2)\ h(2)+\cdots+x(n-8)\ h(8)$$

系统函数：

$$H(z)=\sum_{n=0}^{M}h(n)z^{-n}=h(0)+h(1)z^{-1}+h(2)z^{-2}+\cdots+h(8)z^{-8}$$

在MATLAB中，调用Filter Designer，设置FIR滤波器的参数，如图14-32和图14-33所示。

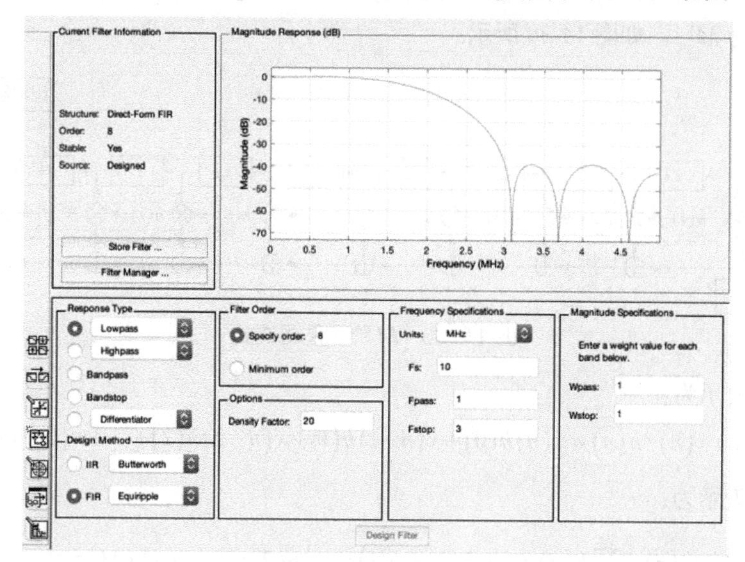


图 14-32　在 MATLAB 中调用 Filter Designer 设计 FIR 滤波器的参数

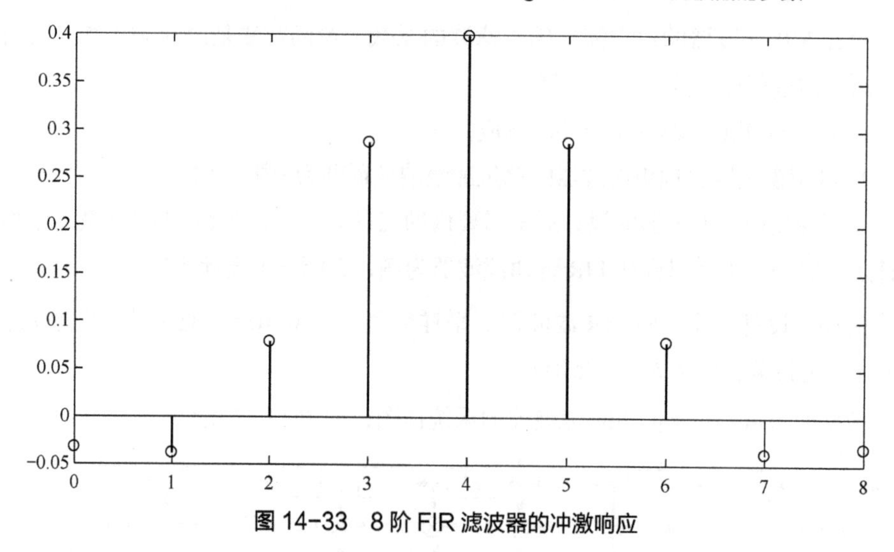


图 14-33　8 阶 FIR 滤波器的冲激响应

滤波器的冲激响应即为滤波器的系数：

$$h(n)=[-0.032,-0.038,0.078,0.287,0.398,0.287,0.078,-0.038,-0.032]$$

带入滤波器系统框图，如图 14-34 所示。

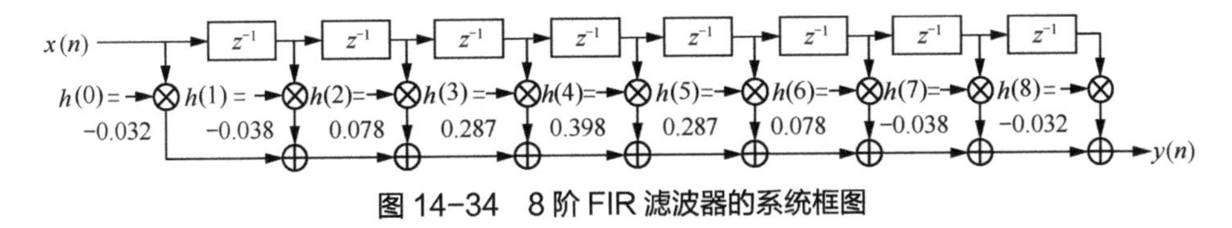


图 14-34　8 阶 FIR 滤波器的系统框图

仍以前面例子中用到的，1MHz 与 4MHz 的混合信号 $x(n)$ 为例，将其经过 8 阶 FIR 滤波器，其时域和频域的变化，如图 14-35 所示。

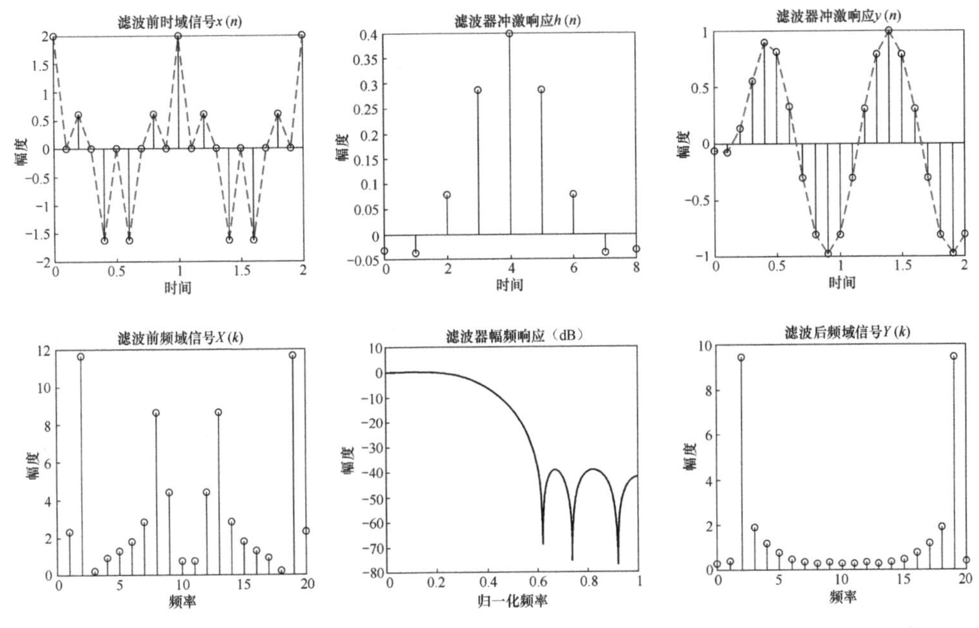


图 14-35　信号 $x(n)$ 经过 8 阶 FIR 滤波器

从图 14-35 中可以看出，在时域和频域，4MHz 信号及其频谱均被 FIR 滤波器滤除，只剩下 1MHz 信号及其频谱。

## 14.5　插值和抽取滤波器

除了前文介绍的 FIR 滤波器，在实际应用中，还需根据具体的使用场景，选择合适的滤波器。例如，在第 10 章“信号的插值与抽取”中，在下变频抽取过程中，为了防止信号频谱发生混叠，以及在上变频插值过程中，为了滤除多余的频谱镜像，均需要使用低通滤波器，如图 14-36 所示。

在数字信号处理中，速率变换的插值和抽取滤波器通常可以使用 FIR 滤波器实现。然而，FIR 滤波器需要使用乘法器，随着滤波器阶数增加，所需的乘法器数量也会增加。因此，在实际应用中，插值和抽取滤波器往往采用半带（HB）滤波器和积分-

梳状（CIC）滤波器来实现，以减少硬件资源的消耗。

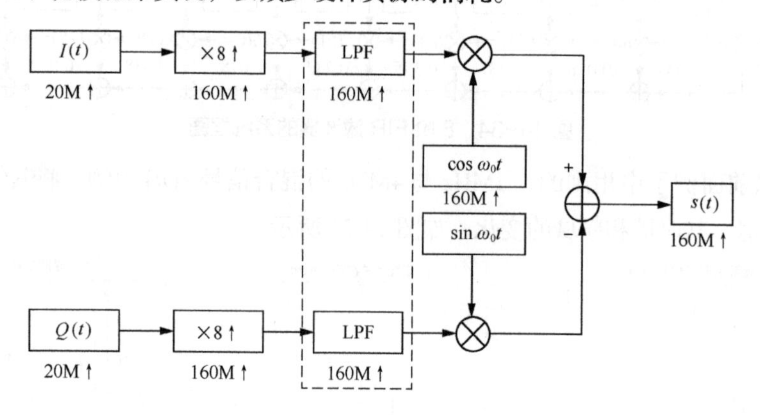


上变频中的低通滤波器

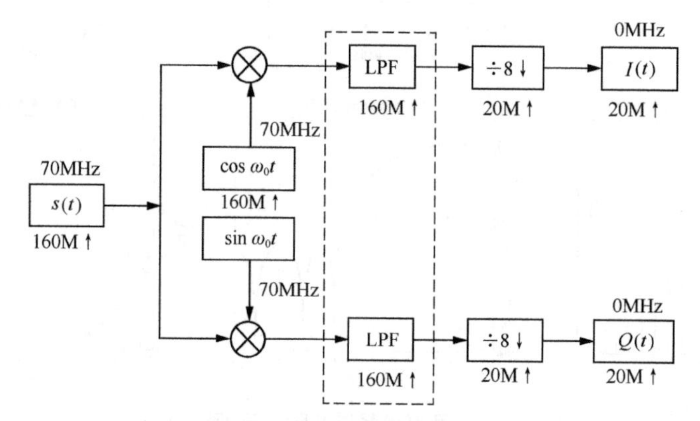


下变频中的低通滤波器

图 14-36　上下变频中的低通滤波器

## 14.5.1　HB 滤波器

HB 滤波器是一种具有特殊结构的线性相位 FIR 滤波器。HB 滤波器的主要特点如下。

1. 通带和阻带对称分布。

2. 将近一半的滤波器系数为零。这些特性使得 HB 滤波器在实现过程中能够有效减少计算量，提高效率。

HB 滤波器的频率响应中，除过渡带以外，通带和阻带呈对称分布，如图 14-37 所示。

正是由于 HB 滤波器频率响应的特殊性，所以其冲激响应中除了中心点外，其他偶数点的系数均为零，即将近一半的滤波器系数为零。

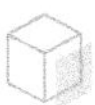

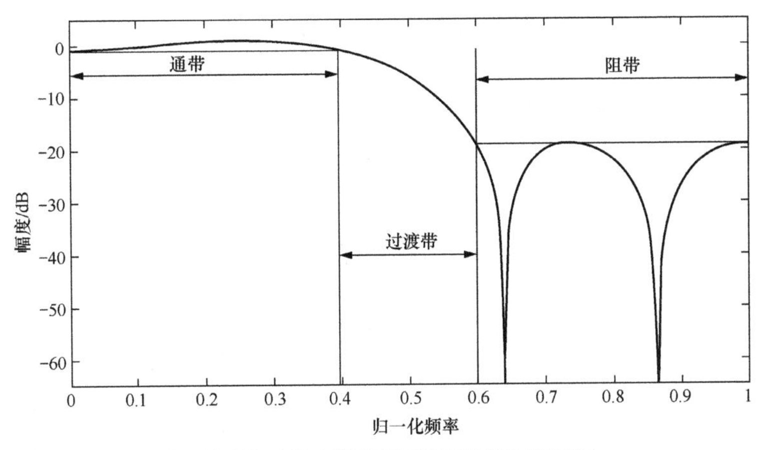


图 14-37　HB 滤波器的通带和阻带对称分布

例如，设计一个 8 阶 HB 滤波器，采样频率 $F_s = 10\text{MHz}$，通带截止频率 $F_{pass} = 2\text{MHz}$。

在 MATLAB 中调用 Filter Designer，设置如下：

Respons Type：Halfband Lowpass
Design Method: FIR Equiripple
Filter Order: 8
Frequency Specifications:
  Units:MHz
  Fs:10
  Fpass:2

HB 滤波器的参数设置，如图 14-38 所示。

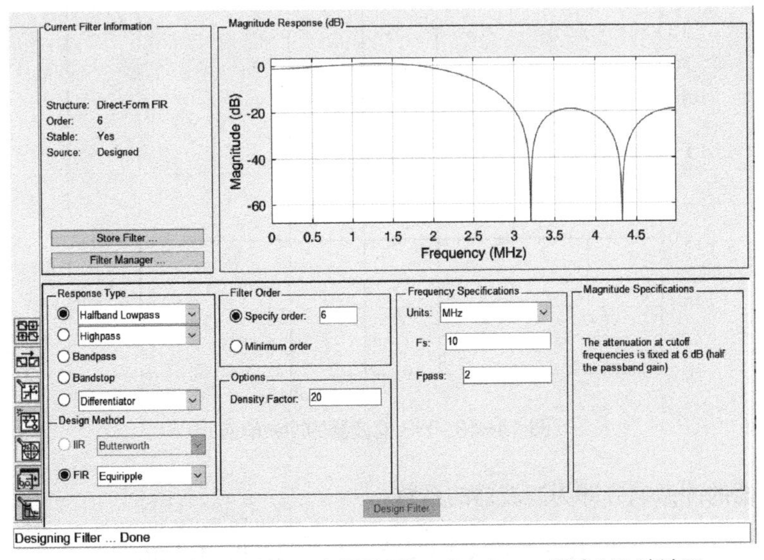


图 14-38　在 MATLAB 中调用 Filter Designer 设计 HB 滤波器

8 阶 HB 滤波器的频率响应，如图 14-39 所示。

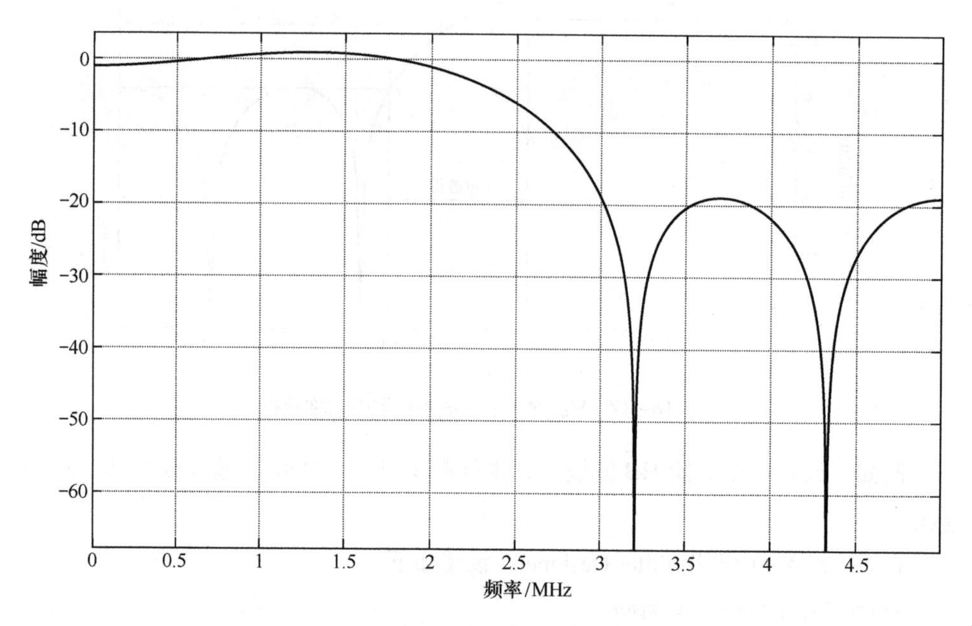


图 14-39　8 阶 HB 滤波器的频率响应

HB 滤波器的冲激响应，如图 14-40 所示。

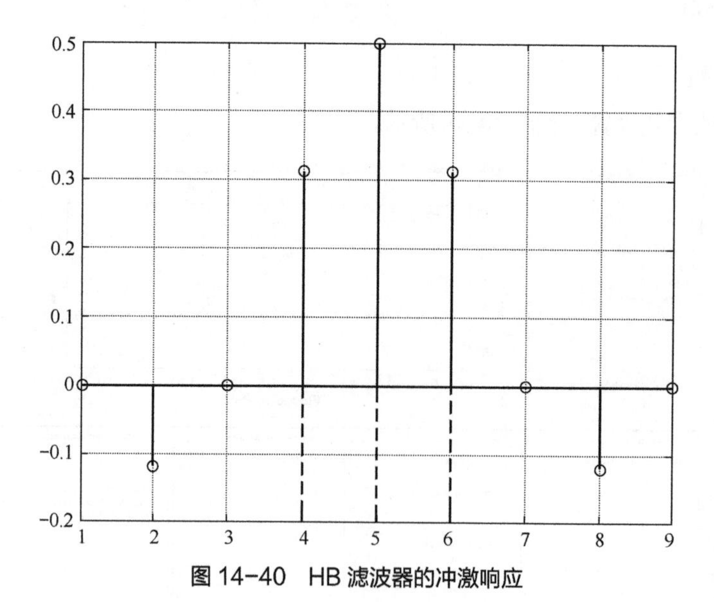


图 14-40　HB 滤波器的冲激响应

滤波器的冲激响应即为滤波器的系数：

$$h(n)=[0,-0.120,0,0.313,0.5,0.313,0,-0.120,0]$$

代入滤波器系统框图，如图 14-41 所示。

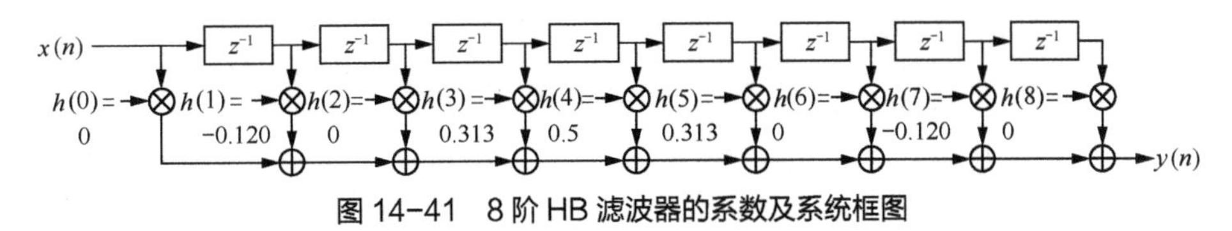


图 14−41 8 阶 HB 滤波器的系数及系统框图

将 HB 滤波器系数为 0 的抽头进行优化，系统框图如图 14-42 所示。

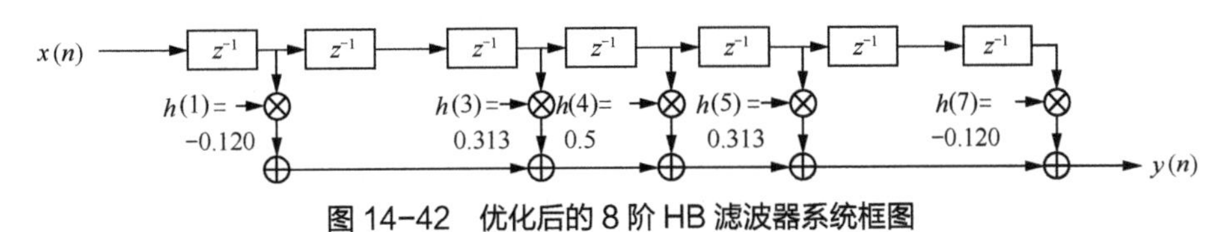


图 14−42 优化后的 8 阶 HB 滤波器系统框图

从图 14-42 中可以看出，HB 滤波器与同阶数的 FIR 滤波器相比可以节省约一半的乘法运算。

HB 滤波器的特性使得其适合用作 2 倍抽取滤波器和 2 倍插值滤波器。

例如，在对信号进行 2 倍抽取时，先用 HB 滤波器对信号进行低通滤波，再进行抽取，可以防止发生频谱混叠。如图 14-43 所示。

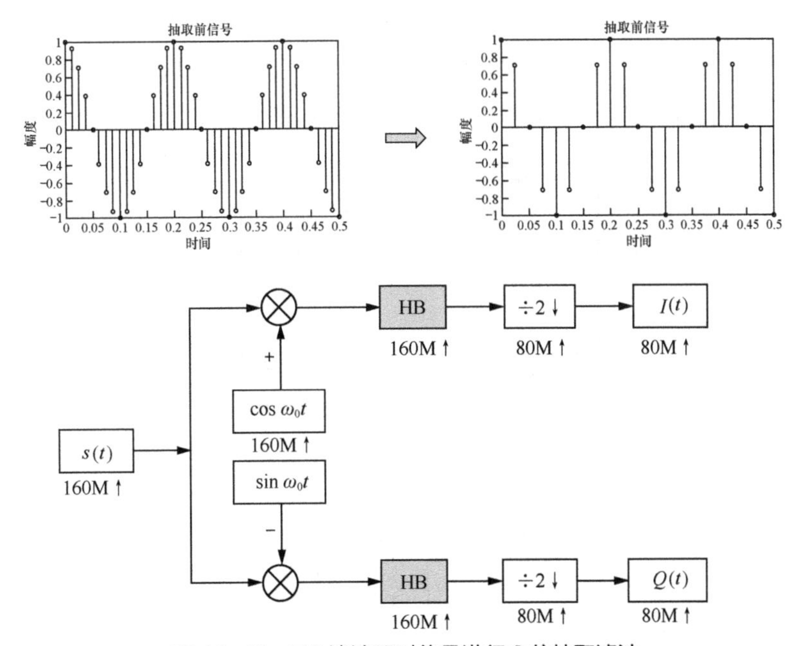


图 14−43 HB 滤波器对信号进行 2 倍抽取滤波

在对信号进行 2 倍插值时，插值后的信号会产生高频镜像，可以用 HB 滤波器作为低通滤波器来滤除高频镜像。如图 14-44 所示。

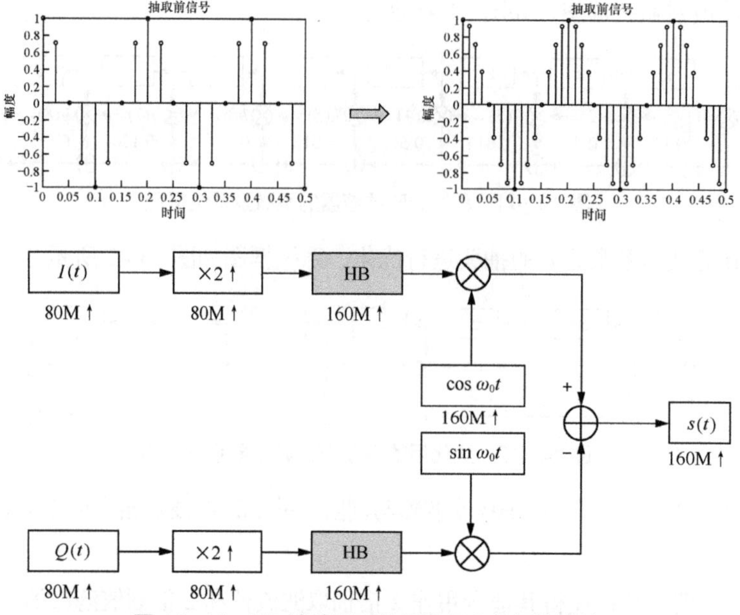


图 14-44　HB 滤波器对信号进行 2 倍插值滤波

## 14.5.2　CIC 滤波器

HB 滤波器适合作为 2 倍抽取和插值滤波器。接下来，我们将介绍一种适合更多倍数抽取和插值的滤波器——CIC 滤波器，其结构如图 14-45 所示。

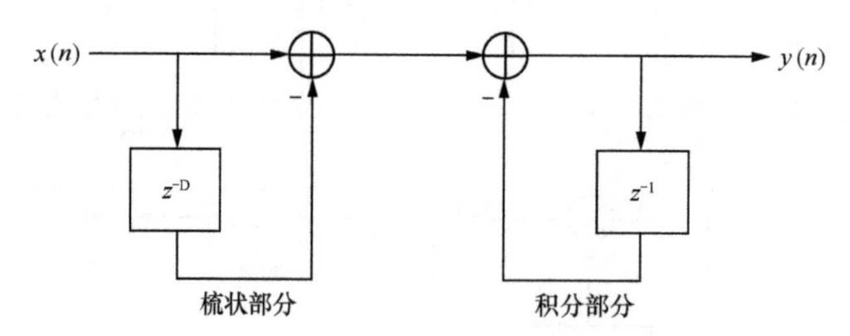


图 14-45　CIC 滤波器的结构

系统函数为：

$$
\begin{aligned}
H(z) &= \frac{1-z^{-D}}{1-z^{-1}} \\
&= \left(1-z^{-D}\right)\frac{1}{1-z^{-1}}
\end{aligned}
$$

其中，$D$ 为正整数，称作延迟因子。

为了更好地理解 CIC 滤波器，我们分别分析梳状部分和积分部分。

先看梳状部分，令 $H_1(z)$ 表示梳状部分系统函数，则有：

$$H_1(z) = 1 - z^{-D}$$
$$= 1 - \mathrm{e}^{-\mathrm{j}D\omega}$$

若令 $D = 8$ ，则当 $\mathrm{e}^{-\mathrm{j}8\omega} = 1$ 时可以取得系统的零点，此时：

$$\omega = \left[\frac{\pi}{4}, \frac{2\pi}{4}, \frac{3\pi}{4}, \pi, \frac{5\pi}{4}, \frac{6\pi}{4}, \frac{7\pi}{4}, 2\pi\right]$$

画出系统的幅频响应，如图 14-46 所示。

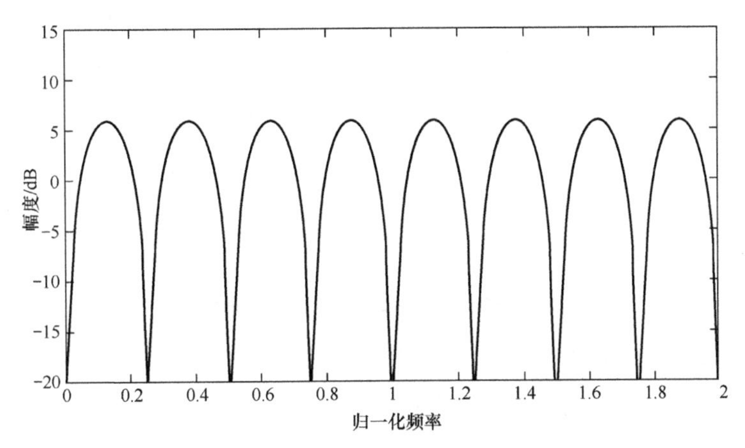


图 14-46　当 $D = 8$ 时，梳状部分的幅频响应

再看积分部分，令 $H_2(z)$ 表示梳状部分系统函数，则有：

$$H_2(z) = \frac{1}{1 - z^{-1}}$$

当 $z^{-1} = 1$ ，即 $\mathrm{e}^{-\mathrm{j}\omega} = 1$ 时，可以得出积分部分的极点，此时 $\omega = 0$ 。系统的幅频响应，如图 14-47 所示。

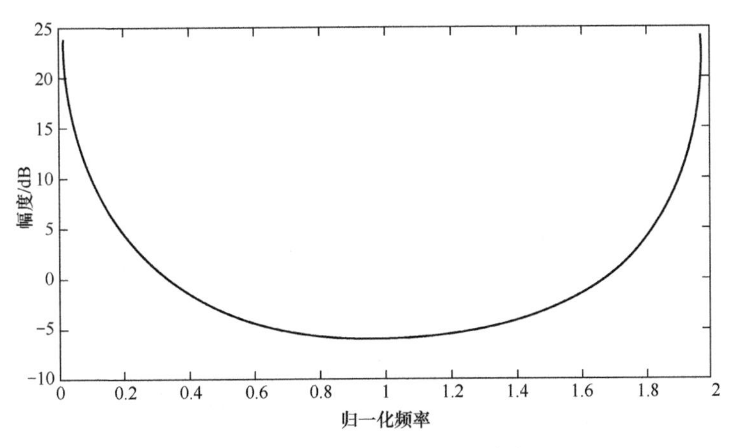


图 14-47　梳状部分的幅频响应

由于$H(z)=H_1(z)H_2(z)$，$H(z)$的频率响应为$H_1(z)$的频率响应与$H_2(z)$的频率响应的乘积。所以，当$D=8$时，CIC 的幅频响应，如图 14-48 所示。

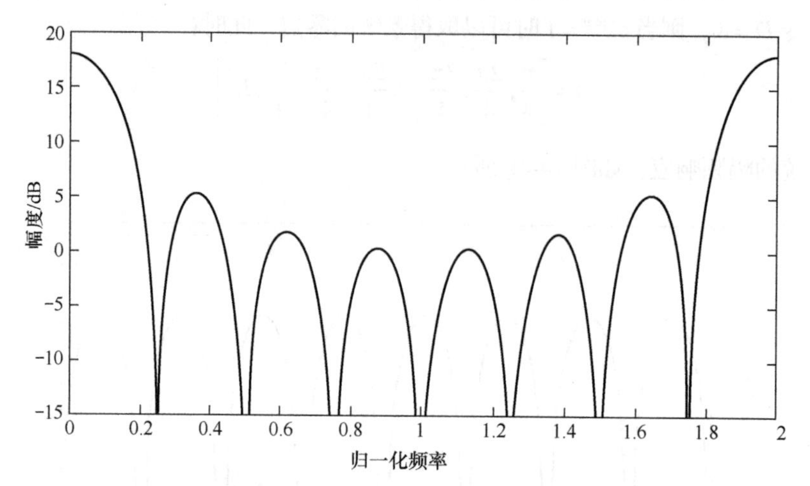


图 14-48　$D=8$时，CIC 的幅频响应

从图 14-48 可以看出，CIC 滤波器的幅频响应可以抑制高频分量，从而实现低通滤波器的效果。

例如，对信号进行 4 倍插值，通过在中间补 3 个零来实现，频谱会产生 3 个高频镜像。如图 14-49 所示。

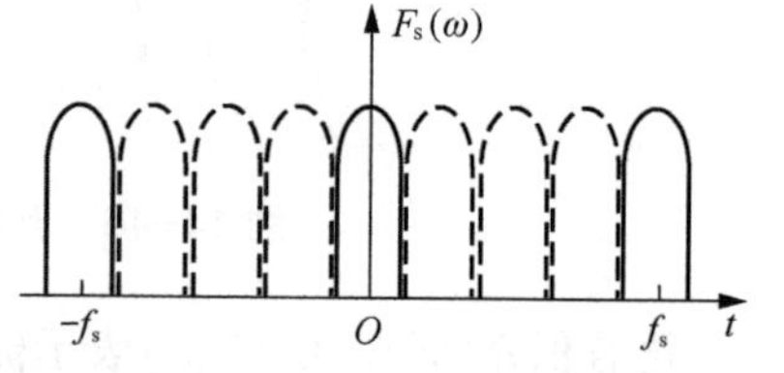


图 14-49　当信号进行 4 倍插值时的频谱

令$D=4$，CIC 滤波器的幅频响应如图 14-50 所示。

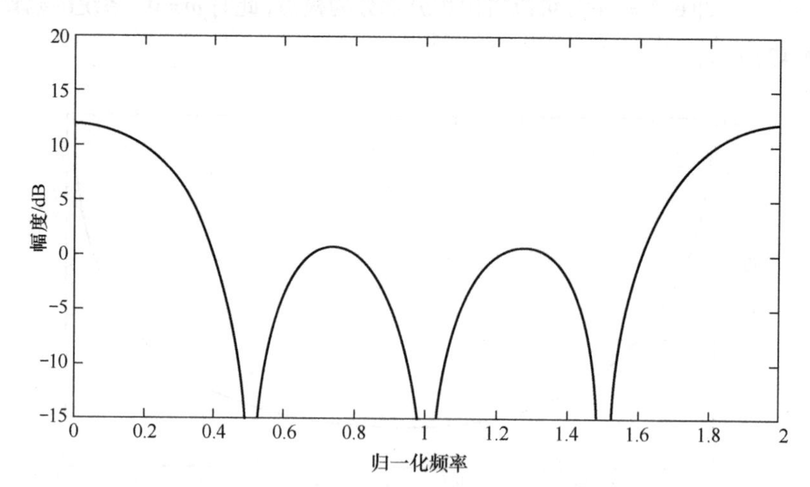


图 14-50　$D=4$时，CIC 滤波器的幅频响应

用 CIC 滤波器对插值后的信号进行滤波，滤波后的频谱示意图如图 14-51 所示。

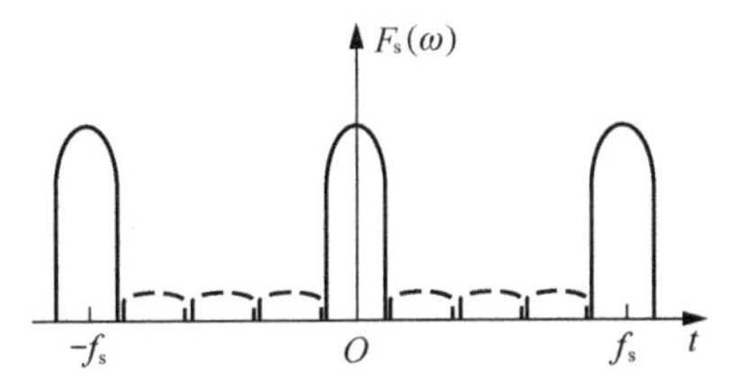

图 14-51 插值信号经过 CIC 滤波器后的频谱

由于 CIC 滤波器具有结构简单且不需要乘法器的特点，它常常被用作多倍数的插值或抽取滤波器。当 CIC 滤波器被用作插值滤波器时，若其在插值以后进行滤波，延迟因子 $D$ 一般与插值倍数一致，如图 14-52 所示。

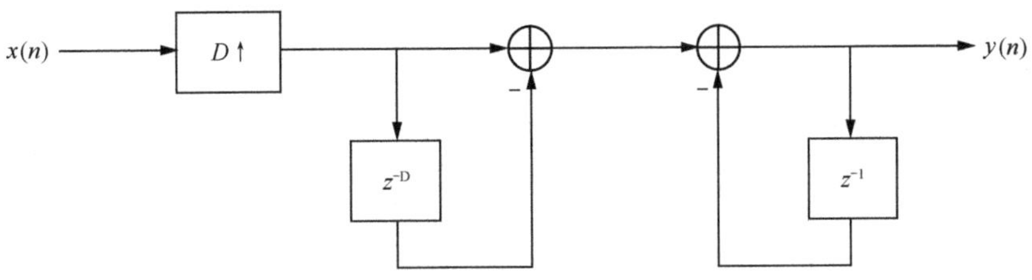

图 14-52 插值后，CIC 滤波器结构

因为插值后，信号的数据速率提高到了 $D$ 倍，如果将梳状部分放到插值前，则仅需 1 阶延迟。如图 14-53 所示。

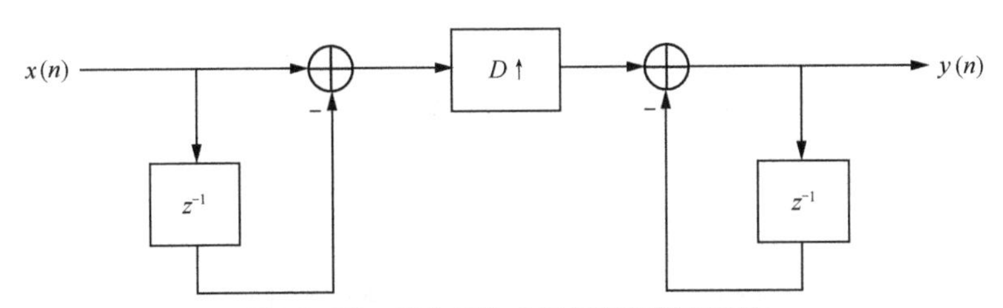

图 14-53 优化后的 CIC 插值滤波器结构

同理，当 CIC 滤波器被用作抽取滤波器时，需要在抽取前进行滤波，延迟因子 $D$ 一般与抽取倍数一致，如图 14-54 所示。

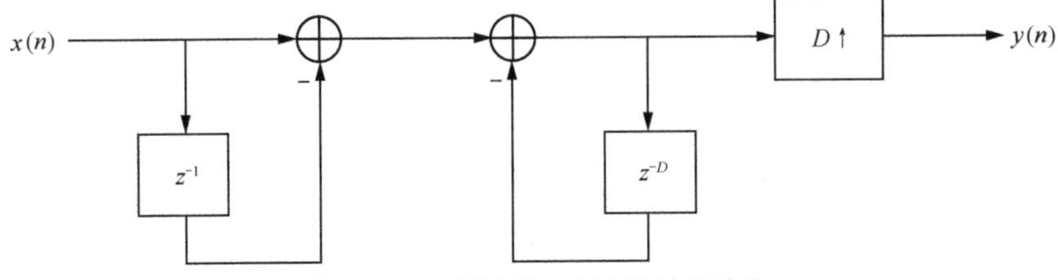

图 14-54 抽取前，CIC 滤波器结构

因为抽取后，信号的数据速率降低到原来的 $1/D$，如果将梳状部分放到抽取后，则仅需 1 阶延迟。如图 14-55 所示。

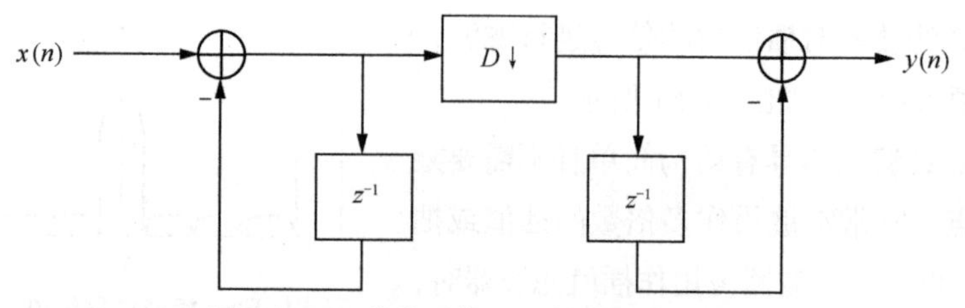


图 14-55 优化后的 CIC 抽取滤波器结构

前面介绍了 FIR 滤波器、HB 滤波器和 CIC 滤波器，实际应用中会根据应用场景和性能需求，对其进行选择和配置，如图 14-56 所示，基带信号 $I(t)$ 和 $Q(t)$ 的采样频率为 20MHz，先经过 FIR 低通滤波器，滤除高频噪声。再经过 HB 滤波器进行 2 倍插值，采样频率变为 40MHz。再经过 CIC 滤波器进行 4 倍插值，采样频率变为 160MHz。用采样频率为 160MHz 的载波对信号进行上变频得到调制信号 $s(t)$。同理，用载波信号对信号 $s(t)$ 进行下变频，经 CIC 滤波器进行 4 倍抽取，采样频率变为 40MHz。再经过 HB 滤波器进行 2 倍抽取，采样频率变为 20MHz。最后经过 FIR 低通滤波器，滤除高频噪声，得到基带信号 $I(t)$ 和 $Q(t)$。

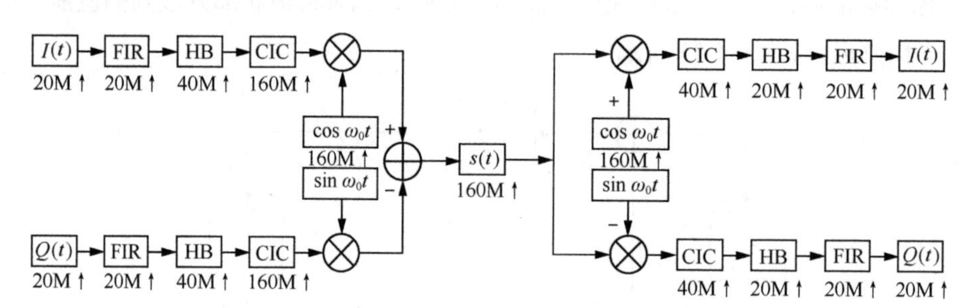


图 14-56 上下变频过程中滤波器的应用

# 第15章 数字信号处理的实现

前面章节介绍了数字信号的特征、分析方法，以及数字信号处理的常用方法。本章将进一步探讨在实际应用中，如何借助工具实现数字信号处理。

# 15.1 二进制数的表示与运算

在日常生活和数学计算中，往往采用十进制计数法，用 0、1、2、3、4、5、6、7、8、9 这十个数字表示其他数值。例如，用十进制表示 1024：

$$1024 = 1\times10^3 + 0\times10^2 + 2\times10^1 + 4\times10^0$$

而在计算机或数字设备的硬件层面，底层的电子元件主要由晶体管构成。这些晶体管通常只存在两种状态，分别表示为 0 和 1，对应了二进制逻辑，所以常用二进制表示。

## 15.1.1 二进制数的格式

二进制数只用 0 和 1 表示。例如，用二进制数表示十进制数 13，用下角标 2 和 10 分别表示二进制数和十进制数：

$$1101_2 = 1\times2^3 + 1\times2^2 + 0\times2^1 + 1\times2^0 = 13_{10}$$

在二进制中，每个数字称为一位，也称作一个比特（Bit）。

当二进制中表示有符号数时，通常用最高位（最左边的 1 位）作为符号位。如果符号位为“0”，则表示正数。如果符号位为“1”，则表示负数。例如，4 位二进制表示有符号数：

$$0101_2 = +5_{10}$$

$$1101_2 = -5_{10}$$

上面介绍的二进制数的表示方式称作原码，另外一种用二进制数表示负数的方式称作反码。正数的反码，与其原码（本身）相同。负数的反码是将对应二进制正数的每个比特位进行取反操作。举例如下。

1. 正数 $+5_{10}$ 的二进制反码为 $0101_2$。

2. 负数 $-5_{10}$ 的二进制反码为 $1010_2$，即将 $0101_2$ 的每个比特位取反。

为了方便运算，还常常用补码的形式来表示有符号整数。正数的补码，与其原码（本身）相同。负数的补码表示步骤如下。

1. 将负数取绝对值后用二进制表示。

2. 按位取反，得到反码。

3. 将反码加 1，得到补码。

例如，求负数 $-5_{10}$ 的补码过程如下：

1. $+5_{10}$ 的二进制表示为：$0101_2$。

2. 按位取反，得到反码：$1010_2$。

3. 反码加 1，得到补码：$1011_2$。

表 15-1 给出了 4 位二进制数的原码、反码、补码格式。

表 15-1　二进制格式

| 十进制数 | 二进制 - 原码 | 二进制 - 反码 | 二进制 - 补码 |
| --- | --- | --- | --- |
| 7 | 0111 | 0111 | 0111 |
| 6 | 0110 | 0110 | 0110 |
| 5 | 0101 | 0101 | 0101 |
| 4 | 0100 | 0100 | 0100 |
| 3 | 0011 | 0011 | 0011 |
| 2 | 0010 | 0010 | 0010 |
| 1 | 0001 | 0001 | 0001 |
| 0 | 0000 | 0000 | 0000 |
| −1 | 1001 | 1110 | 1111 |
| −2 | 1010 | 1101 | 1110 |
| −3 | 1011 | 1100 | 1101 |
| −4 | 1100 | 1011 | 1100 |
| −5 | 1101 | 1010 | 1011 |
| −6 | 1110 | 1001 | 1010 |
| −7 | 1111 | 1000 | 1001 |

## 15.1.2　二进制数的运算

二进制运算中的加法和乘法与十进制类似。例如，十进制加法和二进制加法：

$$5_{10}+10_{10}=15_{10}$$

$$0101_2+1010_2=1111_2$$

十进制乘法和二进制乘法：

$$5_{10}\times 3_{10}=15_{10}$$

$$0101_2\times 0011_2=1111_2$$

二进制的位数一般是固定的，需要注意运算结果是否溢出。例如，4 位二进制加法的结果可以是 5 位，而乘法的结果可达到 8 位。一旦发生溢出，需要进行位数扩展或者截位操作。

为了能让计算机或者数字硬件仅使用加法器，方便同时进行加法和减法运算，通常采用补码相加替代原码的方法进行减法运算。例如：

$$7_{10} - 2_{10} = 5_{10}$$

原码减法：$0111_2 - 0010_2 = 0101_2$

补码加法：$0111_2 + 1110_2 = 10101_2$

当系统为4位二进制数时，$10101_2$中的最高位可以忽略舍弃，即得到$0101_2$。用补码加法替代原码减法的方式相当于先对原来的减数进行取反，然后调用加法器，即：$7_{10} + \left(-2_{10}\right) = 5_{10}$。

### 15.1.3 二进制数的定点表示

二进制的定点表示法在数字信号处理中得到了广泛应用。顾名思义，定点运算是指将小数点的位置固定不变。例如，用4位二进制数表示无符号小数，令小数点的位置设定在最左边，则有：

$$\begin{aligned} .1111_2 &= 1\times 2^{-1} + 1\times 2^{-2} + 1\times 2^{-3} + 1\times 2^{-4} \\ &= 0.5 + 0.25 + 0.125 + 0.0625 \\ &= 0.9375 \end{aligned}$$

$$\begin{aligned} .0001_2 &= 0\times 2^{-1} + 0\times 2^{-2} + 0\times 2^{-3} + 1\times 2^{-4} \\ &= 0.0625 \end{aligned}$$

所以当小数点位于最左边时，4位二进制数表示的无符号小数的范围是$\left[0, 0.9375\right]$，精度为$2^{-4} = 0.0625$。

若用4位二进制数表示有符号小数，最高位表示符号位，令小数点的位置在符号位右边，则有：

$$\begin{aligned} 0.001_2 &= 0\times 2^{-1} + 0\times 2^{-2} + 1\times 2^{-3} \\ &= 0.125 \end{aligned}$$

$$\begin{aligned} 1.001_2 &= -\left(0\times 2^{-1} + 0\times 2^{-2} + 1\times 2^{-3}\right) \\ &= -0.125 \end{aligned}$$

$$\begin{aligned} 0.111_2 &= 1\times 2^{-1} + 1\times 2^{-2} + 1\times 2^{-3} \\ &= 0.5 + 0.25 + 0.125 \\ &= 0.875 \end{aligned}$$

$$\begin{aligned} 1.111_2 &= -\left(1\times 2^{-1} + 1\times 2^{-2} + 1\times 2^{-3}\right) \\ &= -\left(0.5 + 0.25 + 0.125\right) \\ &= -0.875 \end{aligned}$$

所以当小数点的位置在符号位右侧时，4位二进制数表示有符号小数的范围是$\left[-0.875, 0.875\right]$，精度为$2^{-3} = 0.125$。

若将小数点右移一位，保留一位整数则有：

$$\begin{aligned} 00.01_2 &= 0\times 2^{-1} + 1\times 2^{-2} \\ &= 0.25 \end{aligned}$$

$$\begin{aligned} 01.01_2 &= 1\times 2^{0} + 0\times 2^{-1} + 1\times 2^{-2} \\ &= 1 + 0.25 \\ &= 1.25 \end{aligned}$$

$$\begin{aligned} 11.11_2 &= -\left(1\times 2^{0} + 1\times 2^{-1} + 1\times 2^{-2}\right) \\ &= -\left(1 + 0.5 + 0.25\right) \\ &= -1.75 \end{aligned}$$

此时，4 位二进制数表示的范围是 $[-1.75, 1.75]$。

二进制小数的负数与负整数一样，也可以用补码形式来表示。例如，求 -0.25 的补码步骤如下：

1. 0.25 用二进制表示为 $00.01_2$；
2. 按位取反，得到反码 $11.10_2$；
3. 将反码加 1，得到 -0.25 的补码 $11.11_2$。

## 15.1.4 二进制数的定点运算

二进制数的定点运算的加法和减法规则与整数相同。同样，可以用二进制补码的加法运算来替代减法运算。例如，4 位二进制减法：

$$1.25_{10} - 0.25_{10} = 1$$

$$01.01_2 + 11.11_2 = 101.00_2$$

在 4 位二进制中，最高位可以忽略，所以结果为 $01.00_2 = 1$。

二进制数的定点乘法运算与二进制乘法类似，但需要特别注意结果中小数点的位置。例如：用 4 位无符号二进制表示十进制乘法：

$$0.75_{10} \times 0.5_{10} = 0.375_{10}$$

$$.1100_2 \times .1000_2 = .0110_2$$

由于 4 位无符号二进制表示小数的范围是 $[0, 0.9375]$，且最小精度为 $2^{-4} = 0.0625$，即小数部分只能保留 4 位二进制数。所以当乘积小于 0.0625 时，结果只能用 0 表示。例如：

$$0.75_{10} \times 0.0625_{10} = 0.046875_{10}$$

$$.1100_2 \times .0001_2 = .0000_2$$

当有整数位时，整数位可能会发生溢出。例如 6 位二进制定点乘法：

$$2.75_{10} \times 2.5_{10} = 6.875_{10}$$

$$10.1100_2 \times 10.1000_2 = 110.1110_2$$

此时结果扩展为 7 位二进制。若限制位宽为 6 位，则需要将整数部分进行舍入、截断或改变定点位置，结果如下。

舍入：$11.1110_2$；

截断：$10.1110_2$；

改变定点位置：$110.111_2$。

## 15.2 数字信号处理的 MATLAB 实现

MATLAB 是数字信号处理中常用的工具，能够对数字信号处理的过程进行设计和仿真。接下来，我们将通过实例演示如何运用 MATLAB 处理数字信号。

### 15.2.1 信号的生成

MATLAB 软件在计算机上运行，所以生成的信号为离散的数字信号。例如，生成余弦信号，信号频率为 $f = 1\text{Hz}$，采样频率为 $f_s = 100\text{Hz}$。即信号的周期为 1s，每个周期内有 100 个采样点。如图 15-1 所示。

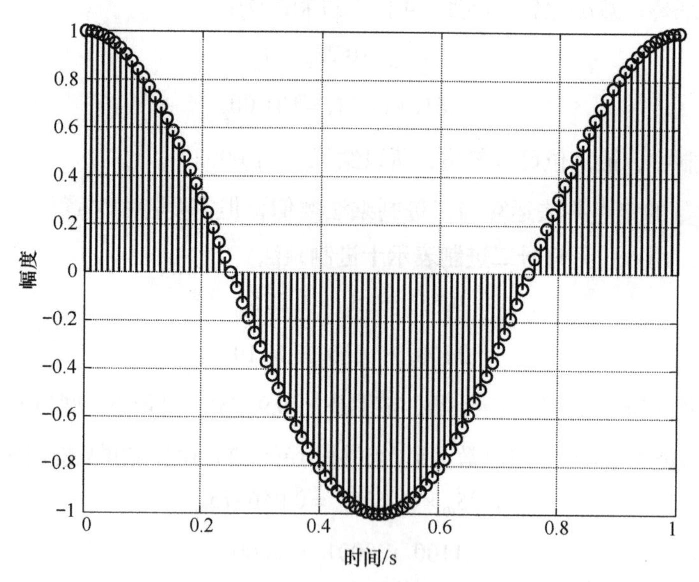


图 15-1　频率为 1Hz，采样频率为 100Hz 的余弦信号

对应的 MATLAB 代码如下：

```
% 定义参数
f = 1;          % 信号频率 (1Hz)
fs = 100;       % 采样频率 (100Hz)
t = 0:1/fs:1; % 时间向量，信号持续 1s
% 生成余弦信号
y = cos(2*pi*f*t);
% 绘制信号
stem(t, y,'k','LineWidth', 1);
xlabel(' 时间 /s');
ylabel(' 幅度 ');
grid on;
```

若生成余弦信号频率为$f=1\text{MHz}$，采样频率为 $f_s=10\text{MHz}$ 。信号的周期为 1μs，每个周期内有 10 个采样点。如图 15-2 所示。

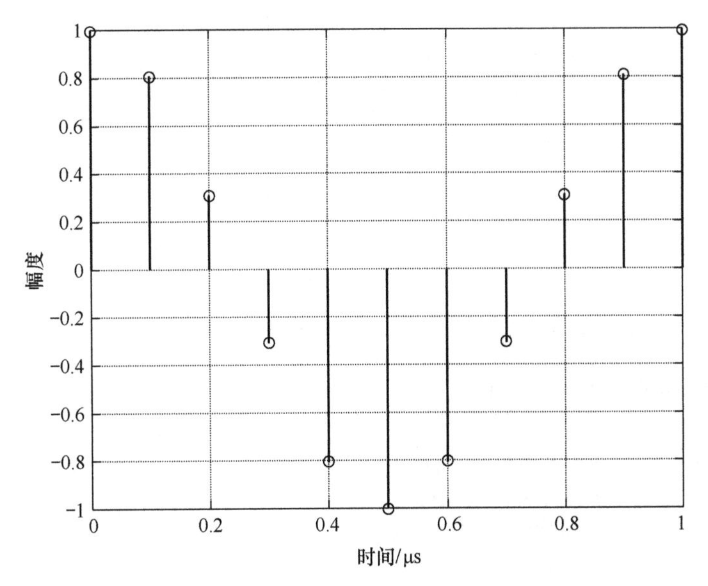


图 15-2　频率为 1MHz，采样速率为 10MHz 的余弦信号

对应的 MATLAB 代码如下：

```
% 定义参数
f = 1*10^6;         % 信号频率 (1MHz)
fs = 10*10^6;       % 采样频率 (10MHz)
t = 0:1/fs:1/10^6; % 时间向量，信号持续 1μs
% 生成余弦信号
y = cos(2*pi*f*t);

% 绘制信号
```

```
stem(t, y,'k','LineWidth', 1);
xlabel(' 时间 /s');
ylabel(' 幅度 ');
grid on;
```

同理，若生成余弦信号频率为$f = 4\text{MHz}$，采样频率为$f_s = 10\text{MHz}$。信号的周期为250ns，每 2 个周期内有 5 个采样点。如图 15-3 所示。

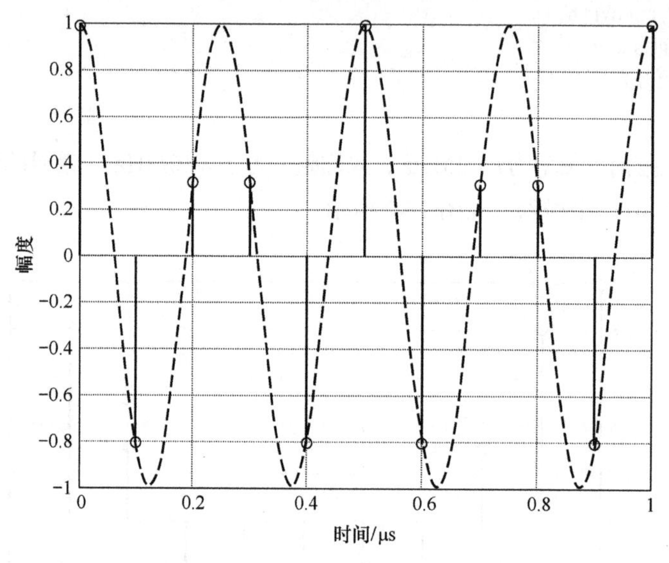


图 15-3　频率为 4MHz，采样频率为 10MHz 的余弦信号

对应的 MATLAB 代码如下：

```
% 定义参数
f = 4*10^6;              % 信号频率 (1MHz)
fs = 10*10^6;            % 采样频率 (10MHz)
t = 0:1/fs:1/10^6;        % 时间向量，信号持续 1μs

% 生成余弦信号
y = cos(2*pi*f*t);

% 绘制信号
stem(t, y,'k','LineWidth', 1);
xlabel(' 时间 /s');
ylabel(' 幅度 ');
grid on;

% 绘制信号虚线轮廓
hold on;
t_ = 0:1/(10*fs):1/10^6; % 虚线轮廓时间向量，持续 1μs, 间隔 1/(10*fs)μs
```

```
y_ = cos(2*pi*f*t_); % 生成余弦信号虚线轮廓
plot(t_,y_,'k--');
```

## 15.2.2 基于 MATLAB 的信号运算

MATLAB 本质上是一个功能强大的计算器，能够进行复杂的数学运算。当将数字信号以数学函数的形式表示时，可以利用 MATLAB 对其进行计算。

1. 求和运算

例如，将图 15-2 中频率为 1MHz 的信号与图 15-3 中频率为 4MHz 的信号相加，得到如图 15-4 所示的信号。

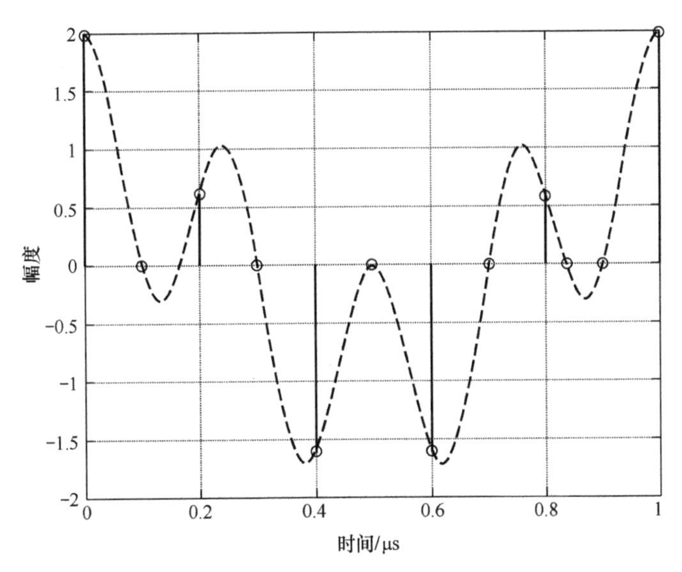


图 15-4 频率为 1MHz 与频率为 4MHz 的余弦信号求和

对应的 MATLAB 代码如下：

```
% 定义参数
f1 = 1*10^6;          % 信号频率 (1MHz)
f2 = 4*10^6;          % 信号频率 (4MHz)
fs = 10*10^6;          % 采样频率 (10MHz)
t = 0:1/fs:1/10^6; % 时间向量，信号持续 1μs
% 生成余弦信号
y1 = cos(2*pi*f1*t); % 生成 1MHz 余弦信号
y2 = cos(2*pi*f2*t); % 生成 4MHz余弦信号
y = y1 + y2;          % 两个余弦信号求和
% 绘制信号
```

```
stem(t, y,'k','LineWidth', 1);
xlabel(' 时间 /s');
ylabel(' 幅度 ');
grid on;
% 绘制求和后信号虚线轮廓
hold on;
t_ = 0:1/(10*fs):1/10^6; % 虚线轮廓时间向量，信号持续 1μs，间隔 1/(10*fs)μs
y_ = cos(2*pi*f1*t_)+cos(2*pi*f2*t_); % 生成求和后信号虚线轮廓
plot(t_,y_,'k--');
```

2. 乘法运算

假设有两个余弦信号，频率分别为 $f_1 = 1\text{MHz}$ 和 $f_2 = 3\text{MHz}$，采样频率 $f_s = 10\text{MHz}$ 。若将两个信号相乘，结果如图 15-5 所示。

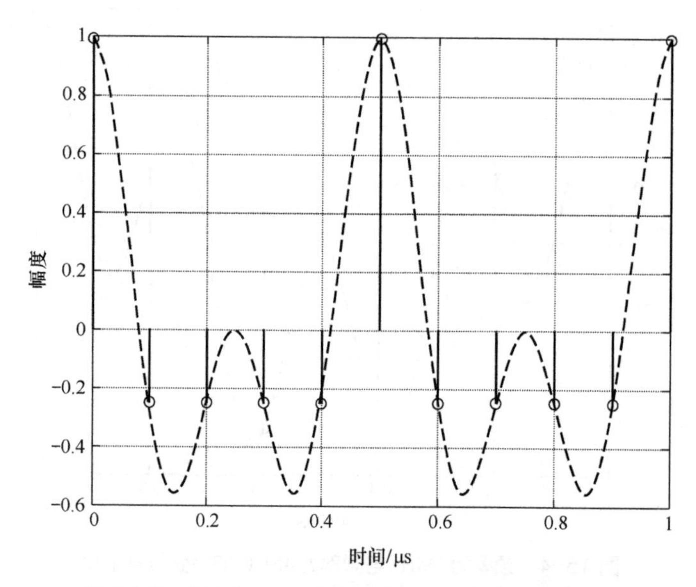


图 15-5　频率为 1MHz 与频率为 3MHz 的余弦信号相乘

对应的 MATLAB 代码如下。

```
% 定义参数
f1 = 1*10^6;          % 信号频率 (1MHz)
f2 = 3*10^6;          % 信号频率 (3MHz)
fs = 10*10^6;         % 采样频率 (10MHz)
t = 0:1/fs:1/10^6; % 时间向量，信号持续 1μs

% 生成余弦信号
y1 = cos(2*pi*f1*t); % 生成 1MHz 余弦信号
y2 = cos(2*pi*f2*t); % 生成 3MHz 余弦信号
```

```
y = y1 *y2;          % 两个余弦信号相乘

% 绘制信号
stem(t, y,'k','LineWidth', 1);
xlabel(' 时间 /s');
ylabel(' 幅度 ');
grid on;

% 绘制相乘后信号虚线轮廓
hold on;
t_ = 0:1/(10*fs):1/10^6; % 虚线轮廓时间向量，信号持续 1μs, 间隔 1/(10*fs)μs
y_ = cos(2*pi*f1*t_).*cos(2*pi*f2*t_); % 生成相乘后信号虚线轮廓
plot(t_,y_,'k--');
```

3. 卷积运算

将图 15-4 中 1MHz 信号与 4MHz 信号相加后得到的信号，取 2μs 的时长与一组低通滤波器系数进行卷积操作。经过卷积后，输出信号的频率近似为 1MHz，此过程即为滤波的过程。其结果如图 15-6 所示。

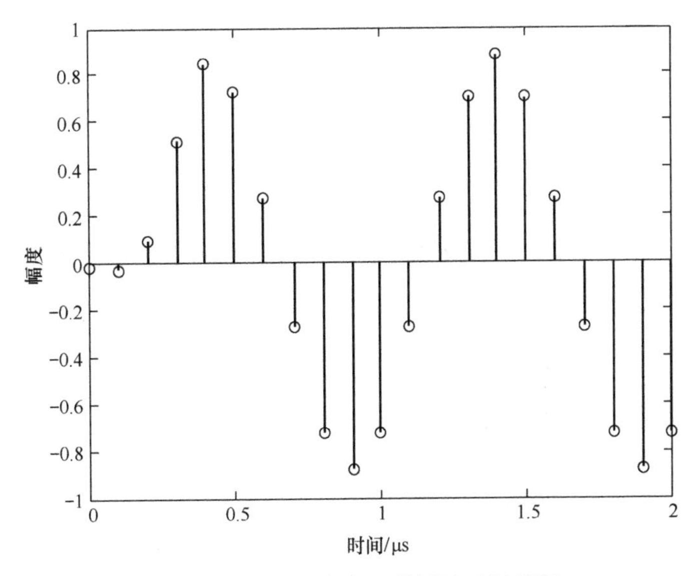


图 15−6　信号与滤波器系数卷积后的结果

对应的 MATLAB 代码如下。

```
% 定义信号参数
fs = 10*10^6;          % 采样频率 (10 MHz)
t = 0:1/fs:2*10^6;     % 时间向量，持续 2μs
```

```
% 生成信号 (1 MHz 和 4 MHz 信号的叠加 )
f1 = 1*10^6;          % 1 MHz 信号
f2 = 4*10^6;          % 4 MHz 信号
x = cos(2*pi*f1*t) + cos(2*pi*f2*t);   % 叠加信号

% 8 阶 FIR 低通滤波器系数
h = [-0.0061,   -0.0136,    0.0512,    0.2657,    0.4057,    0.2657,    0.0512,   -0.0136,   -0.0061];

% 实现卷积操作
N = length(x);
M = length(b);
y_conv = zeros(1, N);

for n = 1:N
  for m = 1:M
    if n-m+1 > 0
      y_conv(n) = y_conv(n) + h(m) * x(n-m+1);
    end
  end
end

% 绘制结果
figure;
stem(t, y_conv, 'k','LineWidth', 1);
xlabel(' 时间 /s');
ylabel(' 幅度 ');
```

其实，MATLAB 中内置了卷积函数 conv，卷积部分的代码可以替换为：

```
y_conv = conv(x, b, 'same');
```

4. 傅里叶变换

余弦信号频率 $f=1\text{Hz}$，采样频率 $f_s=8\text{Hz}$，对信号进行 8 点 DFT 运算，得到信号的幅度谱，如图 15-7 所示。

对应的 MATLAB 代码如下。

```
% 定义参数
f = 1;            % 余弦信号的频率 (1 Hz)
fs = 8;           % 采样频率 (8 Hz)
N = 8;            % DFT 点数
t = (0:N-1)/fs;   % 时间向量，长度为 8 个采样点

% 生成 1 Hz 的余弦信号
x = cos(2*pi*f*t);
```

```
% DFT 运算
X_DFT = zeros(1, N);    % 初始化 DFT 结果
for k = 0:N-1
    for n = 0:N-1
        X_DFT(k+1) = X_DFT(k+1) + x(n+1) * exp(-1j * 2 * pi * k * n / N);
    end
end

% 绘制幅度谱
figure;
k = 0:N-1; % 频率索引
stem(k, abs(X_DFT), 'k', 'LineWidth', 1);
xlabel(' 频率 /Hz');
ylabel(' 幅度 ');
grid on;
```

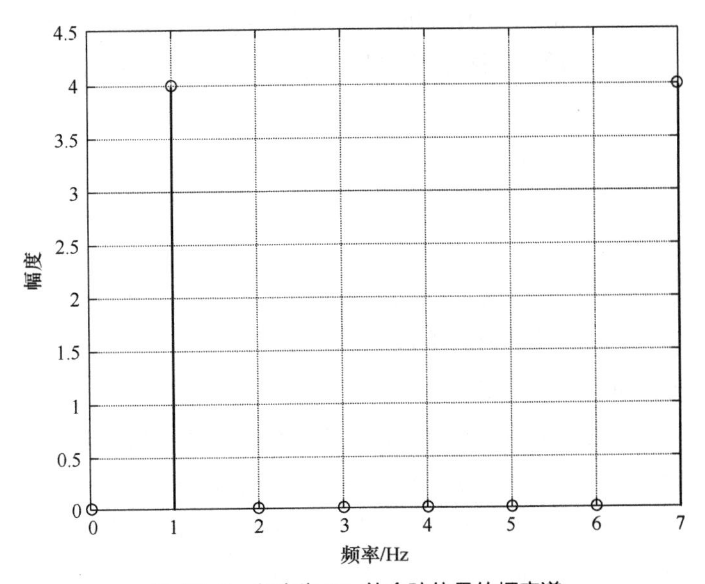


图 15-7 频率为 1Hz 的余弦信号的幅度谱

MATLAB 中提供了 FFT 运算函数，可以简化 DFT 部分运算。对应的 MATLAB 代码如下。

```
% 定义参数
f = 1;              % 余弦信号的频率 (1 Hz)
fs = 8;             % 采样频率 (8 Hz)
N = 8;              % DFT 点数
t = (0:N-1)/fs;     % 时间向量，长度为 8 个采样点
```

```
% 生成 1 Hz 的余弦信号
x = cos(2*pi*f*t);

% 使用 MATLAB 的 fft 函数计算 DFT
X_fft = fft(x);

% 绘制幅度谱对比
figure;
k = 0:N-1; % 频率索引
stem(k, abs(X_fft), 'k', 'LineWidth', 1);
xlabel(' 频率索引 ');
ylabel(' 幅度 ');
grid on;
```

### 15.2.3 基于 MATLAB 的 FIR 滤波器实现

前面章节介绍过，MATLAB 提供了数字滤波器的设计工具：Filter Designer。通过 Filter Designer 可以方便地根据需求设计出滤波器，并导出系数。

例如，采样频率为 10MHz 、频率为 1MHz 的余弦信号与频率为 4MHz 的余弦信号混合后，如果想滤除 4MHz 的信号，可以通过 Filter Designer 设计一个 8 阶 FIR 低通滤波器，选择汉明窗作为窗函数，阶数为 8，截止频率为 2MHz 。

设计步骤如下。

1. MATLAB 命令窗口中输入 filterDesigner，启动 Filter Designer。
2. 在 Response Type 菜单中选择 Lowpass（低通）。
3. 在 Design Method 菜单中选择 FIR。
4. 在 Order 选项中，选择 Specify order 并输入 8 作为滤波器的阶数。
5. 在 Options 的 Window 中选择 Hamming（汉明窗）作为窗函数。
6. 在 FIR 设计方法中选择 Window，然后选择 Hamming（汉明窗）作为窗函数。
7. 在 Frequency Specifications 选项中，设置 Units 为 MHz，采样速率 $f_s$ 为 10（MHz），截止频率 $f_c$ 为 2（MHz）。

参数设计页面如图 15-8 所示。

然后，您可以选择 File -> Export... 将设计的滤波器导出为 MATLAB 工作区中的变量。这样，您可以得到滤波器的系数如下。

```
h = [-0.0061,   -0.0136,    0.0512,    0.2657,    0.4057,    0.2657,    0.0512,   -0.0136,   -0.0061]
```

除了可以用信号与滤波器系数求卷积运算的方式外，还可以直接调用 MATLAB 提供的 filter 函数，对信号进行滤波处理，滤波结果如图 15-9 所示。

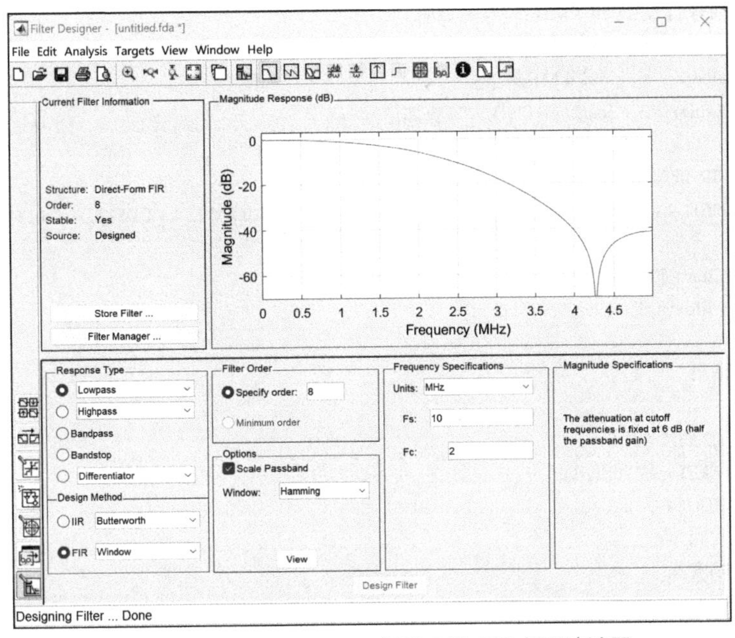


图 15-8　Filter Designer 设计 8 阶 FIR 低通滤波器

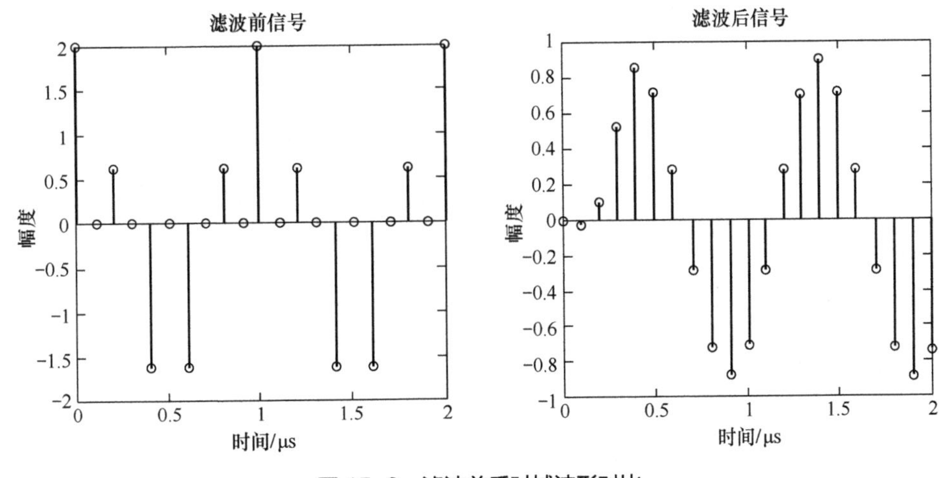


图 15-9　滤波前后时域波形对比

从图 15-9 中可以看出，滤波后信号仅包含频率为 1MHz 的余弦信号，而频率为 4MHz的余弦信号被滤除。

对应的 MATLAB 代码如下。

```
% 定义信号参数
fs = 10*10^6;          % 采样频率 (10 MHz)
t = 0:1/fs:2*10^-6;     % 时间向量，持续 2μs
```

```
% 生成信号 (1 MHz 和 4 MHz 信号的叠加 )
f1 = 1*10^6;                % 1 MHz 信号
f2 = 4*10^6;                % 4 MHz 信号
x = cos(2*pi*f1*t) + cos(2*pi*f2*t);   % 叠加信号

% 8 阶 FIR 低通滤波器系数
h = [-0.0061,   -0.0136,    0.0512,    0.2657,    0.4057,    0.2657,    0.0512,   -0.0136,   -0.0061];

% 使用 filter 函数进行滤波
y_filter = filter(h, 1, x);

% 绘制结果
figure;
subplot(1,2,1);
stem(t, x, 'k','LineWidth', 1);
title(' 滤波前信号 ');
xlabel(' 时间 /s');
ylabel(' 幅度 ');

subplot(1,2,2);
stem(t, y_filter, 'k','LineWidth', 1);
title(' 滤波后信号 ');
xlabel(' 时间 /s');
ylabel(' 幅度 ');
```

对滤波前后数据进行 FFT 变换，结果如图 15-10 所示。

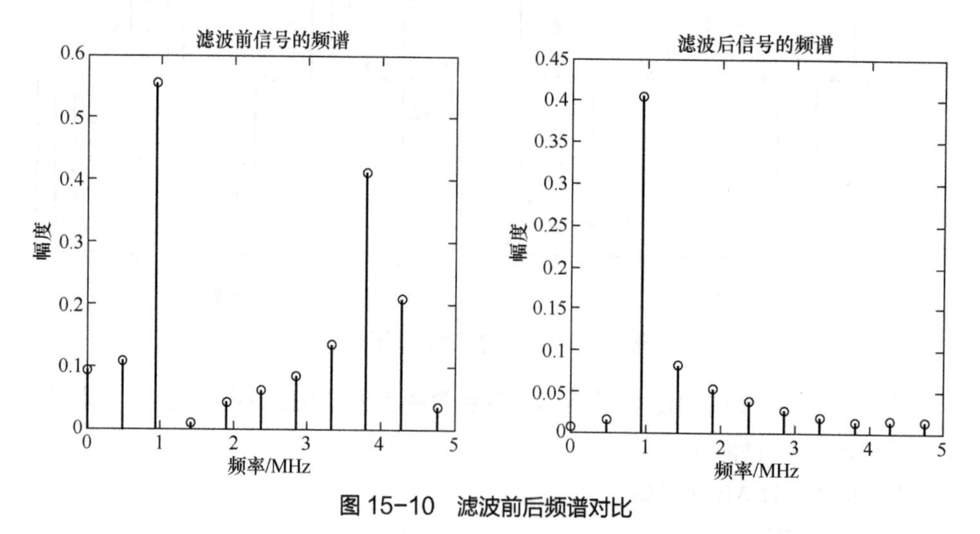


图 15-10　滤波前后频谱对比

从图 15-10 中可以看出，滤波后信号的频谱集中在 1MHz， 4MHz 的频率被有效滤除。

对应的 MATLAB 代码如下：

```
% 计算 FFT
X = fft(x);
Y_filter = fft(y_filter);
N = length(x);
f = (0:N-1)*(fs/N); % 频率向量

% 绘制频域信号 (FFT)
figure;
subplot(1,2,1);
stem(f/1e6, abs(X)/N, 'k', 'LineWidth', 1);
title(' 滤波前信号的频谱 ');
xlabel(' 频率 /MHz');
ylabel(' 幅度 ');
xlim([0 5]); % 只显示 0 到 5 MHz 的频率范围

subplot(1,2,2);
stem(f/1e6, abs(Y_filter)/N, 'k', 'LineWidth', 1);
title(' 滤波后信号的频谱 ');
xlabel(' 频率 /MHz');
ylabel(' 幅度 ');
xlim([0 5]); % 只显示 0 到 5 MHz 的频率范围
```

## 15.3　数字信号处理的 FPGA 实现

### 15.3.1　FPGA 的原理与设计流程

现场可编程门阵列（FPGA）是一种可编程的集成电路。与传统的中央处理器（CPU）不同，FPGA 在工作时并不依赖于逐条执行指令的方式，而是通过编程预先将所需功能定制为硬件电路。此外，与专用集成电路（ASIC）相比，FPGA 具有可重新配置的特点，允许用户反复修改其内部硬件的电路连接，从而实现功能的更新和调整。这种灵活性使FPGA在需要频繁迭代或特定硬件加速的应用场景中尤为适用。

FPGA 如何实现硬件可编程呢？数字电路通常由基本的逻辑器件（如与门、或门、非门、触发器等）组成，通过组合它们可以实现各种复杂的逻辑功能。FPGA 内部通常包含大量的逻辑单元和布线资源。逻辑单元通常基于查找表（LUT）结构，可以通过编程实现不同的逻辑门电路。

例如，一个 2 输入的 LUT，输入可能有 4 种组合（00、01、10、11），LUT 会存储这 4 种输入组合对应的输出值。当输入被确定后，LUT 就会根据表中的值输出相应的结果。如果想将 LUT 配置成一个与（AND）门，A、B 为输入，则输出对应的真值表如表 15-2 所示。

表 15-2　与（AND）门对应的真值表

| A | B | A 与 B |
|---|---|---|
| 0 | 0 | 0 |
| 0 | 1 | 0 |
| 1 | 0 | 0 |
| 1 | 1 | 1 |

如果要将 LUT 配置成一个或（OR）门，则输出对应的真值表如表 15-3 所示。

表 15-3　或（OR）门对应的真值表

| A | B | A 或 B |
|---|---|---|
| 0 | 0 | 0 |
| 0 | 1 | 1 |
| 1 | 0 | 1 |
| 1 | 1 | 1 |

实际上，FPGA 并非仅仅由 LUT 组成。它通常会包括：由 LUT 和触发器组成的可配置逻辑块（CLB）、可编程输入输出单元（IOB）、随机存储器（RAM）、数字信号处理（DSP）运算单元、数字时钟管理（DCM）模块等。同时，FPGA 内还有丰富的布线资源，可以将这些逻辑单元连接在一起，形成复杂的电路。如图 15-11 所示。

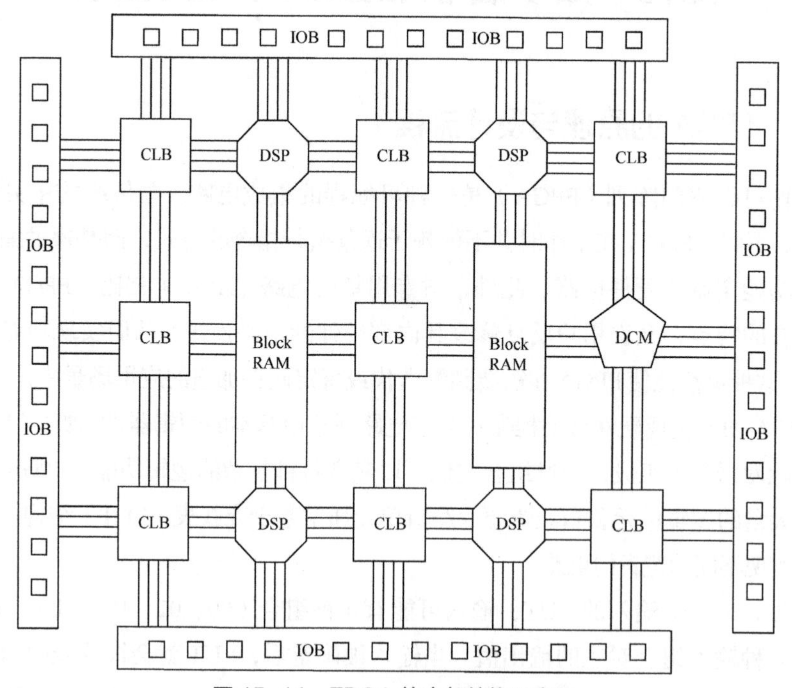


图 15-11　FPGA 的内部结构示意图

用户通过编写硬件描述语言（HDL）代码，可以定制 FPGA 的硬件功能。FPGA 的设计流程主要包括以下几个步骤：

1. 设计输入：通过硬件描述语言如 VHDL，Verilog HDL，SystemVerilog，或通过原理图的方式，将设计输入给工具。

2. 功能仿真：通过仿真工具，对设计的功能进行验证，保证功能的正确性。

3. 综合优化：将设计输入的 HDL 代码或者原理图，编译为由与门、或门、非门、触发器等基础逻辑单元组成的门级网表文件，然后将门级网表映射为 LUT 结构，并对其进行逻辑优化。如图 15-12 所示。

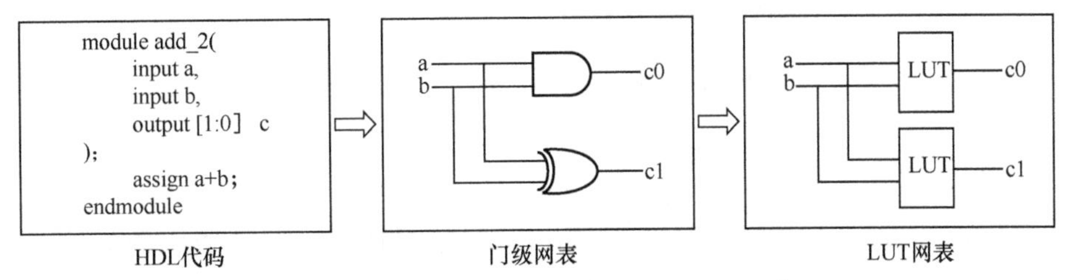


图 15-12　HDL 代码综合为门级和 LUT 网表

4. 布局布线：将 LUT 结构网表中的逻辑，映射到 FPGA 内的逻辑单元，然后利用布线资源将逻辑单元进行连接。如图 15-13 所示。

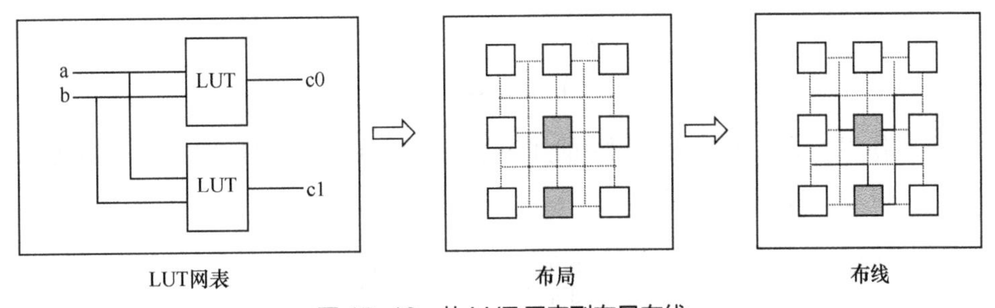


图 15-13　从 LUT 网表到布局布线

5. 时序验证：将布局布线的延时信号反标到网表中，结合处理速率要求和 FPGA 器件的性能，进行仿真，确保编程实现的硬件电路满足要求。

6. 下载调试：将设计生成的配置文件下载到 FPGA 硬件板卡，并对其进行调试。

## 15.3.2　基于 FPGA 的信号运算

接下来，以 FPGA 中基本运算的实现为例，介绍 FPGA 的工作原理及部分步骤。

1. 加法

在 FPGA 中，加法运算通常通过使用内部的查找表来实现。例如，用 Verilog HDL 语言设计一个加法器，输入为 2 个 1bit信号，输出为 2bit 信号。工具选用 Vivado，以下为部分设计流程。

（1）设计输入

用 Verilog HDL 语言实现的代码如下。

```
module add_2(
    input   a,        // 输入信号 a
    input   b,        // 输入信号 b
    output [1:0] c    // 2 位的输出信号 c，a 和 b 的相加结果
  );
    assign c = a + b;   // 实现 a 和 b 的加法
endmodule
```

（2）综合优化

将代码编译以后，得到 RTL 原理图，包括一个加法器，如图 15-14 所示。

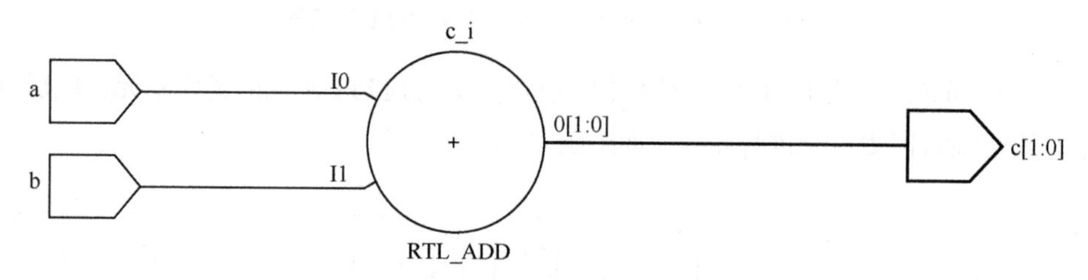


图 15-14　加法器 RTL 原理图

通过使用工具将 RTL 原理图中的加法器综合为 LUT 结构的门级网表，包括 2 个 2 输入的 LUT。如图 15-15 所示。

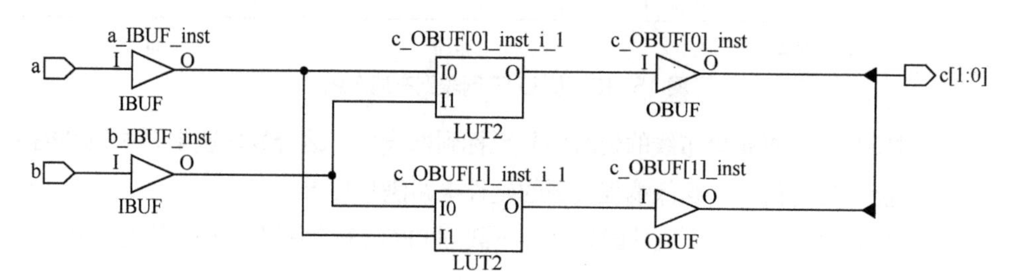


图 15-15　加法器门级网表图

（3）布局布线

在布局阶段，将门级网表映射到 FPGA 中一个 6 输入的 LUT。然后，通过布线资源，将输入输出连接到对应的逻辑和引脚，如图 15-16 所示。

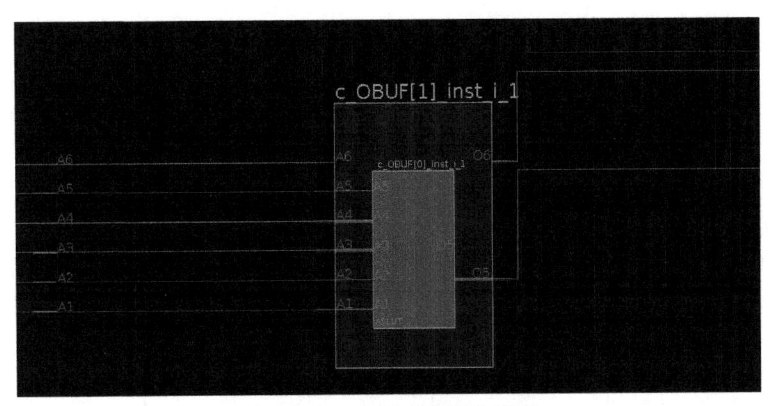


图 15-16　加法器布局布线图

2. 乘法

在 FPGA 中，乘法运算一般通过使用内部逻辑资源或者 DSP 单元实现。例如，设计一个乘法器，输入为 2 个 16bit 信号，输出为 32bit 信号。以下为部分设计流程。

（1）设计输入

使用 Verilog HDL 语言实现的代码如下。

```
module mult16(
  input [15:0] a,
  input [15:0] b,
  output [31:0] c
  );

assign c = a*b;

endmodule
```

（2）综合优化

将代码编译以后，得到一个包含乘法器的 RTL 原理图，如图 15-17 所示。

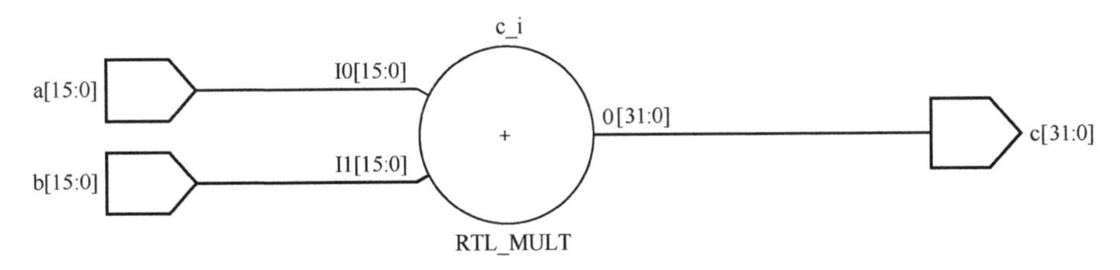


图 15-17　RTL 原理图

工具调用一个 DSP 单元来实现 RTL 原理图中的乘法运算。DSP 单元部分，如图 15-18 所示。

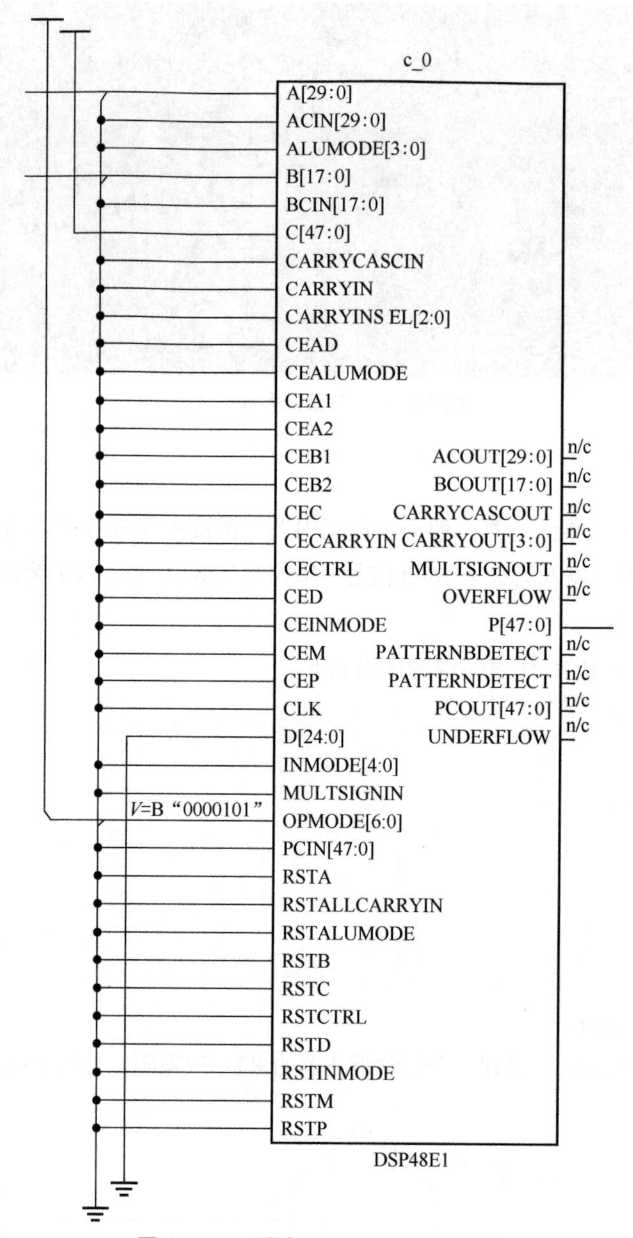


图 15-18 乘法器调用的 DSP 单元

（3）布局布线

通过工具选取合适位置的 DSP 单元。然后，通过布线资源，将输入输出连接到对应的逻辑和引脚。DSP 单元部分的布局布线图，如图 15-19 所示。

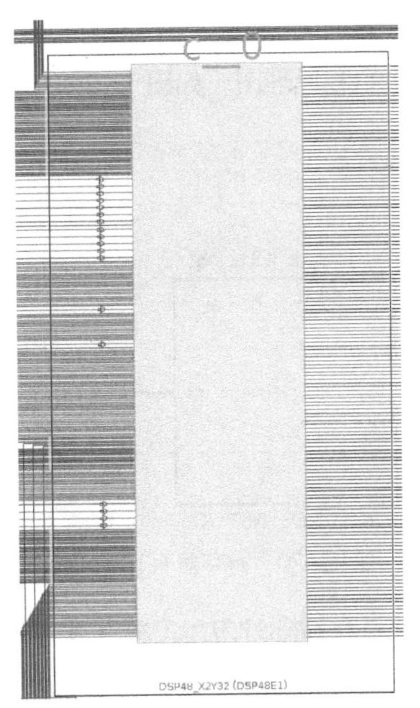


图 15-19 DSP 单元部分的布局布线图

3. 寄存

在数字信号处理过程中，通常需要对数据进行临时存储。在 FPGA 中，通过寄存器来实现数据的临时存储。寄存器主要由触发器组成，每个触发器能够存储一位二进制数据。例如，设计一个对 1bit 数据进行寄存的电路，部分设计流程如下。

（1）设计输入

用 Verilog HDL 语言实现的代码如下。

```
module register(
    input clk,
    input rst,
    input a,
    output reg a_delay
    );
  always @(posedge clk or negedge rst) begin
    if (!rst) begin
      a_delay <= 1'b0;
    end
          else begin
      a_delay <= a;
    end
  end

endmodule
```

（2）综合优化

将代码编译以后，得到 RTL 原理图，如图 15-20 所示。

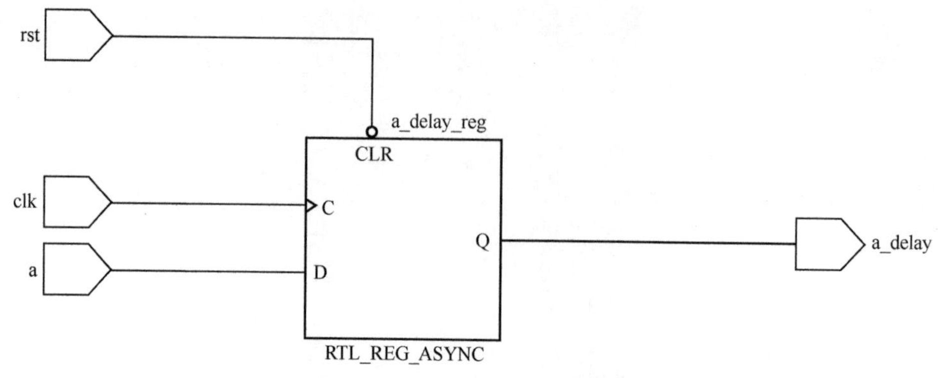


图 15-20　寄存器 RTL 原理图

工具将 RTL 原理图中的寄存器综合为一个触发器 FDCE。如图 15-21 所示。

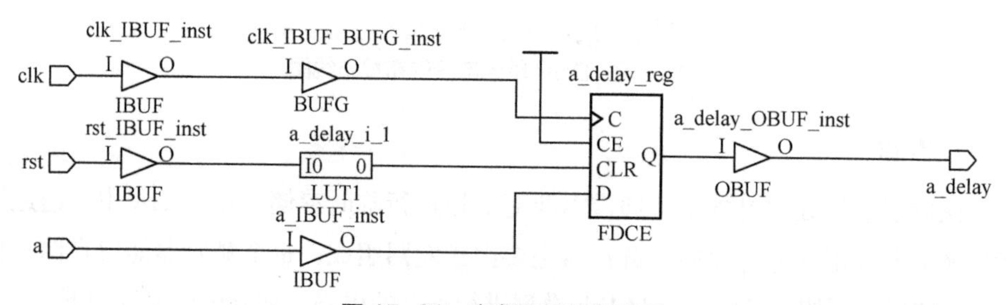


图 15-21　寄存器门级网表图

（3）布局布线

在布局阶段，将门级网表中触发器映射到 FPGA 中的触发器单元。然后，通过布线资源，将输入输出连到对应的逻辑和引脚。如图 15-22 所示。

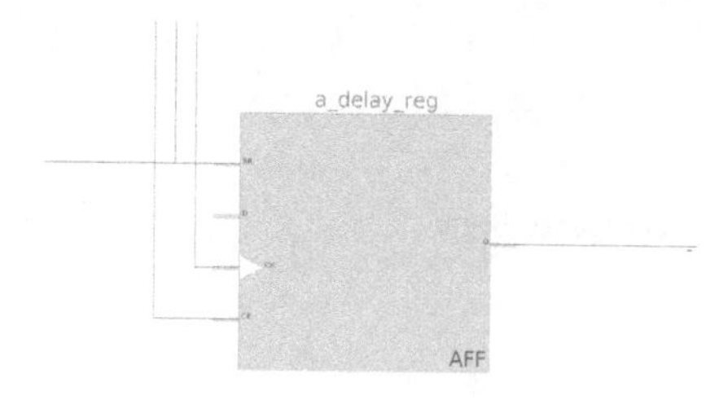


图 15-22　寄存器布局布线图

## 15.3.3　基于 FPGA 的 FIR 滤波器实现

在前面的章节中，我们通过 MATLAB 设计了一个 8 阶 FIR 低通滤波器。下面介绍一下，如何用 FPGA 实现这个 FIR 滤波器设计。该实现过程主要分为以下几个步骤。

1. 滤波器系数定点化

MATLBA 产生的 8 阶 FIR 低通滤波器系数如下。

```
h = [-0.0061,   -0.0136,   0.0512,   0.2657,   0.4057,   0.2657,   0.0512,   -0.0136,   -0.0061]
```

MATLAB 采用的是浮点运算，而 FPGA 中通常不支持直接进行浮点运算，一般需要转换为定点运算。

假设，将 FIR 滤波器的系数量化为 16 bit 有符号位的二进制数，最高位为符号位，其余 15 位为小数位。可以将每个系数乘以 $2^{15}$，并进行四舍五入。通过 MATLBA 实现的代码如下。

```
% 8 阶 FIR 低通滤波器系数
h = [-0.0061, -0.0136, 0.0512, 0.2657, 0.4057, 0.2657, 0.0512, -0.0136, -0.0061];

% 量化滤波器系数
h_n = round(h * 2^15);
```

得到量化后的系数如下。

```
h = [-200, -446, 1677, 8698, 13297, 8698, 1677, -446, -200];
```

2. 8 阶 FIR 低通滤波器的 RTL 代码实现

设计 8 阶 FIR 低通滤波器，输入和输出均为 16 bit 有符号位的二进制数。使用 Verilog HDL 代码实现如下。

```
module fir_filter (
  input wire clk,                    // 时钟信号
  input wire rst,                    // 复位信号
  input wire signed [15:0] data_in, // 输入数据
  output reg signed [15:0] data_out // 滤波输出
);

// 滤波器系数
parameter signed [15:0] H0 = -200;
parameter signed [15:0] H1 = -446;
parameter signed [15:0] H2 = 1677;
parameter signed [15:0] H3 = 8698;
parameter signed [15:0] H4 =13297;
parameter signed [15:0] H5 = 8698;
parameter signed [15:0] H6 = 1677;
parameter signed [15:0] H7 = -446;
parameter signed [15:0] H8 = -200;


reg signed [15:0] x [0:8]; // 数据寄存器
```

```
wire signed [31:0] y_temp; // 滤波器输出截位前数据

always @(posedge clk or negedge rst) begin
  if (!rst) begin
    x[0] <= 16'b0;
    x[1] <= 16'b0;
    x[2] <= 16'b0;
    x[3] <= 16'b0;
    x[4] <= 16'b0;
    x[5] <= 16'b0;
    x[6] <= 16'b0;
    x[7] <= 16'b0;
    x[8] <= 16'b0;
  end
else begin
    // 对输入数据进行寄存
    x[0] <= data_in;
    x[1] <= x[0];
    x[2] <= x[1];
    x[3] <= x[2];
    x[4] <= x[3];
    x[5] <= x[4];
    x[6] <= x[5];
    x[7] <= x[6];
    x[8] <= x[7];
  end
end

// 输入数据与滤波器系数进行相乘，并求和。
assign   y_temp = (H0 * x[0]) + (H1 * x[1]) +
         (H2 * x[2]) + (H3 * x[3]) +
         (H4 * x[4]) + (H5 * x[5]) +
         (H6 * x[6]) + (H7 * x[7]) +
         (H8 * x[8]);

always @(posedge clk or negedge rst) begin
  if (!rst) begin
    data_out <= 16'b0;
  end
else begin
    data_out <= y_temp[30:15]; // 将滤波器输出结果截位
  end
end

endmodule
```

综合后的 RTL 原理图，如图 15-23 和图 15-24 所示。

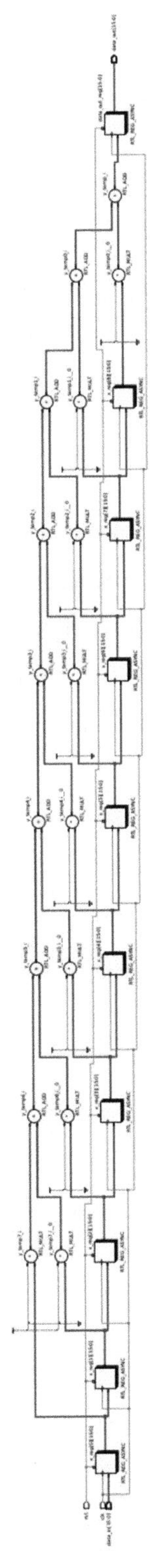

图 15-23 8 阶 FIR 的 RLT 级整体视图

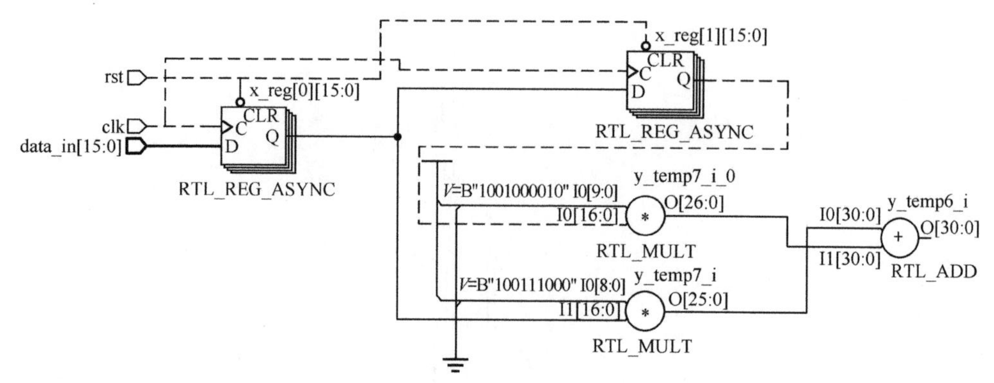


图 15-24　8 阶 FIR 的 RLT 级局部视图

3. 仿真验证

FPGA 常用的仿真验证工具有 ModelSim/QuestaSim 和 Xcelium。以下以 QuestaSim 结合 MATLAB 为例，对设计的 8 阶 FIR 低通滤波器进行仿真验证。

（1）先用 MATLAB 产生频率 1MHz 和 4MHz 的余弦信号，采样速率为 10MHz。然后，量化为 16 位有符号位二进制数，并导出到文件 input_data.txt 中。

MATLAB 代码如下。

```
% 定义信号参数
fs = 10e6;              % 采样频率 (10 MHz)
t = 0:1/fs:2e-6;        % 时间向量，持续 2 微秒
f1 = 1e6;               % 1 MHz 信号
f2 = 4e6;               % 4 MHz 信号

% 生成叠加信号
x = cos(2*pi*f1*t) + cos(2*pi*f2*t);    % 叠加信号

% 归一化信号幅度为 [-1, 1]
x_normalized = x / max(abs(x));

% 将信号量化为 16 位有符号数
x_quantized = round(x_normalized * (2^15 - 1));    % 量化为 16 位整数

% 转换为 16 位有符号数（Verilog 使用补码格式）
x_quantized = int16(x_quantized);

% 将结果保存到文件，供 Verilog 使用
fileID = fopen('input_data.txt','w');
for i = 1:length(x_quantized)
  fprintf(fileID, '%d\n', x_quantized(i));
end
fclose(fileID);

% 可视化信号
```

```
figure;
subplot(2,1,1);
plot(t, x);
title('Original Signal');
xlabel('Time (s)');
ylabel('Amplitude');

subplot(2,1,2);
plot(t, x_quantized);
title('Quantized Signal (16-bit signed integers)');
xlabel('Time (s)');
ylabel('Amplitude (Quantized)');
```

（2）编写测试用例，将 MATLAB 生成的数据，作为 8 阶 FIR 低通滤波器的输入。使用 Verilog HDL 编写测试代码如下。

```
module tb_fir_filter;
  // 定义时钟周期
  parameter CLK_PERIOD = 100; // 10 MHz

  // 端口信号定义
  reg clk;
  reg rst;
  reg signed [15:0] x_in;
  wire signed [15:0] y_out;

  // 实例化被测模块 (DUT)
  fir_filter uut (
    .clk(clk),
    .rst(rst),
    .data_in(x_in),
    .data_out(y_out)
  );

  // 生成时钟信号
  always #(CLK_PERIOD/2) clk = ~ clk;

  // 测试数据文件相关变量
  integer file;
  integer scan_file;
  integer data_in;

  initial begin
    // 初始化信号
    clk = 0;
    rst = 0;
    x_in = 16'b0;

    // 打开文件，读取 MATLAB 生成的信号数据
    file = $fopen("../matlab/input_data.txt", "r");
    if (file == 0) begin
```

```
        $display("Error: Cannot open input_data.txt");
        $finish;
      end

      // 复位滤波器
      #(CLK_PERIOD*2);
      rst = 1;

      // 读取文件中的测试数据并应用于滤波器
      while (!$feof(file)) begin
        scan_file = $fscanf(file, "%d\n", data_in); // 读取文件中的一个数据
        x_in = data_in;   // 将读取的值赋给输入
        #(CLK_PERIOD);    // 等待一个时钟周期
      end

      // 关闭文件
      $fclose(file);

      // 等待滤波器最后的输出完成
      #(CLK_PERIOD*10);
      $finish;
    end

    // 捕获和显示结果
    initial begin
      $monitor("Time = %0t, x_in = %0d, y_out = %0d", $time, x_in, y_out);
    end

endmodule
```

将测试代码和设计代码，导入仿真工具 QuestaSim 中，进行仿真验证。结果如图 15-25 所示。

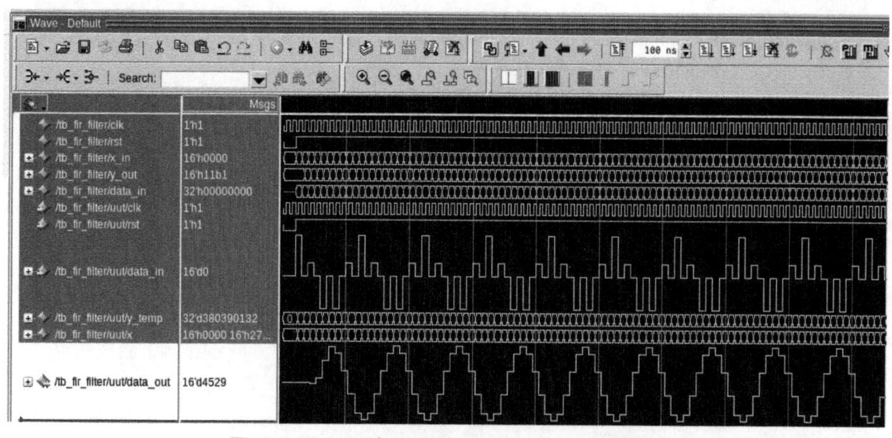


图 15-25　8 阶 FIR 的 QuestaSim 仿真图

从图 15-25 可以看出经过 FIR 滤波器后，4MHz 的余弦信号被有效滤除。